*Norbert Pucker*

# *Physikalische Grundlagen der Energietechnik*

*Springer-Verlag Wien New York*

Ao. Univ.-Prof. Dr. Norbert Pucker
Institut für Theoretische Physik
der Universität Graz, Österreich



Mit 172 Abbildungen

CIP-Kurztitelaufnahme der Deutschen Bibliothek

**Pucker, Norbert:**
Physikalische Grundlagen der Energietechnik /
Norbert Pucker. – Wien ; New York :
Springer, 1986.
ISBN-13: 978-3-211-81948-7 e-ISBN-13: 978-3-7091-8879-8
DOI: 10.1007/978-3-7091-8879-8

ISBN-13: 978-3-211-81948-7

# Vorwort

Energie ist während des letzten Jahrzehnts wie nie vorher zu einer Frage der Politik geworden. Gleichzeitig ist Energie einer der zentralen Begriffe der Physik. Das ist auch heute noch besonders eindrucksvoll bei Max Planck in seinem Buch "Das Prinzip der Erhaltung der Energie" formuliert, das vor mehr als 80 Jahren erschienen ist. Ich habe erfahren, daß es nicht immer leicht ist, die Brücke zwischen den grundsätzlichen Aspekten des Energiebegriffs und den praktischen Gesichtspunkten der Bereitstellung und Nutzung von Energie zu finden. Diese Erfahrung hat mich zur Arbeit an dem vorliegenden Buch verleitet. Eine mehrsemestrige Vorlesungstätigkeit zu Teilbereichen des Themas und gelegentliche Teilnahme an öffentlichen Diskussionen zum Fragenkreis Energie haben mich in meinen Bemühungen dazu noch bestärkt. In diesem Buch werden die physikalischen Grundlagen, die bei der Bereitstellung und Umwandlung der verschiedenen Energieformen - besonders Wärme, Wind-, Sonnen- und Kernenergie - eine Rolle spielen, für einen breiteren Interessentenkreis übersichtlich dargestellt. Ich denke hiebei an Dozenten, Techniker, an Physiker, die nicht direkt in den der Energienutzung verschriebenen Teilbereichen tätig sind, und an Physikstudenten.

Wie immer bleiben die Schwerpunkte einer solchen Darstellung subjektiv und von den unmittelbaren Erfahrungen des Autors geprägt. Ich glaube gelernt zu haben, daß ein gutes Verständnis der grundlegenden Zusammenhänge eine notwendige Basis zur Beurteilung der anwendungsorientierten Seite des Energieproblems ist. Dementsprechend liegt auch der Schwerpunkt der Darstellung bei der Physik der Energieformen. Die praktische Verwirklichung in Form bestehender oder geplanter Anlagen wird nur kurz und eher beispielhaft beschrieben. Da nur von Physik die Rede sein sollte, wurden chemische und biologische Aspekte völlig außer acht gelassen. Dagegen scheint es mir für ein Kulturverständnis, das unsere technisch-naturwissenschaftliche Zivilisation richtig einordnet, durchaus nützlich, etwas von der geschichtlichen Gestaltwerdung des Begriffes Energie und deren praktischen Auswirkungen zu erfahren. Daher habe ich mich in diesem Sinn um eine kleine Übersicht zur Historie bemüht und sie an den Anfang gestellt.

Ich bitte um Verständnis, daß sich Mehrfachverwendungen von Symbolen nicht haben vermeiden lassen. Die Bedeutung im jeweiligen Zusammenhang ist aber immer klar ersichtlich.

Ich glaube, daß kein Buch ohne Hilfe von Freunden entstehen kann. So sind viele im Laufe der Jahre geführte Fachgespräche für meine Arbeit sehr hilfreich gewesen. Aber ohne die unmittelbare und umfassende Hilfe meines Institutskollegen ao.Univ.-Prof. Dr. P. Kocevar bei der Behandlung der festkörper-physikalischen Aspekte der Sonnenenergie hätte das Buch in der jetzigen Form nicht geschrieben werden können! Meinem Freund, Univ.-Prof. Dr. I. Kolin, Universität Zagreb, verdanke ich viele Anregungen, besonders aus seinem reichen Wissen um den Stirling-Motor. In wichtigen Phasen der Erstellung des Manuskripts war ich mit Herrn Kollegen Prof. Dr. M. Pollermann, Jülich, in Kontakt. Er hat mir mit Kritik und Anregung bei mancher schwierigen Frage geholfen. Im besonderen verdanke ich ihm auch die Unterlagen zum Curie-Motor, der unter seiner Anleitung als Modell gebaut und erprobt wurde.

In die Schreibarbeiten waren die drei Damen unseres Sekretariats, Frau M. Krenn, Frau E. Neuhold und Frau M. Ploberger verstrickt. Frau M. Ploberger hat dann mit viel Geduld die endgültige Reinschrift besorgt. Bei der Erstellung des Sachverzeichnisses stand mir mein Kollege Univ.-Doz. Dr. F. Widder zur Seite. Für alle diese Hilfe sei herzlich gedankt.

Für die angenehme und reibungslose Zusammenarbeit danke ich dem Springer-Verlag in Wien ebenfalls sehr.

Graz, im Sommer 1986 Norbert Pucker

# Inhaltsverzeichnis

Seite

Seite

# I. Vom Wesen der Energie

Zitat: "It is important to realize that in physics today, we have no knowledge of what energy is".

R.Feynman in: The Feynman Lectures on Physics, I/4-1.

Dieses Zitat nach R.Feynman läßt ohne Zweifel einen Spielraum bezüglich dessen zu, was man mit dem Wörtchen "is" aussagen will, und dementsprechend werden die Leser vermutlich darauf reagieren. Aber auch wenn man das Zitat in seiner wörtlichen Schärfe nicht akzeptiert, wird man es als Aussage darüber gelten lassen, daß es offenbar nicht ganz leicht ist, vom Wesen der Energie zu reden. Jedenfalls verhält sich Energie nach allem, was wir in der Physik von diesem Begriff wissen, wie ein unzerstörbarer Stoff, der in den verschiedensten Erscheinungsformen auftreten kann. Die Unzerstörbarkeit des Stoffes Energie ist in dem Satz von der Energieerhaltung ausgedrückt, der besonders im Laufe der letzten 150 Jahre als einer der tiefsten und umfassendsten Sätze über den Ablauf von Naturvorgängen erkannt wurde. Für unseren spezifischen Aspekt scheint das, was man die "praktische Seite" des Energiebegriffs nennen könnte, der beste Weg, das Wesen dieses Begriffs aufzuhellen. Damit ist das gemeint, was M.Planck kurz die einem physikalischen System innewohnende Fähigkeit, äußere Wirkungen hervorzubringen, bezeichnet: "Unter Energie eines Körpers versteht man eine Größe, welche von dem augenblicklichen physikalischen Zustand abhängt, in dem sich ein System befindet. Um die Energie eines Systems in einem gegebenen Zustand durch einen bestimmten Zahlenwert ausdrücken zu können, ist aber noch die Fixierung eines gewissen "Normalzustandes" desselben Systems notwendig, welche von vornherein ganz nach Willkür erfolgen kann. Dann ist die Energie des Systems in dem gegebenen Zustand, bezogen auf den nach Willkür fixierten Normalzustand, gleich der Summe der mechanischen Äquivalente aller Wirkungen, die außerhalb des Systems hervorgebracht werden, wenn dasselbe auf irgendeine Weise aus dem gegebenen Zustand in den Normalzustand übergeht"/1/. Ein paar Absätze weiter nennt Planck die Summe der mechanischen Äquivalente aller Wirkungen den "Arbeitswert" der äußeren Wirkungen und beschreibt damit, was im vorliegenden Zusammenhang wichtig ist: Energie in allen ihren Spielarten kann in mechanische Arbeit umgesetzt werden und umgekehrt. Und es war ja auch der Wunsch nach einer optimalen Umsetzung dieser Art, der S. Carnot zu seinen wichtigen Untersuchungen anregte. Die intensive Nutzung dieser Umwandlungsmöglichkeiten der verschiedenen Energieformen, einschließlich der mechanischen Arbeit, ineinander macht schließlich das Wesen unserer industriellen Zivilisation aus und führt in weiterer Folge zum politischen Problem Energie. Dabei wird noch davon zu sprechen sein, daß Wärme unter den Energieformen eine Sonderstellung einnimmt, die die eigentliche Ursache einer möglichen Energiekrise darstellt.

Es hat sich eingebürgert, zur größeren Anschaulichkeit Energieumsetzungen in bestimmten, vorgegebenen Zeitintervallen durch Energieflußdiagramme zu beschreiben:

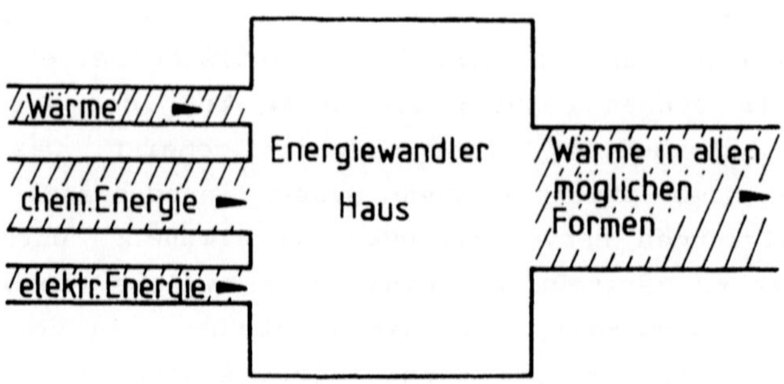


Abb.I.1.: Ein Haus als Energiewandler. Die zugeführten Energiemengen sind auf eine bestimmte Zeiteinheit bezogen.

Die verschiedenen in ein Haus einfließenden Energieformen werden in Wärme umgewandelt, welche im Abwasser, durch die Wände und mit den Rauchgasen durch den Kamin das System "Haus" wieder verläßt. Man kann alles Naturgeschehen durch - allerdings manchmal sehr komplizierte - Energieflußdiagramme beschreiben. Allen diesen Umwandlungsmechanismen ist gemeinsam, daß dabei in mehr oder weniger großem Ausmaß Wärme entsteht. Wärme als Energieform hat nun insofern eine Sonderstellung, als der zweite Hauptsatz der Thermodynamik lehrt, daß gleiche Mengen von Wärmeenergie nicht gleich wertvoll bezüglich ihrer Umsetzbarkeit in Arbeit sind. Dieser Wert der Wärmeenergie hängt auch noch von der Temperatur ab. Und eine bestimmte Menge Wärme kann nur mit Hilfe von zusätzlich zu leistender Arbeit auf ein höheres Temperaturniveau gebracht werden. Hier liegt die eigentliche Ursache für die Energiesorgen unserer Tage. Im großen gesehen enden die von uns vielfältig initiierten Energieumwandlungen in Freisetzung von Wärmeenergie niedrigen Temperaturniveaus, welche wir nur mit zusätzlicher Arbeit (oder in Arbeit umwandelbarer Energie) nutzen können. Wenn wir auf unserer Erde einmal von der Frage des abgeschlossenen Systems absehen, betreiben wir keinen "Energieverbrauch", sondern eine "Energieentwertung". Hochwertige Energie wie die in den fossilen Brennstoffen als chemische Energie[1], in den Kernbrennstoffen als nukleare Bindungsenergie oder im Wasser als Lage oder Bewegungsenergie gebundenen Energieformen werden u.a. zu Wärmeenergie mit niedrigem Temperaturniveau entwertet.

Der sogenannte Verbrauch von Energiereserven ist genauer gesagt ein Umsatz von vielfältig umwandelbaren Energieformen in eine nur beschränkt umwandelbare Energieform. Energie ist also eine mengenartige Größe, die bei den verschiedenen Umsetzungen keine mengenmäßige Einbuße erleidet. Die Energie eines Gesamtsystems setzt sich additiv aus den Energieinhalten der Teilsysteme zusammen.

Ein richtiges Verständnis dieser Umsetzungen hilft, bessere Maßnahmen zu einem adäquaten Einsatz der verschiedenen Energieformen zu treffen, und kann so wohl auch die politische Bewältigung des Problems fördern.

Bevor wir uns Sachfragen zuwenden, wird ein kurzer Überblick über die geschichtliche Entwicklung des immer tieferen Verständnisses des Energiebegriffes gegeben. Dies schon am Beginn

---

1 Man sollte hier besser molekulare Bindungsenergie sagen.

zu tun, läßt sich insoferne rechtfertigen, als vom Leser ein gewisses Verständnis der hier zur Sprache kommenden Begriffe der Physik wohl erwartet werden darf.

## I.1. Auf dem Weg zu einem immer tieferen Verständnis des Energiebegriffes

### I.1.1. Die mechanische Energie

Der Gebrauch des Ausdrucks "Energie" im heute üblichen Sinn geht wohl auf Th.Young (1773-1829) zurück /2/.
Sir W.Thomson (Lord Kelvin, 1824-1907) hat durch sein Buch "On the dynamical theory of heat", von dem eine deutsche Übersetzung in der Reihe "Ostwalds Klassiker der exakten Wissenschaften" /3/ erschienen ist, großen Anteil an der generellen Annahme und Einführung dieser Bezeichnung. W.Macquorn Rankine (1820-1872) führte dann die Begriffe "potentielle" und "kinetische" Energie ein /4/.
Tatsächlich ist natürlich in den verschiedenen Teilgebieten der Physik das Wissen um die Wichtigkeit der heute als Energie bekannten Größe viel älter. G.Galilei (1564-1642) kennt jedenfalls den Umstand, daß die Geschwindigkeit eines schweren Körpers nur von der durchfallenen Höhe und nicht vom Weg abhängt. Es ist ihm klar, daß man im Prinzip die Bewegung eines fallenden Körpers umkehren kann: wenn er sich mit der Geschwindigkeit, mit der er unten ankommt, nach oben bewegt, kann er gerade die Fallhöhe erreichen /5/. In dieser Aussage ist die Erhaltung der Energie für die Bewegung eines Körpers im Schwerefeld der Erde enthalten. Pendelversuche liefern Galilei eine anschauliche Demonstration dieses Sachverhaltes.

Chr.Huygens (1629-1695) verallgemeinert diese Überlegungen und kann das Verständnis der mechanischen Energie nach zwei Richtungen erweitern. Einmal verallgemeinert er die Galileischen Aussagen über die mögliche Steighöhe eines Körpers auf ein System von miteinander verbundenen Körpern. Die diesbezüglichen Aussagen befinden sich in seinem Buch "Horologium oscillatorium" /6/. So ist etwa der physikalische Inhalt der reibungsfreien Pendelbewegung (verallgemeinert auf mehrere Körper) in dem Satz ausgedrückt:"Wenn beliebig viele schwere Körper vermöge ihrer Schwere sich zu bewegen anfangen, so kann der gemeinsame Schwerpunkt dieser Körper nicht höher steigen, als er sich im Beginn der Bewegung befand". Und er stellt weiter unmittelbar klar:"Damit aber meine Hypothese selbst keinerlei Zweifeln begegnet, will ich zeigen, daß sie nichts anderes enthält, als was niemals jemand bestritten hat, daß nämlich schwere Körper sich nicht nach oben bewegen". Huygens ist der Zusammenhang seiner Überlegungen mit der Unmöglichkeit eines "perpetuum mobile 1. Art" unmittelbar deutlich und er spricht es auch aus. Man sieht insgesamt, daß der Satz von der Erhaltung der Energie auch für ein System von miteinander in Beziehung stehenden Körpern klar erkannt war.

Die zweite für unser Thema wesentliche Erkenntnis findet man in der nachgelassenen Schrift "Tractatus de motu corporum ex percussione" /7/. Dort gelangt Huygens zur Energieerhaltung beim elastischen Stoß und zu einer Spezialform der Impulserhaltung. Er geht dabei von der Betrachtung der Stoßvorgänge in zwei Inertialsystemen aus, wovon eines in unserer heutigen Auffassung das Schwerpunktsystem ist[1]. Die Aussage ist in die durchaus schon vertraute Form:

$$m_1 v_1^2 + m_2 v_2^2 = m_1 v_1'^2 + m_2 v_2'^2$$

gebracht.

Seit G.W.Leibniz (1646-1716) verwendet man für $mv^2$ die Bezeichnung "vis viva" oder "lebendige Kraft". In zwei Abhandlungen in den "Acta eruditorum" /8/ in den Jahren 1686 und 1695 befaßt sich Leibniz eingehend mit dem Problem der "Kraft", kommt aber auch an anderen Stellen seines umfangreichen Werkes darauf zurück. Im Gegensatz zu R.Descartes (1596-1650), der die Kraft durch mv gegeben sieht, stellt Leibniz die folgenden Thesen auf:

1. Die "vis viva" ist durch $mv^2$ und nicht durch mv zu messen.

---

1 Direkt ist dieser Sachverhalt im Lehrsatz XI angesprochen. Zur Impulserhaltung siehe Anmerkung 13, S. 69. Huygens wurde zu seinen Untersuchungen der Stoßeigenschaften wohl durch eine Ausschreibung der Royal Society angeregt und hatte eine Kurzfassung seiner Ergebnisse im Jänner 1669 eingereicht. Außer ihm legten auch J. Wallis (1616-1703) und Chr.Wren (1632-1723) Ergebnisse vor. Wallis behandelte den inelastischen Stoß, Huygens' und Wrens Untersuchungen betrafen den elastischen Stoß.

2. Man muß die vis viva um die "potentia latendi" zu einer Gesamtgröße ergänzen, die dann bei der Bewegung eines Körpers erhalten bleibt.

Dem Inhalt nach wurde damit in einer uns heute vielleicht umständlich erscheinenden Form der Energieerhaltungssatz der Mechanik formuliert. Leibniz verläßt sogar den Bereich der ausschließlich elastischen Erscheinungen und nimmt eine Größe an, die einer inneren Energie entspricht, in welche die vis viva übergeht, die bei einem Stoß verbraucht wird. Die analytische Formulierung der Mechanik kann dann die Rolle der lebendigen Kraft und ihre Beziehung zur mechanischen Arbeit im Laufe des 18. Jahrhunderts ausreichend klarstellen. Der heute gebräuchliche und richtige Ausdruck für die kinetische Energie $mv^2/2$ war offensichtlich zum ersten Mal von G.Coriolis (1792-1843) verwendet worden. Er wurde aber kaum akzeptiert, weil später H.Helmholtz /9/ (1821-1894) diese Beziehung neuerlich vorschlägt, wohl ohne in diesem Zusammenhang von Coriolis zu wissen.

### I.1.2. Die Wärmekraftmaschinen und das Verständnis der Wärme

Die Reihenfolge im Titel wurde absichtlich so gewählt, um herauszustellen, daß Wärmekraftmaschinen schon in Verwendung waren, ehe man das Wesen des Phänomens, das man mit Wärme bezeichnet, genauer zu verstehen begann. Denn die Kenntnis davon, daß man Dampf verwenden kann, um mechanische Bewegung zu erzeugen, ist sehr alt. Heron von Alexandrien beschreibt in seinem Buch "Pneumatica" (etwa um 120 v. Chr.) eine solche Einrichtung in Form der Äolipile (Aeoli pila = Ball des Äolus): Eine Hohlkugel wird durch den aus zwei Düsen austretenden Dampf in Rotation versetzt (Abb.I.2).

Das erste Patent zur industriellen Verwertung des Dampfes wurde 1698 von Thomas Savery, einem Bergwerksangestellten in England, angemeldet. Die Saverysche "Aspirationsmaschine" nützte das beim Kondensieren des Dampfes entstehende Vakuum, um Wasser anzusaugen, und war als Entwässerungsmaschine für die Minen gedacht. Die erste nach diesem Prinzip arbeitende Maschine, die auch tatsächlich als Pumpe in den Bergwerken eingesetzt wurde, konstruierte Thomas Newcomen /10/ (1663-1729). Ihre technische Ausführung war funktionsgerechter und

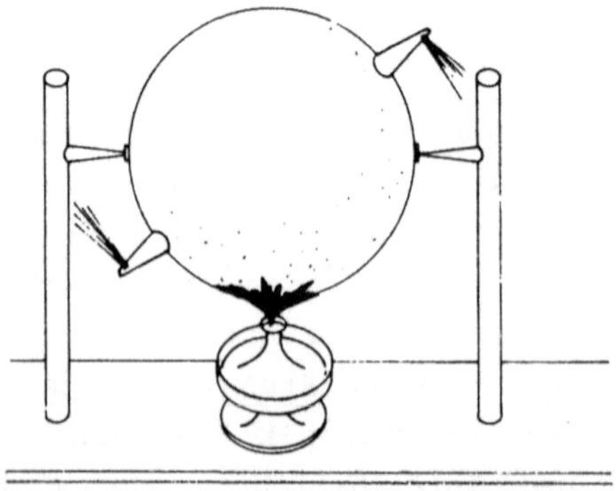

Abb.I.2.: Äolipile des Heron.

so konnte sie 1712 zum ersten Mal zum Auspumpen von Bergwerken verwendet werden (Abb.I.3). Aber die wirklich entscheidenden Verbesserungen, die dann den Weg zum industriellen Einsatz auf breiter Basis öffneten, wurden von James Watt (1736-1819) vorgenommen, indem er anstelle eines Zylinders einen Arbeits- und einen Kondensationszylinder einführte. Damit wurde auch ein höherer Wirkungsgrad möglich. 1776 wurde die erste große Dampfmaschine nach der Wattschen Konzeption für ein Wasserpumpwerk geliefert. Sechs Jahre später wurde die erste Dampfmaschine in einer Baumwollspinnerei in Birmingham eingesetzt. Die um die Jahrhundertwende erzielten Wirkungsgrade lagen bei etwa 16 %.

Der eben geschilderte erfolgreiche industrielle Einsatz der Dampfmaschine regte auch das wissenschaftliche Interesse für das Phänomen Wärme an. Zu dieser Zeit versteht man unter Wärme einen gewichtslosen, unzerstörbaren Stoff, eine Vorstellung, die ihren Ursprung im Temperaturausgleich zweier in Kontakt gebrachter, ursprünglich verschieden temperierter Körper hat. Auch die Aufnahme bzw. Abgabe von bestimmten Wärmemengen bei Änderungen des Aggregatzustandes lassen sich in dieser Richtung interpretieren. Es wurde aber bald erkannt, daß sich andere Erscheinungen nicht so ohne weiteres im Rahmen der Wärmestofftheorie erklären lassen. Ein typisches Beispiel dafür ist die Reibungswärme. B.Thompson, der spätere Graf Rumford (1753-1814), stellte Messungen über die beim Bohren von Kanonenrohren entstehende Wärmemenge an. Er erkennt den

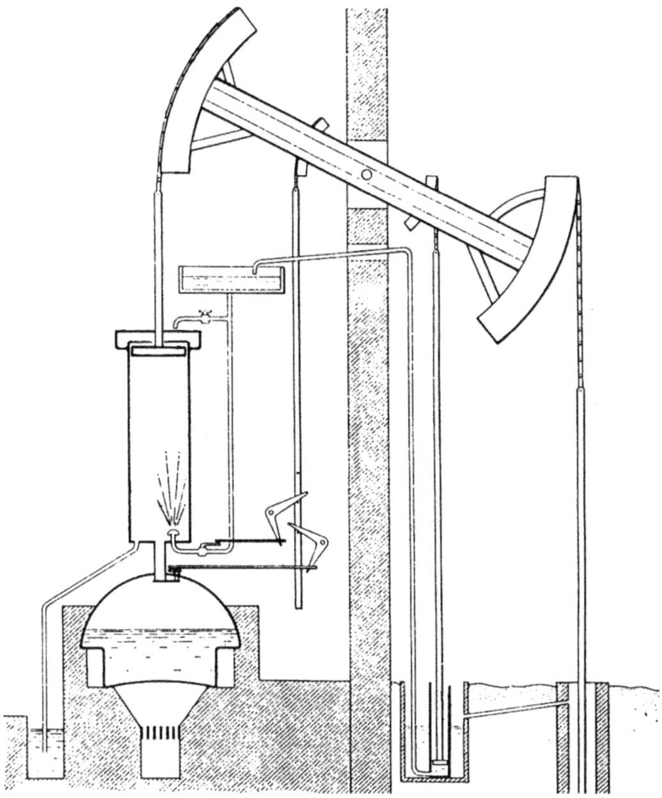

Abb.I.3.: Newcomen-Dampfmaschine.

sich hiebei ergebenden Widerspruch zur Stofftheorie, da man ja ganz offensichtlich durch Reibung unaufhörlich Wärme erzeugen kann. Zu ähnlichen Erkenntnissen kommt der Engländer Humphry Davy (1778-1829), indem er demonstrieren konnte, daß man Eis durch Reiben zum Schmelzen bringen kann. Diese Erkenntnisse führten zur Annahme einer mechanischen Auffassung der Wärme. Sie kommt unserem heutigen Verständnis schon recht nahe, da sie Wärme als das Resultat der Bewegung kleinster Materieteilchen interpretiert. Sadi Carnot (1796-1832), der durch die Untersuchung der Kreisprozesse einen ganz entscheidenden Beitrag zum Verständnis wärmetechnischer Probleme erbrachte /11/, war noch Anhänger der Stofftheorie. Die Interpretation der thermodynamischen Kreisprozesse kann ja auch innerhalb der Auffassung von Wärme als unzerstörbarem Stoff vorgenommen werden. Heute wissen wir allerdings, daß sich bei Carnot irgendwann in späteren Jahren ein Auffassungsumschwung vollzogen haben muß, da er auch als erster die Umwandelbarkeit von Wärme in mechanische Arbeit erkannt hat. Er gibt nämlich in einer nachgelassenen Arbeit einen Zahlenwert für das mechanische Wärmeäquivalent an /12/. Danach soll 1 Kilokalorie dem Wert von 365 kpm entsprechen. Neben dem Zahlenwert gibt Carnot auch Erläuterungen zur Messung. Damit ist ein starkes Indiz dafür gegeben, daß er sich bereits von der Auffassung von Wärme als unverbrauchbarem Stoff distanziert hatte.

### I.1.3. Das mechanische Wärmeäquivalent

Die erwähnte nachgelassene Schrift von Carnot wurde erst nach den Arbeiten von Robert Julius Mayer (1814-1878) und James Prescott Joule (1818-1889) bekannt. R.J.Mayers erste Arbeit zu dem Thema der Umwandlung von Wärme in mechanische Arbeit wurde nicht zur Publikation angenommen. Sie war - auch nach seinem eigenen späteren Urteil - sehr spekulativ und unklar. Entscheidend sind die beiden darauffolgenden Arbeiten "Bemerkungen über die Kräfte in der unbelebten Natur" und "Die organische Bewegung in ihrem Zusammenhang mit dem Stoffwechsel" /13/. In der ersten Arbeit legt Mayer unter anderem dar, daß mechanische Bewegung in Wärme umgewandelt werden kann und umgekehrt: "Wenn Fallkraft und Bewegung gleich Wärme sind, so muß natürlich auch Wärme gleich Bewegung und Fallkraft sein" /14/. Er berichtet über die Möglichkeit, Wärme durch Schütteln zu erzeugen. Schließlich gibt er an, daß die Erwärmung eines Gewichtsteiles Wasser von $0^oC$ auf $1^oC$ einem Herabsinken um 365 m dieses gleichen Gewichtsteiles entspricht. Er benützt für dieses Ergebnis die Differenz der Wärmekapazität von Luft bei gleichbleibendem Volumen und gleichbleibendem Druck. Als praktische Konsequenz schließt er unmittelbar eine Kritik des Wirkungsgrades der Dampfmaschine an. Die gesamte Arbeit besteht nur aus einigen Seiten. In der zweiten Arbeit werden die Überlegungen, die zu den Ergebnissen der ersten geführt haben, ausführlich begründet. In der 2. Auflage fügt er dann noch eine Fußnote hinzu, in der er erläutert, daß nach besseren experimentellen Werten die Höhe tatsächlich 425 m sein müsse. In dieser Zeit sind

R.J.Mayer auch schon die Arbeiten von Joule bekannt, da er in der Fußnote ausdrücklich auf sie Bezug nimmt.

J.P.Joule ist Besitzer einer Brauerei. Im Gegensatz zum Arzt R.J.Mayer ist sein Interesse stark experimentell geformt. Seine ersten Untersuchungen sind der durch den elektrischen Strom erzeugten Wärme gewidmet. Im Zusammenhang damit stößt er dann auf die Frage des mechanischen Wärmeäquivalents: "On the caloric effects of magneto-electricity and on the mechanical value of heat" /15/. Man kann u.a. Wärme durch elektrischen Strom erzeugen. Dieser Strom kann durch die Bewegung einer Induktionsspule in einem Magnetfeld hervorgerufen werden. Wenn man die Spule durch ein herabfallendes Gewicht in Bewegung versetzt, kann man die mechanische Energie mit der vom Strom erzeugten Wärme in Beziehung setzen. Um eine vorgegebene Wassermenge um $1^{o}C$ zu erwärmen, braucht man für die gleiche Wassermenge eine Fallhöhe von 460 m. Joule machte zahlreiche Versuche zur Bestimmung des mechanischen Wärmeäquivalentes. Als klassischer Versuch gilt jener, bei dem das Wasser durch die Rotation eines Schaufelrades erwärmt wird /16/. Aber erst im Jahre 1850 kann Joule dann den genauen Wert von 423,55 m für die äquivalente Fallhöhe angeben /17/, ein Wert, den M.Planck später als einen der zuverlässigsten Zahlenwerte dieser wichtigen Konstante nennt.

### I.1.4. Der Satz von der Erhaltung der Energie

Hermann Helmholtz (1821-1894) veröffentlichte im Jahre 1847 eine kurze Schrift: "Über die Erhaltung der Kraft" /18/. Diese Schrift ist der erste Versuch, das Gesetz der Energieerhaltung in möglichster Allgemeinheit zu verstehen und zu formulieren. Nach dem damaligen Kenntnisstand der Physik gliedert sie sich in die Teile:

I. Prinzip von der Erhaltung der lebendigen Kraft
II. Das Prinzip von der Erhaltung der Kraft
III. Die Anwendung des Prinzips in den mechanischen Theoremen
IV. Das Kraftäquivalent der Wärme
V. Das Kraftäquivalent der elektrischen Vorgänge
VI. Das Kraftäquivalent des Magnetismus und Elektromagnetismus

Helmholtz geht von der Annahme aus, daß alle Naturerscheinungen auf Bewegung von Materie zurückgeführt werden können. Als Ursache sind unveränderliche Bewegungskräfte anzunehmen, die nur von den räumlichen Verhältnissen abhängen. Obendrein bemüht er sich zu zeigen, daß diese Kräfte nur Zentralkräfte sein können. Man hat schließlich die Natur begriffen, wenn man alle Naturerscheinungen auf diese Bewegungskräfte zurückgeführt hat. Auch bei Helmholtz spielt die Unmöglichkeit eines perpetuum mobile eine große Rolle: "Wir gehen aus von der Annahme, daß es unmöglich sei, durch irgendeine Kombination von Naturkörpern bewegende Kraft andauernd aus dem Nichts zu erschaffen" /19/. Der Inhalt seiner Schrift ist die systematische Anwendung dieses Prinzips.

In der Mechanik kann er sich auf bereits weitgehend durchformulierte Ergebnisse stützen, z.B. im Zusammenhang mit der Erhaltung der lebendigen Kraft im Schwerefeld der Erde. Gewonnene oder verbrauchte Arbeitsgröße bestimmt sich als mgh. Als Maß für die lebendige Kraft schlägt er $mv^2/2$ anstelle von $mv^2$ vor. Der gleiche Vorschlag von G.Coriolis war ihm offenbar nicht bekannt. Helmholtz bezeichnet die potentielle Energie mit dem Namen "Spannkraft" und formuliert den Energieerhaltungssatz der Mechanik: "Es ist also stets die Summe der vorhandenen lebendigen und Spannkräfte konstant. In dieser allgemeinen Form können wir unser Gesetz als das Prinzip von der Erhaltung der Kraft bezeichnen" /20/.

Im Zeitpunkt der Abfassung seiner Abhandlung kennt Helmholtz die Überlegungen von R.J.Mayer noch nicht, wohl aber die Arbeiten von J.P.Joule. Er geht aber schon von allgemeineren Gesichtspunkten aus, indem er auch jene Vorgänge betrachtet, für die man bisher einen absoluten Verlust von "Kraft" angenommen hatte, nämlich die Reibung und den unelastischen Stoß. Die bis zu diesem Zeitpunkt vorliegenden Daten von Joule erscheinen ihm aber zu ungenau, um ganz sicher zu entscheiden, ob die "verlorene Kraft" immer der freigesetzten Wärme entspreche. Jedenfalls aber werde im Fall der Reibungselektrizität auch ein Teil dieser Kraft zur Ladungstrennung benötigt. Die Frage, ob Wärme ein unveränderlicher Stoff ist oder nicht, scheint Helmholtz klar beantwortbar. Die Ergebnisse von Rumford, Davy u.a. bezüglich der Reibungswärme zeigen, daß Wärme erzeugt und verbraucht werden kann. Auch die Erzeugung von Wärme durch elektrischen Strom, der wieder auf mechanischem Weg - etwa durch Drehung eines Ankers in einem Magnetfeld - erzeugt werden kann, deutet in die gleiche Richtung. Man kann jedenfalls durch Verbrauch mechanischer Energie unaufhörlich Wärme erzeugen: "Aus diesen Tatsachen folgt, daß die Quantität Wärme absolut vermehrt werden könne durch mechanische Kräfte, daß deshalb die Wärmeerscheinungen nicht hergeleitet werden können von einem Stoffe, welcher durch sein bloßes Vorhandensein dieselben bedinge, sondern daß sie abzuleiten seien von Veränderungen, sei es eines eigentümlichen Stoffes, sei es der sonst bekannten ponderablen und imponderablen Körper, z.B. der Elektrizitäten oder des Lichtäthers" /21/.

Im Abschnitt über elektrische Vorgänge führt Helmholtz den Begriff "elektrisches Potential" ein und wählt dabei das unserer heutigen Notation entgegengesetzte Vorzeichen. Abschließend faßt er dann zusammen: "Zweck dieser Untersuchungen, der mich zugleich wegen der hypothetischen Teile derselben entschuldigen mag, war, den Physikern in möglichster Vollständigkeit die theoretische, praktische und heuristische Wichtigkeit dieses Gesetzes darzulegen, dessen vollständige Bestätigung wohl als eine der Hauptaufgaben der nächsten Zukunft der Physik betrachtet werden muß" /22/. In Zusätzen aus dem Jahr 1881 äußert sich Helmholtz ausführlich über den Anteil von R.J.Mayer an der Bestimmung des mechanischen Wärmeäquivalents: Wenn auch Joules Untersuchungen weiter bekannt wären und dem Erkenntnisfortschritt dienlicher gewesen seien, so gebühre doch Mayer das Verdienst, diesen wichtigen Gedanken unabhängig und selbständig gefunden zu haben.

M.Planck setzt sich 40 Jahre später ausführlich mit dieser kurzen Schrift auseinander und sagt über ihre Wirkung: "Nach großartigem Plane angelegt und in kleinstem Raume eine Fülle von Tatsachen und Ideen umfassend, die zum Teil erst im Laufe der Jahre von anderen Forschern aufgegriffen und einzeln weiter ausgebildet wurden, wird diese Schrift immer eines der merkwürdigsten und lehrreichsten Denkmäler in der Entwicklung des Prinzips der Erhaltung der Kraft bilden. Der Eindruck, den die Schrift unter den Fachgenossen hervorrief, war kein bedeutender. Das neue Prinzip war damals geradezu unpopulär, es verlangte eine so radikale Umwälzung aller physikalischen Anschauungen, daß es allgemein mit Befremden und meistens ablehnend beurteilt wurde" /23/.

Nach Helmholtz greift E.Mach (1838-1916) das Thema von der Erhaltung der Energie wieder in einem größeren Zusammenhang auf /24/. Wie in seinen anderen Schriften kommt auch hier Machs große Vorliebe für eine historische Betrachtungsweise des ihn interessierenden Gegenstandes zum Vorschein. Nach ihm ist der Satz "Arbeit aus dem Nichts zu schaffen oder ein sogenanntes perpetuum mobile ist unmöglich" /25/ die eigentlich wichtige Aussage und nicht die mathematische Formulierung des gleichen Sachverhalts in der Mechanik. Diese Aussage habe die tieferen und älteren Wurzeln im Verständnis des zu betrachtenden Problems. Die Bedeutung der Machschen Arbeit liegt besonders in ihrer historisch-kritischen Betrachtungsweise und auch darin, daß durch sie demonstriert wird, daß man inzwischen die Wichtigkeit des Problems deutlich erkannt hatte.

Eine umfassende und tiefe Darstellung gelingt schließlich M.Planck (1858-1947) in seiner Schrift "Das Prinzip der Energieerhaltung" /2/, welche er als Reaktion auf ein Preisausschreiben der Göttinger Philosophischen Fakultät verfaßt und 1887 vorgelegt hatte. Dabei waren u.a. folgende Anforderungen gestellt: "Es wird zunächst eine genaue historische Entwicklung der Bedeutung und des Gebrauchs des Wortes Energie in der Physik verlangt; sodann eine gründliche physikalische Untersuchung, ob verschiedene Arten der Energie zu unterscheiden und wie jede derselben zu definieren sei; endlich in welcher Weise das Prinzip der Erhaltung der Energie als allgemein gültiges Naturgesetz aufgestellt und bewiesen werden könne". Es ist auch heute noch von großem Reiz, zu verfolgen, wie Planck sich dieser Aufgabe unterzieht. Was 1847 bei Helmholtz noch ein nur mit Zaudern akzeptierter Versuch war, ist nun eine Zusammenfassung des physikalischen Wissens unter dem einheitlichen Prinzip der Energieerhaltung. Dies geht aus den ersten Sätzen der Darstellung bereits bestimmt und deutlich hervor: "Zwei Sätze sind es, welche dem gegenwärtigen Bau der exakten Naturwissenschaften zum Fundament dienen: das Prinzip der Erhaltung der Materie und das Prinzip von

der Erhaltung der Energie. Vor allen anderen noch so umfassenden Gesetzen der Physik behaupten sie den unbestreitbaren Vorrang; ....
Das Prinzip der Erhaltung der Energie dagegen dokumentiert seinen universellen Charakter eben dadurch, daß, wenn heutigen Tags eine ganz neue Naturerscheinung entdeckt werden sollte, aus ihm ohne weiteres ein Maß und ein Gesetz für das neue Phänomen zu gewinnen wäre, während es sonst kein anderes Axiom gibt, das mit derselben Zuversicht auf alle Vorgänge in der Natur ausgedehnt werden könnte" /26/. Planck zeigt u.a., wie hervorragend sich das genannte Prinzip in der Mechanik, in der Wärmelehre, bei der physikalischen Interpretation chemischer Prozesse und im Bereich elektrischer und magnetischer Vorgänge bewährt. Der mehr prinzipiellen Natur der Schrift entsprechend wird die technische Seite des Problems nicht behandelt. Auch der Aspekt des Energieinhaltes eines Feldes kommt nicht vor. Zur Zeit der Abfassung begann sich gerade die Ablösung der Fernwirkungstheorie durch die Nahwirkungstheorie abzuzeichnen. Zwar war die mathematische Formulierung des Feldaspektes der Kraftübertragung in der durch James Clerk Maxwell (1831-1879) geschaffenen Theorie der elektrischen und magnetischen Erscheinungen bereits vorhanden, das physikalische Verständnis entwickelte sich erst langsam zu seinem vollen Umfang. So wird durch ruhende und bewegte elektrische Ladungen an jedem Punkt des Raumes ein elektrisches und magnetisches Feld induziert, das die entsprechende Kraftwirkung überträgt. Der Energieinhalt eines solchen Feldes wird durch eine von den elektrischen und magnetischen Eigenschaften des Raumes abgängige Energiedichte beschrieben, der Transport von Energie im Feld geschieht entsprechend einer als Energieflußdichte oder Poyntingscher Vektor bezeichneten Größe[1].

---

1 Energiedichte = $w = \frac{1}{2} (\vec{H}.\vec{B} + \vec{E}.\vec{D})$
Poyntingscher Vektor: $\vec{S} = (\vec{E} \times \vec{H})$
$\vec{H}$ = magnetische Feldstärke, $\vec{B}$ = magnetische Kraftflußdichte,
$\vec{E}$ = elektrische Feldstärke, $\vec{D}$ = dielektrische Verschiebung.

## I.1.5. Die Äquivalenz von Masse und Energie

Die Vorstellung von Materie als unverbrauchbare Substanz ist wohl ziemlich alt. Auf eine quantifizierbare Basis wurde sie durch die Erfolge der Atomvorstellung in der Chemie gestellt. Antoine Laurent Lavoisier (1743-1794) erkannte die Erhaltung der Masse bei chemischen Umsetzungen. John Dalton (1766-1844) gibt dieser Vorstellung mit Hilfe seiner Gesetze der konstanten und multiplen Proportionen eine noch bessere Fundierung. Man kann die Erhaltung der Masse bei chemischen Umsetzungen auch als Erhaltungssatz für die Zahl der Atome eines jeden an der Reaktion beteiligten Elementes formulieren. Wie wir gesehen haben, nennt Planck das Prinzip von der Erhaltung der Materie hinsichtlich seiner Bedeutung in einem mit dem Prinzip von der Erhaltung der Energie. Über die Spezielle Relativitätstheorie /27/ eröffnet nun Albert Einstein (1879-1955) durch die dort enthaltene Beziehung $E=m_0c^2$ für die Ruheenergie eines Körpers (c=Lichtgeschwindigkeit) eine völlig neue Dimension des Verständnisses von Masse und Energie: Die Erhaltung der Masse und der Energie verschmelzen zu einem gemeinsamen Prinzip. Das Phänomen des Massendefekts von Atomkernen bzw. deren Bindungsenergie ist eine der empirischen Erscheinungsformen dieses Naturgesetzes. Man kann im Rahmen der Kernphysik von einer Masseerhaltung nicht mehr sprechen. Zwar bleibt in dem Bereich, wo die umgesetzten Energien pro Kernteilchen klein sind gegenüber ihrer Ruheenergie, die Zahl der Kernteilchen bei den Prozessen erhalten, aber ein Bruchteil ihrer Masse wird in Energie umgesetzt. Aus diesem Grund ist auch die Gewinnung von Energie durch Verschmelzung bzw. Spaltung von Atomkernen möglich. Die Erhaltung der Masse bei chemischen Prozessen ist daher auch kein streng, sondern nur ein näherungsweise gültiges Gesetz, da die dabei in Energie umgesetzten Massebeträge für einen experimentellen Nachweis zu klein sind.

Ausgehend von der Unmöglichkeit eines "perpetuum mobile" ist das Prinzip von der Erhaltung der Energie damit als das umfassende Naturgesetz erkannt worden.

Zur Abrundung des Bildes soll noch erwähnt werden, daß die Mathematikerin Emmi Noether (1882-1935) im Jahr 1918 zeigen konnte, daß die Erhaltungssätze in der Physik ganz eng mit typischen Invarianzeigenschaften zusammenhängen /28/. So folgt die Erhaltung der Energie aus der Invarianz gegen zeitliche Verrückungen. Da die Erscheinungen der Wärmelehre molekularkinetisch gedeutet werden können, sind auch sie hier eingeschlossen. Durch die Invarianzeigenschaften werden tiefgehende Struktureigenschaften unserer physikalischen Modelle zum Verständnis des Naturgeschehens beschrieben. Ihr Zusammenhang mit der Energie macht nicht nur deren praktische, sondern auch deren konzeptionelle Wichtigkeit deutlich.

### I.1.6. Die Wertigkeit der Energie: Der zweite Hauptsatz der Wärmelehre und die Entropie

Die Äquivalenz der verschiedenen Energiearten untereinander wird in der Wärmelehre durch den 1. Hauptsatz als eine spezielle Form des Satzes von der Erhaltung der Energie formuliert. Aber schon vor der klaren Erkenntnis der Äquivalenz von mechanischer Arbeit und Wärme zeigt S.Carnot in seiner schon genannten Abhandlung /11/ über die bewegende Kraft des Feuers, "daß jederzeit, wenn Arbeit durch Wärme geleistet wird, und nicht zugleich eine bleibende Veränderung in dem Zustande des wirksamen Körpers eintritt, eine gewisse Wärmemenge von einem warmen zu einem kalten Körper übergeht, wie z.B. bei der Dampfmaschine durch Vermittlung des Dampfes, .." /29/. Robert Clausius (1822-1888) greift die Carnotschen Überlegungen auf und entwickelt in einer Reihe von Abhandlungen den heute 2. Hauptsatz der Wärmelehre genannten Sachverhalt und die aus ihm folgenden Konsequenzen. Da S.Carnot ja auch von der Vorstellung eines unveränderlichen Wärmestoffes ausgegangen war, zeigt Clausius erst einmal, daß die wesentlichen Schlüsse unabhängig von dieser Annahme sind, um danach zu demonstrieren, daß der entscheidende Punkt der Überlegungen eben genau in dem Umstand zu sehen ist, daß "nie Wärme aus einem kälteren in einen wärmeren Körper übergehen kann, wenn nicht gleichzeitig eine andere damit verbundene Änderung eintritt" /30/. Den Satz selber nennt er "Satz von der Äquivalenz der Verwandlungen" mit dem konkret wie folgt formulierten Inhalt: "In allen Fällen, wo eine Wärmemenge in Arbeit verwandelt wird, und der diese Verwandlung vermittelnde Körper sich schließlich in seinem Anfangszustande befindet, muß zugleich eine andere Wärmemenge aus einem wärmeren in einen kälteren Körper übergehen, und die Größe der letzteren Wärmemenge im Verhältnis zur ersteren ist nur von den Temperaturen der beiden Körper, zwischen welchen sie übergeht, und nicht von der Art des vermittelnden Körpers abhängig". Mit anderen Worten: der Carnotsche Wirkungsgrad eines Kreisprozesses hängt nur von den beiden Temperaturen, zwischen denen er abläuft ab. Die wichtige Größe ist Q/T, wobei Q die Wärmemenge meint, die bei der absoluten Temperatur T übertragen wird. Clausius nennt sie den Äquivalenzwert der Verwandlung und zeigt, daß für umkehrbare Kreisprozesse gelten muß

$$\int \frac{dQ}{T} = 0,$$

wogegen bei nichtumkehrbaren Prozessen gilt

$$\int \frac{dQ}{T} > 0$$

(wobei das Ungleichheitszeichen von der Wahl des Vorzeichens für dQ abhängt). In Weiterführung dieser Überlegungen erkennt er die Größe dQ/T für reversible Prozesse als vollständiges Differential einer Zustandsgröße S, welche den "Verwandlungsinhalt" des Körpers, für den S definiert ist, beschreibt. Aber Clausius zieht wegen der - wie er ausdrücklich sagt - fundamentalen Bedeutung des Begriffes das griechische Wort für Verwandlung vor und nennt S die Entropie des Körpers: "Das Wort Entropie habe ich absichtlich dem Worte Energie möglichst ähnlich gebildet, denn die beiden Größen, welche durch diese Worte benannt werden sollen, sind ihrer physikalischen Bedeutung nach einander so nahe verwandt, daß eine gewisse Gleichartigkeit in der Benennung mir zweckmäßig zu sein scheint" /31/. Damit sagt der zweite Hauptsatz auch aus, daß alle Verwandlungen in der Natur "in einem gewissen Sinn, welchen ich als den positiven angenommen habe, von selbst .... geschehen können". Dieser "gewisse Sinn" ist der zunehmender Entropie bzw. ständiger Energieentwertung: zwar geht keine Energie im strengen Sinn verloren, aber durch den ständigen Temperaturverlust der an den Verwandlungen beteiligten Wärmemengen sinkt auch deren Fähigkeit, Arbeit zu leisten. Durch diesen Sachverhalt ist die eigentliche Ursache für eine Energiekrise klargelegt.

## I.2. Mechanische Arbeit; die verschiedenen Energieformen; Wärmeströmung als Form des Energieaustausches

Die nachstehenden Ausführungen sind elementar und dienen der Darlegung verschiedener wichtiger Begriffe.

### I.2.1. Mechanische Arbeit

Man bezeichnet das Produkt aus einer Wegstrecke mit der Komponente einer Kraft, die längs dieser Wegstrecke wirkt, als mechanische Arbeit:

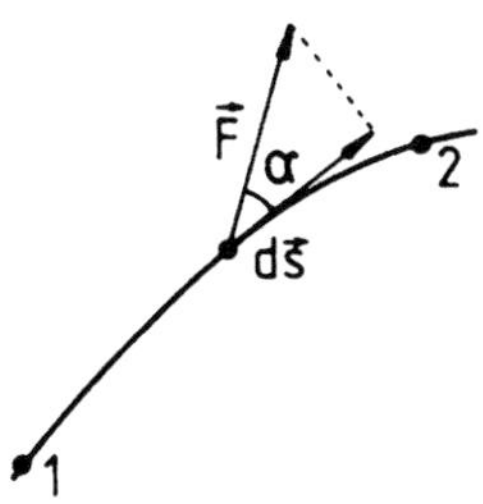


Abb. I.4.: Skizze zur Definition des Begriffs "mechanische Arbeit".

$$dW = |\vec{F}|\,|d\vec{s}|\cos\alpha = (\vec{F}.d\vec{s})$$

bzw. (I,1)

$$W_{12} = \int_1^2 \vec{F}d\vec{s}.$$

Die Arbeit wird positiv gezählt, wenn die Kraft eine Komponente in Bewegungsrichtung hat, negativ, wenn die Komponente gegen die Bewegungsrichtung wirkt. Die spezifische Art der Bewegung (Geschwindigkeit, Zeitdauer u.a.m.) beeinflußt die Arbeit nicht. Unter Leistung versteht man die in der Zeiteinheit vollbrachte Arbeit.

### I.2.2. Beispiele für die Übertragung mechanischer Energie

Auf einen sich vorerst kräftefrei bewegenden Körper wirke ab einem bestimmten Zeitpunkt eine konstante Kraft $\vec{F}$. Diese Kraft sei parallel zur Richtung der Bewegung entlang der x-Achse ($ds = dx$). Dann gilt:

$$m\frac{dv}{dt} = |\vec{F}|\cdot\frac{dx}{dt}\,, \qquad (I,2)$$

$$mv\frac{dv}{dt} = v\frac{d(mv)}{dt} = F\frac{dx}{dt} = \frac{d(Fx)}{dt} = \frac{dW}{dt}\,. \qquad (I,3)$$

Wegen

$$mvdv = dE_{kin} \qquad (I,3')$$

führt die durch die Kraft $\vec{F}$ an der Masse m geleistete Arbeit zu einer Änderung der kinetischen Energie $dE_{kin}$. Dabei tritt die Größe $dE_{kin}$ in einer Form

$$\zeta d\xi \qquad (I,4)$$

auf, wobei im vorliegenden Fall die Größen $\zeta$ und $\xi$ die Bedeutung $\zeta$=v und $\xi$=mv haben.

Energie und Impuls sind Beispiele für mengenartige Größen: Energie wie Impuls eines Körpers setzen sich additiv aus den Energien bzw. Impulsen der einzelnen Teile des Körpers zusammen. Man bezeichnet die Geschwindigkeit $\vec{v}$ auch als intensive, den Impuls $m\vec{v}$ als extensive Variable. Intensive Größen ändern ihren Wert bei Unterteilung des Körpers (Systems[1]), für den sie definiert sind, nicht: Teilt man eine Masse m, die sich mit der Geschwindigkeit $\vec{v}$ bewegt, in mehrere kleinere Massen $m_i$, so bewegt sich jede dieser Massen mit der Geschwindigkeit $\vec{v}$. Der Impuls der Teile wird dagegen $m_i\vec{v}$. Er ist eine mengenartige Größe, der eine extensive Variable zugeordnet ist.

(I,3) läßt sich mit (I,3') als Strom von kinetischer Energie interpretieren:

$$\frac{dE_{kin}}{dt} = v\,\frac{d(m\vec{v})}{dt} = v.(\text{Impulsstrom}).$$

Dieser Zusammenhang ist von allgemeiner Bedeutung. Ist eine Größe in der Form (I.4) gegeben, so ist ihr Strom stets durch einen entsprechenden Strom der extensiven Größe $\xi$ mit bestimmt. Dadurch wird aber auch eine "Energieform" charakterisiert: die mengenartige Größe Impuls ist mit der Energieform Bewegungsenergie verknüpft. Allerdings ist die mit (I,3) auftretende Verschiebung dx keine mengenartige, wohl aber eine

1 siehe II.1.

extensive Größe. Der Begriff extensiv ist allgemeiner als der der Mengenartigkeit.

Aus (I.3) erhält man durch elementare Integration:

$$\frac{m}{2}\,(v_2^2 - v_1^2) = \Delta W_{12} \tag{I,5}$$

mit

$\Delta W_{12} > 0$: für $0 \leq \sphericalangle(\vec{F}, d\vec{s}) < \frac{\pi}{2}$. Daraus resultiert eine Zunahme an kinetischer Energie.

$\Delta W_{12} < 0$: für $\frac{\pi}{2} < \sphericalangle(\vec{F}, d\vec{s}) \leq \pi$. Daraus resultiert eine Abnahme an kinetischer Energie, z.B. durch ein bremsendes Medium.

Die Arbeit $\Delta W$ ermittelt einen Austausch von Energie zwischen verschiedenen Energieformen. Im Fall der Reibung geht dabei kinetische Energie in innere Energie (siehe I.2.3.) des bremsenden Mediums über, ein Umstand, der sich u.a. in einer Temperaturerhöhung dieses Mediums äußert.

Ist die wirkende Kraft (entsprechend (I,3)) die Folge eines konservativen Feldes, so ist sie durch das Potential $\Phi(\vec{r})$ dieses Feldes gegeben:

$$\vec{F}(\vec{r}) = -\vec{\nabla}\Phi(\vec{r}), \tag{I,6}$$

was im Falle (I,2) bedeutet:

$$F(x) = -\frac{d\Phi(x)}{dx}$$

Man bekommt damit:

$$mv\frac{dv}{dt} = -\frac{d\Phi}{dx}\frac{dx}{dt}$$

bzw.

$$\int_1^2 mv\frac{dv}{dt}\,dt = \int_1^2 mv\,dv = -\int_1^2 \frac{d\Phi}{dx}\frac{dx}{dt}\,dt = -\int_1^2 d\Phi$$

mit dem Ergebnis:

$$\frac{m}{2}(v_2^2 - v_1^2) = \Phi(x_1) - \Phi(x_2)\ . \tag{I,7}$$

Die Zu- bzw. Abnahme der kinetischen Energie entspricht einer Ab- bzw. Zunahme des Potentials. Bezeichnet man $\Phi(x)$ mit potentieller Energie des Körpers im Feld, so ist (I,7) der

Energieerhaltungssatz der Mechanik in Potentialfeldern:

$$E_{kin} + E_{pot} = \frac{m}{2}v^2 + \Phi(x) = \frac{m}{2}v_0^2 + \Phi(x_0) = E_0 \,. \qquad (I,7')$$

$E_0$ ist die mechanische Gesamtenergie des Körpers im Feld. Das System "Körper + Feld" ist nicht abgeschlossen, weil der Impuls nicht erhalten ist. Es lassen sich in dieser Beschreibung die Rückwirkungen der Masse m auf die Quellen des durch $\Phi(x)$ gegebenen Feldes nicht erfassen. Die vom Feld dem Körper zugeführte kinetische Energie ist gleich der mit dem Feld geleisteten Arbeit, die dann einer Abnahme der potentiellen Energie entspricht. Die Arbeit ist dabei mit dem Austausch der beiden Energieformen Bewegungsenergie und potentielle Energie der Körper im Feld verknüpft. Die Größe - Fdx wird auch oft als Verschiebungsenergie[1] bezeichnet.

Im Fall einer Drehbewegung gilt mit:

$$\frac{d\phi}{dt} = \omega = \text{Winkelgeschwindigkeit}$$

für die kinetische Energie

$$\frac{m}{2}v^2 = \frac{m}{2}(\omega r)^2 = \frac{I}{2}\omega^2,$$

wobei I das Trägheitsmoment bezüglich der Drehachse ist. Für eine einfache Kreisbewegung ist der Drehimpuls:

$$L = mrv = mr^2\omega = I\omega. \qquad (I,8)$$

Man kann daher den Ausdruck bilden:

$$dE_{rot} = \omega I d\omega = \omega dL. \qquad (I,9)$$

Wieder ist dL das Differential einer mengenartigen Größe, des Drehimpulses, sodaß auch für $dE_{rot}$ das Schema (I.4) gilt. Der Beziehung (I.2) entspricht

$$I\frac{d\omega}{dt} = \tau \qquad \tau = \text{Drehmoment}^2 \qquad (I,10)$$

1 Siehe z.B. bei Falk-Ruppel /32/. Hier soll aber der gebräuchlichere und besonders in der technischen Literatur eingeführte Begriff "Arbeit" beibehalten werden.

2 Allgemein gilt: $I\frac{d\vec{\omega}}{dt} = \vec{\tau}$; $\vec{\tau} = \vec{F}\times\vec{r} = \frac{d\vec{L}}{dt}$.

Daraus folgt:

$$\frac{I}{2}\,(\omega^2-\omega_0^2) = \tau(\phi-\phi_0), \qquad (I,11)$$

wobei die rechte Seite die Arbeit beschreibt, die notwendig ist, um die Rotationsenergie um den linksstehenden Betrag zu erhöhen.

Das folgende vereinfachte Beispiel soll zur Veranschaulichung des Überganges verschiedener Formen mechanischer Energie ineinander dienen: Aus einem großen Stausee wird Wasser auf das Schaufelrad einer Turbine geleitet. Dieses dreht sich mit der Winkelgeschwindigkeit $\omega$. Welche Energieströme sind hiebei beteiligt? Der ganze Prozeß soll reibungsfrei und stationär angenommen werden. Unter diesen Umständen gilt jedenfalls die Bernoullische Gleichung (siehe Abb.III.1.2.4.):

$$\rho\frac{v^2}{2} + p + \rho g z = \text{konst.},$$

$$\rho = \text{Dichte};\ p = \text{Druck}. \qquad (I,12)$$

Da der Druck an der Seeoberfläche und an der Düsenöffnung jeweils gleich dem atmosphärischen Luftdruck ist, erhält man:

$$p_0 + \rho g H = \rho\frac{v^2}{2} + p_0$$

oder

$$v = \sqrt{2gH}. \qquad (I,13)$$

Dabei wurde angenommen, daß die Seeoberfläche praktisch konstante Höhe H und damit auch die Geschwindigkeit $v_0=0$ hat. Dadurch wird die potentielle Energie eines Wasserelementes dm vollständig in kinetische Energie beim Düsenaustritt umgewandelt. Die auf das Schaufelrad wirkende Kraft $\vec{F}$ ergibt sich aus der Impulsänderung des Wasserstrahls beim Auftreffen auf die Schaufel.

Man kann zeigen, daß beim Umlenken des Wasserstrahls um $180^o$ entsprechend Abb.I.6. die Kraft $\vec{F}$ den Wert hat:

$$F = 2\rho f v\,(v-R\omega), \qquad (I,14)$$

$$f = \text{Ausflußquerschnitt},$$

$$(f.v) = \text{sekundliches Durchflußvolumen}.$$

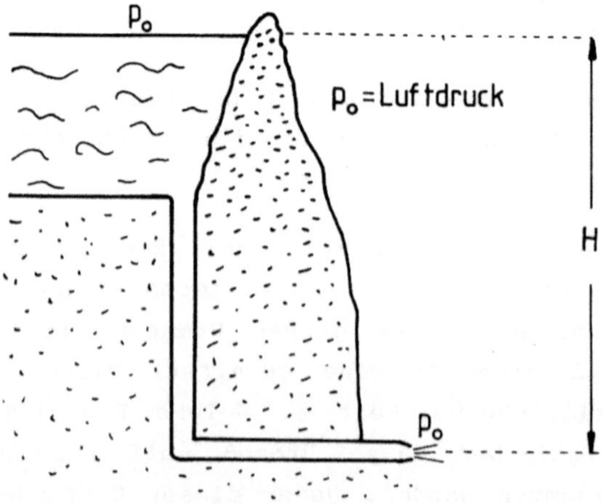


Abb.I.5.: Aus einem Stausee wird Wasser durch eine geeignete Konstruktion auf das Schaufelrad einer Turbine geleitet, welches sich mit der Winkelgeschwindigkeit ω dreht.

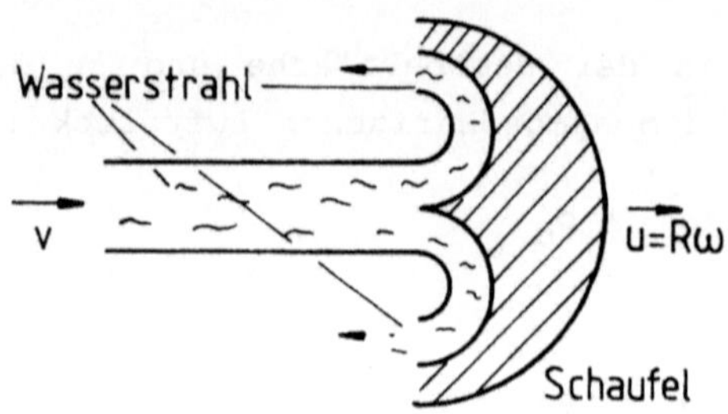


Abb.I.6.: Form der Schaufel zur Erzielung einer optimalen Impulsänderung (siehe III.1.2.).

Nach (I,11) ist die sich ergebende Rotationsenergie:

$$dE_{rot} = \tau d\phi = F\, R\omega dt$$

oder der entsprechende Strom von Rotationsenergie (=Leistung):

$$P = \frac{dE_{rot}}{dt} = FR\omega. \qquad (I,15)$$

Der maximale Energiestrom (= maximale Leistung) folgt aus:

$$\frac{dP}{d\omega} = 0 = 2\rho fvR\,(v-2R\omega)$$

und tritt auf beim Wert:

$$\omega_0 = \frac{v}{2R} \text{ bzw. } \omega_0 R = \frac{v}{2} . \qquad (I,16)$$

Damit bekommt man:

$$P_{max} = \rho f v \frac{v^2}{2} = \dot{m} \frac{v^2}{2} = \frac{d}{dt} (m \frac{v^2}{2}) = \frac{d}{dt}(mgH) . \qquad (I,17)$$

Die Ausströmgeschwindigkeit v ist konstant, $\dot{m}$ bedeutet den Massendurchsatz durch den Düsenquerschnitt pro Zeit. Im Laufe des Prozesses wird die potentielle Energie des gestauten Wassers in die kinetische Energie des Wasserstrahls und in die Rotationsenergie des Schaufelrades umgeformt. Unter den idealisierten Annahmen fehlender Reibung erfolgt die Umwandlung mit einem Wirkungsgrad 1. Die Beziehung (I,17) zeigt, daß ein Strom translatorischer kinetischer Energie in einen Strom von Rotationsenergie umgewandelt wird, der in der Folge z. B. durch einen Generator zu einem Strom elektrischer Energie wird. In der Praxis wäre im vorliegenden Fall:

$$P < \dot{m} \frac{v^2}{2} \text{ bzw. } \eta = \frac{P}{\dot{m}v^2/2} < 1 ;$$

$\eta$ kennzeichnet den Wirkungsgrad für die Transformation von translatorischer kinetischer Energie zu Rotationsenergie. In der in den technischen Wissenschaften üblichen Terminologie wird die über die Welle des Schaufelrades übertragene Energie auch technische Arbeit genannt[1].

### I.2.3. Energieform Wärme; weitere Energieformen

Der Zustand einer punktförmigen Masse wird durch Geschwindigkeit und Ort in einem Referenz-Koordinatensystem charakterisiert. Ein realer, ausgedehnter Körper kann neben der Angabe von Ort und Geschwindigkeit auch durch die Angabe seiner Temperatur (relativ zu einer Bezugstemperatur) von anderen Körpern unterschieden werden[2]. Eine der ersten Erkenntnisse im Zusammenhang mit temperaturabhängigen Phänomenen besteht nun darin, daß Körper verschiedener Temperatur, miteinander in

1 Dieser Begriff wird auch in der vorliegenden Darstellung immer wieder Anwendung finden.

2 Zu Fragen des Temperaturbegriffs und der Temperaturmessung muß auf die üblichen Darstellungen der Wärmelehre verwiesen werden.

Kontakt gebracht, ihren Zustand derart verändern, daß sie eine gemeinsame mittlere Temperatur annehmen. Wenn man voraussetzt, daß der temperaturausgleichende Prozeß nur zwischen den beiden in Kontakt befindlichen Körpern stattfinden kann, so findet man die Beziehung:

$$m_1c_1(T-T_1) = m_2c_2(T_2-T), \qquad (I,18)$$

woraus sich die gemeinsame Temperatur T ergibt (Abb.I.7.). Die Größe $m_2c_2(T_2-T)$ ist die Wärmemenge, die von $m_2$ zum Zweck des Temperaturausgleichs abgegeben wird; sie ist gleich der Wärmemenge, die zum gleichen Zweck von $m_1$ aufgenommen wird. Die Größen $c_1, c_2$ bedeuten die entsprechenden spezifischen Wärmen und sind Materialeigenschaften. Seitdem J.R.Joule und

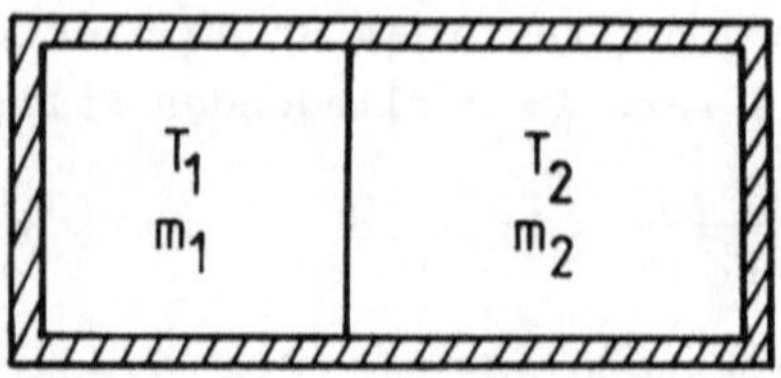


Abb.1.7.: Zwei Körper $m_1, m_2$ werden derart miteinander in Kontakt gebracht, daß ein Temperaturausgleich nur zwischen ihnen und nicht auch mit der übrigen Umgebung möglich ist ($T_2 > T_1$).

R.J.Mayer gezeigt haben, daß Wärmemengen durch Arbeit erzeugt werden können, und sie auch den quantitativen Zusammenhang zwischen aufzuwendender Arbeit und jeweils erzeugter Wärmemenge verdeutlicht haben, ist klar, daß Wärme eine Energieform ist. Die Temperatur der Körper ist dabei ein Maß für ihre innere Energie, die sie auch im Zustand der Ruhe enthalten. Ein Wärmestrom von einem Körper zum anderen besorgt einen Energieaustausch. Wärmestrom bedeutet also jenen Energiestrom, der beim Temperaturausgleich vom wärmeren zum kälteren Körper fließt. Wärme ist eine typische Prozeßgröße: sie charakterisiert nicht den Zustand des Körpers (das geschieht durch die Temperatur), sondern sie tritt beim Energieaustausch in Erscheinung. Dieser Umstand trifft auch auf die Arbeit zu: auch die Arbeit ist ja immer mit dem Prozeß des Energieaustausches verknüpft.

Auch eine infinitesimale Wärmemenge dQ kann in einer zu (I,4)

analogen Form ausgedrückt werden:

$$dQ = TdS, \tag{I,19}$$

T = Temperatur, bei der die Wärmemenge dQ ausgetauscht wird.

S = Entropie, eine für den Zustand des Körpers charakteristische Größe. Sie ist eine extensive Variable.

Der Wärmestrom:

$$\frac{dQ}{dt} = T\frac{dS}{dt} \tag{I,20}$$

wird offensichtlich von einem Entropiestrom begleitet. Neben den schon besprochenen Energieformen gibt es noch andere, die ebenfalls große Bedeutung haben. So wird die chemische Energie der fossilen Brennstoffe bei der Verbrennung freigesetzt, durch einen Wärmestrom auf ein Arbeitsmedium übertragen und erhöht dessen Energie. Ein Teil dieser Energie kann dem Medium dann in Form von technischer Arbeit entzogen werden, welche direkt verwendet werden kann oder mit Hilfe eines Generators zur Erzeugung elektrischer Energie dient. Im Generator wird mittels eines Magnetfeldes mechanische Energie in elektrische transformiert[1]. Die extensive Variable der chemischen Energie ist die Teilchenzahl:

$$dE_{Chem} = \mu_i dN_i, \tag{I,21}$$

$N_i$ = Zahl der Teilchen (Moleküle) der Art i;

$\mu_i$ = zur Teilchenart (Molekülart) gehöriges chemisches Potential.

Ein Strom chemischer Energie ist damit immer mit einem Teilchenstrom verknüpft:

$$\frac{dE_{chem}}{dt} = \mu_i \frac{dN_i}{dt}. \tag{I,22}$$

Je größer die Zahl der Kohlenstoffatome ist, die pro Sekunde mit Sauerstoff zu $CO_2$ reagieren, umso größer ist der mit diesem Prozeß verknüpfte Energiestrom. In ähnlicher Weise

---

1 Das hier skizzierte Verfahren zur Erzeugung elektrischer Energie ist der großtechnisch beschrittene Weg, aber natürlich nicht der einzige. In galvanischen Brennstoffzellen wird z.B. eine direkte Umwandlung chemischer in elektrische Energie erreicht (K.Euler /33/).

kann ein Strom nuklearer Energie angenommen werden, wobei $N_i$ die zu spaltenden Kerne und $\mu_i$ ein zum chemischen Potential analoges nukleares Potential beschreiben.

Elektrische Energie kann zwar durch elektromagnetische Felder (Wellen) über weite Strecken übertragen werden, aber zum Austausch mit anderen Energieformen kann sie nur über Bewegung von Ladungsträgern gebracht werden (siehe auch Abschnitt IV.2):

$$dE_{el} = \Phi dq \text{ bzw. } \frac{dE_{el}}{dt} = \Phi \frac{dq}{dt}, \qquad (I,23)$$

$\Phi$ = elektrisches Potential,

$q$ = elektrische Ladung.

Insgesamt ist die Wechselwirkung zwischen elektromagnetischen Feldern und Materie ein sehr komplizierter Vorgang. Die Beziehung (I,23) beschreibt dabei nur einen, wenn auch wichtigen Teilaspekt[1].

Auch die von der Sonne gelieferte Strahlungsenergie wird uns ja in Form von Energie elektromagnetischer Wellen übermittelt. Innerhalb eines elektromagnetischen Feldes ist der Energiestrom pro Fläche durch den Poyntingschen Vektor:

$$\vec{S} = (\vec{E} \times \vec{H}) \text{ (im SI-Maßsystem)}, \qquad (I,24)$$

$\vec{E}$ = elektrische } Feldstärke

$\vec{H}$ = magnetische } Feldstärke

gegeben.

Einfacher sind die Verhältnisse in der Formulierung der Quantenphysik zu verstehen. Mit der Lösung des Problems der Temperaturstrahlung durch M.Planck /34/ wurde klar, daß die Energie eines elektromagnetischen Strahlungsfeldes in Form von Energiequanten auftritt. Wenn $u(\nu)$ die Energiedichte der unpolarisierten Strahlung eines schwarzen Körpers (= Körper, der alle auf ihn auftreffende Strahlung absorbiert) im Frequenzbereich $\nu$ und $\nu + d\nu$ ist, gilt:

1 Über die Energieformen im Zusammenhang mit elektromagnetischem Feld und Materie siehe z.B. G.Falk, W.Ruppel /32/. Dort ist auch das Konzept der Energieströme ausführlich dargelegt.

$$u(\nu) = \frac{8\pi}{c^3} \frac{h\nu^3}{\exp\left(\frac{h\nu}{kT}\right) - 1} = \frac{2\omega}{\pi c^3} \frac{\omega\hbar}{\exp\left(\frac{\hbar\omega}{kT}\right) - 1} \quad . \tag{I,25}$$

Dabei ist:

$$E_\nu = h\nu = \hbar\omega \tag{I,26}$$

das Elementarquantum der Energie einer Strahlung der Frequenz $\nu$. Es ist weiter:

$$h = 6{,}625.10^{-34}\text{Js (Plancksches Wirkungsquantum)}$$

und

$$\hbar = \frac{h}{2\pi} \quad ,$$

$$\omega = 2\pi\nu \text{ (Kreisfrequenz)}^1 .$$

In den folgenden Jahren wurde dann klar, daß der Quantencharakter der Energie des Strahlungsfeldes nur ein Teilaspekt der Teilchennatur der Strahlung (des Photons) ist, der noch durch die entsprechenden Impuls- und Drehimpulseigenschaften ergänzt werden muß. Der Impuls eines Photons hat den Betrag $\hbar\omega/c$, der Drehimpuls unabhängig von der Frequenz $\sqrt{2}\,\hbar$.

Dem Teilchenaspekt entsprechend kann man die übermittelte Strahlungsleistung in der Form:

$$\frac{dE_{Str}}{dt} = \sum_i (h\nu_i)\frac{dN_i}{dt} \quad , \tag{I,27}$$

$N_i$ = Zahl der Lichtquanten der Frequenz $\nu_i$

angegeben: Der Strom der Strahlungsenergie ist an einen Photonenstrom gekoppelt, wobei die Zahl der Photonen die extensive Variable darstellt.

---

1 Es hat sich als praktisch erwiesen, die Größen $\hbar$ und $\omega$ zu verwenden. Wir werden von beiden Darstellungen Gebrauch machen.

# II. Thermodynamische Grundlagen der Energietechnik[1]

## II.1. Erster Hauptsatz der Thermodynamik für geschlossene und offene Systeme

Der Begriff des Systems als ein genau umgrenzter Bereich von Größen, zwischen denen irgendwelche Beziehungen bestehen (System von Punktmassen, System von Ladungen, Regelsystem), ist ein auch in der Wärmelehre sehr nützlicher Begriff. Durch die Definition eines Systems als entsprechend abgegrenzter Raum oder als eine Stoffmenge wird der Gegenstand der Untersuchungen so fixiert, daß man zu sinnvollen und reproduzierbaren Aussagen kommen kann. Als Beispiele kann man eine abgegrenzte Gasmenge ebenso nehmen wie ein ganzes Kraftwerk. Die nicht zum System gehörenden Bereiche werden sinngemäß als dessen Umgebung bezeichnet.

Ein abgeschlossenes System hat keine Wechselwirkung mit der Umgebung. Ein geschlossenes System beinhaltet eine bestimmte Stoffmenge, sodaß seine Masse stets konstant bleibt. Es gibt über die Systemgrenze hinweg mit der Umgebung zwar Energieaustausch, aber keinen Stofftransport. Ein offenes System stellt einen bloßen Kontrollraum dar, dessen Systemgrenzen sowohl von Energieströmen in Form von Wärme und Arbeit wie auch von

1 Die Themen dieses Abschnitts sind an sich in einer großen Zahl von Lehrbüchern behandelt. Es wurde jedoch versucht, Gesichtspunkte der physikalischen Lehrbuchliteratur mit jenen der technischen Thermodynamik anzureichern, um auf diese Weise dem Gesamtthema besser gerecht zu werden. Aus der großen Zahl der Lehrbücher sind die Referenzen /35/,/36/, /37/, /38/ eine allein dem Geschmack des Autors entsprechende Auswahl.

Stoffströmen überschritten werden. Die technisch wichtigen Systeme sind in der Regel offene Systeme. Ein typisches Beispiel für ein solches offenes System ist etwa eine Dampfturbine, die ja von einem Stoffstrom durchflossen wird.

Von den verschiedenen Eigenschaften eines Systems interessieren in unserem Zusammenhang weniger die "äußeren" Eigenschaften, d.s. Masse, Geschwindigkeit usw., sondern mehr die "inneren": Volumen, Druck, innere Energie usw. Diese Eigenschaften können von einem mikroskopischen (molekularen) oder von einem makroskopischen Standpunkt beschrieben werden. Für unsere Zwecke ist der zweite passender, da die makroskopischen Eigenschaften der direkten Messung zugänglich sind. Allerdings muß das System zu diesem Zweck in einem "thermodynamischen Gleichgewicht" sein. Damit meint man, daß sich die makroskopischen Eigenschaften des Systems ohne äußere Einwirkungen nicht ändern.

Zur Beschreibung eines makroskopischen Zustands dienen die entsprechenden Zustandsgrößen wie: Volumen, Druck, Temperatur, innere Energie usw. Es hängt dabei vom System ab, wieviele Zustandsgrößen einen Zustand eindeutig festlegen. Wie auch schon unter I.2.1. dargelegt wurde, unterscheidet man extensive und intensive Zustandsgrößen. Intensive Größe ändern ihren Wert bei Unterteilung des Systems, für das sie definiert sind, nicht. Extensive Größen ändern ihren Wert im Verhältnis zur Masse der Teilsysteme (Geschwindigkeit und Impuls, Druck und Volumen usw.). Das Zusammenspiel solcher Zustandsgrößen kann man in Form von "Zustandsflächen" veranschaulichen.

Abb.II.1a zeigt die Zustandsfläche für ideales Gas. In Abb.II.1b ist die Zustandsfläche für eine Substanz wiedergegeben, die in den drei Phasen gasförmig, flüssig und fest auftritt. Wichtige Begriffe zur Beschreibung von Zustandsänderungen eines thermodynamischen Systems sind u.a. quasistatisch, reversibel und irreversibel. Von einer quasistatischen Zustandsänderung spricht man, wenn sie unendlich langsam vor sich geht. Dies ist ein idealisierter Begriff, der es aber ermöglicht, Systeme während dieser Arbeit von Zustandsänderung als im Gleichgewicht befindlich anzusehen. Damit kann man den Systemzustand durch eine Zustandsfunktion eindeutig be-

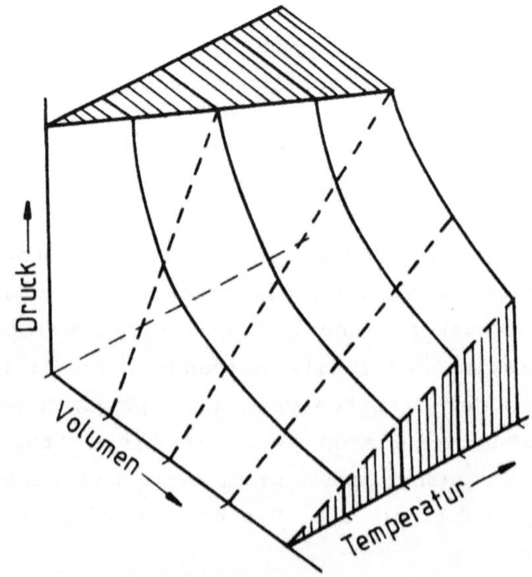


Abb.II.1a.: Zustandsfläche eines idealen Gases in einer pVT-Darstellung.

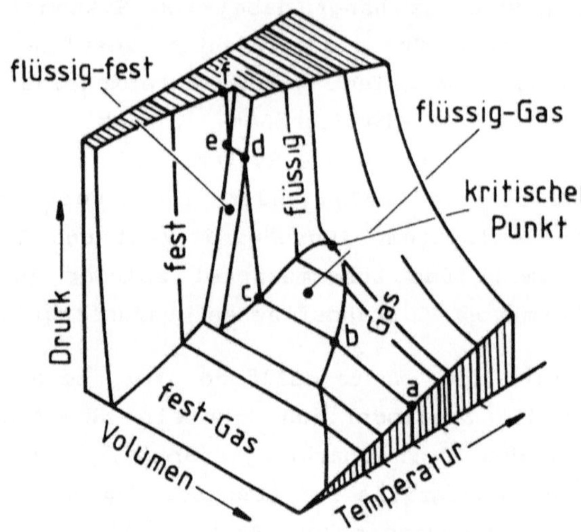


Abb.II.1b.: Zustandsfläche einer Substanz ($CO_2$), die in drei Phasen auftritt. Der Linienzug a-b-c-d-e-f beschreibt das Verhalten längs einer Isotherme. Entlang b-c wandelt sich das Gas in die Flüssigkeit um. Dabei verringert sich das Volumen. Eine Druckerhöhung führt dann zu jenem Punkt (d), an dem die Umwandlung zum Festkörper einsetzt.

schreiben. Der Begriff der Reversibilität oder Umkehrbarkeit geht auf S.Carnot zurück /11/ und meint, daß sich eine Zustandsänderung in irgendeiner Form wieder rückgängig machen läßt, ohne daß dabei in der Natur (Umgebung des Systems im weitesten Sinn) irgendeine Änderung eintritt. Ansonst ist die Zustandsänderung irreversibel. Alle realen physikalischen Vorgänge sind irreversibel.

Der 1. Hauptsatz der Thermodynamik stellt die präzise Formulierung der Untersuchungen von R.J.Mayer und J.P.Joule dar. Für ein geschlossenes System lautet diese Formulierung:

$$U_2 - U_1 = Q_{12} - W_{12} \qquad (II,1)$$

Der durch die innere Energie $U_1$ charakterisierte Zustand 1 eines Systems wird in den durch die innere Energie $U_2$ charakterisierten Zustand 2 übergeführt, indem sowohl Wärme ($Q_{12}$) wie Arbeit ($-W_{12}$) zugeführt werden. Damit ist zugleich die Äquivalenz von Wärme und mechanischer Arbeit ausgedrückt, da man die gleiche Zustandsänderung erreichen kann, wenn man nur Wärme oder nur Arbeit zuführt[1]. Eine Zustandsänderung, die ohne Zufuhr (oder Abgabe) von Wärme erfolgt, heißt adiabatisch. Betrachtet man einen Kreisprozeß, so ist die Änderung der inneren Energie:

$$\Delta U = U_2 - U_1 = 0.$$

Wir erhalten entsprechend:

$$Q_{12} = W_{12},$$

wodurch ausgedrückt wird, daß vom System im Zuge eines Kreisprozesses nur soviel Arbeit an die Umgebung abgegeben werden kann, wie Energie in Form von Wärme zugeführt wird: Ein sogenanntes Perpetuum Mobile 1. Art ist nicht möglich.

$$dU = dQ - dW^2. \qquad (II,2)$$

Ein ruhendes geschlossenes System verrichtet Arbeit durch Ver-

1 Eine einheitliche Vorzeichenkonvention für die Arbeit, die an einem System geleistet wird, hat sich bis heute nicht durchgesetzt. Wir zählen die vom System (der Maschine) geleistete Arbeit positiv.

2 dU ist ein exaktes Differential, was dem Umstand Rechnung trägt, daß U eine Zustandsgröße ist.

schiebung seiner Systemgrenzen gegen äußere Kräfte (Abb.II.2). Die entsprechenden Zustandsänderungen müssen allerdings quasistatisch verlaufen, da nur in so einem Fall der Systemzustand eindeutig definiert ist.

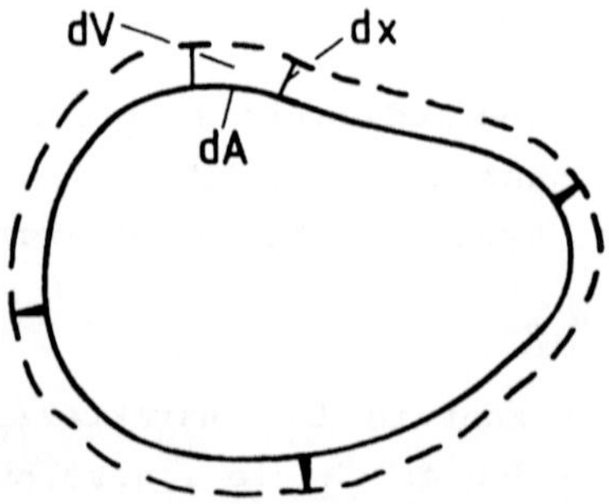


Abb.II.2.: Schematische Darstellung einer Volumsvergrößerung.

Die in Abb.II.2. entlang des Weges dx wirkende Kraft hat den Betrag pdA und ist gegen die Bewegungsrichtung gerichtet. Der entsprechende Arbeitsbetrag ist:

$dW = pdAdx = pdV$

$dA$ = Oberflächenelement

$dx$ = Wegelement

$dV = dxdA$ = Volumselement, das zu dx und dA gehört

$p$ = äußerer Druck (im Falle eines quasistatischen Prozesses praktisch gleich dem inneren Druck des Systems).

Dieser Arbeitsbetrag dW wird positiv gezählt, da die Arbeit vom System an der Umgebung geleistet wird. Die entsprechende Bilanz aus Änderung der inneren Energie, Wärme und Arbeit ist:

$$dU = dQ - pdV \qquad (II,3)$$

bzw.

$$U_2 - U_1 = \int_1^2 dQ - \int_1^2 p(V)\, dV; \qquad (II,3')$$

$\int_1^2 p(V)dV$ nennt man physikalische oder Volumsarbeit.

Eine Zustandsänderung, die eine Volumsverkleinerung zur Folge hat, führt zu einer Vergrößerung der inneren Energie U. Die Größe p(V) ändert sich entsprechend einer Zustandsgleichung in Abhängigkeit von V. Nimmt man das Standardbeispiel eines idealen Gases, so ist:

$$p(V) = nR\,\frac{T}{V} \qquad \text{(II,4)}$$

mit

$$n = \frac{m}{M_r} = \frac{\text{Masse des Gases}}{\text{Molekularmasse}}$$

$$R = 8{,}3143\ \frac{J}{mol.K} = \text{allgemeine Gaskonstante}$$

$T$ = Temperatur in Kelvin (K).

Dabei beschreibt (II,4) tatsächlich den inneren Druck des Gases, der wegen der Bedingung des quasistatischen Verlaufs der Änderung gleich dem äußeren Druck gesetzt werden kann.

An einem geschlossenen System kann natürlich auch Reibungsarbeit auftreten. Der klassische Versuch von J.P.Joule zur Bestimmung des mechanischen Wärmeäquivalents /16/ stellt die Übertragung von Energie durch Reibungsarbeit auf ein fluides geschlossenes System dar. Dies kann mit oder ohne gleichzeitiger Änderung der Systemgrenzen passieren. In der in (II,1) festgelegten Vorzeichenkonvention ist die Reibungsarbeit des Systems immer negativ:

$$W_{R12} < 0 \text{ bzw. } dW_R < 0.$$

Das Auftreten von Reibungsarbeit wirkt wie eine zusätzliche Zufuhr von Wärme. Wenn man den gesamten Arbeitsanteil bei einer Änderung eines geschlossenen Systems vom Zustand 1 in den Zustand 2 mit $W_{12}$ bezeichnet, so gilt:

$$W_{12} = W_{R12} + W_{V12}, \qquad \text{(II,5)}$$

wobei nun $W_{V12}$ die Volumsänderungsarbeit bezeichnet. Wenn etwa die Kompression eines Gasvolumens auch von Reibungsarbeit begleitet ist, so ist die für diese Kompression aufzuwendende Arbeit größer als die reine Volumsänderungsarbeit (Abb.II.3):

$$-\int_1^2 F_a dx > -\int_1^2 p(V)dV,$$

wegen der auftretenden Reibung.

Ein geschlossenes System ist sehr einfach zu überblicken, offene Systeme kommen aber in technischen Anwendungen häufiger

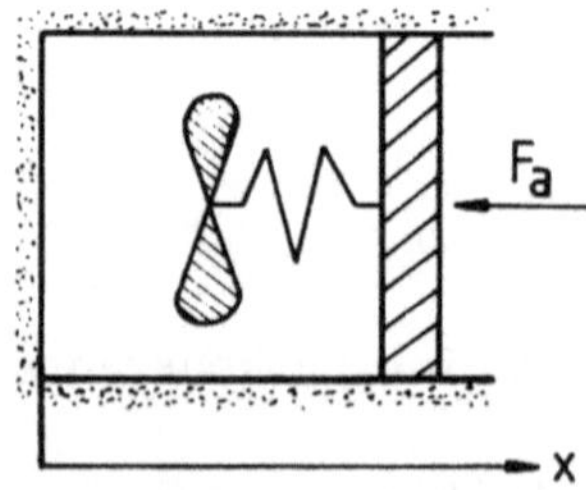


Abb.II.3a.: Schematische Darstellung einer Volumskompression durch eine äußere Kraft $F_a$, wobei die Reibung im Medium durch den Propeller symbolisiert ist.

vor. Wie schon erwähnt wurde, treten hier auch Stoffströme über die Systemgrenzen. Eines der einfachsten und ältesten offenen Systeme ist ein Wasserrad (siehe auch I.2.2, Abb.I.5.). Im Gegensatz zum geschlossenen System ist hier nicht das System als solches Änderungen unterworfen, sondern der Stoffstrom: beim Wasserrad wird kinetische Energie des Massenstroms in Rotationsenergie des Rades bzw. der Welle übergeführt. Im stationären Zustand - und nur dieser soll hier betrachtet werden - wird das offene System von einem konstanten Massenstrom durchflossen. Auch Ein- und Austrittszustand des Massenstroms sind zeitlich konstant. Der Stoff innerhalb der Systemgrenzen wird zwar immer erneuert, aber der Stoffzustand ist immer derselbe. Der Prozeß besteht nun darin, daß ein Massenstrom dm/dt durch das System fließt, seinen Zustand kontinuierlich vom Eintrittspunkt 1 zum Austrittspunkt 2 ändert und dabei Wärme und Arbeit über die Systemgrenzen abgibt oder aufnimmt. Der Energiezustand des Kontrollraumes bleibt dabei konstant.

Für die sich im offenen System abspielenden Energieumsetzungen muß man auch die potentielle und kinetische Energie des Massenstroms beachten. An den Stellen 1 bzw. 2 gilt:

$$\left.\begin{array}{l} \text{kinetische Energie: } E_{kin,i} = \frac{m}{2} v_i^2 \\ \text{potentielle Energie: } E_{pot,i} = mgz_i \\ \text{innere Energie: } U_i = mu_i \end{array}\right] \quad i = 1,2 \qquad \text{(II,6)}$$

Damit bekommt man als Gesamtenergie der Masse m des Stoffstroms am Punkt i:

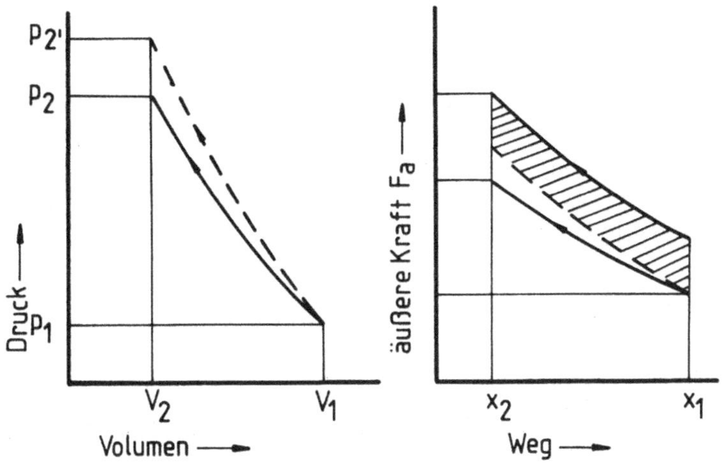


Abb.II.3b.: Kompression eines Volumens durch einen Kolben mit gleichzeitiger Reibungsarbeit: die durch die äußere Kraft zu leistende Arbeit ist größer als die Volumsänderungsarbeit. Die Volumsänderungsarbeit mit Reibung (---; linkes Diagramm) ist größer als jene ohne Reibung (——), da durch die Reibung die Temperatur zunimmt. Im Kraft-Weg-Diagramm entspricht die untere Kurve der Volumsarbeit ohne Reibung, die nächste Kurve der Volumsarbeit mit Reibung. Die oberste Kurve beschreibt die gesamte infolge der Reibung zu leistende Arbeit.

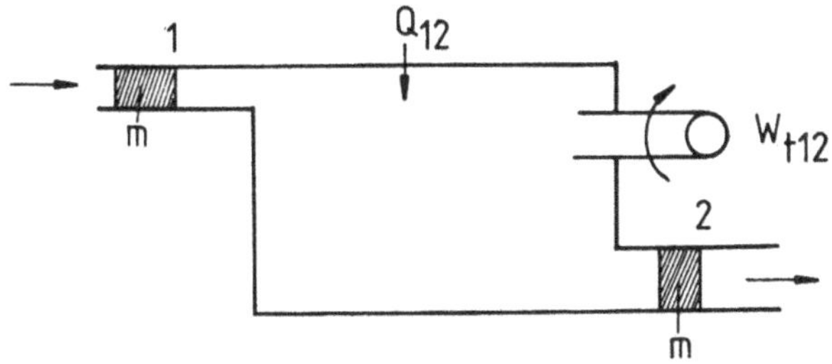


Abb.II.4.: Schematisches Bild eines offenen Systems.

$$E_i = E_{pot,i} + E_{kin,i} + U_i = m(gz_i + \frac{1}{2}v_i^2 + u_i). \qquad (II,7)$$

Die Änderung der Gesamtenergie der Masse m (der Kontrollraum als solcher erfährt ja keine Änderung!) auf dem Weg von 1 nach 2 gehorcht damit der Bilanz:

$$E_2 - E_1 = mg(z_2-z_1) + \frac{m}{2}(v_2^2-v_1^2) + U_2 - U_1 = Q_{12} - W_{12}^{*}. \qquad (II,8)$$

$W_{12}^{*}$ ist dabei die gesamte, vom offenen System abgegebene Arbeit. Diese setzt sich zusammen aus der z. B. über eine Welle abgegebenen technischen Arbeit $W_{t12}$ und einer Volumsänderungsarbeit durch den Ein- und Austritt der Masse m in den Kontrollraum: beim Eintritt der Masse m in das Kontrollraumvolumen muß eine Volumsarbeit $p_1V_1$ aufgebracht werden, wogegen beim Austritt bei 2 eine Volumsänderungsarbeit $p_2V_2$ an die Umgebung abgegeben wird. $V_1$ und $V_2$ sind die Volumina, die m bei den Stellen 1 bzw. 2 einnimmt. Damit gilt:

$$W_{12}^* = W_{t12} + V_2p_2 - V_1p_1. \qquad (II,9)$$

Anstelle von (II,8) gilt dann auch:

$$Q_{12} - W_{t12} - V_2p_2 + V_1p_1 = mg(z_2-z_1) + \frac{m}{2}(v_2^2-v_1^2) + U_2 - U_1. \qquad (II,10)$$

Für die Summe:

$$U + pV = H \qquad (II,11)$$

hat sich der Name Enthalpie[1] eingebürgert. Damit schreibt man anstelle von (II,10):

$$Q_{12} - W_{t12} = H_2 - H_1 + mg(z_2-z_1) + \frac{m}{2}(v_2^2-v_1^2). \qquad (II,10')$$

Die Enthalpie ist eine extensive Zustandsgröße. Die entsprechenden physikalischen Zusammenhänge sind am leichtesten beim idealen Gas zu überblicken. Dort gilt für die Zunahme von innerer Energie:

$$dU = C_V dT, \qquad (II,12)$$

$C_V$ = spez. Wärme bei konstantem V, bezogen auf 1 Mol.

Dagegen gilt für die Enthalpie:

$$dH = C_p dT, \qquad (II,12')$$

$C_p$ = spez. Wärme bei konstantem p, bezogen auf 1 Mol.

Dieser Zusammenhang ist sofort aus (II,11) ersichtlich. Bezogen auf 1 Mol gilt:

$$H(T) = U(T) + RT$$

1 Die Verwendung dieser Größe geht auf J.Willard Gibbs (1839-1903) zurück. Sie wurde von ihm als sogenannte "Wärmefunktion"eingeführt.

und

$$\frac{\partial H}{\partial T} = \frac{\partial U}{\partial T} + R = C_V + R = C_p.$$

Man kann die Masse m, die den Kontrollraum in einer bestimmten Zeit durchsetzt, aber auch als bewegtes geschlossenes System betrachten. Dann ist auch beim geschlossenen System die äußere Energie mit zu berücksichtigen und man bekommt:

$$Q_{12} - W^*_{12} = U_2 - U_1 + mg(z_2-z_1) + \frac{m}{2}(v_2^2-v_1^2). \qquad (II,13)$$

$W^*_{12}$ ist auch hier die gesamte abgegebene Arbeit. Berücksichtigt man, daß beim geschlossenen System gilt:

$$Q_{12} - W_{V12} - W_{R12} = U_2 - U_1$$

(wobei $W_{R12}$ auch den Reibungsanteil der Bewegung des offenen Systems enthält!) so erhält man:

$$W^*_{12} = W_{V12} + W_{R12} - mg(z_2-z_1) - \frac{m}{2}(v_2^2-v_1^2).$$

Dieser Arbeitsbetrag muß aber dem Ausdruck (II,9) entsprechen, so daß wir erhalten:

$$W_{t12} + V_2p_2 - V_1p_1 = W_{V12} + W_{R12} - mg(z_2-z_1) - \frac{m}{2}(v_2^2-v_1^2)$$

oder

$$W_{t12} = W_{V12} - |W_{R12}| - V_2p_2 + V_1p_1 - mg(z_2-z_1) - \frac{m}{2}(v_2^2-v_1^2). \qquad (II,14)$$

Mit (II,8) und (II,9) hat man den 1. Hauptsatz für offene Systeme. (II,14) ist dazu noch eine wertvolle Ergänzung, die u.a. den Zusammenhang zwischen technischer Arbeit und Volumsänderungsarbeit herstellt.

Einfache Beispiele für die vorstehenden Ergebnisse sind etwa Strömungsprozesse, bei denen keine technische Arbeit abgegeben wird (Rohrleitungen, Wärmetauscher usw.).

Dafür wird (II,9):

$$Q_{12} = H_2 - H_1 + mg(z_2-z_1) + \frac{m}{2}(v_2^2-v_1^2) \qquad (II,15)$$

und (II,14):

$$0 = W_{V12} - |W_{R12}| - V_2p_2 + V_1p_1 - mg(z_2-z_1) - \frac{m}{2}(v_2^2-v_1^2). \qquad (II,16)$$

Man erkennt aus (II,16) auch den Unterschied in dem Verhalten eines Gases oder einer inkompressiblen Flüssigkeit sehr deutlich. Im letzteren Fall gibt es keine Volumsänderungsarbeit und auch bei der Verschiebearbeit ändert sich nur der Druck:

$$|W_{R12}| = V(p_1-p_2) - mg(z_2-z_1) - \frac{m}{2}(v_2^2-v_1^2). \qquad (II,17)$$

Für eine reibungsfrei strömende Flüssigkeit findet man daraus unmittelbar:

$$p_1 + \frac{m}{V}gz_1 + \frac{m}{2V}v_1^2 = p_2 + \frac{m}{V}gz_2 + \frac{m}{2V}v_2^2 = \text{konst.}, \qquad (II,18)$$

die Bernoullische Gleichung für stationäre Strömungen.

Bei der Behandlung geschlossener Systeme wurden bereits Kreisprozesse erwähnt. Ausgehend von einem Anfangszustand wird ein thermodynamischer Prozeß über eine Folge von Zwischenzuständen wieder zu diesem Anfangszustand zurückgeführt. Daraus folgt für die innere Energie $\Delta U = 0$ und

$$Q_{12=1} = W_{12=1}.$$

Alle zugeführte Wärme geht in Arbeit über, oder: was dem System an Arbeit entnommen wird, muß an Wärme zugeführt werden. Ein kontinuierliches Durchlaufen eines solchen Kreisprozesses ermöglicht kontinuierliche Umwandlung von Wärme in mechanische Arbeit. Eine ebenfalls kontinuierliche Arbeitsbereitstellung ist mit Hilfe eines offenen Systems möglich, soweit der Stoffstrom aufrechterhalten werden kann. Ein Beispiel für ein solches System ist etwa ein Laufkraftwerk. Man kann ein geschlossenes System auch als eine Kette von aneinandergeschalteten offenen Systemen verstehen. Das Schema einer einfachen Dampfkraftanlage[1] macht das in Abb.II.5 deutlich.

Die Summe der Teilprozesse ergibt wieder einen Kreisprozeß. Mit (II,10) bekommt man, da die rechte Seite nur aus Zustandsgrößen besteht:

1 Die Bezeichnung "Kraftanlage" ist noch eine Erinnerung an den Namen "lebendige Kraft" für Energie. Denn tatsächlich handelt es sich ja um eine Energiewandlungsanlage.

$$Q_{12} - W_{t12} = H_2 - H_1 + mg(z_2-z_1) + \frac{m}{2}(v_2^2-v_1^2)$$

$$Q_{23} - W_{t23} = H_3 - H_2 + mg(z_3-z_2) + \frac{m}{2}(v_3^2-v_2^2)$$

$$\vdots$$

$$\overline{\phantom{Q_{1\to1}}}$$

$$Q_{1\to1}-W_{t1\to1} = 0 \qquad \text{(II,19)}$$

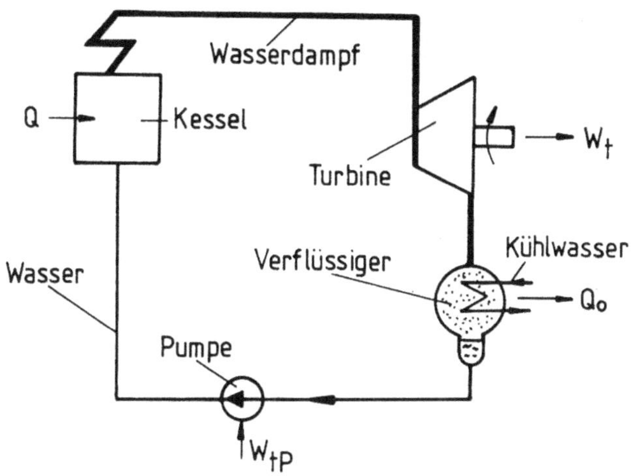


Abb.II.5.: Schematische Darstellung einer Dampfkraftanlage. Im Kessel wird durch Zufuhr von Wärme Wasser in Dampf verwandelt. Dieser strömt durch die Turbine. Dabei wird technische Arbeit an die Umgebung abgegeben. Im Kondensator erfolgt durch Abgabe von Wärme die Umwandlung des Dampfes in Wasser. Die Pumpe hält mittels Zufuhr von technischer Arbeit den Strömungsprozeß aufrecht. Kessel, Turbine, Kondensator und Pumpe sind offene Systeme.

Genau wie mit Hilfe der Betrachtungsweise eines geschlossenen Systems erhält man als Resultat, daß alle zugeführte Wärme als technische Arbeit wieder abgeführt wird. Dabei kommt es natürlich bei der Wärme wie bei der Arbeit auf die Nettobeträge an, da man ja am obigen Beispiel sieht, daß Teilbeträge von Arbeit und Wärme sowohl zu- wie abgeführt werden.

Ein offenes System, das zwar nur im zeitlichen Mittel stationär ist, aber großen didaktischen Wert hat, ist das immer wieder verwendete Modell einer Kolbenmaschine (Abb.II.6.).

Die bei den Phasen a), b), c) auftretenden Arbeitsbeträge

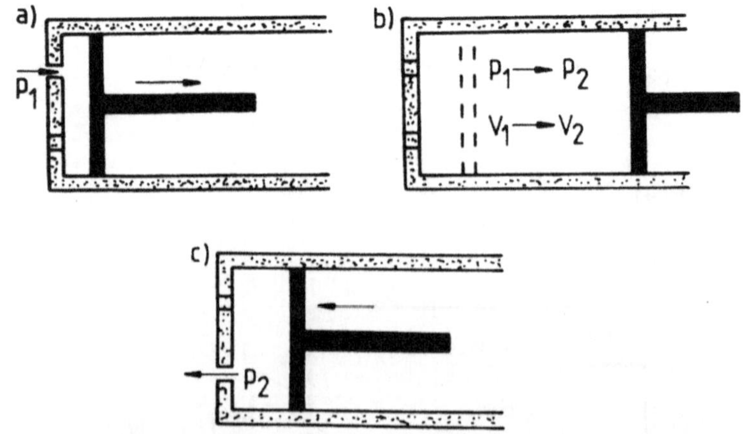


Abb.II.6.: Ein mit dem Druck $p_1$ einströmender Stoffstrom füllt das Zylindervolumen $V_1$ an (a). Danach erfolgt eine Ausdehnung entsprechend p(V) auf $p_2$ (b). In der 3. Phase (c) wird der Stoff wieder mit $p_2$ ausgetrieben. Das Volumen geht von $V_2$ auf V=0 zurück. Damit ist der Ausgangspunkt erreicht.

sind die Beträge $p_1V_1$, $p_2V_2$ und die Volumsänderungsarbeit:

$$\int_1^2 p(V)dV.$$

$p_1V_1$ wird vom Stoffstrom auf den Kolben, $p_2V_2$ vom Kolben auf den Stoffstrom übertragen. Daraus ergibt sich die Nettobilanz:

$$W_t = V_1p_1 - V_2p_2 + \int_1^2 p(V)dV. \qquad (II,20)$$

Betrachtet man den Vorgang im pV-Diagramm (Abb.II.7), so erkennt man, daß gilt:

$$W_t = - \int_1^2 V(p)\, dp. \qquad (II,21)$$

Man hat zu beachten, daß der geschilderte Prozeß, der der reibungsfreien technischen Arbeit einen Betrag im pV-Diagramm zuteilt, kein Kreisprozeß ist: Man kehrt im pV-Diagramm nicht zum Ausgangspunkt zurück. Am Kreisprozeß (Abb.II.8) verschwindet nämlich der Unterschied zwischen Volumsänderungsarbeit und technischer Arbeit. Es gilt:

$$\int_1^2 p(V)dV + \int_2^1 p(V)dV = - \int_3^4 V(p)dp - \int_4^3 V(p)dp$$

bzw.: Die Größe der Fläche innerhalb der Kurve wird bei dem

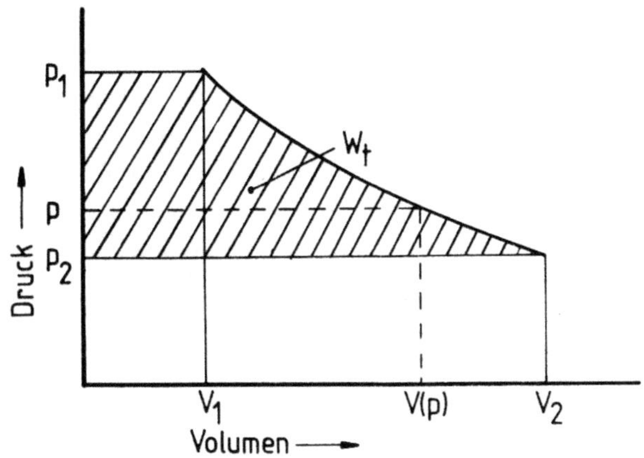


Abb.II.7.: pV-Diagramm für den Modellprozeß von Abb.II.6.

gewählten Umlaufsinn als Arbeit an die Umgebung abgegeben. Im Falle eines Kreisprozesses mit Reibung gilt entsprechend:

$$\oint p(V)dV = \underbrace{W_t - W_R}_{+|W_R|} > W_t \qquad \text{(II,22)}$$

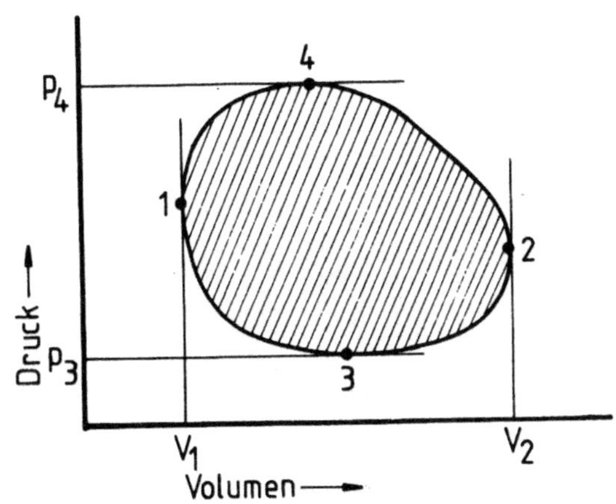


Abb.II.8.: Allgemeiner Kreisprozeß.

Unter den in der Thermodynamik studierten oder eingesetzten Kreisprozessen kommt dem sogenannten Carnotschen Kreisprozeß besondere Bedeutung zu. Er besteht aus isothermen und adiabatischen Teilprozessen. Außerdem verläuft er reversibel, d.i. ohne Reibungsverluste. Ausgehend von einem Zustand 1 wird dem System bei konstanter Temperatur $T_I$ Wärme $Q_I$ zugeführt. Dadurch kommt es zu einer Expansion bis zum Zustand 2. Hier wird die Wärmezufuhr gestoppt und eine adiabatische Expansion führt zu einem Zustand 3. Isotherme Kompression bei der dem Zustand 3 entsprechenden Temperatur $T_{II}$ führt unter Abgabe der Wärmemenge $Q_{II}$ zu einem Zustand 4, von dem auf adiabatischem Weg wieder der Ausgangspunkt 1 erreicht wird. Abb.II.9 zeigt das entsprechende pV-Diagramm für ein ideales Gas. Eine andere Form der Darstellung für den Prozeß ist durch Abb.II.10. gegeben. Dabei gilt beim idealen Gas für eine isotherme Zustandsänderung (bezogen auf 1 Mol):

$$p(V) = \frac{RT}{V} \qquad (II,23)$$

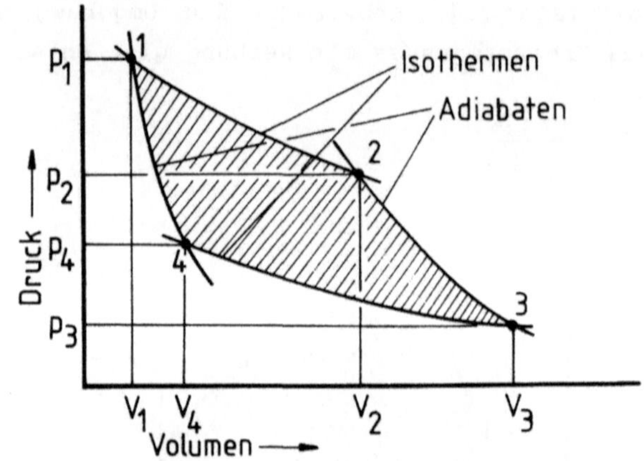


Abb.II.9.: pV-Diagramm für den Carnotschen Kreisprozeß eines idealen Gases.

und für eine adiabatische Zustandsänderung:

$$p(V) = \frac{\text{konst.}}{V^{C_p/C_V}} \; ; \qquad (II,24)$$

$$\frac{C_p}{C_V} = \frac{5}{3} \quad \text{bei monoatomaren idealen Gasen}$$

Definiert man den Wirkungsgrad bezüglich der Energieumwandlung mit:

$$\eta_C = \frac{W_t}{Q_I} = \frac{Q_I + Q_{II}}{Q_I} = 1 - \frac{|Q_{II}|}{Q_I} \quad , \qquad (II,25)$$

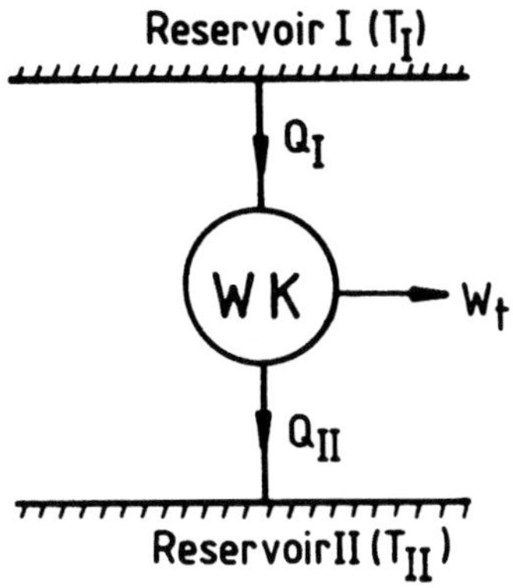


Abb.II.10.: Schema einer Wärmekraftmaschine nach dem Carnotschen Kreisprozeß.

so zeigt der 2. Hauptsatz der Thermodynamik (siehe im nächsten Abschnitt), daß dieser Wirkungsgrad einer Carnotschen Wärmekraftmaschine der ideale Wirkungsgrad einer Wärmekraftmaschine überhaupt ist. Die konkrete Rechnung (für eine ideales Gas) zeigt dabei weiter:

$$\eta_C = 1 - \frac{T_{II}}{T_I} . \qquad (II,25')$$

Das von jeder Materialspezifikation unabhängige Ergebnis deutet an, daß es für jedes Medium zutrifft, das man einen Carnot-Prozeß durchlaufen läßt. Weiters ist eine wichtige Erfahrung, daß für jeden beliebigen Kreisprozeß $Q_{II}$ immer von Null verschieden ist. D.h., daß eine so vorgenommene Umwandlung von Wärme in Arbeit nie die dem Reservoir $R_I$ entzogene Wärme $Q_I$ vollständig umwandeln kann.

Wird ein Kreisprozeß in umgekehrtem Sinn durchlaufen (gegen den Uhrzeigersinn), so kehren auch die beteiligten Detailprozesse ihre Richtungen um: Arbeit $W_t$ muß dem System zugeführt werden; $Q_{II}$ wird dem Reservoir bei der niedrigeren Temperatur $T_{II}$ entzogen und $Q_I$ wird dem Reservoir bei der Temperatur $T_I$ zugeführt. Damit liegt der einer Wärmepumpe entsprechende Prozeß vor, durch den Wärme mit Hilfe von Arbeit auf ein höheres Temperaturniveau gehoben wird.

In Ergänzung zum Carnotschen Kreisprozeß sind noch drei weitere Kreisprozesse in idealisierter Form angegeben. Zwei davon, der Otto-Prozeß (Abb.II.11) und der Clausius-Rankine-Prozeß einer Dampfmaschine (Abb.II.12), sind seit langem technisch wichtig und aufgereift. Dem Stirlingprozeß (Abb.II.13) könnte wegen seiner Umweltfreundlichkeit und intensiver Entwicklungsarbeiten in den letzten Jahren bald ein entscheidender Durchbruch gelingen /39/. Der Wirkungsgrad des idealen Prozesses ist gleich dem Carnotschen Wirkungsgrad.

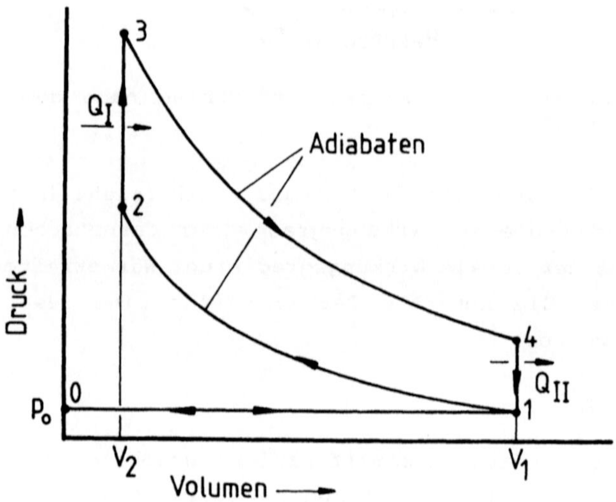


Abb.II.11.: Kreisprozeß für einen Otto-Motor (unter Annahme eines idealen Gases): 0→1: Gas wird bei konstantem Druck angesaugt; 1→2: es erfolgt eine adiabatische Kompression; 2→3: approximiert die Wärmeaufnahme infolge der explosionsartigen Verbrennung; 3→4: es verläuft eine adiabatische Expansion; 4→1: approximiert die Wärmeabgabe durch das Öffnen des Ventils; 1→5: Abgabe der Verbrennungsprodukte an die Umgebung bei konstantem Druck $p_0$.

Eine sehr anschauliche Gegenüberstellung der drei Prozesse: Carnot-Prozeß, Clausius-Rankine-Prozeß und Stirling-Prozeß kann man mit Hilfe einer Zustandsfläche erzielen (Abb.II.14). Carnot- und Stirling-Prozeß verlaufen in der reinen Gasphase, der Clausius-Rankine-Prozeß verläuft dagegen auch noch teilweise in der flüssigen Phase.

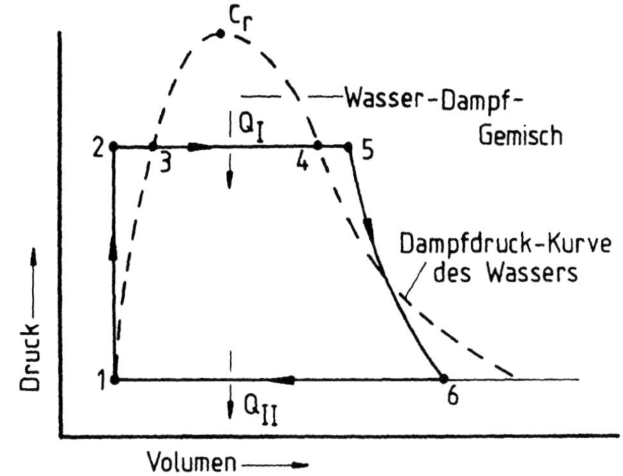


Abb.II.12.: Kreisprozeß für eine Dampfmaschine: 1→2: adiabatische Kompression des Wassers auf den Druck im Kessel; 2→3: isobare Erwärmung auf den Siedepunkt; 3→4: Übergang von Wasser zu Dampf; 4→5: Überhitzung des Dampfes; 5→6: adiabatische Expansion des Dampfes zu nassem Dampf; 6→1: isobare Kondensation des Dampfes.

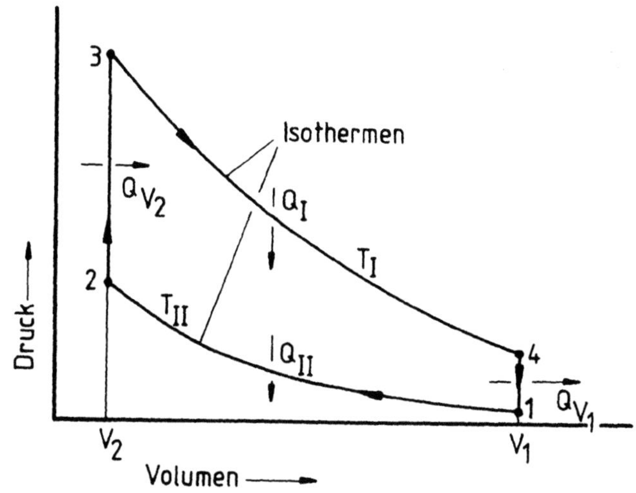


Abb.II.13.: Kreisprozeß für einen idealisierten Stirling-Motor (Heißluft-Motor): 1→2: isotherme Kompression eines Gases unter Abgabe der Wärme $Q_2$; 2→3: isochore Temperaturerhöhung unter Zufuhr der Wärme $Q_{V2}$; 3→4: isotherme Volumsvergrößerung unter Aufnahme der Wärme $Q_1$; 4→1: isochore Abkühlung unter Abgabe der Wärme $Q_{V1}$. Die Wärmemengen $Q_{V1}$ und $Q_{V2}$ sind annähernd gleich.

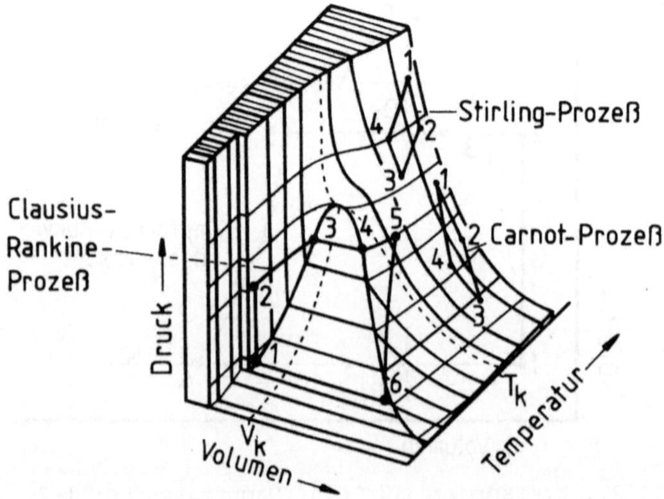


Abb.II.14.: Darstellung von Carnot-Prozeß, Stirling-Prozeß und Clausius-Rankine-Prozeß in einer Zustandsfläche.

## II.2. Der zweite Hauptsatz der Thermodynamik; Reversibilität und Irreversibilität; Entropie

### II.2.1. Der zweite Hauptsatz

Im vorhergehenden Abschnitt wurde an ausgewählten Beispielen gezeigt, wie Wärme in mechanische Arbeit verwandelt werden kann und umgekehrt. Als ein Ergebnis dieser Prozesse zeigt sich, daß im Fall der Umwandlung von Wärme in mechanische Arbeit nie der gesamte, einem Wärmereservoir $R_I$ entzogene Wärmebetrag in Arbeit übergeführt werden kann, sondern immer auch ein Wärmeanteil $Q_{II}$ an ein Reservoir von tieferer Temperatur abgegeben werden muß. Es handelt sich dabei um ein Erfahrungsgesetz, dessen genaue Formulierung wir als 2. Hauptsatz der Thermodynamik kennen. S.Carnot hat - wie schon ausgeführt - wohl als erster diesen Sachverhalt dem Wesen nach erkannt. Eine genaue Formulierung hat dann R.Clausius gegeben:
"Es ist unmöglich, daß Wärme von sich aus von einem kälteren zu einem wärmeren Körper übergeht" /30/.
Eine andere Formulierung geht auf W.Thomson zurück /3/ und lautet in der von M.Planck /40/ geprägten Form:
"Es ist unmöglich, eine periodisch funktionierende Maschine zu konstruieren, die weiter nichts bewirkt als Hebung einer Last und Abkühlung eines Wärmereservoirs" (d.h. nur durch Abkühlung eines Wärmereservoirs Arbeit zu leisten).
Diese beiden Aussagen klingen sehr unterschiedlich, können aber sofort ineinander übergeführt werden. Man bedient sich dabei jeweils einer Wärmekraftmaschine und einer Wärmepumpe, die hintereinandergeschaltet sind:
a) Entsprechend Abb.II.15. nehmen wir an, daß eine Wärmepumpe keine Arbeit benötigt, um einem Reservoir $R_{II}$ mit der Temperatur $T_{II}$ eine Wärmemenge $Q_{II}$ zu entziehen und sie dem Reservoir $R_I$ bei der höheren Temperatur $T_I$ zuzuführen (widerspricht der Aussage von R.Clausius). Die Wärmekraftmaschine entzieht dem Reservoir $R_I$ eine Wärmemenge $Q_I$, leistet Arbeit ($W_t=Q_I-|Q_{II}|$) und führt $R_{II}$ die Wärmemenge $Q_{II}$ zu. Damit hat sich durch Zusammenwirken von Wärmepumpe und Wärmekraftmaschine in $R_{II}$ nichts geändert. Insgesamt hat die Anlage $R_I$ Wärme entzogen und Arbeit geleistet. Dies ist nach der Formulierung

von Kelvin-Planck nicht möglich. Damit führt eine Verletzung der Clausiusschen Form des 2. Hauptsatzes auch zu einem Widerspruch zur Kelvin-Planckschen Version.

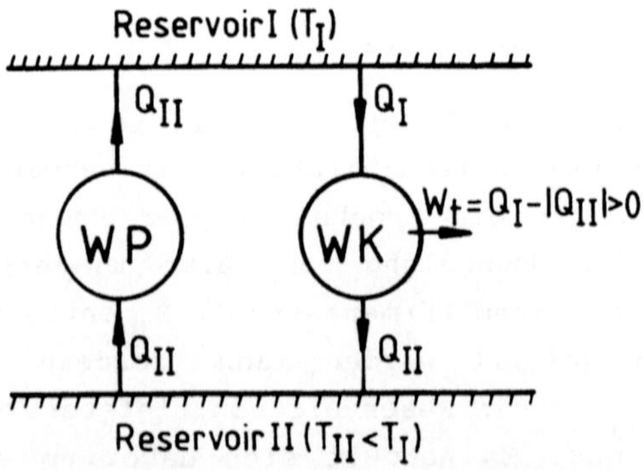


Abb.II.15.: Hintereinanderschaltung von Wärmepumpe und Wärmekraftmaschine, um zu zeigen, daß eine Verletzung der Aussage von Clausius auch der Formulierung nach Kelvin-Planck widerspricht.

b) In Abb.I.16. ist ein etwas anderer Prozeß dargestellt. Eine Wärmekraftmaschine ohne Abwärme erzeugt technische Arbeit $W_t = Q_I$ (Widerspruch zur Formulierung nach Kelvin-Planck). Da-

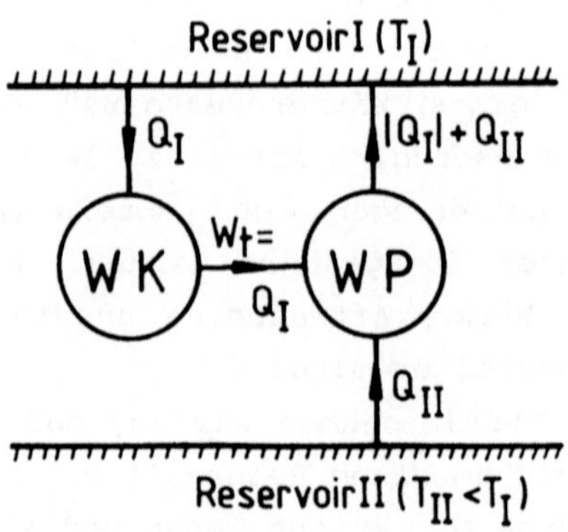


Abb.II.16.: Hintereinanderschaltung von Wärmekraftmaschine und Wärmepumpe, um zu zeigen, daß eine Verletzung der Aussage von Kelvin-Planck auch der Formulierung Clausius widerspricht.

durch entzieht die Wärmepumpe $R_{II}$ die Wärmemenge $Q_{II}$ und führt $R_I$ die Wärmemenge $|Q_I| + Q_{II}$ zu. Damit wurde ohne sonstige Veränderungen dem Reservoir $R_{II}$ eine Wärmemenge entzogen und

auf eine höhere Temperatur im Reservoir $R_I$ gebracht. Dies stellt einen Widerspruch zur Aussage von Clausius dar.
Damit ist aber insgesamt gezeigt, daß die beiden Formulierungen des 2. Hauptsatzes äquivalent sind. In einem soll aber auch nochmals darauf hingewiesen werden, daß der 2. Hauptsatz Prozesse verbietet, die keine Verletzung des 1. Hauptsatzes darstellen. Alle solcherart verbotenen Prozesse sind auch in der Aussage "ein Perpetuum mobile 2. Art ist unmöglich" zusammengefaßt. Im Zusammenhang mit (II,25') bei der Besprechung des Carnotschen Wirkungsgrades $\eta_c$ wurde darauf hingewiesen,

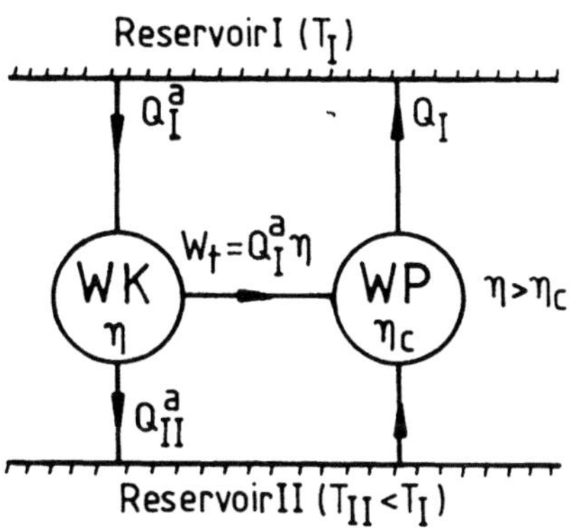


Abb.II.17.: Schematische Darstellung einer Kombination Wärmekraftmaschine - Wärmepumpe zum Beweis, daß alle reversiblen Wärmekraftprozesse zwischen zwei Temperaturen $T_I$, $T_{II}$ den gleichen Wirkungsgrad $\eta_c$ haben.

daß $\eta_c$ unabhängig ist vom Medium, das den Carnot-Prozeß durchläuft. Dieser Sachverhalt kann nun ebenfalls sehr leicht gezeigt werden. Wenn eine reversibel arbeitende Wärmekraftmaschine mit einer anderen Arbeitssubstanz als ideales Gas einen Wirkungsgrad $\eta > \eta_c$ hätte, ergibt wieder eine Kombination von Wärmepumpe und Wärmekraftmaschine eine Verletzung des 2. Hauptsatzes (Abb.II.17). Die reversibel arbeitende Wärmekraftmaschine WK hat den Wirkungsgrad $\eta > \eta_c$. Damit erzeugt sie die Arbeit:

$$W_t = Q_I^{(a)} \eta. \qquad \text{(II,26)}$$

Diese Arbeit wird der ebenfalls reversibel arbeitenden Wärmepumpe WP zugeführt. Dort erfolgt eine Bereitstellung der Wärmemenge:

$$Q_I = \frac{W_t}{\eta_c} = \frac{Q_I^{(a)}\eta}{\eta_c} ,$$

die dem Reservoir $R_I$ zugeführt wird. Rechnet man nun die $R_I$ zugeführten Beträge positiv, so ist der Nettowärmestrom:

$$Q_I - |Q_I^{(a)}| = |Q_I^{(a)}|\left(\frac{\eta}{\eta_c} - 1\right) = |Q_I^{(a)}| \frac{\eta - \eta_c}{\eta_c} > 0. \qquad \text{(II,27)}$$

Der gleiche Betrag wird dem Reservoir $R_{II}$ entzogen. Auf diese Weise wird durch die beiden Maschinen ein Nettowärmestrom von $R_{II}$ nach $R_I$ ohne Zufuhr von Arbeit aufrecht erhalten. Dies ist nicht möglich: $\eta > \eta_c$ führt zu einem Widerspruch mit der Formulierung des 2. Hauptsatzes nach Clausius. Es ist leicht einzusehen, daß auch $\eta < \eta_c$ nicht möglich ist. Man nimmt jetzt die Maschine mit dem Wirkungsgrad $\eta_c$ als Wärmekraftmaschine und findet damit, daß alle reversibel zwischen zwei Temperaturen $T_I$ und $T_{II}$ arbeitenden Maschinen den gleichen Wirkungsgrad $\eta_c$ haben.

## II.2.2. Reversibilität und Irreversibilität

Die Begriffe "reversibel" und "irreversibel" wurden bereits in II.1. eingeführt. Da der Begriff der Irreversibilität in engem Zusammenhang mit dem 2. Hauptsatz steht, soll er nochmals etwas ausführlicher behandelt werden. Es hat sich für thermodynamische Betrachtungen als sehr nützlich erwiesen, zwischen einem System und seiner Umgebung zu unterscheiden. Manchmal wird auch noch zwischen dem System, seiner unmittelbaren Umgebung und dem "Rest des Universums" unterschieden. Aber diese zusätzliche Unterteilung des Umgebungsbereiches hat keine prinzipiellen Konsequenzen.

Ein Prozeß verläuft dann reversibel, wenn man ihn auf irgendeine Weise wieder rückgängig machen kann, so daß weder im System noch in der Umgebung eine Veränderung zurückbleibt. Ein solcher Prozeß verläuft immer quasistatisch durch eine Folge von Gleichgewichtszuständen ohne dissipative Effekte.

Wie schon in II.1. ausgeführt, handelt es sich hierbei um einen idealisierten Grenzzustand. Es ist ja das Wesen eines Gleichgewichtszustands, daß er von sich aus keiner Veränderung unterworfen ist. Wenn sich also ein thermodynamisches System trotzdem ausgehend von einem solchen Zustand ändert, müssen dafür äußere Ursachen vorliegen. Diese bestehen in einer infinitesimalen Abweichung von der thermodynamischen Gleichgewichtslage. Man nimmt nun an - und der Erfolg des Konzepts rechtfertigt diese Annahme - daß man so in der Lage ist, Zustandsänderungen zumindest im Prinzip derart zu realisieren, daß sie einer Folge von Gleichgewichtszuständen beliebig nahekommen. In diesem Sinn verläuft ein reversibler Prozeß über eine Folge von Gleichgewichtszuständen, wobei keine dissipativen Vorgänge beteiligt sein dürfen.

Es ist jedoch eine Erfahrungstatsache, daß alle realen Prozesse irreversibel sind. Einfache Beispiele für solche irreversiblen Prozesse sind die folgenden:

a) Isotherme Überführung von Arbeit in Wärme mit Hilfe eines an das System gekoppelten Wärmereservoirs. (Abb.II.18). Bei diesem Prozeß bleibt wegen der Kopplung an das Reservoir der Zustand des Systems unverändert. Technische Arbeit $W_t$ wird der Umgebung entnommen und dem Reservoir zugeführt. Die Umkehrung des Prozesses ist der Entzug von Wärme aus dem

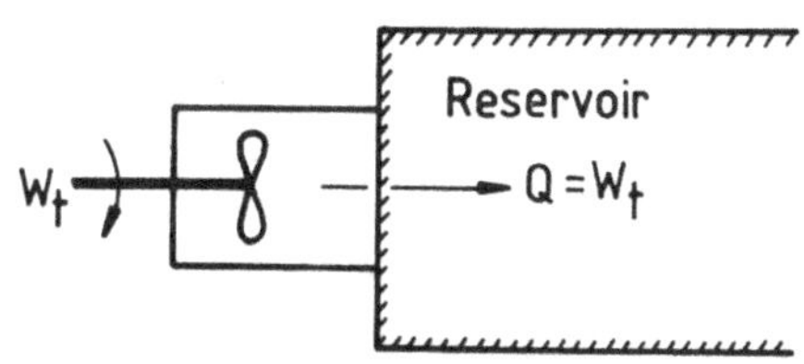


Abb.II.18.: Einem durch ein Reservoir isotherm gehaltenen System wird technische Arbeit zugeführt. Das Wärmereservoir nimmt letztlich die technische Arbeit als Wärme auf.

Reservoir, welche dann als technische Arbeit der Umgebung zugeführt wird. Die entzogene Wärme Q kann aber nicht vollständig in technische Arbeit umgewandelt werden, sondern ein Teil davon muß nach dem 2. Hauptsatz einem Reservoir bei niedrigerer Temperatur zugeführt werden. Der ursprüngliche Zustand von System und Umgebung kann also bei Beachtung des 2. Hauptsatzes nicht wieder hergestellt werden. Damit erweist sich die Irreversibilität als unmittelbare Folge des 2. Hauptsatzes.

b) Adiabatische Transformation von Arbeit und Wärme (Abb.II.19). Durch Zufuhr von technischer Arbeit wird die innere Energie des Systems von $U_1$ auf $U_2$ erhöht. Dieser Umstand könnte durch nachfolgenden Entzug von Wärme $Q = U_2-U_1$ wieder rückgängig gemacht werden. Aber wieder kann nur ein Teil dieser Wärme

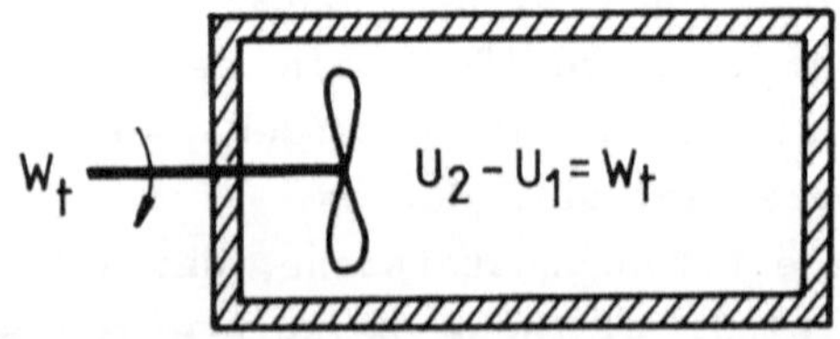


Abb.II.19.: Einem adiabatisch begrenzten Flüssigkeitsvolumen wird technische Arbeit zugeführt.

in Arbeit verwandelt werden, sodaß der Prozeß irreversibel ist.

An dieser Stelle muß zur Bedeutung des Begriffes "Prozeß", wie er hier verwendet wird, etwas gesagt werden. Man spricht von einem Prozeß, wenn ein System von einem Zustand (gegeben durch seine Zustandsgrößen) in einen anderen Zustand übergeführt wird. Genaugenommen ist damit noch keine Aussage darüber gemacht, in welcher Weise der Übergang vom Systemzustand 1 in den Systemzustand 2 bewerkstelligt wird. In Abb.II.19 geschieht der Übergang von $U_1$ nach $U_2$ durch adiabatische Zufuhr von technischer Arbeit. Damit haben wir eine spezifische Form der Realisierung des Übergangs von 1 nach 2 vor uns. Der Übergang zwischen zwei definierten Systemzuständen kann durchaus auf verschiedene Weise erfolgen, z.B. reversibel und irreversibel. Wir werden in der Regel (in Übereinstimmung mit dem überwiegenden Teil der Literatur) mit der Bezeichnung Prozeß immer auch gleich eine bestimmt Realisierung mit meinen. Falls aber Mißverständnisse auftreten könnten, sollen Prozeß und Prozeßrealisierung getrennt behandelt werden.

Es ist für die in der klassischen Thermodynamik (eigentlich "Thermostatik") beschriebenen Prozesse wesentlich, daß die Zustände, zwischen denen Prozesse verlaufen, Gleichgewichtszustände sind. Dann können zwischen ihnen immer auch reversible Prozeßrealisierungen möglich sein, ein Umstand, der bei der Anwendung des Entropiebegriffs wichtig ist.

Ein großer Teil der irreversiblen Prozesse hängt mit dissipa-

tiven Effekten zusammen. Man versteht darunter die Umwandlung von Arbeit in innere Energie (Reibung, Viskosität usw.). Aber auch die freie Expansion eines Gases (Gay-Lussacscher Überströmversuch, Drosselversuch von Joule-Thomson) und Mischungsvorgänge sind irreversibel.
Der oben dargelegte Zusammenhang zwischen 2. Hauptsatz und Irreversibilität bringt es mit sich, daß innerhalb der technischen Thermodynamik oft auch die folgende Formulierung "Alle natürlichen Prozesse sind irreversibel" als Ausdruck dieses Satzes verwendet wird.

### II.2.3. Die Entropie

Die vorstehenden Ausführungen über den 2. Hauptsatz waren qualitativer Natur. Eine quantitative Charakterisierung der dadurch bedingten Erscheinungen ist mit Hilfe des Entropiebegriffs möglich. Die Entropie ist wie die innere Energie oder die Enthalpie eine Zustandsgröße eines thermodynamischen Systems. Ein reversibel geführter Kreisprozeß darf daher zu keiner Änderung im Wert dieser Zustandsgröße des Systems führen. Bezeichnet man die Entropie mit dem Symbol S, so muß gelten:

$$\oint_r dS = 0 \qquad (II,28)$$

Der Index r charakterisiert die reversible Ausführung des Prozesses. Im folgenden wird gezeigt, daß

$$dS = {}^{dQr}/T \qquad (II,29)$$

gilt. Auch hier weist der Index auf den reversiblen Charakter des Prozesses hin. Der Beweis geht davon aus, daß man einen beliebig reversibel geführten Kreisprozeß durch eine Folge Carnotscher Kreisprozesse approximieren kann. (Abb.II.20). Dabei wird das vom eigentlichen Kreisprozeß im pV-Diagramm umschlossene Gebiet durch Carnotsche Kreisprozesse überdeckt. Die Grenzlinien im Inneren werden zweimal gegensinnig durchlaufen, so daß der ihnen entsprechende Beitrag verschwindet. Zurück bleibt nur der Betrag des die tatsächliche Kurve approximierenden Polygonzugs, der im Falle einer unendlich feinen Unterteilung mit dem eigentlichen Kurvenzug zusammenfällt. Betrachtet man einen Teilbereich des Kurvennetzes (Abb.II.19), so liegt die folgende Situation vor /35/:

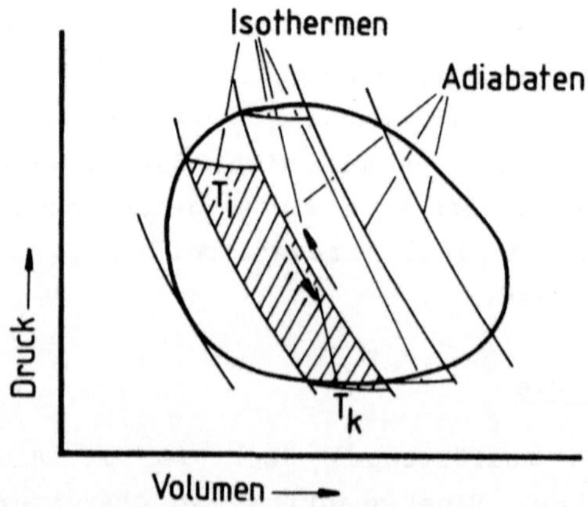


Abb.II.20.: Approximation eines beliebig reversibel geführten Kreisprozesses durch eine Folge von Carnotschen Kreisprozessen.

Entlang der Isotherme $AB(T_i)$ wird dem System die Wärmemenge $dQ_i^*$ zugeführt. Wenn man nun auf dem Weg ABA' nach A' gelangt, so ändert sich dabei die innere Energie entsprechend (II,2) um den Betrag:

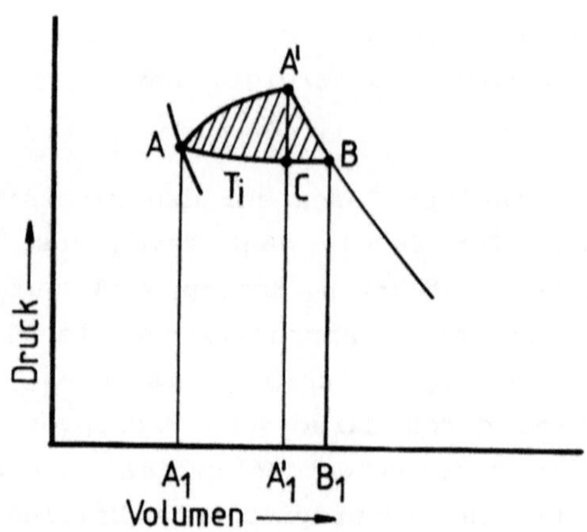


Abb.II.21.: Ausschnitt aus Abb.II.18.

$$dU(A \rightarrow A') = dQ_i^* - dW_i^*,$$

da entlang der Adiabate BA' keine Wärme zugeführt wird. Man kann aber auch entlang der "richtigen" Zustandsänderung von A nach A' kommen. Die Änderung der inneren Energie ist dabei dieselbe wie vorher:

$$dU(A \rightarrow A') = dQ_i - dW_i ,$$

sodaß man für die jeweiligen Wärmemengen und Arbeitsanteile die Relation:

$$dQ_i^* - dQ_i = dW_i^* - dW_i$$

bekommt. Genau gilt dabei für $dW_i^*$:

$$dW_i^* = \int_A^B p(V)dV + \int_B^{A'} p(V)dV ,$$

was in Abb.II.19 der Fläche $A_1B_1BA$ abzüglich der Fläche $A_1'B_1'BA'$ entspricht. Man sieht weiter, daß wegen:

$$dW_i = \int_A^{A'} p(V)dV$$

die Differenz $dW_i^* - dW_i$ gerade die Fläche ABA' darstellt. Im Grenzfall unendlich dicht liegender Adiabaten nimmt diese Fläche aber den Betrag Null an. Daraus folgt:

$$dQ_i^* = dQ_i .$$

Ein analoges Resultat findet man bei $T_k$, so daß man im Grenzfall unendlich dichter Adiabaten den tatsächlichen Teilprozeß (schraffiert) durch den Carnotschen ersetzen kann. Daher gilt auch nach (II,26):

$$\frac{dQ_{ir}}{T_i} + \frac{dQ_{kr}}{T_k} = 0$$

und insgesamt für den Kreisprozeß:

$$\oint \frac{dQ_r}{T} = \oint dS = 0 . \qquad (II,28')$$

Die Beziehung (II,28') weist die Entropie - wie schon erwähnt - als Zustandsgröße aus:

$$S_2 = \int_1^2 \frac{dQ_r}{T} + S_1 . \qquad (II,29')$$

Dabei bekommt man nur relative und keine absoluten Entropiewerte. Entsprechend der Bedeutung von (II,26) ist T die Temperatur, bei der die Wärmemenge $dQ_r$ dem System reversibel zugeführt wird. Da dQ kein vollständiges Differential ist (Q ist eine Prozeßgröße), kann man 1/T auch als integrierenden Faktor verstehen, der das resultierende Differential dS zu einem vollständigen macht[1].

Im folgenden soll nun ein irreversibler Übergang von einem Zustand 1 in einen Zustand 2 betrachtet werden. Dies geschieht mit Hilfe eines Kreisprozesses:

$1 \rightarrow 2$: 2 wird ausgehend von 1 durch einen irreversiblen, adiabatischen Prozeß erreicht. Dabei ergibt sich die Entropiedifferenz $\Delta S = S_2 - S_1$.

$2 \rightarrow 3$: Von 2 wird ein Zustand 3 adiabatisch und reversibel erreicht. Es ist $S_2 = S_3$. Die Temperatur bei 3 sei $T_3$.

$3 \rightarrow 4$: Mit Hilfe eines Reservoirs erfolgt nun ein isothermer reversibler Übergang zu 4 derart, daß $S_4 = S_1$. Damit ist $\Delta S$ auch: $\Delta S = S_3 - S_4$.

$4 \rightarrow 1$: Der Übergang von 4 nach 1 erfolgt wieder adiabatisch reversibel.

Ein Wärmeaustausch findet nur bei $3 \rightarrow 4$ statt; die dem System zugeführte Wärme sei $Q_R$. Nach (II,29) kann man sie auch in der Form:

$$Q_R = \Delta S_{34} T_3 = (S_4 - S_3)\, T_3$$

angeben. Sie stellt den Nettobetrag der vom System während des Kreisprozesses aufgenommenen Wärme dar und es muß daher auch gelten:

$$W_t = Q_R.$$

Nach dem 2. Hauptsatz ist aber auch:

$$Q_R = W_t \leq 0, \qquad \text{(II,30)}$$

da sonst die ganze Anlage nichts weiter getan hätte, als dem Reservoir mit $T_3$ Wärme zu entziehen und vollständig in Arbeit umzuwandeln. Dies ist aber nicht möglich. Aus (II,30) folgt

1 Sehr oft werden die Überlegungen, wie man dQ durch einen integrierenden Faktor in ein vollständiges Differential transformiert, dazu benützt, um die Temperaturdefinition auf eine allgemeinere Basis zu stellen (z.B.:/37/). Dieser Aspekt wird hier nicht weiter verfolgt.

nun sofort:

$$\Delta S_{34} = S_4 - S_3 \leqq 0$$

oder

$$\Delta S = S_2 - S_1 = S_3 - S_4 \geqq 0. \qquad (II,31)$$

Der Fall $\Delta S=0$ kann nun mit der Überlegung, daß dann der ursprüngliche Prozeß $1 \rightarrow 2$ nicht irreversibel sein kann, ausgeschaltet werden. Ist nämlich $\Delta S = S_2 - S_1 = 0$, so kann man von 2 direkt nach 1 mit Hilfe eines adiabatischen, reversiblen Prozesses gelangen und hat auf diese Weise einen Kreisprozeß mit $Q_R = W_t = 0$. Das heißt aber, System und Umgebung sind damit wieder in ihrem jeweiligen ursprünglichen Zustand bzw. der Ausgangsprozeß muß reversibel gewesen sein. Damit gilt insgesamt für den adiabatischen irreversiblen Prozeß:

$$\Delta S > 0. \qquad (II,32)$$

In einer Verallgemeinerung dieser Überlegungen kann man zeigen, daß für ein aus Teilsystemen aufgebautes adiabatisches System:

$$\sum_i \Delta S_i \geqq 0 \qquad (II,33)$$

gelten muß. Der Index i beschreibt die Teilsysteme. Man kann daher immer Teilsysteme vom "Rest des Universums" adiabatisch abtrennen. Ist der irreversible Prozeß nicht adiabatisch, so gilt:

$$S_2 \geqq S_1 + \int_1^2 \frac{dQ}{T} \text{ bzw. } \Delta S \geqq \int_1^2 \frac{dQ}{T} . \qquad (II,34)$$

Das $>$-Zeichen gilt für eine irreversible Wärmezufuhr. Für einen infinitesimalen, reversiblen adiabatischen Prozeß gilt:

$$dQ_r = 0 = dU + pdV$$

bzw. (II,35)

$$dU = -pdV .$$

In einem UV-Diagramm (Abb.II.22) sieht man sofort, daß ein irreversibler adiabatischer Übergang zu $V_2$ zu einem Wert $U_{2'} > U_2$ führt. Ein anderes Resultat wäre mit (II,32) nicht vereinbar. Man kann nämlich $S_{2'} - S_1$ berechnen, indem man zuerst nach 2 geht. Dabei gibt es keine Entropieänderung: $S_2 = S_1$.

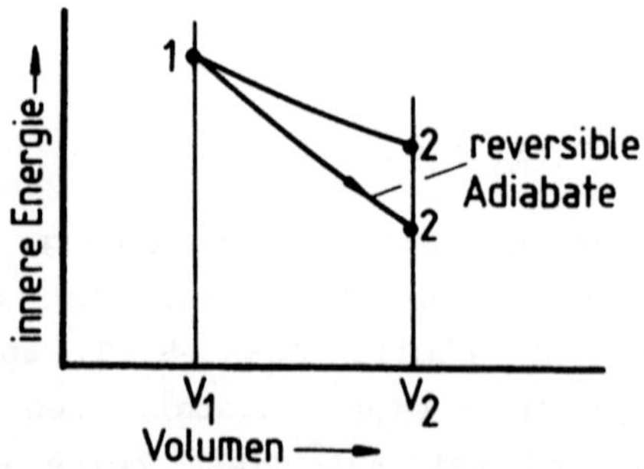


Abb.II.22.: Quasistatische Änderung des Volumens in einem adiabatischen System.

Man nennt daher diese Kurve auch eine Isentrope, d.h. eine Kurve konstanter Entropie. Man bekommt also:

$$S_{2'} - S_1 = \int_2^{2'} \frac{dU}{T} > 0, \qquad (II,36)$$

(dU=dQ, da das Volumen konstant $V_2$ bleibt)
wogegen alle Zustandspunkte unterhalb der Adiabate entsprechend der Forderung (II,32) unerreichbar sind. In diesem Umstand äußert sich ein Sachverhalt, der in dem axiomatischen Zugang von C.Carathéodory /41/ zum Ausdruck kommt und bei ihm zur nachstehenden Formulierung des 2. Hauptsatzes führt: "In beliebiger Nähe jedes Zustandes eines Systems von Körpern gibt es Nachbarzustände, die vom ersten Zustand aus nicht auf adiabatischem Weg erreichbar sind".
Da die Entropie eine Zustandsgröße ist, kann man sie auch in Zustandsdiagrammen verwenden. Ein derartiges ST-Diagramm ist in Abb.II.23 für den Carnotschen Kreisprozeß angegeben. Isothermen verlaufen parallel zur S-Achse, Adiabaten parallel zur T-Achse. Man erkennt, daß die durch die Wärmeaufnahme bei der Temperatur $T_1$ bedingte Entropieänderung wieder kompensiert wird durch die Wärmeabgabe bei der Temperatur $T_2$. Insgesamt ist $\Delta S=0$, da der Prozeß ein reversibel verlaufender Kreisprozeß ist. Die umschlossene Fläche ist der dem System zugeführte Nettobetrag an Wärme, der in technische Arbeit verwandelt wird.
Zusammenfassend kann man feststellen:
a) Reversibel verlaufende Prozesse gehorchen der Bedingung:

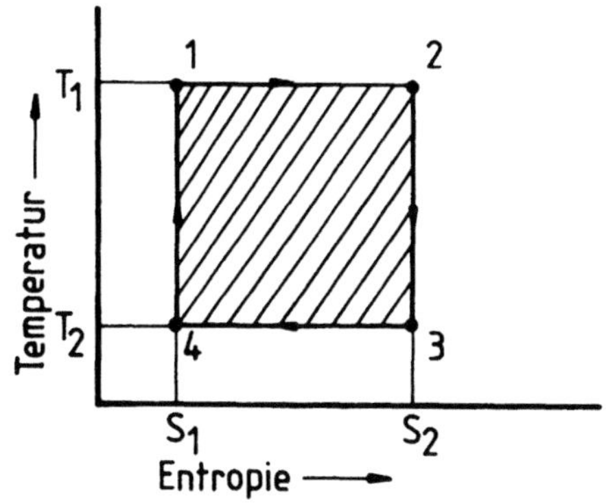


Abb.II.23.: Carnotscher Kreisprozeß im TS-Diagramm. Die Wege 1→2 und 3→4 verlaufen längs Isothermen. Die Wege 2→3 und 4→1 entsprechen ΔS=0 und verlaufen reversibel adiabatisch.

$$S_2 = S_1 + \int_1^2 \frac{dQ_r}{T} . \qquad \text{(II,37)}$$

Ist der Prozeß reversibel und adiabatisch, so gilt

$$S_2 = S_1 .$$

b) Irreversibel, quasistatisch verlaufende Prozesse entsprechen der Bedingung:

$$S_2 > S_1 + \int_1^2 \frac{dQ_{irr}}{T} . \qquad \text{(II,37')}$$

Sind sie auch adiabatisch, so ist:

$$S_2 > S_1 .$$

Dabei muß immer die Entropie des Systems und seiner Umgebung betrachtet werden.

Liegt ein offenes System vor, so ist der das System durchsetzende Stoffstrom auch von einem Entropiestrom begleitet. Da man den Stoffstrom als bewegtes geschlossenes System betrachten kann, sind die die Entropie betreffenden Überlegungen geschlossener Systeme unmittelbar übertragbar und man findet im Falle eines adiabatischen offenen Systems:

$$S_2 - S_1 = m(s_2 - s_1) \geq 0, \qquad \text{(II,38)}$$

wobei das Gleichheitszeichen für den reversiblen Prozeß gilt.

## II.2.4. Anwendungen des zweiten Hauptsatzes; Erzeugung von Entropie

### II.2.4.1. Temperaturausgleich

Ein einfaches Beispiel eines irreversiblen Prozesses ist der Temperaturausgleich zweier Körper, die von adiabatischen Wänden umschlossen sind. Da es sich im vorliegenden Fall um feste Körper handeln soll, kann ihr Volumen als praktisch konstant angenommen werden (Abb.II.24). Durch den Wärmeübergang stellt sich schließlich eine gemeinsame Endtemperatur ein:

$$T_e = \frac{m_1T_1+m_2T_2}{m_1+m_2} .$$

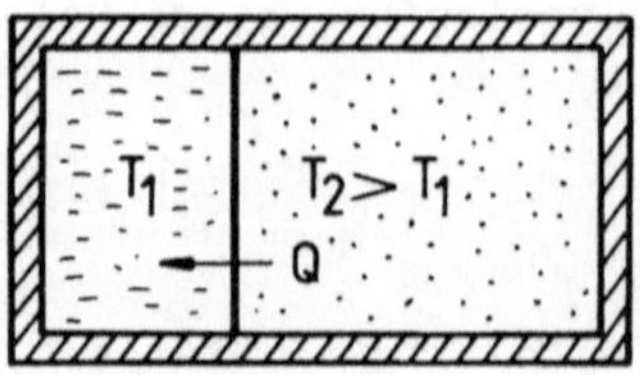


Abb.II.24.: Zwei verschieden temperierte Körper des gleichen Stoffes werden zum Temperaturausgleich im Inneren eines adiabatischen Systems zusammengebracht. Ihre Endtemperatur ist $T_e$.

Die Entropiedifferenz zwischen End- und Anfangszustand beträgt:

$$S_1(T_e) + S_2(T_e) - S_1(T_1) - S_2(T_2) = \Delta S . \tag{II,39}$$

Zur Berechnung der Entropien in den jeweiligen Zuständen kann man von einer Bezugstemperatur $T_0$ ausgehen. Eine Erhöhung der inneren Energie erfolgt wegen der Konstanz des Volumens nur durch Wärmezufuhr:

$$dU_i = dQ_{ri} = cm_i dT = TdS_i . \tag{II,40}$$

Daraus folgt:

$$dS_i = cm_i \frac{dT}{T}$$

bzw.:

$$S_i(T) = cm_i \int_{T_0}^{T} \frac{dT'}{T'} = cm_i \ln(\frac{T}{T_0}) + S_i(T_0). \tag{II,41}$$

Die Beziehung (II,39) lautet daher:

$$\Delta S = cm_1 \ln(\frac{T_e}{T_1}) + cm_2 \ln(\frac{T_e}{T_2}) = c \ln \left[(\frac{T_e}{T_1})^{m_1} \cdot (\frac{T_e}{T_2})^{m_2}\right] \geq 0. \qquad (II,42)$$

Nimmt man $m_1 = m_2 = m$ an, so folgt:

$$\Delta S_m = 2mc \ln \frac{\frac{1}{2}(T_1 + T_2)}{\sqrt{T_1 T_2}} . \qquad (II,42')$$

Der Erfahrung entsprechend und nach (II,32) handelt es sich also um einen irreversiblen Prozeß. Da durch die adiabatischen Wände keine Wärme zugeführt wurde, muß der Entropiezuwachs innerhalb des Systems erzeugt worden sein und man spricht von Entropieerzeugung. Man kann den hier betrachteten Temperaturausgleich auch auf reversible Weise erreichen. Dies geht z.B. mit einer Carnot-Maschine, die dem Körper mit $T_2 > T_1$ Wärme entzieht und dem kälteren zuführt, bis beide gleiche Temperatur haben. Dabei wird Arbeit erzeugt. Die sich dann einstellende gemeinsame Endtemperatur $T_e'$ folgt aus:

$$\Delta S = 0$$

für $m_1 = m_2$ mit:

$$\ln \left[\frac{T_e'^2}{T_1 T_2}\right] = 0 \text{ oder } T_e' = \sqrt{T_1 T_2}. \qquad (II,43)$$

$T_e' < T_e$ findet seine Erklärung in der abgegebenen Arbeit: die Energie des aus den beiden Körpern 1 und 2 bestehenden Systems muß kleiner sein als im Falle des irreversiblen Prozesses.

### II.2.4.2. Gay-Lussacscher Drosselversuch

Bei dem Versuch von Gay-Lussac expandiert ein ideales Gas ohne äußere Arbeit in ein größeres Volumen (Abb.II.25). Durch diesen Versuch konnte gezeigt werden, daß die innere Energie eines Gases nur von der Temperatur abhängt. Bestimmt man die Entropie für diesen Prozeß, so geht man aus von:

$$dS = \frac{dQ}{T} = \frac{dU + pdV}{T} = \frac{nC_v dT}{T} + nR\frac{dV}{V} .$$

Diese Beziehung liefert als Entropiezuwachs für ein ideales Gas:

$$S_2 - S_1 = nC_v \ln \frac{T_2}{T_1} + nR \ln \frac{V_2}{V_1} . \qquad (II,44)$$

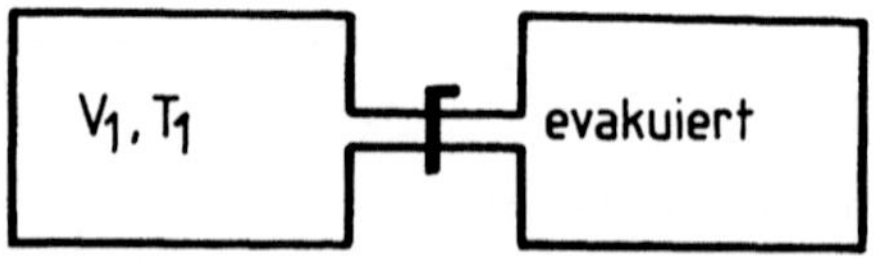


Abb.II.25.: Ein Gas strömt bei Öffnen eines Ventils in ein größeres Volumen. Dabei bleibt die innere Energie U konstant.

Beim Gay-Lussacschen Versuch ist $T_2=T_1$, sodaß schließlich gilt:

$$S_2 - S_1 = nR\ln\frac{V_2}{V_1} > 0 . \tag{II,45}$$

Auch hier handelt es sich um erzeugte Entropie.

II.2.4.3. Der Carnotsche Wirkungsgrad $\eta_c$ als Maximalgröße

Für einen reversibel geführten Carnot-Prozeß gilt nach (II,26):

$$\frac{Q_I^r}{T_I} + \frac{Q_{II}^r}{T_{II}} = 0 \quad \text{mit } Q_{II}^r < 0.$$

Ein analoger irreversibler Prozeß gehorcht der Bedingung:

$$\frac{Q_{II}}{T_{II}} + \frac{Q_I}{T_I} < 0 . \tag{II,46}$$

Dies folgt aus:

$$S_2 - S_1 = \Delta S = -\frac{Q_I}{T_I} + \frac{|Q_{II}|}{T_{II}} > 0, \tag{II,47}$$

wobei man Reservoir $R_I$, Maschine und Reservoir $R_{II}$ als adiabatisches System betrachtet. Die Entropieänderung besteht aus einer Abnahme der Entropie von Reservoir $R_I$ und der Zunahme der Entropie von Reservoir $R_{II}$. Es ergibt sich weiter:

$$\frac{|Q_{II}|}{Q_I} > \frac{T_{II}}{T_I} = \frac{|Q_{II}^r|}{Q_I}$$

und nach (II,25'):

$$\eta' = 1 - \frac{|Q_{II}|}{Q_I} < 1 - \frac{|Q_{II}^r|}{Q_I^r} . \tag{II,48}$$

Man kann die Relation (II,47) nun auch so lesen:

$$\Delta S = -\frac{Q_I}{T_I} + \frac{|Q_{II}|}{T_{II}} \neq 0$$

entspricht dem Umstand, daß bei dem vorliegenden Prozeß Entropie erzeugt wird: $\Delta S \rightarrow \Delta S_{erz}$. Der Entropiezuwachs $S_2 - S_1$ ergibt sich aus Anteilen, die mit transportierter Wärme verknüpft sind - einem Entropiestrom - und aus erzeugter Entropie. Entropieströme liefern offensichtlich je nach Richtung des Wärmetransports positive und negative Beiträge zur Entropiebilanz. Da nach dem 1. Hauptsatz gilt:

$$W_t = Q_I - |Q_{II}|,$$

kann man $\Delta S_{erz}$ auch etwas anders ausdrücken:

$$\Delta S_{erz} = -\frac{Q_I}{T_I} + \frac{Q_I - W_t}{T_{II}} = Q_I \quad \frac{1}{T_{II}} - \frac{1}{T_I} \quad - \frac{W_t}{T_{II}} .$$

Multipliziert man mit $T_{II}$, so folgt:

$$T_{II}\, \Delta S_{erz} = Q_I \quad 1 - \frac{T_{II}}{T_I} \quad - W_t$$

oder:

$$\frac{T_{II} \Delta S_{erz}}{Q_I} + \eta' = \eta_c . \qquad (II,49)$$

In dem Maß, in dem die Entropieerzeugung durch Irreversibilitäten zunimmt, sinkt der reale Wirkungsgrad einer Wärmekraftmaschine. Vergleicht man zwei Wärmekraftmaschinen, denen die gleiche Wärmemenge $Q_I$ zugeführt wird:

$$\eta_c = \frac{W_{t,r}}{Q_I} = \frac{W_t}{Q_I} + \frac{T_{II} \Delta S_{erz}}{Q_I} , \qquad (II,50)$$

so sieht man, daß genau der Anteil $\Delta S_{erz} T_{II}$ als Arbeit verloren geht. In einem TS-Diagramm zeigt sich das wie in Abb.II.26 dargestellt:

Man kann nach den vorstehenden Beispielen die Entropieungleichung (II,37') auch als Entropiegleichung schreiben:

$$S_2 = S_1 + \int_1^2 \frac{dQ_{irr}}{T} + \Delta S_{erz} , \qquad (II,37'')$$

wobei $\Delta S_{erz}$ eben die durch den irreversiblen Charakter des Prozesses erzeugte Entropie meint.

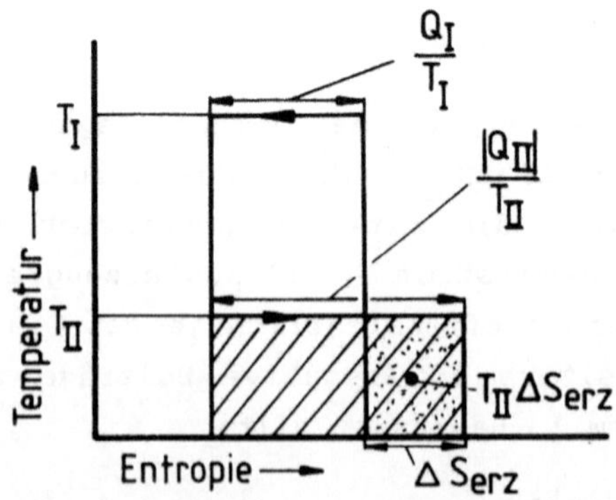


Abb.II.26.: TS-Diagramm für einen irreversiblen Kreisprozeß.

## II.3. Die Exergie als Mittel zur Bewertung thermodynamischer Prozesse

### II.3.1. Energetische und thermodynamische Bewertung von Energieumsetzungen

Der Wirkungsgrad einer Energieumsetzung wird gewöhnlich dadurch festgelegt, daß man die zu einem bestimmten Zweck erzeugte Energiemenge in Verhältnis setzt zur Menge jener Energie, die in den Umsetzungsprozeß eingebracht wird. So ist der Wirkungsgrad einer Wärmekraftmaschine gegeben durch:

$$\eta = \frac{W_t}{Q_I} \; . \qquad (II,25)$$

Die hiebei auftretenden Größen stellen offensichtlich nur Energiebeträge dar und es ist auch keine Aussage über die "Qualität" der Wärme $Q_I$ enthalten. Die obere Grenze des so definierten Wirkungsgrades - auch Energiewirkungsgrad oder thermischer Wirkungsgrad genannt - ist durch den Carnot-Prozeß gegeben, so daß $\eta<1$ ist. Ein Nachteil dieser Formulierung ist darin zu sehen, daß man dem Wirkungsgrad nicht unmittelbar ansieht, ob er bereits eine optimale Energieumsetzung beschreibt, oder ob einfach nur vermeidbare Verluste für seinen Wert verantwortlich sind. Diese mangelhafte Durchsichtigkeit hat schon früh den Wunsch nach einer besseren Beschreibung der Effizienz von Energieumwandlungsprozessen aufkommen lassen. Wie man dabei vorzugehen hat, liegt auf der Hand. Der reversible Idealprozeß ist als Bezugsstandard mit dem tatsächlich irreversibel ablaufenden Vorgang zu vergleichen, und je kleiner das Ausmaß der Irreversibilität gehalten werden kann, umso besser ist die Effizienz des Prozesses. Irreversibilitäten äußern sich in Erzeugung von Entropie, so daß man diese Art der Effizienzbewertung auch öfters "Effizienz nach dem 2. Hauptsatz" (second-law efficiency) /42/ oder den entsprechenden Wirkungsgrad "thermodynamischen Wirkungsgrad" /43/ nennt.

Ausgehend vom deutschen Sprachraum wurde in den letzten Jahren zur genaueren thermodynamischen Bewertung von Prozessen immer mehr auf einen Begriff zurückgegriffen, der nach Z.Rant den

Namen "Exergie" hat /44/ und der im Sinne der oben gemachten Darlegungen eine eindeutige Beurteilung der Effizienz von Energieumwandlungsprozessen gestattet.

## II.3.2. Exergie und verfügbare Arbeit

Die im folgenden gewählte Darstellung bezieht sich in erster Linie auf H.D.Baehr /37/, nimmt aber dann auch auf Erweiterungen des Exergiebegriffs Bezug.
Der Beziehung (II,50):

$$1 - \frac{T_{II}}{T_I} = \frac{W_t}{Q_I} + \frac{\Delta S_{erz} T_{II}}{Q_I}$$

entnimmt man für die technische Arbeit:

$$W_t = Q_I\left(1 - \frac{T_{II}}{T_I}\right) - \Delta S_{erz} T_{II} \qquad \text{(II,51)}$$

und ersieht daraus, daß das Ausmaß der als Arbeit nutzbaren Energie auch von der erzeugten Entropie abhängt. Falls man die bei einem Energieumsetzungsprozeß erzeugte Entropie direkt bestimmen kann, ist sofort angebbar, welche technische Arbeit bei dem Prozeß erzielbar und wie groß seine Effizienz ist.
Diesem Umstand trägt die Einführung einer "Arbeitsfähigkeit" genannten Größe Rechnung. Man betrachtet dazu z.B. ein offenes System, das von einem Stoffstrom mit den Bestimmungsgrößen Temperatur T, Druck p, Geschwindigkeit v und Höhe z durchflossen wird, und fragt nach der maximalen technischen Arbeit, die dieser Vorgang höchstens bringen kann. Es ist offensichtlich, daß dabei die Umgebungsbedingungen, die durch $v=0$, $T=T_u$, $p=p_u$ und $z=z_u$ charakterisiert sein sollen, eine wesentliche Rolle spielen. Ist der Stoffstrom nämlich einmal im Gleichgewicht mit seiner Umgebung, so kann ihm keine technische Arbeit mehr entzogen werden. Ein Energieaustausch mit der Umgebung soll nur über Wärmeabgabe oder Aufnahme erfolgen.
Da es sich um ein offenes System handelt, ist der 1. Hauptsatz durch (II,9') gegeben:

$$Q_{12} - W_{t12} = H_2 - H_1 + mg(z_2 - z_1) + \frac{m}{2}(v_2^2 - v_1^2).$$

Diese Beziehung kann man mit dem 2. Hauptsatz in Form der Entropiegleichung (II,37") kombinieren. Dazu multipliziert man diese erst mit $T_u$ und addiert die dadurch erhaltene

Gleichung zu (II,9'), wodurch man die Beziehung:

$$W_{t12}=\int_1^2 (1-\frac{T_u}{T})dQ+H_1-H_2-T_u(S_1-S_2)-T_u\Delta S_{erz}+mg(z_1-z_2)+\frac{m}{2}(v_1^2-v_2^2)$$

(II,52)

bekommt. Die maximale technische Arbeit ergibt sich bei reversiblem Übergang zu Umgebungsbedingungen:

$$(W_{t1u})_{rev}=\int_1^u (1-\frac{T_u}{T})dQ_{rev}+H_1-H_u-T_u(S_1-S_u)+mg(z_1-z_u)+\frac{m}{2}v_1^2.$$

(II,53)

Nimmt man an, daß Wärme nur bei Umgebungstemperatur $T_u$ zu- oder abgeführt wird, so bekommt man:

$$(W_t)_{rev}=A_t=H-H_u-T_u(S-S_u)+mg(z-z_u)+\frac{m}{2}v^2, \qquad (II,54)$$

nach H.D.Baehr, die "Technische Arbeitsfähigkeit" des Stoffstroms, den maximalen Betrag an gewinnbarer technischer Arbeit. Das Verschwinden des ersten, den Wärmeaustausch berücksichtigenden Terms in (II,53) heißt, daß eine Wärme, die bei Umgebungstemperatur zugeführt wird, nichts zur Arbeitsfähigkeit beiträgt: hier liegt bereits Gleichgewicht mit der Umgebung vor. Kinetische und potentielle Energie werden vollständig in technische Arbeit umgewandelt (im reversiblen Fall!), wogegen die in der Enthalpie enthaltene Energie nur teilweise wirksam wird. $T_u(S-S_u)$ entspricht einer isothermen reversiblen Wärmeübertragung bei $T=T_u$. Der Entropiegehalt von System und Umgebung bleibt konstant. Der thermodynamische Teil der Arbeitsfähigkeit trägt die Bezeichnung Exergie[1]:

$$Ex = H - H_u - T_u(S-S_u). \qquad (II,55)$$

Damit ist:

$$A_t = Ex + mg(z-z_u) + \frac{m}{2} v^2. \qquad (II,54')$$

Bezieht man sich auf einen definierten Umgebungszustand, so kann man die Exergie bzw. die technische Arbeitsfähigkeit wie Zustandsgrößen behandeln.

1 Hier wird für Exergie die Bezeichnung Ex gewählt, da E ganz allgemein für Energie reserviert ist. Wir folgen damit der Bezeichnungsweise in /45/.

Betrachtet man ein adiabatisches offenes System zwischen zwei Zuständen 1 und 2, ohne Änderung der potentiellen und kinetischen Energie und entzieht man diesem System technische Arbeit (Abb.II.27), so kann man nun die maximal gewinnbare technische

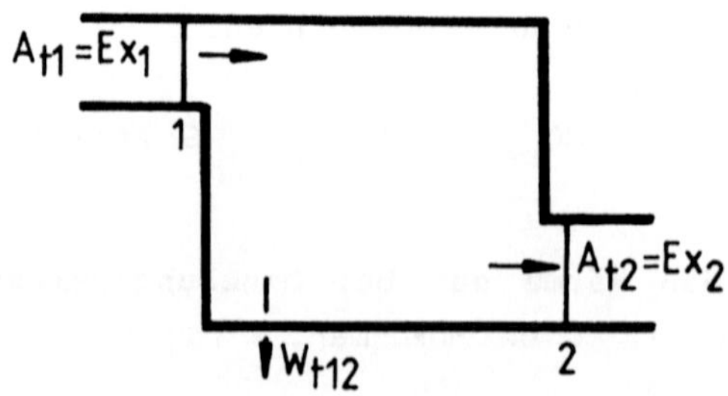


Abb.II.27.: Prinzipbild zum Exergiefluß eines offenen Systems.

Arbeit $(W_{t12})_{rev}$ in Relation setzen zur tatsächlichen technischen Arbeit $W_{t12}$ und erhält damit ein direktes Maß für die Energieentwertung durch irreversible Vorgänge:

$$\frac{W_{t12}}{(W_{t12})_{rev}} = \varepsilon \geq 1. \qquad \text{(II,56)}$$

$\varepsilon$ ist der thermodynamische oder exergetische Wirkungsgrad. Ein Vergleich von (II,52) und (II,53) zeigt, daß auch gilt:

$$\varepsilon = \frac{(W_{t12})_{rev} - T_u \Delta S_{erz}}{(W_{t12})_{rev}} = 1 - \frac{T_u \Delta S_{erz}}{A_{t1} - A_{t2}} \qquad \text{(II,56')}$$

$$= 1 - \frac{T_u \Delta S_{erz}}{Ex_1 - Ex_2} \quad (\text{falls } v = 0,\ z = 0\ ).$$

Analog dazu kann man auch den Arbeitsaufwand für eine zu leistende Aufgabe bewerten:

$$\varepsilon = \frac{(W_{t12})_{rev}}{W_{t12}} = \frac{(W_{t12})_{rev}}{(W_{t12})_{rev} + T_u \Delta S_{erz}} . \qquad \text{(II,57)}$$

Tatsächlich wird heute der Begriff Exergie meist in Anwendung auf die technische Arbeitsfähigkeit $A_t$ und nicht im eingeschränkteren Sinn der Definition (II,55) gebraucht. Dies kommt z.B. - ohne explizit Erwähnung zu finden - auch schon in den diversen Exergiediagrammen in /37/ zum Ausdruck. Natürlich kann der Begriff der Arbeitsfähigkeit, wie er oben für ein offenes System (ohne Wärmeaustausch bei $T \neq T_u$) definiert wurde, auch für Kreissysteme formuliert werden. Für eine Carnot-Maschine ist dann die Arbeitsfähigkeit der zugeführten Wärme $Q_I$ bei $T_I$ gegeben als:

$$A_{tI} = (1 - \frac{T_u}{T_I})\, Q_I .$$

Für die an das Reservoir $R_{II}$ abgegebene Wärmemenge gilt analog

$$A_{tII} = -\,(1 - \frac{T_u}{T_{II}})\, Q_{II} .$$

Somit folgt als technische Arbeit:

$$W_t = A_{tI} - A_{tII} = (1 - \frac{T_u}{T_I})Q_I + (1 - \frac{T_u}{T_{II}})Q_{II} =$$

$$= Q_I + Q_{II} - T_u(\frac{Q_I}{T_I} + \frac{Q_{II}}{T_{II}}) = Q_I - |Q_{II}| \quad \text{(siehe II,26).}$$

Die optimale Leistung der Carnot-Maschine liegt vor, wenn sie zwischen $T_I$ und der Umgebungstemperatur $T_u$ arbeitet. Dann ist $A_{tII}=0$ und alle Arbeitsfähigkeit der zugeführten Wärme $Q_I$ wird in technische Arbeit umgewandelt, während sonst ein endlicher Anteil an Arbeitsfähigkeit ungenützt gelassen wird (dieser Anteil wird absichtlich nicht mit "verloren" bezeichnet, da er ja im Prinzip genützt werden kann, was bei Irreversibilitätsverlusten nicht der Fall ist). Da man auch geschlossene Systeme in offene Teilsysteme zerlegen kann, kann man mit den vorstehenden Überlegungen Energieumsetzungseinrichtungen auch - und das ist wichtig - auf die thermodynamische Effizienz ihrer Teilsysteme untersuchen. Daraus folgen wertvolle Hinweise darauf, wo Verbesserungen zum Zwecke einer besseren Energienutzung am ehesten Erfolg versprechen bzw. wie gut derzeit gebräuchliche Techniken überhaupt dem Zweck angepaßt sind, dem sie dienen sollen /42/, /45/, /51/.

Manchmal bezeichnet man den Energieanteil, der nicht in Arbeit umgesetzt werden kann, mit Anergie /38/, /46/. Demnach kann man den 1. Hauptsatz auch in der Form:

"Die Summe aus Exergie und Anergie ist konstant"

formulieren. Bei elektrischer und mechanischer Energie ist der Anergieanteil null. Als Äquivalent für den 2. Hauptsatz folgt:

"Die Exergie eines adiabatischen Systems kann nicht zunehmen".

Die Nützlichkeit einer Analyse der Arbeitsfähigkeit von Systemen wurde an sich schon relativ früh erkannt. So weist z.B. Fr. Bosnjakovic /47/ auf die Bedeutung des "Arbeitsverlustes" (d.i. Verlust an Arbeitsfähigkeit) bei der Analyse von Kraftprozessen hin. J.H.Keenan /48/ entwickelt den Begriff der "Verfügbarkeit" (availability):

$$E - E_u + p_u(V-V_u) - T_u(S-S_u), \qquad (II,58)$$

wobei E die Energie, S die Entropie des Systems, $T_u$ und $p_u$ Temperatur und Druck des umgebenden Mediums sind, und $E_u$, $V_u$ und $S_u$ Energie, Volumen und Entropie des Systems im Gleichgewicht mit der Umgebung bedeuten. Man sieht, daß (II,58) praktisch mit (II,54) identisch ist. In der Folge führt Keenan Effizienzanalysen verschiedener Systeme durch, die auf die Bestimmung eines thermodynamischen Wirkungsgrades hinauslaufen. Wie Keenan auch anführt, ist der Kern der oben gezeigten Betrachtungsweise schon bei J.W.Gibbs zugrundegelegt, der u.a. den thermodynamischen Unterschied eines Systems zu seiner Umgebung durch den Begriff "available energy" charakterisiert /49/. Ein System kann dann keine Arbeit mehr leisten, wenn es sich auf einer Fläche "zerstreuter (dissipated) Energie" befindet. R.C.Tolman und P.C.Fine nahmen das Problem von der mehr physikalischen Seite auf /50/. Die von ihnen ausführlich diskutierte "Effizienz-Gleichung" (efficiency equation) ist im wesentlichen Gleichung (II,52), wobei das Hauptaugenmerk auf die Bestimmung der erzeugten Entropie gerichtet ist. Aber erst der unmittelbare Zwang der Energieproblematik hat diesen Überlegungen über den relativ engen Kreis der Spezialisten hinaus jene Aufmerksamkeit erworben, die sie verdienen /42/, /45/.

Natürlich wäre eine dem 2. Hauptsatz entsprechende Bewertung von Energieumsetzungen auch möglich, wenn man anstelle der Arbeitsfähigkeit den Zuwachs an Entropie verfolgt /32/, da ja der Verlust von Arbeitsfähigkeit direkt mit der Erzeugung von Entropie gekoppelt ist: Ein Minimum an Entropiezuwachs ergibt ein Maximum an Effizienz. Aber die auf der Analyse der Arbeitsfähigkeit bzw. Exergie beruhende Methode liefert die verfügbare Arbeit auf direktere Weise und ist daher wohl vorteilhafter und bequemer.

## II.3.3. Beispiele zur Bestimmung der Exergie; Folgerungen

### II.3.3.1. Exergie eines elektrisch geheizten Durchlauferhitzers

Man kann einen Durchlauferhitzer als offenes System auffassen. Für die Umgebungsbedingungen werden dabei z.B. die folgenden Annahmen getroffen:

$p_u = 1{,}013.10^5$ Pa (atmosphärischer Luftdruck),
$t_u = 15^{o}C$ bzw. $T_u = 288$ K.

Die Zulieferung des Wassers soll ebenfalls bei dieser Temperatur erfolgen. Im Erhitzer soll eine Wassertemperatur von $50^{o}C$ erreicht werden. Abb.II.28. zeigt eine Prinzipskizze.

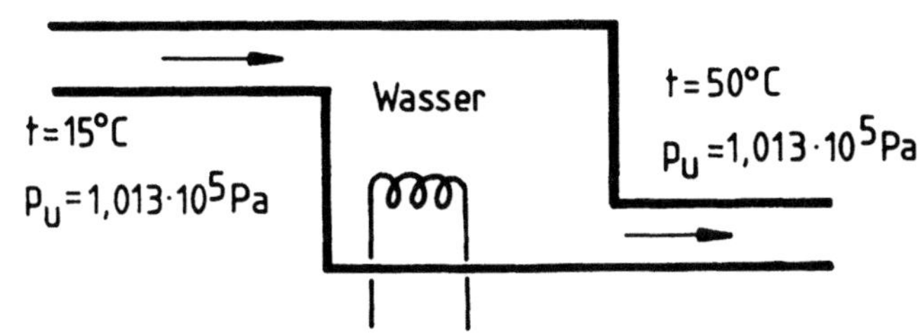


Abb.II.28.: Prinzipskizze eines Durchlauferhitzers.

Die Exergie des Wassers ist nach (II,55):

$$Ex = (H-H_u) - T_u(S-S_u).$$

Man bezieht sich hier besser auf die Masseneinheit:

$$\frac{Ex}{m} = (h-h_u) - T_u(s-s_u).$$

Die Enthalpiedifferenz kann nach (II,12') bestimmt werden. Dabei wird für $c_p$ ein Mittelwert von $c_p=4{,}19$ kJ/kgK angenommen:

$$(h-h_u) = \int_{T_u}^{T} \left(\frac{dh}{dT}\right)dT = c_p \int_{T_u}^{T} dT = c_p(T-T_u). \qquad (II,59)$$

Zur Bestimmung des Entropieanteils kann man die differentielle Form des 1. Hauptsatzes (II,3):

$$dQ = dU + pdV = dH - Vdp$$

in der Form:

$$TdS = dH - Vdp \tag{II,60}$$

schreiben. Wegen dp=0 folgt:

$$ds = \frac{1}{T}\,dh = \frac{c_p}{T}\,dT$$

bzw.

$$s(T,p_u)-s(T_u,p_u) = c_p \int_{T_u}^{T} \frac{dT}{T} = c_p \ln \frac{T}{T_u}\,. \tag{II,61}$$

Die für die Temperaturerhöhung nötige Wärme wird durch elektrische Energie, die vollständig in Wärme umwandelbar ist, beigestellt. Elektrische Energie besteht nur aus Exergie, sodaß der thermodynamische Wirkungsgrad die Form hat:

$$\varepsilon = \frac{Ex/m}{Q/m} = \frac{c_p(T-T_u)-T_u c_p \ln \frac{T}{T_u}}{q}$$

Der Wert für q folgt aus (II,15) als:

$$g = h - h_u = c_p(T-T_u)\,,$$

und somit ist:

$$\varepsilon = 1 - \frac{T_u}{T-T_u}\,.\,\ln \frac{T}{T_u} = 0{,}056 \tag{II,62}$$

(für die angenommenen Zahlenwerte).

Der Exergiewirkungsgrad ist also ganz schlecht. Stellt man dagegen die benötigte Wärme durch eine ideale Wärmepumpe zur Verfügung, so benötigt man für den Wärmebetrag eine Arbeit von $q(1-\frac{T_u}{T})$, was im vorliegenden Fall eine Verbesserung des Exergiewirkungsgrades um einen Faktor 9,23, also um eine Größenordnung, bringt. Das Beispiel zeigt ganz deutlich, daß vom thermodynamischen Standpunkt eine Wärmezufuhr durch elektrische Energie einfach zu kostbar ist. Durch den irreversiblen Charakter des Prozesses wird zuviel Entropie erzeugt.

### II.3.3.2. Raumheizung durch elektrische Widerstandsheizung oder eine Carnotsche Wärmepumpe

Heizen eines Raumes heißt, in ihm eine höhere Temperatur T als die Umgebungstemperatur $T_u$ zu erzeugen. Dadurch stellt sich ein Wärmestrom Q durch das Mauerwerk nach außen ein (siehe

II,5). Wegen der geringen Temperaturdifferenz $(T-T_u)$ ist auch der Exergieinhalt dieses Wärmestroms gering. Außen kommt er auf das Temperaturniveau der Umgebung und hat dann nur mehr einen Anergieinhalt. Abb.II.29. gibt die Verhältnisse schematisch wieder. Man sieht unmittelbar, daß man zur Heizung nur den Exergieanteil des Wärmestroms bereitstellen muß. Bei einer elektrischen Widerstandsheizung besteht alle dem Raum zugeführte Leistung aus einem Exergiestrom. Durch die Umwandlung

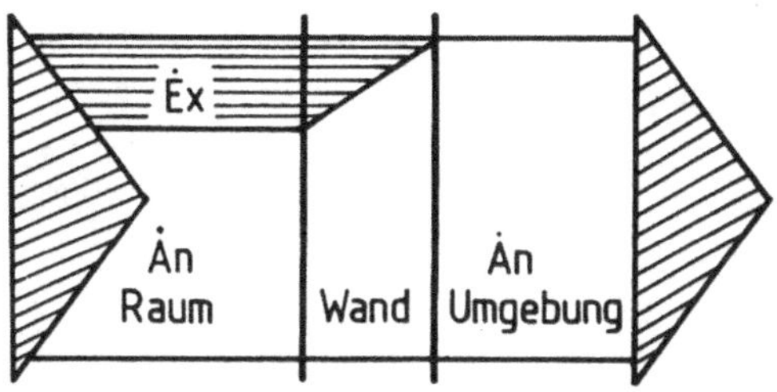


Abb.II.29.: Exergieanteil am Wärmestrom $\dot{Q}$ und seine Umwandlung in Anergie beim Durchgang des Wärmestroms durch die Wand.

in einen Wärmestrom wird er auf einen Anteil:

$$\dot{Q}(1-\frac{T_u}{T})$$

reduziert, woraus ein exergetischer Wirkungsgrad der Widerstandsheizung von:

$$\varepsilon = \frac{\dot{Q}(1-\frac{T_u}{T})}{P_{el}(=\dot{Q})} = \eta_c \qquad (II,63)$$

folgt. Der Einsatz einer reversiblen Wärmepumpe liefert dagegen nur den nach Abb.II.29. notwendigen Exergiestrom und hat dementsprechend den exergetischen Wirkungsgrad:

$$\varepsilon = \frac{\dot{Q}(1-\frac{T_u}{T})}{\dot{W}} = \frac{\dot{Q}(1-\frac{T_u}{T})}{\dot{Q}(1-\frac{T_u}{T})} = 1. \qquad (II,63')$$

Natürlich ist in der Praxis der Vorteil nicht so groß, da die tatsächliche Leistungszahl einer Wärmepumpe (coefficient of performance) $\eta$ (COP) etwa zwischen den Werten 2,0 - 3,5 liegt und nicht ihren Maximalwert annimmt (siehe II,4).

## II.3.3.3. Dampfkraftwerk, Verbrennungsprozeß, "energy cascading"

Die unterschiedliche Bewertung von Energieumsetzungen durch eine Exergie- oder durch eine Energiebilanz wird auch beim konventionellen Dampfkraftwerk anschaulich sichtbar /37/. In Abb.II.30. sind Exergie- und Energiefluß bei der Umsetzung der chemischen Energie des Brennstoffes in Nutzenergie in einem normalen Dampfkraftwerk dargestellt. Die Exergieanalyse weist die tatsächlichen Schwachstellen des Umwandlungssystems auf. Nach dem Energieflußdiagramm wird die meiste Energie

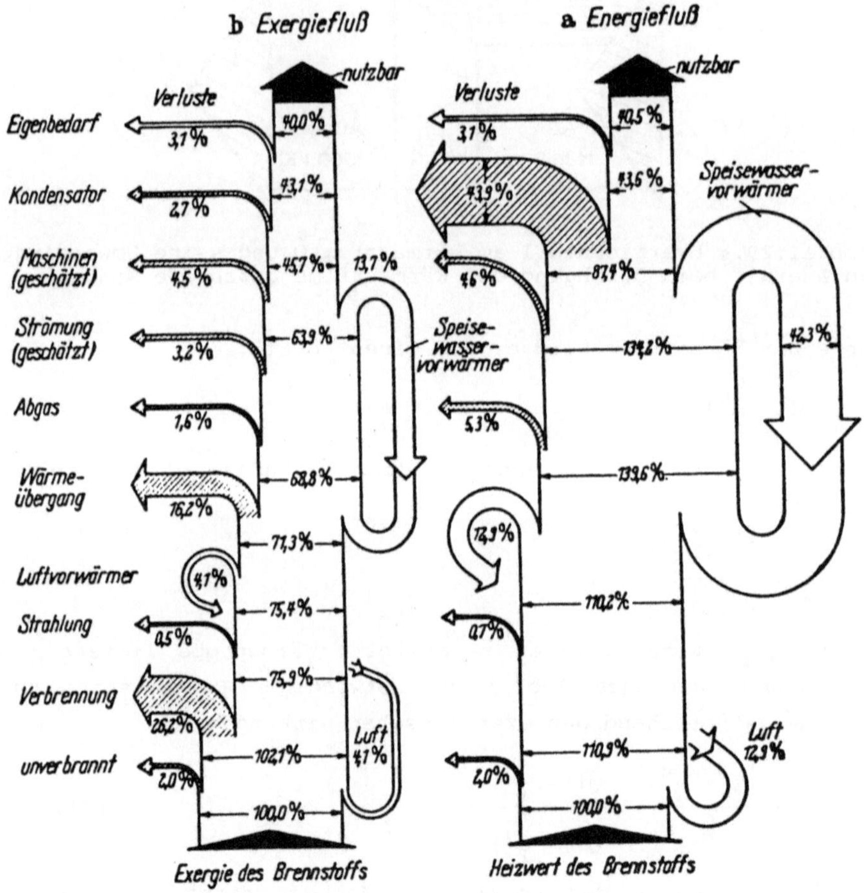


Abb.II.30.: Energiefluß- und Exergieflußdiagramm für den Dampfkraftprozeß.

im Kondensator verloren. Doch ist ihr Arbeitswert gering.

Die Verluste an Arbeitswert sind beim Verbrennungsprozeß und beim Wärmeübergang sehr viel wichtiger. Man kann nämlich die beim Verbrennungsprozeß entstehende hohe Temperatur der Verbrennungsgase nur sehr schlecht nutzen.
Nach dem Schema in Abb.II.31. werden der Brennkammer Kohlenstoff und Sauerstoff zugeführt und diese reagieren dort zu $CO_2$.

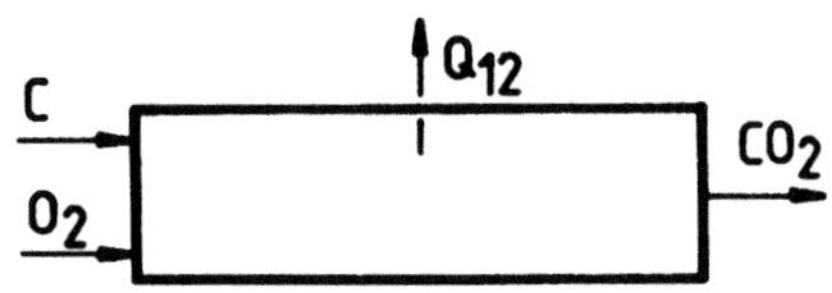


Abb.II.31.: Schematische Darstellung der Verbrennung in der Brennkammer.

Tatsächlich wird Luft zugeführt, wobei nur der Sauerstoff der Luft reagiert; der Stickstoff ist ein "Begleiter". Am Ein- und Ausgang der Brennkammer sollen die gleichen Temperatur- und Druckverhältnisse ($t_0=25^oC$, $p_0=10^5Pa$) herrschen. Man hat dann ein offenes System ohne Arbeitsleistung vorliegen, für das nach (II,10') gilt:

$$H_2 = Q_{12} + H_1 .$$

Für die oben angegebenen Temperatur- und Druckwerte bekommt man $Q_{12} = 393522 \frac{kJ}{kmol}$. $Q_{12}$ ist unter den gemachten Annahmen die Reaktionswärme[1]. Man kann die Reaktion aber auch adiabatisch verlaufen lassen und dabei die prinzipiell erreichbare Temperatur feststellen. Hiebei wird die Rolle des Stickstoffs als Begleiter wichtig, weil auch das Stickstoffvolumen auf die Temperatur $T_{max}$ erwärmt wird:

$$H_1(T_0,C,O_2,N_2) = H_2(T_{max},CO_2,N_2). \qquad (II,64)$$

Unter der Annahme, daß sich die Reaktionspartner wie ideale Gase verhalten, findet man $T_{max} \approx 2200$ K /37/. Würde man

1 In Wirklichkeit wird die Enthalpie über die Reaktionswärme gemessen, wobei man den Enthalpiewert der Elemente im Normalzustand ($t=25^oC$, $p=10^5Pa$) null setzt. Der angegebene Wert von $Q_{12}$ ist damit gleichzeitig die Bildungsenthalpie von $CO_2$ im gasförmigen Zustand.

reinen Sauerstoff in der genau benötigten Menge zuführen, könnte man eine sehr viel höhere Temperatur erreichen. Bezeichnet man die Temperatur der Verbrennungsgase mit $T_v$, so beinhalten n Mole die Wärmemenge:

$$Q_{12} = \Delta H = n\bar{C}_p(T_v - T_0). \qquad (II,65)$$

Nach (II,55) entspricht dem mit $T_0 = T_u$ eine Exergie:

$$Ex = H(T_v, CO_2, N_2) - H(T_0, C, O_2, N_2) - T_0\left[S(T_v, CO_2, N_2) - S(T_0, C, O_2, N_2)\right]. \qquad (II,66)$$

Da sich alle Reaktionspartner wie ideale Gase verhalten sollen, kann man insgesamt n Mole davon annehmen und bekommt:

$$Ex = n\bar{C}_p(T_v - T_0) - n\bar{C}_p T_0 \ln \frac{T_v}{T_0} \qquad (II,66')$$

($\bar{C}_p$= mitlere spezifische Wärme bei konstantem Druck, bezogen auf 1 Mol; $\Delta H$ analog (II,59), $\Delta S$ analog zu (II,61)).
Man kann (II,66') auch wie folgt erhalten:

$$\int_{T_0}^{T_v} \left(1 - \frac{T_0}{T}\right) dQ = \int_{T_0}^{T_v} \left(1 - \frac{T_0}{T}\right) n\bar{C}_p dT. \qquad (II,66")$$

Dies entspricht dem Umstand, daß einer Wärmemenge dQ bei der Temperatur T gerade die Exergie:

$$\left(1 - \frac{T_0}{T}\right) dQ$$

innewohnt und man durch die Integration in (II,66") n Molen eines idealen Gases mit Hilfe einer idealen Wärmepumpe die zur Erhöhung der Temperatur auf $T_v$ notwendige Exergie zuführt. Man kann (II,66') umformen und damit noch etwas durchsichtiger machen:

$$Ex = n\bar{C}_p\left[(T_v - T_0) + T_0 \ln \frac{T_0}{T_v}\right] =$$

$$= n\bar{C}_p \Delta T \left[1 + \frac{T_0}{\Delta T} \ln \frac{T_v - \Delta T}{T_v}\right] =$$

$$= n\bar{C}_p \Delta T \left[\left(1 + \frac{T_0}{\Delta T} \ln\left(1 - \frac{\Delta T}{T_v}\right)\right]\right. =$$

$$= n\bar{C}_p \Delta T \left[\left(1 - \frac{T_0}{T_v}\right) - \frac{1}{2} T_0 \frac{\Delta T}{T_v^{\,2}} + \ldots\right].$$

Die aus den Verbrennungsgasen gewinnbare Energie ist also etwas kleiner als jene, die man der Wärmemenge:

$$Q_{12} = n\bar{C}_p(T_v - T_0)$$

entnehmen kann, wenn man sie mit einer Carnot-Maschine zwischen den Temperaturen $T_v$ und $T_0$ bereitgestellt. Für Abschätzungen kann man jedoch ohne weiteres mit dem Carnot-Wert auskommen.

Auch wenn der reale Verbrennungsprozeß nicht adiabatisch verläuft, sieht man doch unmittelbar, daß entscheidende Verbesserungen des Wirkungsgrades kalorischer Kraftwerke in erster Linie über eine bessere Nutzung der Verbrennungstemperatur erfolgen müssen. Darüber hinaus hat schon W.Ostwald /52/ erkannt, daß die direkte Umformung von chemischer Energie in elektrische Energie auf dem Weg der "kalten Verbrennung" in den Brennstoffzellen der noch effektivere Weg wäre (siehe auch /33/).
Der sogenannte "Dreifach-Dampfprozeß" /53/, /54/ stellt einen Versuch dar, die Verbrennungstemperatur besser zu nützen. Die zugrundeliegende Idee geht davon aus, daß man durch Kombination verschiedener Wärmemittel mit den passenden Eigenschaften einen größeren Temperaturbereich für die Umwandlung von kalorischer in mechanische Energie verwenden kann. Der Gedanke ist an sich nicht neu. Der Amerikaner W.L.R.Emmet /55/ schlug schon in den zwanziger Jahren vor, dem normalen Wasserdampfprozeß einen Quecksilberdampfprozeß vorzuschalten, um so die obere Temperaturgrenze des Gesamtprozesses um etwa $200^{o}$ zu erhöhen. In der Folge wurden solche Anlagen in den USA auch gebaut. Weitere Anregungen kamen aus dem Bereich der Raumfahrt, wo man auf der Suche nach Arbeitsmitteln für hohe Temperaturen war, um die Abstrahlungsbedingungen zu verbessern. Zusammen mit den bei der Entwicklung Schneller Brutreaktoren gewonnenen Erfahrungen mit Alkalimetallen führte das schließlich zum Projekt eines Drei-Stufen-Prozesses für den Temperaturbereich von $900^{o}C$ bis $30^{o}C$. Im obersten Bereich ist Kalium mit den Grenzdaten $830^{o}C/3.10^{5}Pa$ und $477^{o}C/0,027.10^{5}Pa$ vorgesehen. Die Kondensationswärme des Kaliums verdampft Diphenyl, für das ungefähre Grenzdaten von $455^{o}C/21.10^{5}Pa$ und $287^{o}C/2.10^{5}Pa$ vorgesehen sind. Dann erst schließt der Wasserdampfprozeß an, der zwischen den Grenzen $270^{o}C/55.10^{5}Pa$ und $33^{o}C/0,051.10^{5}Pa$ abläuft. Abb.II.30. zeigt die entsprechenden Temperatur-Entropie-Diagramme /53/. Derzeit wird

dieses Projekt im Rahmen der Internationalen Energieagentur (IEA) zusammen mit anderen Möglichkeiten zum stufenweisen Temperaturabbau innerhalb eines Großprojektes "Energy Cascading" /56/ studiert und die noch notwendigen technologischen Entwicklungen vorangetrieben.

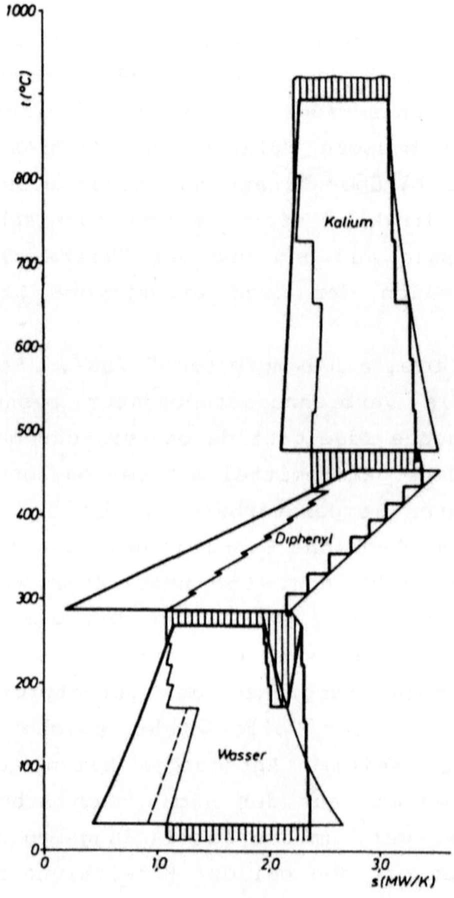


Abb.II.32.: T-S-Diagramm für den vorgeschlagenen Dreifach-Dampfprozeß mit Kalium, Diphenyl und Wasser. Der Wärmeaustausch erfolgt fast durchgehend isotherm.

## II.4. Wärmepumpe, Wärmetransformator

Die Wärmepumpe ist eine Einrichtung, um Wärme von niedriger Temperatur auf eine höhere Temperatur zu bringen. Aus diesem Gesichtspunkt besteht eigentlich kein Unterschied zwischen ihr und einem Wärmetransformator. Als Beispiel, wie man einen solchen Prozeß realisieren kann, wurde in II.1. bereits die Umkehrung einer Carnotschen Wärmekraftmaschine behandelt und in II.2. auch bei verschiedenen Überlegungen verwendet. Es handelt sich dabei um eine Kompressionswärmepumpe, bei der zur Erhöhung der Temperatur Arbeit geleistet werden muß. Bei der Absorptionswärmepumpe handelt es sich dagegen um einen reinen Wärmeaustauschprozeß, der in geeigneter Weise ebenfalls zur Erhöhung der Temperatur einer sonst nutzlosen Wärmemenge führt. Absorptionswärmepumpe und Wärmetransformator unterscheiden sich durch die jeweilige Prozeßführung.

Die Literatur zum Thema Wärmepumpe ist in den letzten Jahren fast unüberschaubar geworden, sodaß hier - dem Zweck der Darstellung entsprechend - nur einige grundsätzliche Darstellungen zitiert werden, deren Literaturverzeichnisse aber schnell eine weitergehende Information gestatten /57/, /58/, /59/.

### II.4.1. Kompressionswärmepumpe

Zur besseren Verdeutlichung verwenden wir nochmals Abb.II.9., welche den Carnotschen Kreisprozeß darstellt. Dabei werden die verschiedenen Zustandspunkte nur in anderer Reihenfolge durchlaufen. Ausgehend von 1 erfolgt eine adiabatische Kompression von $V_1$ nach $V_2$. Entlang der Isotherme $2 \to 3$ wird Wärme $Q_I$ bei der Temperatur $T_I$ an ein Reservoir $R_I$ abgegeben. Entlang der Adiabate $3 \to 4$ wird das Kältemittel auf das Volumen $V_4$ entspannt, um dann entlang der Isotherme bei der Temperatur $T_{II}$ auf dem Weg $4 \to 1$ Wärme $Q_{II}$ aus einem Reservoir $R_{II}$ aufzunehmen. Die umschlossene Fläche gibt die für die Kompression notwendige Arbeit an, die dem System zugeführt werden muß.

Wie der reale Wärmekraftprozeß nicht mit einem idealen Gas

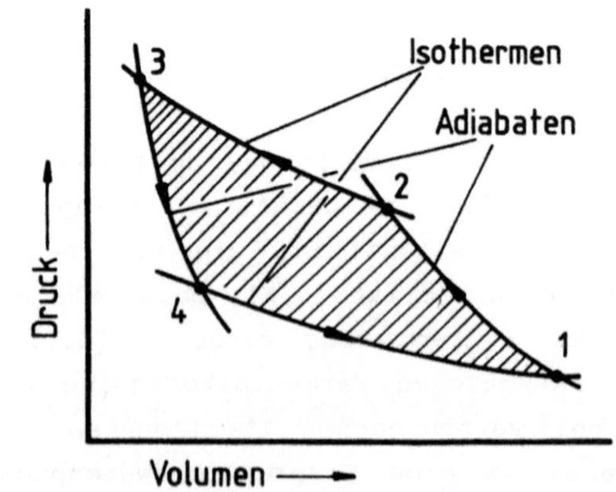


Abb.II.33.: Schema des idealen Prozesses der Kompressionswärmepumpe.

verwirklicht werden kann, ist dies auch für den umgekehrten Vorgang zutreffend. Man braucht dazu Kältemittel, die bei entsprechendem Druck geeignete Verdampfungs- und Verflüssigungstemperaturen haben. Diese Phasenumwandlungen sind in Abb.II.34. im T-S-Diagramm dargestellt.

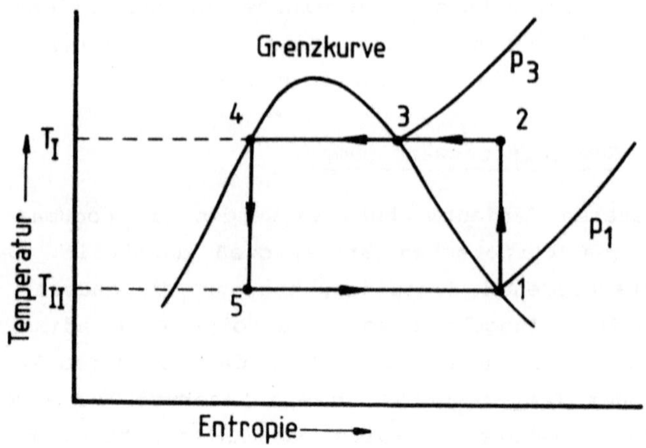


Abb.II.34.: Ideales Schema eines realen Wärmepumpenprozesses im T-S-Diagramm.

Ausgehend von 1 erfolgt eine adiabatische Kompression nach 2. Dieser Zustandspunkt liegt im Bereich des überhitzten Dampfes. Durch eine isotherme Verdichtung wird der Punkt 3 auf der Grenzkurve erreicht. Darauf folgt die isotherme Wärmeabgabe durch Verflüssigung. Dabei bleibt auch der Druck konstant. Die adiabatische (isentrope) Entspannung nach 5 führt zum Druck $p_1$, bei dem durch isotherme Wärmeaufnahme Verdampfung längs des Weges 5→1 stattfindet. Die für diesen Kreisprozeß notwendige Arbeit ist durch das Rechteck 1245 gegeben. Abb.II.35. zeigt eine Prinzipschaltung für eine solche Kompressionswärmepumpe. Der dort realisierbare Prozeß entspricht nicht ganz der Abb.II.34., da die Drossel nur eine Entspannung bei konstanter Enthalpie ermöglicht.

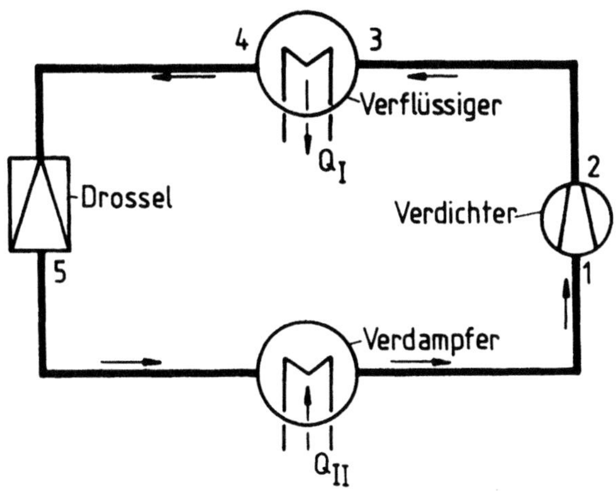


Abb.II.35.: Schema der Schaltung einer Kompressionswärmepumpe.

Die apparative Durchführung einer isentropen Entspannung wäre zu aufwendig. Aus diesem Grund benützt man auch lieber eine Darstellung in einem Diagramm mit lgp und h als Koordinaten, wie es in Abb.II.36. ersichtlich ist. Dabei geschieht die Verdichtung 1→2 bei konstanter Entropie, die Verdichtung 2→3 aber bei konstantem Druck und nicht isotherm. Die Entspannung 4→5 erfolgt bei konstanter Enthalpie. Für den Verdichtungsvorgang 1→2 muß Arbeit aufgewendet werden. Da 2-3-4 auf einer Isobare liegen, ist mehr Arbeit als beim entsprechenden Carnot-Prozeß aufzubringen. Für den tatsächlichen Prozeßverlauf muß man allerdings auch noch Druckabfall durch Reibungsverluste und Wärmeaustausch in den einzelnen Elementen der Anlage berücksichtigen. Für eine genauere Diskussion dieser Effekte sei auf die Spezialliteratur verwiesen /57/, /58/, /59/.

Die Leistungszahl der Kompressionswärmepumpe entsprechend dem Carnot-Prozeß ist

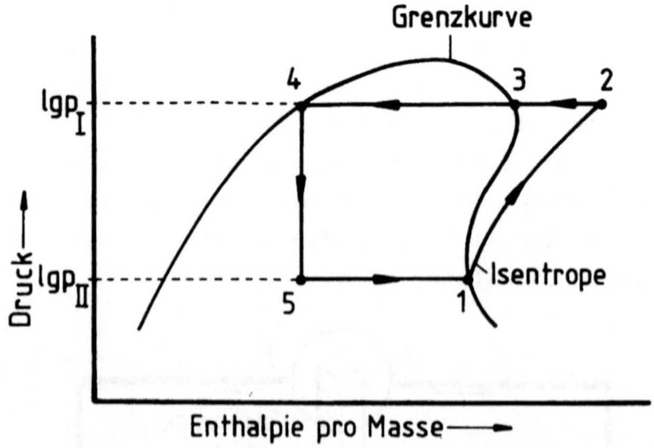


Abb.II.36.: Prozeß in einer Kompressionswärmepumpe nach dem lgp-h-Diagramm.

$$\eta_c(\mathrm{COP}) = \frac{1}{\eta_c} = \frac{Q_I}{W}. \tag{II,67}$$

Dies ist auch sofort der Umkehrung von Abb.II.23. zu entnehmen: $Q_I$ entspricht dann dem Wert $T_1\Delta S(\Delta S=S_2-S_1)$, W dem Wert $(T_1-T_2)\Delta S$. Daraus folgt:

$$\eta(\mathrm{COP}) = \frac{T_1\Delta S}{(T_1-T_2)\Delta S} = \frac{T_1}{T_1-T_2} = \frac{1}{\eta_c}.$$

Im lgp-h-Diagramm kann die Leistungszahl direkt abgelesen werden: die aufgewendete Arbeit entspricht der Differenz $(h_2-h_1)$, während die abgegebene Wärme durch $(h_2-h_4)$ bestimmt ist:

$$\eta(\mathrm{COP}) = \frac{h_2-h_4}{h_2-h_1}. \tag{II,68}$$

Die tatsächlich erreichbaren Leistungsziffern betragen etwa 50 - 60 % dieses Wertes.

Als Kältemittel für Kompressionswärmepumpen werden fast nur fluorierte Kohlenwasserstoffe verwendet. Für Großanlagen eignet sich auch Ammoniak. Die gebräuchlichsten Kältemittel (Frigene) sind u.a. R12($CCl_2F_2$), R22($CHClF_2$) und R502, eine Mischung aus R22 und R115($CClF_2$-$CF_3$). In Tabelle II.1. sind die wichtigsten Daten für diese drei Stoffe für eine Verflüssigungstemperatur von $50^oC$ und eine Verdampfungstemperatur von $0^oC$ angegeben. Die dort angeführte volumetrische Heizleistung ist neben der Leistungszahl eine wichtige Kenngröße. Dabei wird der Wärmestrom am Verflüssiger zum vom Verdichter angesaugten Volumenstrom in Relation gesetzt:

$$q_{H_V} = \frac{h_2 - h_4}{V/m} \quad . \tag{II,69}$$

Tabelle II.1.

Kenndaten von Kältemitteln für eine Verflüssigungstemperatur von 50°C und eine Verdampfungstemperatur von 0°C

| Kältemittel | $\eta$(COP) | $q_{H_V}$ [kJ/m³] | $p_I/p_{II}$ | Verflüssigungsdruck p [$10^5$ Pa] |
|---|---|---|---|---|
| R 12 | 5,16 | 2290 | 3,96 | 12,2 |
| R 22 | 5,14 | 3761 | 3,88 | 19,3 |
| R 502 | 4,35 | 3676 | 3,68 | 21,1 |
| $NH_3$ | 5,53 | 4275 | 4,96 | 20,6 |

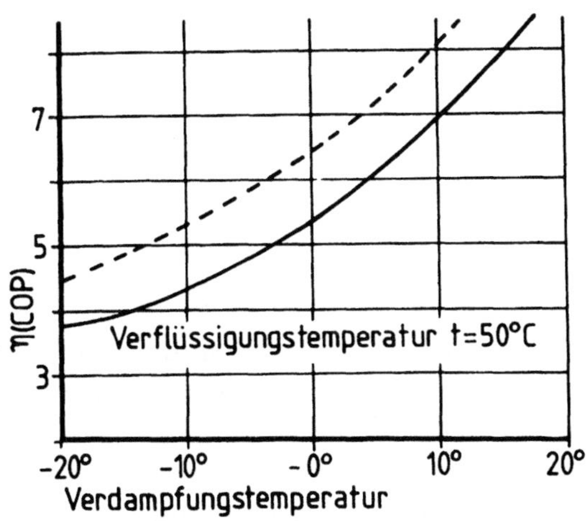


Abb.II.37.: Leistungszahl $\eta_h$(COP) für R12 bei einer Verflüssigungstemperatur T=50°C und variablen Verdampfungstemperaturen (-) sowie die Leistungszahl für den inversen Carnot-Prozeß (---).

Abb.II.37. zeigt die Leistungszahl $\eta_h$(COP) nach (II,68) für R12 sowie die entsprechende Leistungszahl $\eta_c$(COP) für den inversen Carnot-Prozeß. Abb.II.38. zeigt die Abhängigkeit der volumetrischen Heizleistung von der Verdampfungstemperatur (in °C).

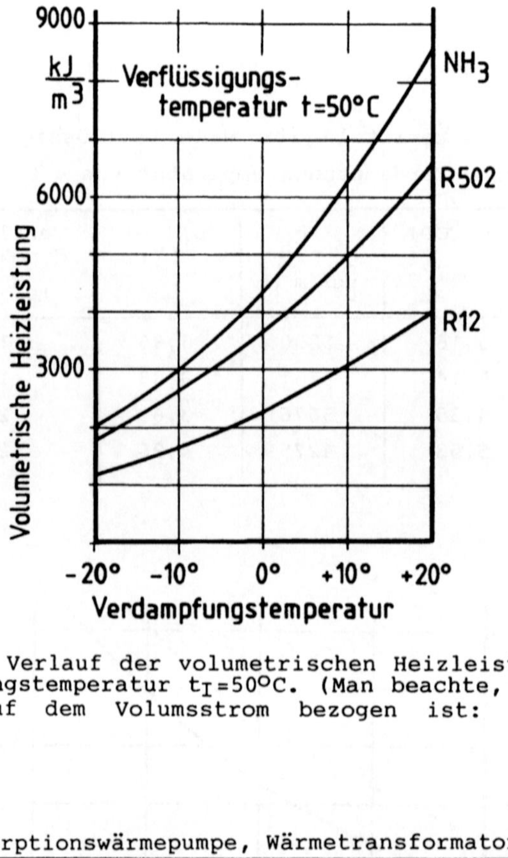


Abb.II.38.: Verlauf der volumetrischen Heizleistung bei einer Verflüssigungstemperatur $t_I$=50°C. (Man beachte, daß die Heizleistung auf dem Volumsstrom bezogen ist: (kJ/s)/(m³/s)).

## II.4.2. Absorptionswärmepumpe, Wärmetransformator

Während bei der Kompressionswärmepumpe die Exergiezufuhr durch mechanische Arbeit (Verdichten) erfolgt, geschieht dies bei der Absorptionswärmepumpe durch Wärmeaufnahme. Eine thermodynamische Prinzipskizze ist in Abb.II.39. enthalten /60/. Ein Arbeitssystem steht in Wärmeaustausch mit einem Heizreservoir, dem Wärme der Temperatur $T_I$ zugeführt wird. Gleichzeitig empfängt das Arbeitssystem Wärme aus einem Reservoir der Temperatur T und einem Reservoir mit der Temperatur $T_{II}$($T_I$<T; $T_{II}$= meist Umgebungstemperatur $T_U$). Man kann diese drei Wärmereservoire und das Arbeitssystem zu einem adiabatischen Gesamtsystem zusammenfassen. Dadurch kann man sofort

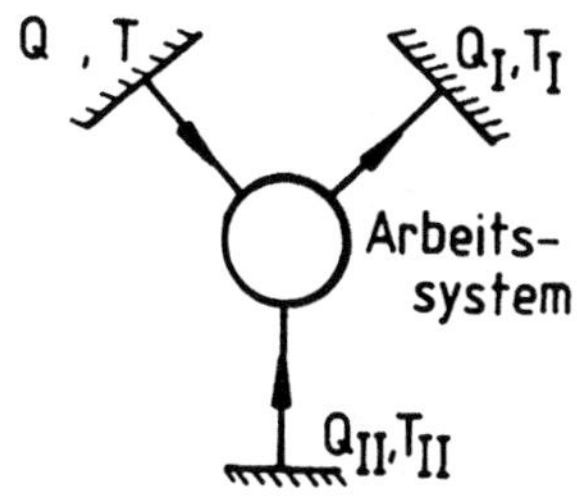


Abb.II.39.: Prinzipskizze zu den thermodynamischen Verhältnissen bei der Absorptionswärmepumpe.

die bei vorgegebenen Temperaturen mögliche Heizwärme $Q_I$ angeben. Rechnet man die dem Arbeitssystem zugeführten Wärmemengen positiv, so gilt:

$$Q + Q_{II} + Q_I = 0 \tag{II,70}$$

bzw.

$$Q + Q_{II} = |Q_I| \, .$$

Unter der Annahme eines reversiblen Prozeßablaufes gilt nach dem 2. Hauptsatz:

$$\Delta S_{ges} = \Delta S + \Delta S_{II} + \Delta S_I = 0 \, . \tag{II,71}$$

Das Arbeitssystem, das in Form eines idealen Kreisprozesses arbeitet, leistet keinen Entropiebeitrag. Die Bilanz der Entropieströme nach (II,71) ergibt so:

$$-\frac{Q}{T} - \frac{Q_{II}}{T_{II}} + \frac{|Q_I|}{T_I} = 0 \, . \tag{II,71'}$$

Daraus folgt unmittelbar:

$$|Q_I| \, \frac{T_I - T_{II}}{T_I} = Q \, \frac{T - T_{II}}{T} \, . \tag{II,72}$$

Diese Beziehung drückt eine Arbeitsbilanz aus, da auf jeder Seite der Gleichung die in einem idealen Carnot-Prozeß aus den beteiligten Wärmemengen $|Q_I|$ bzw. Q zwischen den Temperaturen $T_I$ und $T_{II}$ bzw. T und $T_{II}$ gewinnbare Arbeit steht. Durch Zufuhr von Wärme bei niedriger und höherer Temperatur $(T, T_{II})$ kann Wärme bei einer mittleren Temperatur $T_I$ bereitgestellt werden. Die der Leistungszahl bei der Kompressionswärmepumpe entsprechende Größe ist das Verhältnis $|Q_I|/Q$. Man nennt diese Zahl das Wärmeverhältnis $\zeta_0$:

$$\zeta_0 = \frac{Q_I}{Q} = \left(1 - \frac{T_{II}}{T}\right) \cdot \frac{T_I}{T_I - T_{II}} \;. \qquad (II,73)$$

Das Wärmeverhältnis stellt sich formal als Produkt eines Carnotfaktors zwischen den beiden Temperaturen T und $T_{II}$ und einer Leistungszahl einer idealen Kompressionswärmepumpe zwischen den Temperaturen $T_I$ und $T_{II}$ dar. Offensichtlich geht in keine der vorstehenden Beziehungen eine Voraussetzung über das Verhältnis von T zu $T_I$ ein, so daß beide Möglichkeiten $T \lessgtr T_I$ gegeben sind.

Im Fall $T>T_I$ nützt man Wärme höherer Temperatur, um Wärme mittlerer Temperatur ($T_I$) einem Reservoir zuzuführen. Dieses Schema entspricht dem, was man allgemein als Absorptionswärmepumpe bezeichnet. Wenn man Formel (II,73) umschreibt:

$$\zeta_0 = \frac{|Q_I|}{Q} = \frac{\dfrac{T-T_{II}}{T\,T_{II}}}{\dfrac{T_I-T_{II}}{T_I\,T_{II}}} = \frac{\dfrac{1}{T_{II}} - \dfrac{1}{T}}{\dfrac{1}{T_{II}} - \dfrac{1}{T_I}} \qquad (II,74)$$

so sieht man, daß in diesem Fall $\zeta_0>1$ gilt.

Die Form (II,73) läßt - wie schon erwähnt - die Interpretation des Absorptionswärmepumpen-Prozesses als Kopplung zweier Carnot-Prozesse zu. Dementsprechend ergibt sich die Wärmemenge $Q_{II}$ als die Differenz der Abwärme der Wärmekraftmaschine und der Wärmezufuhr der Wärmepumpe (bei der Temperatur $T_{II}$). Die vorstehende Interpretation durch zwei Carnot-Prozesse deckt sich im realen Fall mit der Aussage, man könne den Prozeßablauf der Absorptionswärmepumpe durch zwei gegenläufige Clausius-Rankine-Prozesse erklären /61/.

Im Fall $T<T_I$ wird Wärme niedriger Temperatur (T) auf ein höheres Temperaturniveau ($T_I$) transformiert. Formel (II,74) liefert in diesem Fall $\zeta_0<1$. Je höher die Temperatur $T_I$ der Wärme $Q_I$ ist, umso weniger kann man gewinnen. Man spricht in diesem Fall von einem Wärmetransformator. In Abb.II.39. kehrt sich dabei die Richtung von $Q_{II}$ um. Der Fall $T_I>T>T_{II}$ erfordert also zwei aus dem "Arbeitssystem" abfließende und nur einen zufließenden Wärmestrom. Die Aufspaltung in zwei gegenläufige Carnot-Prozesse kann wie vorher gemacht werden. Hier überwiegt bei $T_{II}$ die Abwärme des arbeitserzeugenden Prozesses die Wärmezufuhr für den Wärmepumpenprozeß. Die praktische Realisierbarkeit der bisher prinzipiell besprochenen

Prozesse hängt mit der guten Löslichkeit verschiedener Gase in Flüssigkeiten zusammen. Dabei wird Absorptionswärme freigesetzt. Ein typisches Beispiel für diesen Sachverhalt ist die Lösung von Ammoniak ($NH_3$) in Wasser: bei $0^oC$ absorbiert 1l Wasser 1200l Ammoniak. Der Prozeß ist temperaturabhängig: bei höherer Temperatur geht das Absorptionsvermögen zurück und das Gas wird wieder ausgetrieben. Abb.II.40. zeigt das Schema einer Prozeßfolge, die insgesamt eine Absorptionswärmepumpe bildet. Man hat es immer mit einem Stoffpaar, dem

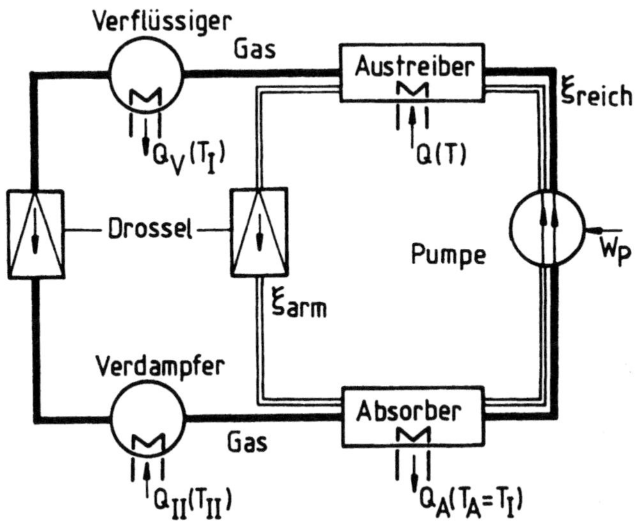


Abb.II.40.: Schema einer Prozeßfolge für eine Absorptionswärmepumpe.

Lösungsmittel und dem eigentlichen Kältemittel zu tun. Dementsprechend hat man auch zwei Kreisläufe, die jedoch einen gemeinsamen Strang haben, der vom Absorber über die Lösungsmittelpumpe zum Austreiber führt. Dem Kältemittel wird im Verdampfer bei der niedrigen Temperatur $T_{II}$ die Wärme $Q_{II}$ zugeführt. Im Absorber erfolgt die Lösung des gasförmigen Kältemittels im Lösungsmittel unter Abgabe der Absorptionswärme $Q_A$ bei einer Temperatur $T_A$. Diese Mischung wird von der Pumpe in den Austreiber befördert, wo unter Zufuhr der Wärmemenge Q bei der Temperatur T das Gas mehr oder weniger vollständig aus dem Lösungsmittel ausgetrieben wird. Das gasförmige Kältemittel kommt nun in den Verflüssiger, wo bei der Temperatur $T_I$ die Wärmemenge $Q_V$ abgegeben wird. Vergleicht man diese Situation mit Abb.II.39., so erkennt man, daß im Fall

$$T_I = T_A$$

$$Q_I = Q_A + Q_V$$

ist. Das Drosselventil im Kältemittelkreislauf sorgt beim Übergang vom Verflüssiger zum Verdampfer für den zum Verdampfen geeigneten Druck. Auch das Lösungsmittel wird auf dem Weg vom Austreiber zum Absorber über ein Drosselventil entspannt, um wieder in den zur Absorption geeigneten Zustand zu kommen.

An dem in Abb.II.40. dargestellten Prozeß ist ungünstig, daß ja die dem Lösungsmittel im Austreiber zugeführte Wärme wieder abgegeben werden muß. Umgekehrt kommt das Gemisch vom Absorber kalt ($T_A$=$T_I$) in den Austreiber und muß dort erst auf die entsprechende Temperatur T gebracht werden. Diese zwei Sachverhalte kann man verbessern, indem man zwischen Austreiber und Absorber einen Wärmetauscher schaltet, in dem das rückfließende Lösungsmittel dem zum Austreiber fließenden Gemisch Wärme zuführt.

Für einen Wärmetransformator erfolgt die Prozeßführung so, daß die bei $T_I$ zu Verfügung gestellte Wärme die Absorptionswärme ist, wogegen sich die Wärme Q aus den dem Austreiber und dem Verdampfer bei gleicher Temperatur T zugeführten Wärmemengen ergibt /60/. Die immer vorhandenen Irreversibilitäten machen das tatsächliche Wärmeverhältnis kleiner als in Formel (II,73) angegeben. Für einen Vergleich mit der Leistungszahl einer Kompressionswärmepumpe muß man beachten, daß bei dieser auch der Wirkungsgrad des Wärmekraftprozesses zur Erzeugung der notwendigen Kompressionsarbeit zu berücksichtigen ist.

Absorptionswärmepumpen sind kaum in Gebrauch. Dagegen sind Kältemaschinen nach diesem Prinzip schon lange eingeführt. Von den dabei verwendeten Arbeitsmitteln sind besonders die Stoffpaare Ammoniak-Wasser und Lithiumbromid-Wasser verbreitet. Andere mögliche Kombinationen sind: Schwefelsäure-Wasser, Kaliumhydroxid-Wasser oder Natriumhydroxid-Wasser.

## II.4.3. Einsatz neuer Mehrstoff-Systeme

Die Eigenschaften des Stoffsystem $NH_3|H_2O$ bestimmen die Temperaturgrenzen des zugehörigen Absorptionswärmepumpen-Prozesses. Im Prinzip besteht aber keine Einschränkung auf vorgegebene Temperaturbereiche, wenn es nur möglich ist, Stoffkombinationen zu finden, die es gestatten, die Prozeßführung über einen weiteren Temperaturbereich zu erstrecken /61/, /62/. So kann etwa eine Absorptionswärmepumpe, die eine Prozeßführung auch bei hohen Temperaturen gestattet, eine ähnliche Rolle für die Verbesserung des Wirkungsgrades für Dampfkraftwerke spielen wie der Dreifach-Dampfprozeß. Wenn man die derzeit nicht verwertbare hohe Verbrennungstemperatur zur Transformation der Verlustwärme niedriger Temperatur auf die Arbeitstemperatur des Kraftwerkes nutzen kann, erzielt man eine bedeutende Wirkungsgraderhöhung (Abb.II.41.) /61/.
Aus der Definition von $\zeta_0$ folgt sofort, daß $\zeta_0\eta$ aus Abb.II.41.b. genau den Carnotschen Wirkungsgrad für eine Wärmekraftmaschine zwischen den Temperaturen T und $T_{II}$ ergibt. Auch wenn natürlich der Wirkungsgrad einer tatsächlichen Anlage geringer ist, kann man eine deutliche Verbesserung

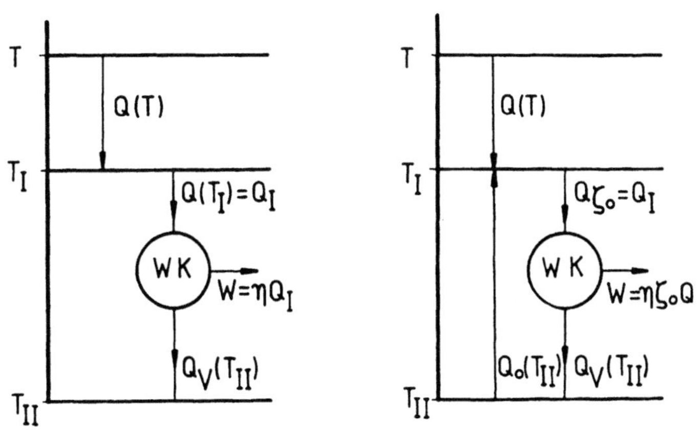


Abb.II.41.: Unter a) arbeitet eine Wärmekraftmaschine zwischen den Temperaturen $T_I$ und $T_{II}$. Die hohe Verbrennungstemperatur T bleibt ungenützt. Unter b) wird mit Hilfe der Verbrennungstemperatur T Wärme mit der Temperatur $T_{II}$ (Temperatur der Verlustwärme) auf die Arbeitstemperatur $T_I$ gebracht.

erwarten. Ein mögliches Zweistoff-System wäre dafür z.B.

$CaO/H_2O$ mit CaO als Absorber:

$$Ca(OH)_2 + O \rightleftharpoons CaO + H_2O$$

Calziumhydroxid geht unter Wärmezufuhr in Calziumoxid und Wasser über (Desorption). Der umgekehrte Reaktionsverlauf entspricht der Absorption. Allerdings erfordert der Umstand, daß der Absorber ein fester Stoff ist, die Anwendung spezieller Techniken.

Für eine direkte Verwendung der Abwärme von Dampfkraftwerken ist die niedrige Temperatur der Abwärme ein großes Hindernis. Eine Erhöhung dieser Temperatur auf z.B. 100°C hat Wirkungsgradeinbußen beim Wärme-Kraft-Prozeß zur Folge. Man kann durch Verwendung von Mehrstoffsystemen die Temperaturen des Arbeitsmittels nach oben verschieben, ohne von der Materialseite her in kritische Druckbereiche zu kommen. Dadurch kann man die Wärmeabgabetemperatur erhöhen und Wärme-Kraft-Kopplung bei günstigen Wirkungsgraden einsetzen.

Derzeit untersuchte neue und durchaus Erfolg versprechende Mehrstoff-Systeme sind:

$$Ca(OH)_2(f) + Q \rightleftharpoons CaO(f) + H_2O(g)$$
$$Zeolith.nH_2O(f) + Q \rightleftharpoons Zeolith.(n-1)H_2O + H_2O(g)$$
$$MeH_x(f) + Q \rightleftharpoons Me(f) + \frac{x}{2} H_2(g)$$
$$2KHCO_3(fl) + Q \rightleftharpoons K_2CO_3(fl) + H_2O(g) + CO_2(g)$$

Dabei bedeuten: f=fest, fl=flüssig, g=gasförmig, Me=Metall wie z.B.:

$F_eTi$, $Mg_2Ni$, LaNi usw.

Günstige Speichereigenschaften ermöglichen auch eine zeitlich verschobene Austreibung des Arbeitsmittels und können so zu neuen Wegen zur Bewältigung des Spitzenlastproblems Anlaß geben /62/.

## II.4.4. Wärmequellen

Die Leistungsfähigkeit einer Wärmepumpe hängt entscheidend von der Temperaturdifferenz zwischen Wärmequelle und zu erwärmendem Reservoir ab. Die Leistungszahl ist umso größer, je kleiner diese Differenz ist. Als natürliche Wärmequellen bieten sich an: Außenluft, Grund- und Oberflächenwasser, Erdreich. Dementsprechend ist die Leistung einer Wärmepumpe gerade dann ungünstig, wenn ein besonderer Wärmebedarf vorhanden ist, denn die genannten natürlichen Wärmequellen machen die Außentemperaturschwankungen mehr oder weniger stark mit. Neben diesem Gesichtspunkt sind natürlich auch andere Fragen wichtig. Solche sind etwa: ausreichende Verfügbarkeit des Quellmediums, Kosten, um das Quellmedium im benötigten Maß bereitzustellen usw.

Die Außenluft ist ideal bezüglich ihrer Verfügbarkeit. Sie macht aber auch die jahreszeitlichen Temperaturschwankungen am extremsten mit. Wärmepumpen, die dieses Wärmequellmedium verwenden, haben daher ihren Einsatzbereich am ehesten in sehr gemäßigten Klimazonen. Die Luftverschmutzung in Industriegebieten führt eventuell auch zu Korrosionsproblemen.

Das Erdreich ist eine im Prinzip sehr günstige Wärmequelle. Im Detail hängt das noch von der speziellen Bodenbeschaffenheit ab. Aber schon in 1 bis 2 m Tiefe sind die jahreszeitlichen Temperaturschwankungen so gedämpft, daß keine Temperaturen unter $0^{o}$C mehr auftreten. Dies sind im Vergleich zur Außenluft als Wärmequelle deutlich bessere Bedingungen.

Grundwasser ist hinsichtlich der jahreszeitlichen Temperaturschwankungen eine ideale Wärmequelle. Seine Temperatur entspricht ungefähr der mittleren Jahrestemperatur. Leider wird die Verfügbarkeit von Grundwasser für Zwecke, die nicht der geregelten Wasserversorgung entsprechen, immer schlechter, so daß dieses Quellmedium in Zukunft immer weniger zur Verfügung stehen wird.

Oberflächenwasser etwa von Flüssen paßt sich in seinem Temperaturgang wieder sehr viel stärker dem jahreszeitlichen Gang an. Auch die Wasserverschmutzung kann schwierige Probleme erzeugen.

Die hier in aller Kürze angeschnittenen Fragen können nur als erste Andeutung jener Probleme, die man bezüglich der Wärmequelle bei Inbetriebnahme einer Wärmepumpe beachten muß, angesehen werden. Zur weiteren und besseren Information ist jedenfalls die Spezialliteratur heranzuziehen.

## II.5. Versuche zur Bereitstellung mechanischer Energie mit Hilfe von Niedertemperaturwärme; Energieerntefaktor

### II.5.1. Bereitstellung von mechanischer Energie mit Hilfe von Niedertemperaturwärme

Neben den schon beschriebenen Möglichkeiten der Abwärmenutzung durch Wärmetransformation erhebt sich die Frage, ob diese Wärme nicht auf direkte Weise in mechanische Energie transformiert werden kann. Dafür gibt es eine Reihe von Möglichkeiten, die aber eine sehr sorgfältige Prüfung bezüglich ihrer Gesamtenergiebilanz erfordern. Obwohl die dabei zu bedenkenden Probleme teilweise auch nichtphysikalischer Natur sind, sollen sie doch zumindest Erwähnung finden, weil sie für die Beurteilung des Gesamtproblems wichtig sind. Die nachstehenden Verfahren dienen als Beispiele für den Problembereich.

#### II.5.1.1. Stirling-Motor für sehr kleine Temperaturdifferenzen

Der Stirling-Motor /39/, /63/ ist eigentlich keine Wärmekraftmaschine, die typisch für den Einsatz im Niedertemperaturbereich ist. Er gehört zu den sogenannten Heißluftmaschinen und ist mit beliebigen Wärmequellen zu betreiben. Neue Entwicklungen haben jedoch gezeigt, daß bei sorgfältiger Optimierung des Prozesses auch ein Einsatz im Niedertemperaturbereich möglich ist /39/. Allerdings ist der Kreisprozeß in Abb.II.13. in der Praxis nicht erreichbar, wodurch eine unter Umständen empfindliche Reduktion des Wirkungsgrades entsteht. Abb.II.42. zeigt zum Vergleich mit Abb.II.13. das gemessene p-V-Diagramm eines Stirling-Motors.
Eine entsprechende Approximation des oben genannten Kreisprozesses kann man durch eine Anordnung nach Abb.II.43 erreichen /64/. Ein Zylinder wird von einem Kühl- und einem Heizbehälter umschlossen. Im Zylinder befinden sich eine von Kanälen durchzogene Trommel und ein mit einem Schwungrad verbundener Kolben. Die Trommel hat die Funktion eines Verdrängers wie eines Wärmespeichers: bei der Bewegung der Trommel nach rechts durchströmt die Luft die Kanäle in der entgegengesetzten Richtung (vom kalten Bereich in den warmen) und nimmt dabei schon

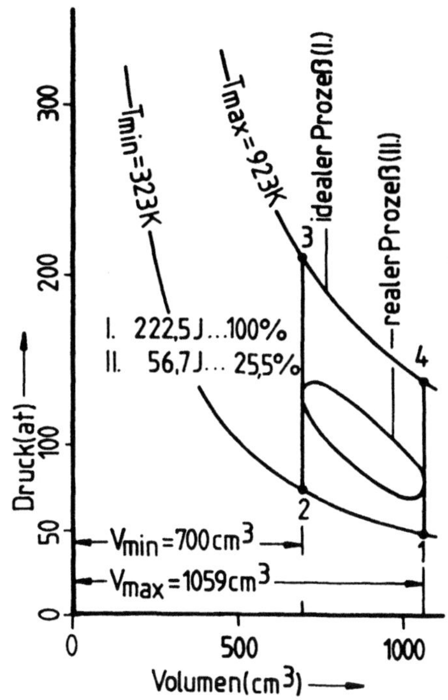


Abb.II.42.: Gemessenes und ideales pV-Diagramm eines Stirling-Motors /10/.

Wärme auf; bei der Bewegung der Trommel nach links durchströmt sie die verdrängte Luft hin zum kalten Bereich und gibt Wärme an die Trommel ab.

Das Teilbild Abb.II.43.a. zeigt sich im Heizbereich erwärmende Luft, die durch ihre Expansion den Kolben nach rechts treibt. In Abb.II.13. entspricht dies dem Prozeßschritt 3→4. Durch Bewegung des Verdrängers (Teilbild b) nach links kommt die Luft bei gleichem Volumen in den Kühlbereich. Dadurch erfolgt die Abkühlung von $T_I$ auf $T_{II}$. Das Schwungrad verschiebt nun den Kolben ebenfalls nach links (Teilbild c) und die Luft wird unter Wärmeabgabe komprimiert. Dies entspricht dem Teilprozeß 1→2 in Abb.II.13. Schließlich wird die komprimierte Luft durch Verschieben des Verdrängers nach rechts in den Heizbereich gebracht und wieder auf $T_I$ erwärmt, wobei erneut die Expansion einsetzt.

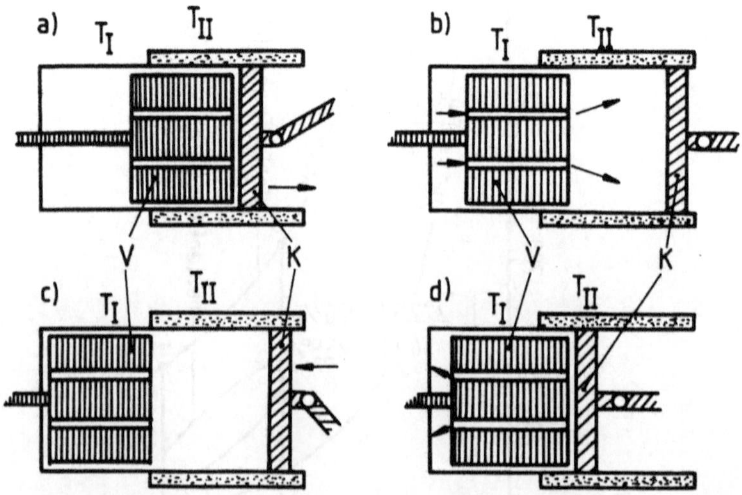


Abb.II.43.: Darstellung einer praktischen Approximation des Stirling-Prozesses: V=Verdränger, K=Kolben mit Pleuelstange zu einem Schwungrad. Die Heizung führt bei der Temperatur $T_I$ Wärme zu, die Kühlung entzieht Wärme bei der Temperatur $T_{II}$.

Neueste Untersuchungen /39/ zeigen, daß zumindest im Modellversuch bei Temperaturdifferenzen $T_I - T_{II} = 20K$ etwa 80 % des Carnot-Wirkungsgrades erreicht werden können. Dabei kann $T_{II}$ auch die Umgebungstemperatur sein, sodaß damit eine Nutzung der Niedertemperaturwärme zur Bereitstellung mechanischer und weiter elektrischer Energie möglich ist. Die zum Einsatz gelangende Niedertemperaturwärme könnte das gesamte Spektrum von Industrie- und Kraftwerksabwärme über durch Flachkollektoren und geothermisch bereitgestellte Wärme umfassen.

### II.5.1.2. Der Curie-Motor

Der Ferromagnetismus ist eine stark temperaturabhängige Erscheinung /65/. Im Prinzip ist es vollkommen einsichtig, daß die bei Erwärmung immer stärker werdende Temperaturbewegung die magnetischen Ordnungsstrukturen aufheben möchte. Es hängt von den spezifischen Eigenschaften der ferromagnetischen Stoffe ab, bei welcher Temperatur, dem Curie-Punkt, der Magnetismus verschwindet. Der Curie-Punkt für Eisen liegt z.B. bei 1042 K, der für Nickel bei 649 K. Es gibt aber auch ferromagnetische Legierungen mit bedeutend niedriger liegendem Curie-Punkt. So liegt er bei den sogenannten Heuslerschen Legierungen zwischen 333 K und 373 K. Heuslersche Legierungen sind Mn-Cu-Al- und Mn-Cu-Sn-Legierungen. Ähnliche Eigenschaften hat auch Thermoperm, eine Fe-Ni-Legierung mit einem Curie-Punkt von etwa 343 K. Aus Abb.II.44. sieht man, daß die Sättigungsmagnetisierung $\vec{I}_s=\vec{B}_m-\vec{B}$ in der Nähe des Curie-Punktes der stärksten Variation mit der Temperatur unterworfen ist: unmittelbar unter dem Curie-Punkt ist $|\frac{\Delta I_s}{\Delta T}|$ praktisch konstant.

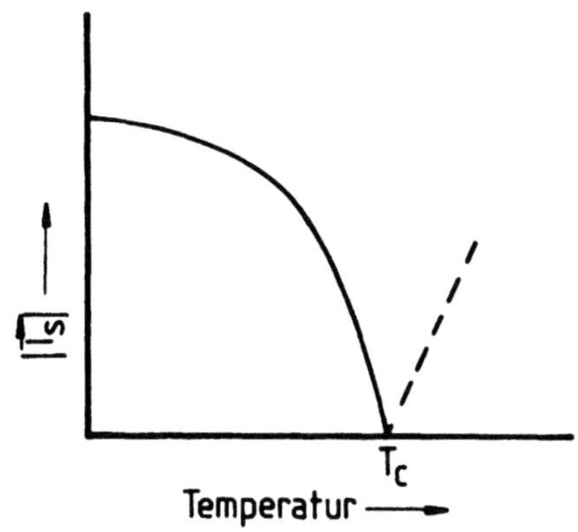


Abb.II.44.: Schematische Darstellung des Verlaufes der Sättigungsmagnetisierung $|\vec{I}_s|$. Wegen $|\vec{I}_s|/|\vec{B}| = |\vec{B}_m/\vec{B}| - 1 = \mu - 1$ ist $|\vec{I}_s|$ auch ein Maß für die Permeabilität $\mu$.

Man kann nun die analog verlaufende Temperaturabhängigkeit von $\mu$ dazu benützen, um mit Hilfe eines Magnetfeldes und einer Temperaturdifferenz eine Rotationsbewegung zu erzeugen. Für eine solche Einrichtung hat sich der Name "Curie-Motor" oder "thermomagnetischer Motor" eingebürgert /66/, /67/.
Abb.II.45. zeigt die Skizze eines solchen Motors (nach M.Pollermann /67/). Ein Ring aus Thermoperm taucht mit einer Temperatur $T_1$ in warmes Wasser der Temperatur $T_2$ und ist an der Übergangsstelle Luft-Wasser gleichzeitig dem Feld eines Permanentmagneten ausgesetzt. Durch die Temperaturerhöhung von $T_1$ auf $T_2$ erfährt das ferromagnetische Material eine Permeabilitätsänderung:

$$\Delta\mu \sim (T_2-T_1) ,$$

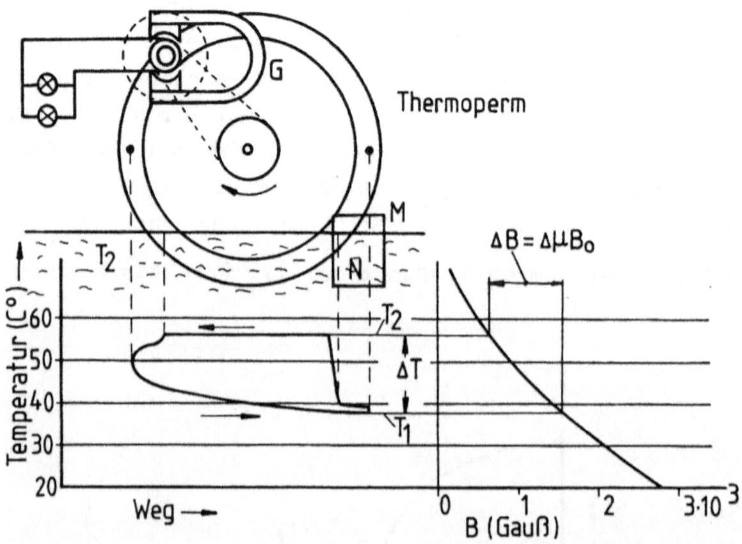


Abb.II.45.: Schema eines Curie-Motors mit Thermoperm. Die Kurven zeigen einerseits den Temperaturverlauf durch Eintauchen des Thermoperm-Rades in das warme Wasser; daneben ist der entsprechende Temperaturverlauf der magnetischen Induktion B wiedergegeben.

was wieder zu einer ein Drehmoment erzeugenden Kraft:

$$F = \Delta\mu B \sim (T_2 - T_1) B$$

führt.

Beim Austritt aus dem Wasser kühlt sich ein Teil des Ringes wieder auf $T_1$ ab, wodurch die Permeabilitätsänderung rückgängig gemacht wird. Die sich tatsächlich einstellende Temperaturdifferenz hängt davon ab, wie gut man die Temperaturerhöhung auf $T_2$ durch Kühlung wieder rückgängig machen kann. Im Idealfall kann man die Anordnung als aus zwei Wärmereservoiren $R_2$ und $R_1$ mit den Temperaturen $T_2$ und $T_1$ bestehend betrachten, wobei der Wärmeaustausch durch den rotierenden ferromagnetischen Ring bewerkstelligt wird. Nach II.2.1. kann eine solche Maschine höchstens den Wirkungsgrad $\mu_c$ haben, der im Niedertemperaturbereich sehr klein ist. Praktisch erzielte Wirkungsgrade /66/, /67/ liegen im Bereich $\eta < 10^{-2}$. Von den anderen Verfahren, Niedertemperatur in mechanische Energie umzuwandeln, soll noch die Verwendung von Materialien mit Gedächtnis genannt werden, für welche Nitinol (eine Ni-

Ti-Legierung) das bekannteste Beispiel darstellt /68/, /69/, /70/. Wenn man ein solches Material bei niedriger Temperatur plastisch verformt, so nimmt es bei Erwärmung über einen bestimmten Umwandlungspunkt die ursprüngliche Form wieder an. Man kann diesen Effekt ebenfalls zur Gewinnung mechanischer Arbeit aus Niedertemperaturwärme benützen. Ein Beispiel dafür ist der sogenannte Banks-Motor /71/, /72/.
All den genannten Verfahren ist auf Grund des Temperaturbereichs, in dem sie arbeiten, gemeinsam, daß sie schon grundsätzlich einen sehr kleinen Wirkungsgrad haben. Dieser wird durch Irreversibilitäten noch mehr oder weniger weiter verkleinert. Es ist daher beim Einsatz solcher Maschinen nicht so wichtig, ob die zur Nutzung zur Verfügung stehende Niedertemperaturwärme nichts kostet (z.B. Abwärme von Kraftwerken usw.) oder ob man sie billig herstellen kann (vielleicht mit Flachkollektoren oder infolge geothermischer Möglichkeiten). Entscheidend ist vielmehr, ob die zur Erzeugung der Maschine aufgewendete Exergie innerhalb der Lebensdauer der Anlage auch wieder erzeugt werden kann. Eine Exergiebilanz entsprechend dem "Energieerntefaktor" ist hier von besonderer Wichtigkeit.

## II.5.2. Der Energieerntefaktor

Systeme zur Bereitstellung von Nutzenergie benötigen Energie zu ihrer Installation. Es ist eine selbstverständliche Forderung, daß solche Einrichtungen im Laufe ihrer Betriebszeit mehr Energie bereitstellen sollen als zu ihrem Bau benötigt wurde. Man definiert das Verhältnis der insgesamt gewonnenen Energie zur für den Bau eines Kraftwerkes aufgewendeten Energie als Erntefaktor R /73/ (englisch: harvest ratio):

$$R = \frac{W_2}{W_1} \qquad \text{(II,75)}$$

$W_1$ = Während des Baues investierte Energie

$W_2$ = Während der Lebensdauer produzierte Nutzenergie

Allerdings ist diese Definition nicht ganz eindeutig. In $W_1$ sind z.B. meist mehrere Energiearten enthalten, wogegen $W_2$ in der Regel nur eine Energieart repräsentiert. Es scheint daher sinnvoll, etwa im Falle der Bereitstellung elektrischer Energie auf der Sekundärseite (Bau- und Betriebsaufwand) in

Äquivalenten elektrischer Energie anzugeben. Dagegen würde eine Fernwärmeeinrichtung für die Primärseite eine Energieangabe in Wärmeäquivalenten erfordern.

Es können aber auch andere Gesichtspunkte wichtig sein. Das Konzept des Energieerntefaktors wurde besonders im Rahmen von Untersuchungen bezüglich der Substitution von Energieträgern verwendet. Dort lautet die Fragestellung z.B. mit welchem Anteil an konventioneller fossiler Primärenergie man eine neue Energietechnologie - Kernenergie, Sonnenenergie usw. - einführen kann /73/. Hiebei wird man die eingesetzte fossile Primärenergie zu der mit der neuen Technologie erzeugten Nutzenergie in Relation setzen. Der Energieerntefaktor bestimmt eine Rückzahlzeit innerhalb der der Investitionsaufwand an Energie wiedergewonnen wird. Unter Umständen kann ein Ausbau der neuen Technologie innerhalb von Zeiten, die kleiner als die Rückzahlzeit sind, zu einem Nettoverlust an Energie führen /74/, /75/. Die beiden nachfolgenden Beispiele sollen diesen Sachverhalt verdeutlichen.
Während einer Bauzeit $T_1$ wird eine Leistung q investiert. Diese Investition führt zu einer Nutzleistung p während der Lebensdauer $T_2$ (Abb.II.46.)

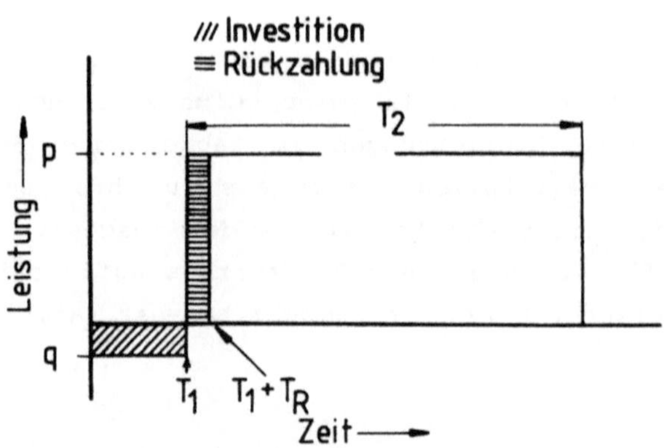


Abb.II.46.: Schematische Darstellung der Leistungsverhältnisse für ein Kraftwerk: q ist die während der Bauzeit investierte, p die während der Lebensdauer gewonnene Leistung. Beide werden zur Vereinfachung als konstant angenommen. Die nach der Zeit $(T_1+T_R)$ erzeugte Leistung ist "Gewinn".

Der Erntefaktor ergibt sich hier offensichtlich als:

$$R = \frac{pT_2}{qT_1} \qquad (II,76)$$

und die Rückzahlzeit $T_R$ als:

$$T_R = \frac{q}{p} T_1 - \frac{T_2}{R} \ . \qquad (II,77)$$

Nimmt man für verschiedene Technologien gleiche Lebensdauer an, so hat der kleinere Erntefaktor die entsprechend längere Rückzahlzeit. Weiter entnimmt man (II,76)

$$\frac{p}{q} = \frac{RT_1}{T_2} \ ,$$

daß kleine Erntefaktoren auch Werte von $p/q<1$ erzeugen, welcher Umstand für den Zubau von neuen Kraftwerken wichtig ist. Abb.II.47. zeigt, daß nach der Zeit $t=T_1+T_R$ wegen $p/q>1$ ein

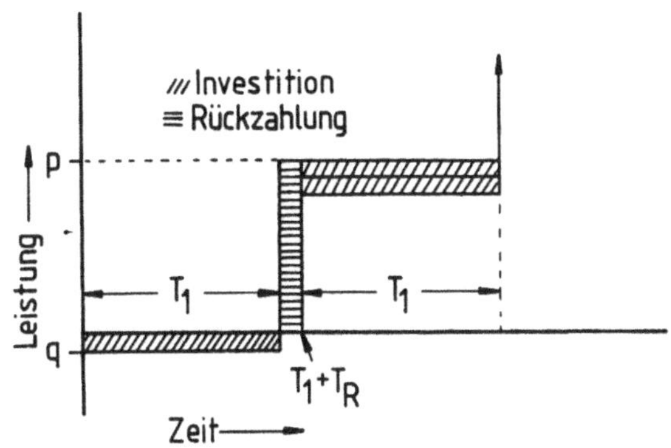


Abb.II.47.: Energiesituation beim Zubau zweier weiterer Kraftwerkseinheiten nach der Zeit $T_1+T_R$ für $p/q>1$. Folgende Annahmen liegen zugrunde: $R=20$, $T_1=10$, $T_2=25$.

Zubau derart erfolgen kann, daß die dafür benötigte Energie durch die Ersteinheit aufgebracht wird, und eine positive Nettobilanz ist unter Umständen sogar bei raschem Zubau gegeben. Eine solche Situation liegt z.B. bei Kernkraftwerken vor. In Fällen, wo $p/q<1$ ist, muß man dagegen sehr vorsichtig vorgehen. Abb.II.48. zeigt, daß man in so einem Fall in der gleichen Lage (Zubau zweier Einheiten nach $T_1+T_R$) erst sehr viel später eine positive Bilanz erhält. Erst bei $t=2,8\ T_1+T_R$ wird die Gesamtbilanz positiv. Das entspricht bei den angenommenen Daten einer Zeit von 16 Jahren. Ein schnellerer Zubau würde das Eintreten einer positiven Nettobilanz noch weiter verzögern oder gar verhindern. Beispiele für Technologien mit

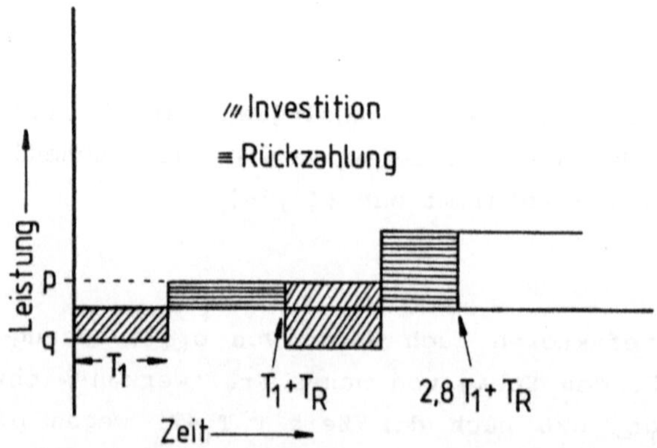


Abb.II.48.: Energiesituation beim Zubau zweier weiterer Kraftwerkseinheiten nach der Zeit $T_1+T_R$ für $p/q<1$. Folgende Annahmen liegen zugrunde: $R=5$, $T_1=4$, $T_2=25$.

kleinen Erntefaktoren und großen Rückzahlzeiten sind Flachkollektoren zur Heizung und Warmwasserbereitung, aber sicher auch die so oft propagierten Verfahren zur Umsetzung von Niedertemperaturwärme in Arbeit. Ihre Einführung müßte also - wenn überhaupt - auf Spezialaufgaben beschränkt und sehr vorsichtig erfolgen, um nicht zu einem Nettoenergieverlust zu führen. Dabei ist die Situation bei den Flachkollektoren im Sinne der Energiesubstitution besonders ungünstig, weil die im System erzeugte Energie nicht zur Investition herangezogen werden kann, es sei denn wieder über die ihrerseits auch ungünstigen Technologien wie Curie-Motor und andere.

## II.6. Grundlagen der Wärmeleitung; bauphysikalische Anwendungen

Im folgenden soll nur soweit auf Fragen der Wärmeleitung /38/, /76/, /77/ eingegangen werden, als es notwendig ist, um Probleme der Wärmedämmung von Bauwerken entsprechend zu beurteilen. Im Zusammenhang mit der Behandlung von Sonnenkollektoren werden verschiedene Teilaspekte des Problems noch einmal aufgegriffen (siehe IV.3.1.).

Ausgangspunkt für die Beschreibung von Problemen der Wärmeleitung jeder Art ist die Fouriersche Grundgleichung der Wärmeleitung:

$$-\lambda\vec{\nabla}\theta(\vec{x},t) = \dot{\vec{q}}(\vec{x},t) \qquad \text{(II,78)}$$

$\dot{\vec{q}}(\vec{x},t)$ ist der Vektor der Wärmestromdichte, $\theta(\vec{x},t)$ beschreibt ein Temperaturfeld. Der Wärmestrom fließt in Richtung des größten Temperaturgefälles. Die Größe $\lambda$ heißt Wärmeleitfähigkeit und ist eine Materialgröße. Sie gibt in einer Art Mittelwert die molekularen Eigenschaften wieder, die die Wärmeleitung der jeweils betrachteten Substanz bestimmen. Wärme, die auf irgendeine Weise in einem Körper erzeugt wird, trägt zur Erhöhung der Temperatur des Körpers bei:

$$\int_V \rho(\vec{x})c_p \frac{\partial\theta(\vec{x},t)}{\partial t} dV$$

oder fließt durch die Oberfläche des Körpers in die Umgebung ab:

$$\oint_A \dot{\vec{q}}d\vec{A}.$$

Daraus ergibt sich die folgende Bilanz:

$$\frac{dQ_E(t)}{dt} = \int_V \rho c_p \frac{\partial\theta(\vec{x},t)}{\partial t} dV - \lambda\oint_A \vec{\nabla}\theta(\vec{x},t)d\vec{A} \qquad \text{(II,79)}$$

($c_p$=spezif. Wärme bei konstantem Druck bezogen auf kg Masse). Das Oberflächenintegral kann man entsprechend dem Gaußschen Satz der Vektoranalysis umformen:

$$\oint_A \vec{\nabla}\theta(\vec{x},t)d\vec{A} = \int_V \vec{\nabla}(\vec{\nabla}\theta(\vec{x},t))dV$$

und man bekommt damit:

$$\int_V \rho c_p \frac{\partial\theta(\vec{x},t)}{\partial t} dV = \lambda\int_V \Delta\theta(\vec{x},t)dV + \int_V \frac{\partial q_E(\vec{x},t)}{\partial t} dV$$

oder

$$\frac{\partial\theta(\vec{x},t)}{\partial t} = \frac{\lambda}{\rho c_p} \Delta\theta(\vec{x},t) + \dot{q}_E(\vec{x},t) \,, \qquad (II,80)$$

$\Delta$ = Laplace-Operator.

Man bezeichnet:

$\frac{\lambda}{\rho c_p}$ = a = Temperaturleitfähigkeit,

$\dot{q}_E(\vec{x},t)$ = pro Zeit und pro Volumen erzeugte Wärmemenge.

Die Beziehung (II,80) ist eine partielle Differentialgleichung 2. Ordnung zur Bestimmung der Temperaturverteilung $\theta(\vec{x},t)$ und heißt "Wärmeleitungsgleichung". Sie hat die mathematische Struktur einer Diffussionsgleichung. Die Beziehung (II,78) ist auch unter dem Namen "Ficksches Gesetz" bekannt.
Von besonderer praktischer Bedeutung sind die zeitunabhängigen oder stationären Wärmeleitungsprobleme. Der einfache, aber wichtige Fall des Wärmedurchgangs durch eine ebene Wand genügt der Bedingung:

$$\frac{d^2\theta(x)}{dx^2} = 0 \qquad (II,81)$$

und hat als Lösung:

$$\theta(x) = C_1 x + C_0 \text{ (Abb.II.49).} \qquad (II,81')$$

Sind die Randbedingungen:

$$\theta_1 = \theta(x_1) \text{ und } \theta_2 = \theta(x_2)$$

vorgegeben, so folgt sofort:

$$\theta(x) = \frac{\theta_2-\theta_1}{x_2-x_1} x + \frac{\theta_1 x_2-\theta_2 x_1}{x_2-x_1} \ . \qquad (II,81'')$$

Wenn $\theta_1$, $\theta_2$ aber nicht die Temperaturen direkt an der Wandoberfläche sind, sondern jeweils im Raum auf der entsprechenden Seite der Wand, so ist ein Temperaturverlauf wie in b) skizziert anzutreffen. Die Grenzschicht unmittelbar an der Wand beeinflußt den Wärmeleitprozeß. Man wählt dann eine näherungsweise Beschreibung mit Wärmeübergangszahlen. Da der Wärmestrom durch die Wand eine konstante Größe ist, gilt für

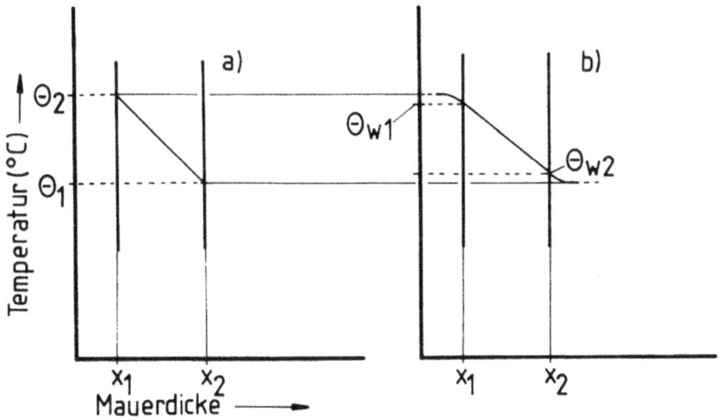


Abb.II.49.: Linearer Verlauf der Temperatur durch eine homogene Wand (a). Verlauf der Temperatur durch eine Trennwand, wenn die Raumtemperatur auf der einen Seite $\theta_1$, auf der anderen Seite $\theta_2$ ist (b).

diesen ebenen, eindimensionalen Vorgang:

$$\dot{Q} = -\lambda \frac{d\theta(x)}{dx} A$$

(A = die vom Wärmestrom durchsetzte Fläche)

und

$$\dot{Q} = \lambda A \frac{\theta_{W1}-\theta_{W2}}{x_2-x_1} = \frac{\lambda}{d} A (\theta_{W1}-\theta_{W2}). \qquad \text{(II,82)}$$

Für den Übergang von $\theta_1$ nach $\theta_{W1}$ und $\theta_{W2}$ nach $\theta_2$ setzt man jeweils:

$$\dot{Q} = \alpha_1 A(\theta_1-\theta_{W1})$$

$$\dot{Q} = \alpha_2 A(\theta_{2W}-\theta_2). \qquad \text{(II,83)}$$

Hat man es mit gekrümmten Flächen (Röhren usw.) zu tun, muß man beachten, daß der Wärmestrom $\dot{Q}$ Flächen unterschiedlicher Größe durchsetzt. Aus (II.82,83) kann man:

$$\theta_{W1} = \theta_1 - \frac{\dot{Q}}{\alpha_1 A} \qquad \text{(II,84)}$$

$$\theta_{W2} = \theta_2 + \frac{\dot{Q}}{\alpha_2 A}$$

berechnen und bekommt damit:

$$\dot{Q} = \frac{(\theta_1-\theta_2)A}{\frac{1}{\alpha_1}+\frac{1}{\alpha_2}+\frac{d}{\lambda}} = kA(\theta_1-\theta_2). \qquad (II,85)$$

Man bezeichnet k als Wärmedurchgangszahl /78/ und gibt sie in der Dimension:

$$[k] = \left[\frac{J}{ms^oC}\right] \qquad \text{oder} \quad [k] = \left[\frac{Wh}{m^2h^oC}\right]$$

an. Die Größen $\alpha_i$ heißen Wärmeübergangszahlen[1] und haben die gleiche Dimension wie k. Die Dimension der Wärmeleitfähigkeit $\lambda$ (auch: Wärmeleitzahl) ist:

$$[\lambda] = \left[\frac{J}{ms^oC}\right] \qquad \text{bzw.} \quad [\lambda] = \left[\frac{Wh}{mh^oC}\right]$$

Der Wert $\frac{d}{\lambda} = \frac{1}{\Lambda}$ heißt Wärmedurchlaßwiderstand und ergibt sich nach (II,85) für mehrschichtige Bauteile als:

$$\frac{1}{\Lambda} = \sum_{i=1}^{n} \frac{d_i}{\lambda_i} . \qquad (II,86)$$

In Analogie dazu heißen die Größen $\frac{1}{\alpha_i}$ Wärmeübergangswiderstände. Die Summe aus Wärmeübergangs- und Wärmedurchlaßwiderstand liefert den Reziprokwert von k, der Wärmedurchgangswiderstand heißt und den Gesamtwiderstand kennzeichnet. Die Zahlenwerte für die Größe $\lambda$ der verschiedenen Stoffe sowie für die Wärmeübergangszahlen $\alpha_i$ sind der Spezialliteratur /78/, /79/ zu entnehmen.
Typische Werte für $\lambda$ sind in Tabelle II.2. angegeben.

Eine wichtige Frage ist die Berücksichtigung des Wärmedurchgangswiderstandes von Luftschichten, die zwischen festen Materialien eingeschlossen sind. Das augenfälligste Beispiel für so einen Sachverhalt ist ein Fenster. Es hat sich am günstigsten erwiesen, so einer Luftschicht eine "äquivalente Wärmeleitzahl" $\lambda'$ zuzuordnen.
Man versteht darunter die Wärmeleitzahl eines (fiktiven) festen Stoffes, der - anstelle der Luftschicht eingeführt - den gleichen Wärmedurchlaßwiderstand wie diese erzeugt. Man

1 Wärmeübergangszahlen werden in Wärmetechnik für eine Vielzahl von aneinandergrenzenden Medien definiert, z.B. Dampf-Rohr, siedendes Wasser-Rohr usw.

Tabelle II.2.
λ-Werte für verschiedene Baustoffe.

| Baustoff | Dichte $\rho$ [kg/m$^3$] | $\lambda$ [$\frac{Wh}{mh^oC}$] |
|---|---|---|
| Kies- od. Splittbeton (Güte ≤ $B_n$150) | 2000 | 1.51 |
| Schlackenbeton | 1200 | 0.47 |
| Voll- u. Lochziegel (einschließl. Mörtelfuge) | 1800 | 0.79 |
| - " - | 1000 | 0.47 |
| Kunststoffschäume | | 0.041 |
| Glasfaserplatten | | 0.041 |
| Weichfaserdämmplatten | | 0.06 |
| Kalkzementmörtel | 1800 | 0.87 |
| Fensterglas | 2500 | 0.81 |

kann dann eine Luftschicht der Dicke $d_L$ wie jede andere Schicht bei der Bestimmung von $1/\Lambda$ nach (II,85) berücksichtigen. Abb.II.50. zeigt den Verlauf der Größe $d_L/\Lambda'$ für senkrechte, stehende Luftschichten. Als konkretes Beispiel betrachten wir eine Lochziegelwand von 30cm Dicke mit 1,5cm Innen- und 2cm Außenputz (Ziegel: $\lambda$=0,47; Mörtel: $\lambda$=0,87) mit und ohne zusätzlicher Wärmedämmung von 5cm Stärke ($\lambda$=0,041). Für $\alpha_1$ (innnen) entnimmt man den Tabellen den Wert 8,33 [Wh/m$^2$h$^o$C], für $\alpha_2$ (außen) 25[Wh/m$^2$h$^o$C]. Damit bekommt man im ersten Fall ein $k_1$=1,20 [Wh/m$^2$h$^o$C], im zweiten ein $k_2$=0,49[Wh/m$^2$h$^o$C]. Das entspricht bei einer Temperatur-

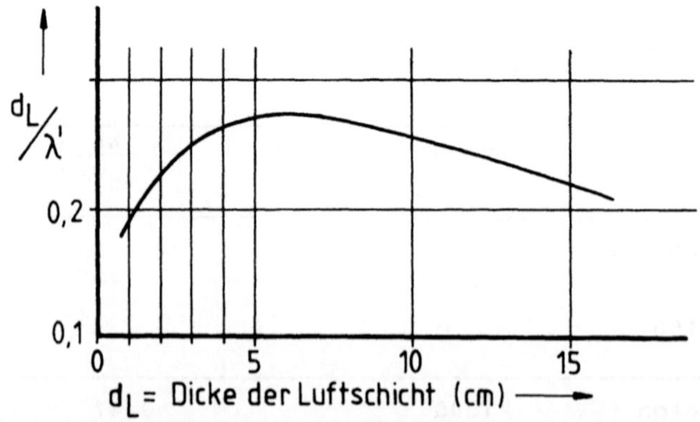


Abb.II.50.: Verlauf des Wärmedurchlaßwiderstandes bei stehenden, senkrechten Luftschichten (nach /78/).

differenz von 30°C zwischen Innen- und Außenbereich ($\theta_1$=20°C, $\theta_2$=-10°C) einer Reduktion des Wärmestroms um ca. 60 %. Für ein ganzes Gebäude muß man einen mittleren k-Wert bestimmen, der sich aus den gewichteten Anteilen der k-Werte aller Außenflächen (Kellerboden, Wände, Fenster, Dach) ergibt.

# III. Grundlagen zur Nutzung der Windenergie

## III.1. Primärenergieform Wind

Die Windströmungen in der Erdatmospäre ergeben sich als Folge der Sonneneinstrahlung und der dadurch hervorgerufenen thermodynamischen Verhältnisse. Das macht die Windenergie zu einer Sekundärerscheinung der Sonnenenergie. Konkret hat man es aber mit der Umformung der kinetischen Energie eines strömenden Fluids zu tun, was zu Fragen führt, die sich von den Problemen, die bei der unmittelbaren Nutzung der solaren Energie auftreten, sehr unterscheiden. Daher erscheint eine eigenständige Behandlung gerechtfertigt. Die Nutzung der mechanischen Energie strömender Fluide, Wasser und Wind, hat eine sich über viele Jahrhunderte erstreckende Tradition. Wann genau das Segel als Mittel zur Erleichterung der Fortbewegung entdeckt wurde, läßt sich nicht eindeutig feststellen. Es scheint aber sicher zu sein, daß die alten Seefahrer - Völker wie Kreter und Phönizier - schon damit vertraut waren. Auch das Aufkommen von Wind- und Wasserrädern läßt sich nur ungefähr datieren. Es gibt Indizien /80/, die dem Windrad ein Alter von etwa 4000 Jahren zuschreiben. Für den historisch Interessierten stellt die Entwicklung des Windrades ein fesselndes Kapitel der Geschichte der Technik dar /81/. Danach sind in England schon vor dem Jahre 669 und in Böhmen schon vor 728 Windmühlen zu vermuten. Steinunterbauten von Mühlen bei Alexandria schätzt man auf ein Alter von etwa 3000 Jahre. In den windreichen Gegenden Europas nahm die Zahl der Windmühlen im ausklingenden Mittelalter und in der Renaissance stark zu, um dann bis in unser Jahrhundert ein fixer Bestandteil der Wirtschaft zu bleiben. Leonardo da Vinci (1452-1519), Daniel Bernoulli (1700-1782), Leonhard Euler (1707-1783) u.a. befaßten sich ausführlich mit strömungsphysikalischen Fragen bei Windrädern. Erst der Siegeszug der für die Anwendung so bequemen elektrischen Energie konnte die Zahl der Windräder und Mühlen dezimieren. Die heute zunehmende Verknappung der konventionellen Primärenergieträger läßt die Energie des Windes wieder interessant werden.

### III.1.1. Allgemeine Grundlagen

Die Zahl der Untersuchungen zur Nutzung der Windenergie ist in den letzten Jahren stark angewachsen. Die verschiedenen nationalen Energieprogramme geben darüber ausführlich Auskunft /82/. Wie schon erwähnt, hat die Windenergie ihre Ursache in den thermodynamischen Verhältnissen der Atmosphäre, die aus der von der Sonne eingestrahlten Energie folgen. Auf den äußeren "Rand" der Erdatmosphäre fallen 1,35 $kW/m^2$ Strahlungsenergie ein (siehe IV.1.1.). Dies entspricht einem insgesamten Energiefluß von der Sonne zur Erde von etwa $1{,}8.10^{17}$W. Davon wird ein Teil infolge von Streuprozessen wieder in den Weltraum reflektiert (siehe IV.1.2.2.). Für die Aufrechterhaltung der Windbewegung in der Atmosphäre werden etwa 2 % dieser Energie, d.s. $3{,}6.10^{15}$W benötigt /83/. Das entspricht pro Jahr einer Energiezufuhr von $3{,}15.10^{16}$kWh. Vergleicht man das mit dem Primärenergiebedarf der Weltbevölkerung im Jahr 1970 /84/ im Ausmaß von $3{,}75.10^{14}$kWh, so bekommt man je nach Geschmack einen Eindruck vom Energieinhalt der unsere Erde umströmenden Luftmassen oder vom Energiebedarf der Menschheit.

Für die konkrete Nutzung ist natürlich entscheidend, welcher Anteil des Energieinhaltes der Atmosphäre wirklich extrahiert und in andere Energieformen transformiert werden kann. Von dieser Energie befinden sich rund 35 % in Erdnähe /83/. Abschätzungen ergeben, daß man davon 10 % ohne besondere Rückwirkungen auf klimatische Verhältnisse extrahieren kann. Das gibt eine nutzbare Flächendichte von ca. 0,25 $W/m^2$ oder insgesamt 2,2 $kWh/am^2$. Diese Zahl macht deutlich, daß eines der Probleme der Windenergie in ihrer geringen Energiedichte liegt. Daraus folgt ein großer Flächenbedarf, falls man einen nennenswerten Beitrag zu unserer Energieversorgung anstrebt. Außerdem sind weite Teile der Erdoberfläche für eine Nutzung nicht zugänglich.

Wesentliche Parameter zur Beurteilung der Möglichkeiten sind die Windgeschwindigkeit und die Beständigkeit des Dargebots. Abb.III.1a. gibt einen Überblick über die mittleren Windgeschwindigkeiten in den verschiedenen Gebieten der Erde. Man erkennt die deutliche Bevorzugung der Küstengebiete mit Ausnahme jenes einen Gebietes in Asien. In Europa sind die an die Nordsee und an den Atlantik grenzenden Länder gegenüber dem Rest deutlich begünstigt. Es sind ja auch jene Länder, in deren Vergangenheit die Windmühlen eine wichtige Rolle gespielt haben. Abb.III.1b. zeigt die entsprechenden Verhältnisse für die Bundesrepublik Deutschland.

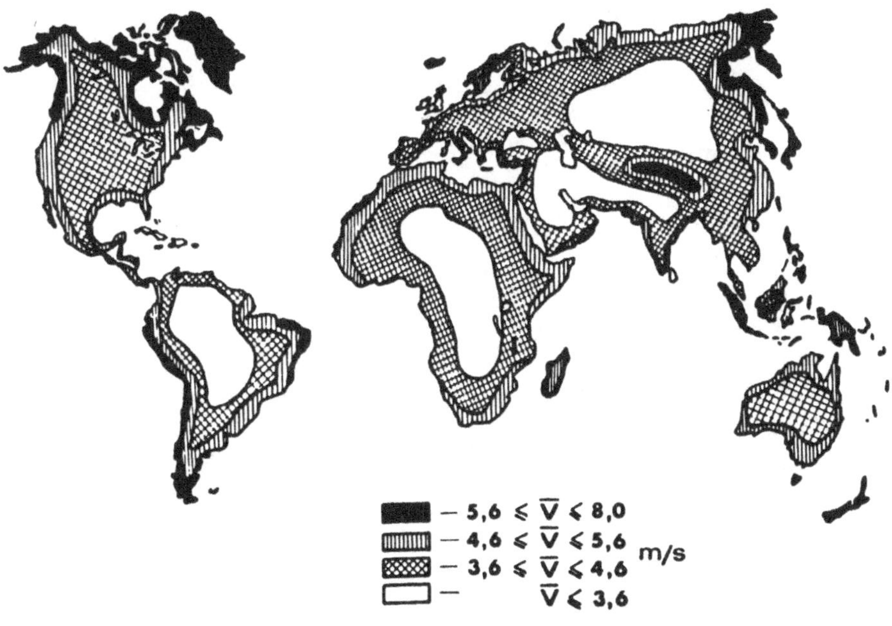


Abb.III.1a.: Jahresmittelwerte der Windgeschwindigkeiten in verschiedenen Gebieten der Erde /82/.

Neben den Isoventenkarten gibt auch das Höhenprofil der Windgeschwindigkeit wichtige Aufschlüsse. Abb.III.3. zeigt die Windgeschwindigkeiten in Abhängigkeit von der Höhe. Mit der zunehmenden Verringerung der Bodenreibung nimmt die Geschwindigkeit zu, um bei etwa 12 km Höhe einen Maximalwert zu erreichen. In dieser Höhe ist auch das Dargebot relativ konstant, sodaß hier zumindest im Prinzip eine Zone optimaler Windenergienutzung läge (siehe Abb.III.2.). Der Windenergie-Pionier H.Honnef (1878-1961) plante ein Windkraftwerk mit

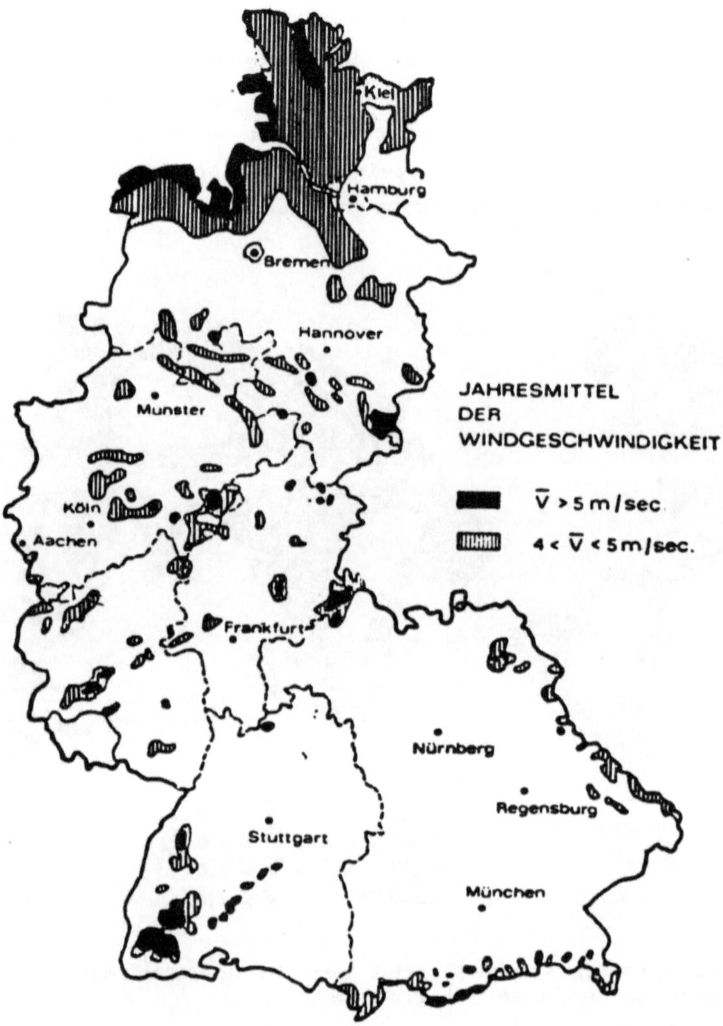


Abb.III.1b.: Jahresmittelwerte der Windgeschwindigkeiten im Bereich der Bundesrepublik Deutschland /82/.

einem 600 m hohen Turm, um so von der Höhenzunahme der Windgeschwindigkeit zu profitieren.

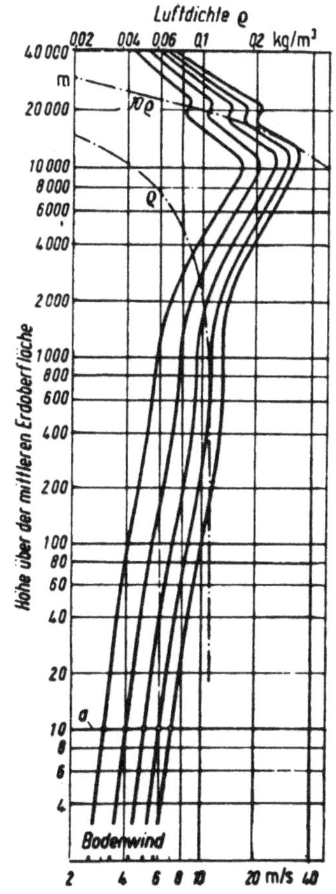


Abb.III.2.: Mittlerer Verlauf der Geschwindigkeitszunahme mit der Höhe. a bedeutet die internationale Bezugsmesshöhe.

III.1.2. Strömungsmechanische Grundlagen

In diesem Abschnitt werden die Grundlagen zur Beschreibung von Energieumsetzungen in und mit Hilfe von Fluiden (Flüssigkeiten und Gasen) kurz zusammengefaßt. Es handelt sich dabei durchwegs um klassischen Lehrbuchstoff /85/, /86/, der hier nur unter dem Aspekt des leichteren Verständnisses der eigentlichen Fragestellungen dargelegt wird.

III.1.2.1. Beschreibung von Orts- und Zeitverhalten eines Fluids

Um ein Fluid in seinem raum-zeitlichen Verhalten zu beschreiben, kann man von einer Zustandsfunktion für die entsprechende Fluideigenschaft ausgehen:

$$\Psi(x,y,z,t) = \Psi(\vec{x},t).$$

$\Psi$ steht stellvertretend für Dichte, Geschwindigkeit usw. Für das Verständnis des Fluidverhaltens ist die Beschreibung möglicher Änderungen solcher Zustandsgrößen wichtig:

$$d\Psi = \frac{\partial\Psi}{\partial t} dt + \frac{\partial\Psi}{\partial x} dx + \frac{\partial\Psi}{\partial y} dy + \frac{\partial\Psi}{\partial z} dz, \qquad \text{(III,1)}$$

oder als totale Änderung mit der Zeit:

$$\frac{d\Psi}{dt} = \frac{\partial\Psi}{\partial t} + \frac{\partial\Psi}{\partial x} \cdot \frac{dx}{dt} + \frac{\partial\Psi}{\partial y} \cdot \frac{dy}{dt} + \frac{\partial\Psi}{\partial z} \cdot \frac{dz}{dt} = \frac{\partial\Psi}{\partial t} + \vec{v}.\vec{\nabla}\Psi \qquad \text{(III,2)}$$

mit

$$v_x = \frac{dx}{dt} \text{ usw.}$$

$$(\vec{\nabla}\Psi)_x = \frac{\partial\Psi}{\partial x} \text{ usw.}$$

Man nennt:

$\frac{\partial\Psi}{\partial t}$ = lokale zeitliche Änderung,

$\vec{v}.\vec{\nabla}\Psi$ = konvektive Änderung.

Die konvektive Änderung kommt durch die Bewegung der Fluidelemente auf Grund ihrer Geschwindigkeit zustande. Beschreibt man die zeitliche Änderung einer Geschwindigkeit, so steht $\Psi$ für jede Geschwindigkeitskomponente:

$$\frac{dv_x(\vec{x},t)}{dt} = \frac{\partial v_x(\vec{x},t)}{\partial t} + \vec{v}(\vec{x},t).\vec{\nabla}v_x(\vec{x},t) \qquad \text{(III,3)}$$

usw.

Die lokale Änderung $\frac{\partial\vec{v}}{\partial t}$ erfaßt den Anteil der Geschwindigkeitsänderung auf Grund der zeitlichen Änderung des Feldes am Ort $\vec{x}$; die konvektive Änderung erfaßt den Einfluß der räumlichen Veränderlichkeit von $\vec{v}(\vec{x},t)$ infolge von Strömung: auch in einem zeitlich konstanten Geschwindigkeitsfeld treten also Beschleunigungen auf, wenn die Gradienten der Geschwindigkeitskomponenten ungleich null sind.

### III.1.2.2. Stromlinie, Stromröhre, Stromfaden

Eine Kurve, deren Tangente in jedem Punkt die Richtung der Geschwindigkeit $\vec{v}(\vec{x},t)$ hat, nennt man Stromlinie. In einem

Raumpunkt kann nur eine von Null verschiedene Geschwindigkeit auftreten. Daher geht - von einem Staupunkt abgesehen - durch jeden Punkt nur eine Stromlinie. In einem Staupunkt können sich Stromlinien schneiden: dort wird die Geschwindigkeit null. Bei einer richtungsstationären Strömung ist die Richtung von $\vec{v}$ unabhängig von der Zeit; bei einer stationären Strömung sind alle Feldgrößen zeitunabhängig. Im vorliegenden Zusammenhang beschränken wir uns auf richtungsstationäre oder stationäre Strömungen.
Wenn man durch jeden Punkt einer raumfesten Kurve die Stromlinie zeichnet, bekommt man eine Stromröhre. Sie ist in stationären und richtungsstationären Strömungen raumfest.

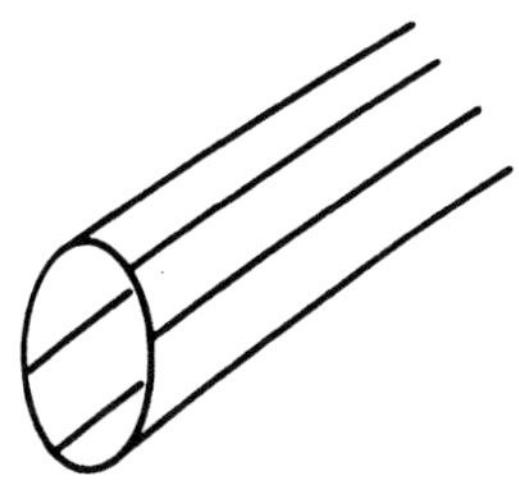

Abb.III.3.: Skizze einer Stromröhre.

Alle Flüssigkeitsteilchen, die in eine solche Stromröhre eintreten, bleiben in ihr.
Wenn der Querschnitt einer Stromröhre so gewählt wird, daß

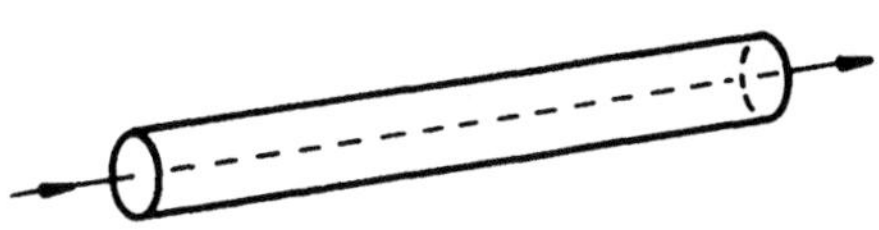

Abb.III.4.: Skizze eines Stromfadens.

alle wesentlichen Größen (Druck, Geschwindigkeit usw.) über den Querschnitt konstant sind, spricht man von einem Stromfaden.

### III.1.2.3. Kontinuitätsgleichung, Eulersche und Bernoullische Gleichung

Erhaltungssätze sind nicht nur wichtige konzeptische Aussagen, sie sind auch hilfreiche technische Mittel zur Problemlösung. Die Kontinuitätsgleichung drückt in diesem Sinn den in der Newtonschen Mechanik gültigen Satz von der Massenerhaltung aus.
Für solche Bilanzüberlegungen ist der Massenstrom durch eine vorgegebene Oberfläche eine wichtige Größe. Die Größe $\rho(\vec{x},t)\vec{v}$ charakterisiert eine Masse pro Volumseinheit, die sich mit der Geschwindigkeit $\vec{v}$ bewegt. Betrachtet man ein Flächenelement dA mit dem Einheitsvektor $\vec{n}$ normal auf dieses Flächenelement (Abb.III.5.), so ist:

$$\rho(\vec{x},t)\vec{v}.\vec{n}dA = \rho(\vec{x},t)v\cos\alpha dA \qquad \text{(III,4)}$$

jener Massenanteil, der die Fläche dA gerade in Richtung $\vec{n}$ durchsetzt.

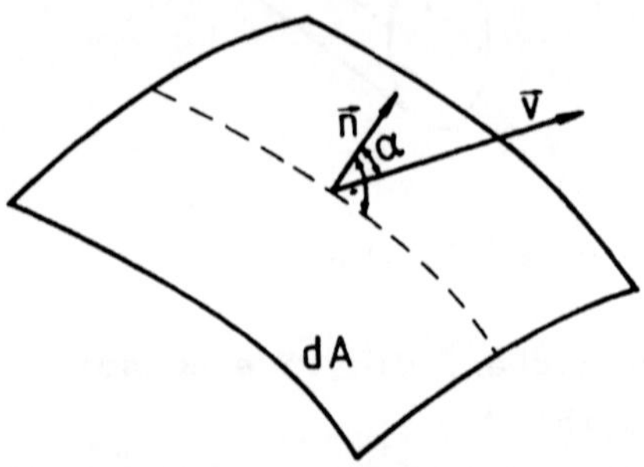


Abb.III.5.: Skizze eines Oberflächenelementes dA mit der Normalenrichtung $\vec{n}$ nach außen und der Geschwindigkeit $\vec{v}$ des durchsetzenden Massenstromes.

Bildet man das Integral:

$$\oint_A \rho(\vec{x},t)\vec{v}.\vec{n}dA$$

über eine vorgegebene, geschlossene Oberfläche A, so wird durch die Orientierung von $\vec{v}$ zu $\vec{n}$ ein eindringender Massenstrom negativ ($\vec{n}.\vec{v}<0$), ein ausgetretender Massenstrom positiv gerechnet ($\vec{n}.\vec{v}>0$). Insgesamt gibt das Integral die pro Sekunde aus der Fläche ausströmende Nettomasse. Wenn es im Inneren der geschlossenen Fläche A keine Massenquelle gibt, so muß ein von Null verschiedener Nettostrom eine Änderung der Masse im ortsfesten Volumen zur Folge haben:

$$-\int_V \frac{\partial\rho(\vec{x},t)}{\partial t}\,dV = \oint_A (\vec{x},t)\vec{v}.\vec{n}dA. \qquad (III,5)$$

Mit Hilfe des Gaußschen Satzes transformiert man das Oberflächenintegral in ein Volumsintegral und bekommt:

$$\int_V \left|\frac{\partial\rho(\vec{x},t)}{\partial t} + \vec{\nabla}.(\rho(\vec{x},t)\vec{v}\right|dV = 0$$

bzw.

$$\frac{\partial\rho(\vec{x},t)}{\partial t} + \vec{\nabla}.(\rho(\vec{x},t)\vec{v}) = 0 \qquad (III,6)$$

(Kontinuitätsgleichung).

Man kann je nach Bedarf und Vorteil beide Versionen (III,5) und (III,6) verwenden. Möchte man die Kontinuitätsgleichung auf einen Stromfaden anwenden, ist z.B. Form (III,5) besser geeignet.
Die Größen $s_1(t)$ und $s_2(t)$ markieren ein Volumen zwischen zwei Bogenlängenabschnitten $s_1(t)$ und $s_2(t)$. Da durch den Mantel des Stromfadens kein Massendurchsatz stattfindet, ist für die rechte Seite von (III,5) nur der Durchsatz durch den Fadenquerschnitt $A_1$ bei $s_1(t)$ und $A_2$ bei $s_2(t)$ zu beachten.

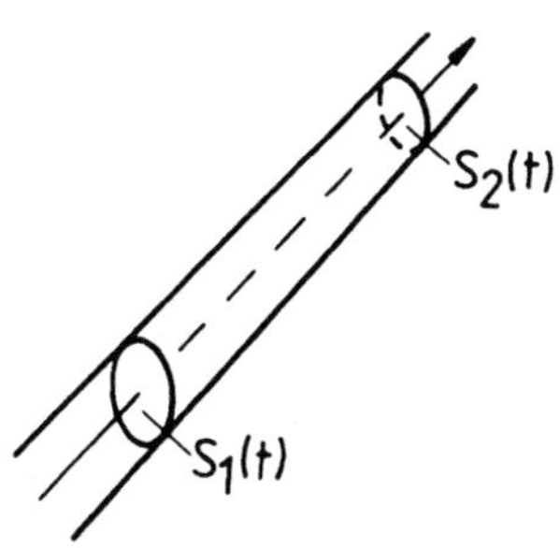


Abb.III.6.: Zur Kontinuitätsgleichung für einen Stromfaden.

Die Richtung von $\vec{v}$ ist die Richtung der den Stromfaden charakterisierenden Stromlinie. Damit ist:

$$\oint_A \rho(\vec{x},t)\vec{v}.\vec{n}dA = A_2v_2\rho_2 - A_1v_1\rho_1 \; .$$

Für den Volumsanteil bekommt man (indem man die Ortsbestimmung durch die Bogenlänge s durchführt):

$$\int_{s_1}^{s_2} \frac{\partial}{\partial t} [\rho(s,t)A(s,t)]ds \; ,$$

(Da der Stromfadenquerschnitt A von s und t abhängt, muß man A(s,t) in die partielle Differentiation in (III,5) einbeziehen) worauf insgesamt folgt:

$$\int_{s_1}^{s_2} \frac{\partial}{\partial t} [\rho(s,t)A(s,t)]ds + A_2v_2\rho_2 - A_1v_1\rho_1 = 0 \; . \qquad \text{(III,7)}$$

Für stationäre Strömungen folgt daraus:

$$\rho_2A_2v_2 = \rho_1A_1v_1$$

bzw.

$\rho Av$ = konstant längs eines Stromfadens.

Da der Ausdruck $\rho Av$ gerade den Massenstrom durch den Querschnitt A angibt, ist (III,7) im stationären Fall auch so zu verstehen:

$$\dot{m} = \text{konstant} \qquad \text{(III,7')}$$

für jeden Querschnitt des Stromfadens. Für die sich verzweigenden Stromfäden einer stationären Strömung bekommt man:

$$\sum_{i=1}^{N} \dot{m}_{1i} = \sum_{i=1}^{M} \dot{m}_{2i} \; , \qquad \text{(III,8)}$$

d.h.: Summe aller eintretenden Massenströme ist gleich der Summe aller austretenden Massenströme (Abb.III.7.).

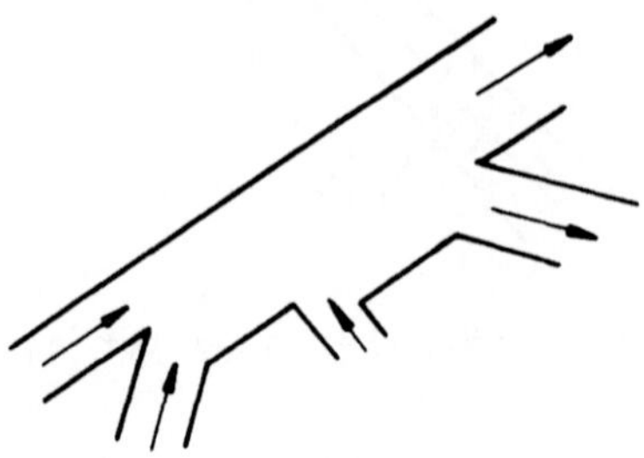

Abb.III.7.: Skizze zur Frage sich verzweigender Stromfäden.

Für ein inkompressibles Fluid gilt $\rho(\vec{x},t)$=konstant, so daß man erhält:

$$\vec{\nabla}.(\rho\vec{v}) = \rho\vec{\nabla}.\vec{v} = 0 \qquad (III,9)$$

bzw.

$$\vec{\nabla}.\vec{v} = 0.$$

Im Falle des Stromfadens bekommt man für konstantes $\rho$:

$$\int_{s_1}^{s_2} \frac{\partial A(s,t)}{\partial t}\, ds + v_2A_2 - v_1A_1 = 0 \qquad (III,10)$$

oder bei Stationarität:

$$vA = \text{konstant längs des Stromfadens.} \qquad (III,10')$$

Zur Beschreibung von strömenden Fluiden ist die Berücksichtigung der möglichen Kraftwirkungen auf ein Raumelement eines Fluides wichtig. Man kann dabei von folgender Überlegung ausgehen (Abb.III.8.):

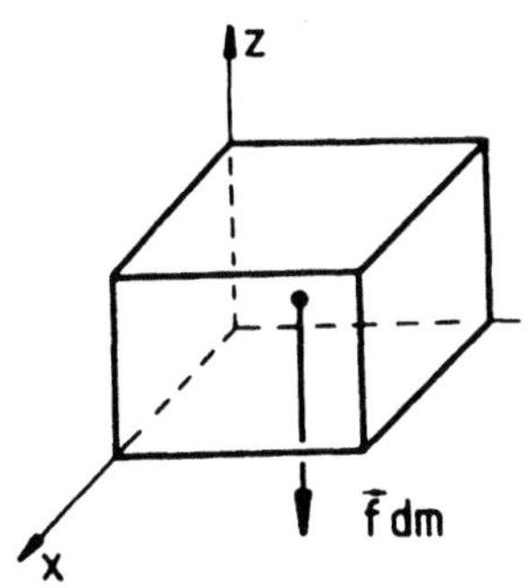


Abb.III.8.: Volumselement unter der Wirkung einer Kraftdichte $\vec{f}$ und dem (nicht eingezeichneten) Druck des das Element umgebenden Fluids.

Die in einem Volumselement eingeschlossene Masse dm=$\rho$dV steht unter dem Einfluß:

a) einer Kraftdichte $\vec{f}(\vec{x},t) = \dfrac{\vec{F}(\vec{x},t)}{\rho(\vec{x},t)V}$

und

b) von Druckkräften $p(\vec{x},t)dA$.

So wirkt z.B. auf die Fläche dxdy bei y die Kraft:

$$p(x,y,z)dxdz,$$

bei y+dy:

$p(x,y+dy,z)dxdz.$

Daraus folgt eine Nettokraft auf das Element in Richtung y im Ausmaß von:

$$dxdz[p(x,y,z)-p(x,y+dy,z)] = dxdz[-dy \frac{\partial p(x,y,z)}{\partial y}] \ .$$

Insgesamt lautet also die Newtonsche Bewegungsgleichung für das Massenelement:

$$\rho(\vec{x},t) \frac{d\vec{v}(\vec{x},t)}{dt} = \vec{f}(\vec{x},t)\rho(\vec{x},t)-\vec{\nabla}p(\vec{x},t) \qquad \text{(III,11)}$$

(Schubspannungen brauchen bei Flüssigkeiten und Gasen nicht berücksichtigt zu werden) und mit (III,3):

$$\rho(\vec{x},t)[\frac{\partial v_x(\vec{x},t)}{\partial t} + \vec{v}(\vec{x},t).\vec{\nabla}v_x(\vec{x},t)] = f_x(\vec{x},t)\rho(\vec{x},t)- \frac{\partial p(\vec{x},t)}{\partial x}$$

(Eulersche Gleichung). (III,12)

Für Kräfte, die sich aus einem Potential herleiten:

$$\vec{F}(\vec{x}) = -\vec{\nabla}\Phi(\vec{x})$$

und konstante Dichte $\rho$ ergibt die Integration von (III,12) längs eines Stromsfadens ein wichtiges und anschauliches Ergebnis. Nimmt man für $\vec{F}$ die Kraft durch das Schwerefeld der Erde, so gilt:

$$\vec{F} = -m\vec{\nabla}(gz) = -mg\vec{\nabla}z$$

und

$$\rho[\frac{\partial v(s,t)}{\partial t} + v(s,t) \frac{\partial v(s,t)}{\partial s}] = -\rho g \frac{\partial z(s)}{\partial s} - \frac{\partial p(s,t)}{\partial s}.$$

Die Integration liefert:

$$\rho\int_{s_1}^{s_2} [\frac{\partial v(s,t)}{\partial t} + v(s,t) \frac{\partial v(s,t)}{\partial s} + g \frac{\partial z(s)}{\partial s} + $$

$$+ \frac{1}{\rho} \frac{\partial p(s,t)}{\partial s}] ds = \text{konst.}$$

oder

$$\int_{s_1}^{s_2} \frac{\partial v(s,t)}{\partial t} ds + \frac{v_2^2-v_1^2}{2} + g(z_2-z_1) + \frac{1}{\rho} (p_2-p_1) = 0 \qquad \text{(III,13)}$$

(Bernoullische Gleichung).

Die Bedeutung der einzelnen Terme ist offensichtlich: Beschleunigungsarbeit pro Volumseinheit, Änderung der kinetischen, der potentiellen und Druckenergie pro Volumseinheit.

Die Bernoullische Gleichung drückt also den Erhaltungssatz der mechanischen Energie für einen Stromfaden aus. Eine unmittelbare Anwendung ist in Abb.I.5. enthalten. Dort sind die Bezugspunkte 1 und 2 die Stauseeoberfläche und die Ausflußöffnung. An beiden Punkten herrscht der Luftdruck $p_0$. Die Seeoberfläche ist praktisch in Ruhe: $v_1=0$. Der Vorgang sei stationär, so daß keine Beschleunigungsarbeit auftritt. Damit gilt:

$$\frac{v_2^2}{2} - Hg = 0 \text{ und } v_2 = \sqrt{2Hg}.$$

Also wird alle potentielle Energie in kinetische Energie umgesetzt.

Neben der Kontinuitätsgleichung, der Eulerschen und Bernoullischen Gleichung spielt natürlich auch die Übertragung des Impulssatzes auf fluide Systeme eine wichtige Rolle. Eine genaue Ableitung dieses Satzes ist im vorliegenden Zusammenhang nicht notwendig und kann gegebenenfalls der Literatur entnommen werden /85/, /86/. Zum besseren Verständnis muß man bedenken, daß eine Kraft stets einer zeitlichen Änderung eines Impulses entspricht oder: jeder Impulsstrom hat eine Kraftwirkung zur Folge. Bezeichnet man mit $\vec{F}_w$ nun die Kraftwirkung auf die Wand eines Stromfadens (bestehend aus Druck- und anderen Kräften), so findet man für einen stationären Stromfaden:

$$\vec{F}_w = \vec{F}_v + [\dot{m}_1 v_1 + (p_1-p_0)A_1]\vec{e}_1 - [\dot{m}_2 v_2 + (p_2-p_0)A_2]\vec{e}_2. \quad \text{(III,14)}$$

$\vec{F}_v$ ist die Volumskraft, der Index 1 bzw. 2 markiert je eine Position am Stromfaden (Abb.III.6.), $\dot{m}_1 v_1 \vec{e}_1$, $\dot{m}_2 v_2 \vec{e}_2$ bedeuten die Impulsströme an diesen Punkten ($\vec{e}_i$=Einheitsvektor in Richtung der Strömungsgeschwindigkeit $v_i$) und $(p_i-p_0)$ geben die Druckdifferenzen zum herrschenden äußeren Luftdruck an. Hat man eine Bilanz aus mehreren Stromfäden zu erstellen, so gilt mit:

$$\vec{J}_i = [\dot{m}_i v_i + (p_i-p_0)A_i]\vec{e}_i \quad \text{(III,15)}$$

$$\vec{F}_w = \vec{F}_v + \sum_m \vec{J}_{m1} - \sum_n \vec{J}_{n2}\ , \quad \text{(III,16)}$$

wobei der Index 1 zufließende, der Index 2 abfließende Stromfäden meint.

Mit den nun bereitgestellten Mitteln kann man die Übertragung von Energie auf eine Pelton-Turbinenschaufel behandeln (siehe Abb.I.5.): Die Schaufel bewegt sich mit der Geschwindigkeit

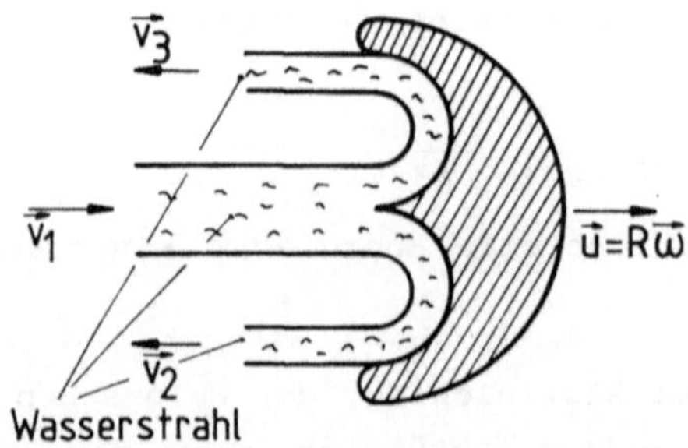


Abb.III.9.: Strahlverteilung an einer Pelton-Schaufel.

$\vec{u}$. Daraus resultiert eine Relativgeschwindigkeit $\vec{v}'_i=\vec{v}_i-\vec{u}$, d.h.:

$$\vec{v}'_1 = \vec{v}_1 - \vec{u},\ \vec{v}'_2 = \vec{v}_2 + \vec{u},\ \vec{v}'_3 = \vec{v}_3 + \vec{u}.$$

Der auftretende Druck ist in jedem Fall der Luftdruck:

$$p_1 = p_2 = p_3 = p_0\ .$$

An den Querschnitten 1, 2 und 3 gilt jeweils die Bernoullische Gleichung (III,20) im mitbewegten System:

$$\frac{v_2'^2 - v_1'^2}{2} = 0 \qquad v'_1 = v'_2(\vec{v}'_1 = -\vec{v}'_2)$$

$$v'_1 = v'_3(\vec{v}'_1 = -\vec{v}'_3)\quad .$$

Damit bekommt man als Reaktionskraft (III,25):

$$\vec{F}_R = \dot{m}'_1\vec{v}'_1 - \dot{m}'_2\vec{v}'_2 - \dot{m}'_3\vec{v}'_3 = \vec{v}_1(\dot{m}'_1+\dot{m}'_2+\dot{m}'_3),$$

wobei gilt: $\dot{m}'_i = \rho v'_i A_i$

$$\dot{m}'_1 = \dot{m}'_2 + \dot{m}'_3.$$

Also ist:

$$\vec{F}_R = \vec{v}'_1 2\dot{m}'_1 = 2\dot{m}'_1(\vec{v}_1-\vec{u}) = 2\rho(\vec{v}_1-\vec{u})(v_1-u)A.$$

Ist $\vec{v}_1=\vec{u}$, so ist die wirkende Kraft null. Setzt man für:

$$u = R\omega \quad ,$$

erhält man:

$$|\vec{F}_R| = 2\rho A(v_1 - R\omega)^2 \quad ,$$

$$P_{rot} = \tau\frac{d\phi}{dt} = \tau\omega = 2\rho A(v_1 - R\omega)^2 R\omega \quad , \qquad (III,17)$$

$\frac{dP_{rot}}{d\omega} = 0$ liefert die Extremwerte der übertragenen Leistung:

$v_1 = R\omega = u \rightarrow$ es wird keine Leistung übertragen;

$v_1 = 2R\omega_0 = 2u \rightarrow$ maximale übertragene Leistung:

$$P_{rot}(\omega_0) = 2\rho A\,\frac{v_1}{2}\,(v_1 - \frac{v_1}{2})^2 = \rho v_1 A\,\frac{v_1^2}{2} = \dot{m}\,\frac{v_1^2}{2} \quad , \qquad (III,17')$$

$\dot{m} = \rho v_1 A$: pro Sekunde das Rohr verlassende Wassermenge. Durch die Bewegung der Schaufel ist $\dot{m}_1' < \dot{m}$.

## III.2. Energieumsetzungen an Windrädern

### III.2.1. Einfache Theorie des Windrades

Die vorstehenden Ergebnisse ermöglichen auch die Behandlung von Windrädern als Einrichtungen zur Transformation mechanischer Energie. Die erste eingehendere Analyse von Windrädern gab A.Betz /87/ 1927. In ihr sind alle wesentlichen Elemente zum quantitativen Verständnis enthalten. Wenn die pro Sekunde ein Windrad durchströmende Luftmenge

$$\dot{m} = A\rho v$$

ist, so hängt die daraus gewinnbare Leistung von der durch das Windrad hervorgerufenen Geschwindigkeitsänderung der durchströmenden Luft ab:

$$P = \frac{\dot{m}}{2}\,(v_1^2 - v_2^2). \qquad \text{(III,18)}$$

Man kann die Verhältnisse bei der das Windrad durchsetzenden Luft in guter Näherung analog zu einem Stromfaden beschreiben. Dann gilt im stationären Fall:

$$A_1 v_1 = A_2 v_2.$$

Dieser Sachverhalt ist wichtig. Er zeigt nämlich, daß im Falle $v_2 = 0$ gar keine Luft durch das Windrad strömen würde: Es würde sich vielmehr die Situation gemäß Abb.III.10. einstellen. Es wird also eine optimale Geschwindigkeitsreduktion geben, die zwischen Null und $v_1$ liegt. Die wesentlichen leistungsbestimmenden Größen sind nach (III,18) also: die pro Sekunde durchströmende Luftmasse und die erzielbare Geschwindigkeitsdifferenz.

Die der durchströmenden Luft entnommene Energie wird durch das Windrad in Rotationsenergie einer Welle umgesetzt. Dies wird durch die Stellung der Flügel des Rades erreicht, die zu einer resultierenden Antriebskraft führt, die eine Widerstands- und eine Auftriebskomponente hat (Abb.III.11.). Auf die genaueren Umstände soll später eingegangen werden.

Man kann das Windrad zum Studium der Energieverhältnisse ein-

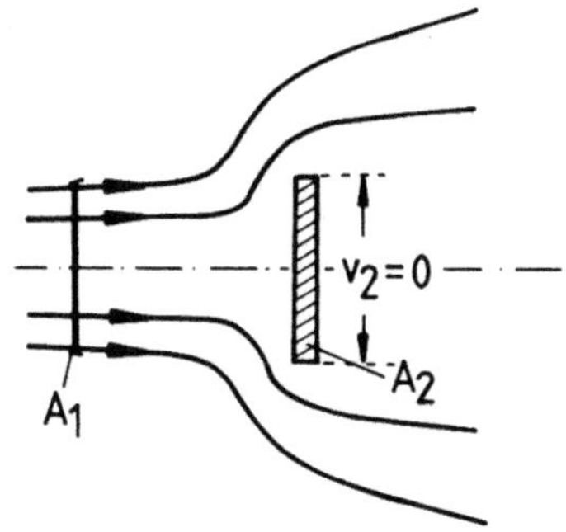


Abb.III.10.: Stromlinienverteilung am Windrad: Wenn innerhalb des Querschnittes $A_2$ die Geschwindigkeit $v_2=0$ ist, so heißt das, daß alle Luft um $A_2$ herumströmt.

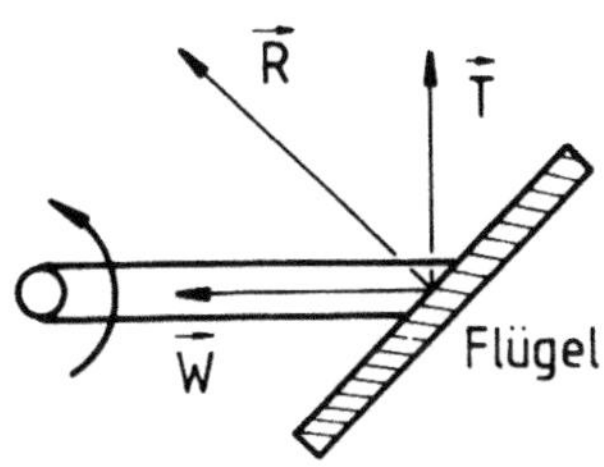


Abb.III.11.: Zur Entstehung des Auftriebs am schräggestellten Windradflügel.

fach als Scheibe betrachten. Diese wird von der Luft durchströmt. Der Übergang von der Geschwindigkeit $v_1$ zu $v_2$ kann nicht sprunghaft erfolgen. Die Luft hat daher in der Radebene eine mittlere Geschwindigkeit $v_R$, die auch für den Massenstrom durch die Radebene verantwortlich ist. Man findet ihren Wert auf folgende Weise:

Beim Übergang von $v_1$ zu $v_2$ erfolgt keine sprunghafte Geschwindigkeitsänderung, sondern das Windrad wird mit der Geschwindigkeit $v_R$ (R=Rotor=durchströmt (Abb.III.12.)).

In entsprechendem Abstand links und rechts vom Rotor herrscht der normale Luftdruck $p_0$. Es gilt die Bernoullische Gleichung:

$$p_0 + \frac{\rho}{2}v_1^2 = p_R + \frac{\rho}{2}v_R^2$$

$$p_0 + \frac{\rho}{2}v_2^2 = p_R - \Delta p + \frac{\rho}{2}v_R^2. \qquad \text{(III,19)}$$

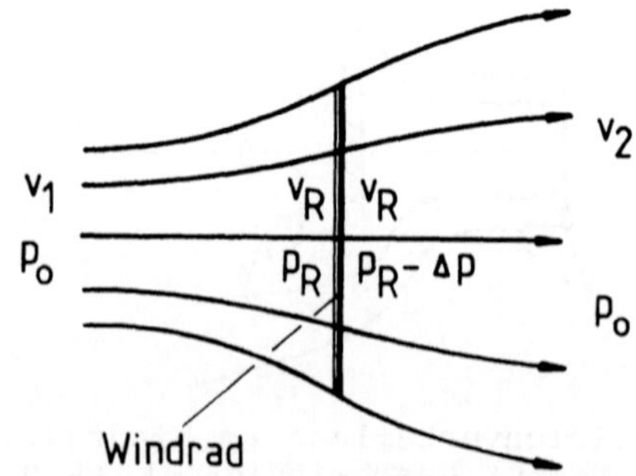


Abb.III.12.: Am Ort der Rotorscheibe entsteht ein Druckgefälle, wodurch eine Kraft auf das Windrad ausgeübt wird.

Die ausströmende Luft erzeugt auf der einen Seite einen etwas höheren Druck als $p_0$, auf der anderen Seite einen etwas kleineren:

$$\Delta p = \frac{\rho}{2}(v_1^2 - v_2^2).$$

Die entsprechende Kraft auf die Rotorscheibe ist:

$$F_R = \Delta p A = \frac{\rho}{2}A(v_1^2 - v_2^2). \qquad \text{(III,20)}$$

Diese Kraft ist aber auch gleich der insgesamten Impulsänderung:

$$F_R = \rho A v_R (v_1 - v_2) , \qquad \text{(III,20')}$$

sodaß man erhält:

$$v_R = \frac{v_1 + v_2}{2} . \qquad \text{(III,21)}$$

Damit wird entsprechend (III,18) die erzielbare Leistung

$$P = \frac{\rho v_R A}{2}(v_1^2 - v_2^2) = \frac{\rho A}{4}(v_1 + v_2)(v_1^2 - v_2^2). \qquad \text{(III,22)}$$

Nimmt man als Vergleichsgröße jene Leistung, die einer mit $v_1$ durchströmenden Luftmasse innewohnt:

$$P_0 = \frac{\rho A v_1^3}{2} , \qquad \text{(III,23)}$$

so erhält man den Wirkungsgrad des Windrades mit:

$$\eta = \frac{P}{P_0} = \frac{1}{2}\,(1+\frac{v_2}{v_1})\,(1-\frac{v_2^2}{v_1^2}). \qquad \text{(III,24)}$$

Die optimale Leistungsentnahme erfolgt bei einer Geschwindigkeit $v_2=v_1/3$. Dafür liefert (III,22):

$$P = \frac{8}{27}\,\rho A v_1^3 = 0{,}2327\,\rho d^2 v_1^3 = \frac{d^2 v_1^3}{3650}\,[\mathrm{kW}]\ \text{(Bei 300 K)} \qquad \text{(III,25)}$$

d = Rotordurchmesser.

### III.2.2. Analyse der Vorgänge am Windradflügel; Schnell- und Langsamläufer

In Abb.III.11. sind die Verhältnisse am Windradflügel bereits skizziert worden.

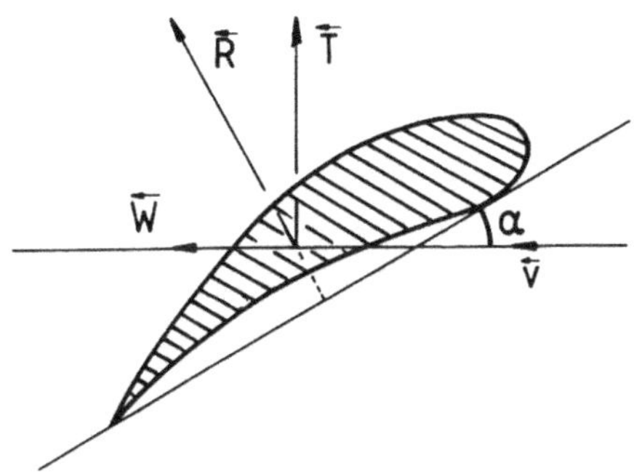


Abb.III.13.: Prinzipskizze zur Kräfteverteilung am Windradflügel.

Die der Widerstandskraft $\vec{W}$ entsprechende Kraft des Windflügels auf die anströmende Luftmasse vermindert den Wert der Geschwindigkeit $\vec{v}$ (Wirbelbildung und Erwärmung der Luft). Dagegen ist mit der Wirkung der Komponente $\vec{T}$ (=Auftrieb) keine Geschwindigkeitsänderung verbunden. Man muß also trachten, den Auftrieb groß und den Widerstand klein zu halten. Man nennt das Verältnis Widerstand zu Auftrieb Gleitzahl. Zur quantitativen Darstellung bedient man sich einer Bezugs- oder Normalkraft:

$$R_0 = \frac{\rho}{2} A v^2 , \qquad \text{(III,26)}$$

wobei A die dem Wind ausgesetzte Fläche des Flügels ist. Die

Auftriebs- und Widerstandskraft haben dann die Werte:

$$T = c_a \frac{\rho}{2} Av^2 \qquad (III,26')$$

$$W = c_w \frac{\rho}{2} Av^2 .$$

Daraus folgt für die resultierende Kraft:

$$R = c_r \frac{\rho}{2} Av^2 ; \qquad c_r^2 = c_a^2 + c_w^2 . \qquad (III,26'')$$

$c_r$, $c_a$, $c_w$ sind nur von der Geometrie des Flügels und von der Stellung zur Windrichtung abhängig. Die Auftriebsziffer $c_a$ ist von der Größenordnung 1. Die Stellung zur Windrichtung wird durch den Anstellwinkel $\alpha$ beschrieben (siehe Abb.III.13). Dieser Winkel $\alpha$ beeinflußt natürlich auch den Wert $c_a$.

Es ist nützlich, die Verhältnisse am Windmühlenflügel etwas

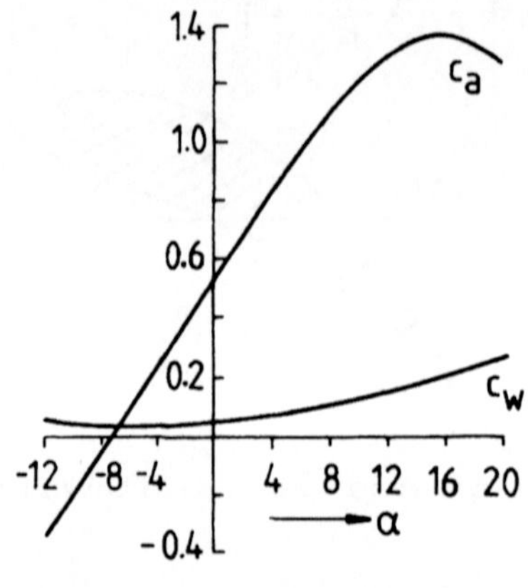


Abb.III.14.: Auftriebsziffer $c_a$ und Widerstandsziffer $c_w$ in Abhängigkeit vom Anstellwinkel $\alpha$.

genauer zu betrachten. Für einen bestimmten Abschnitt des Flügels ist die Umlaufgeschwindigkeit $u = r\omega$. Dies führt zu einer Luftbewegung $u_1 = -r\omega$, die sich dem anströmenden Luftstrom überlagert und eine schräg nach unten - vorne gerichtete Luftbewegung ergibt (Abb.III.15.). Mißt man den Anstellwinkel $\alpha$ zu dieser Windrichtung, ergibt sich für ein Flügelradelement ein Auftrieb:

$$T^* = \frac{\rho}{2} c^2 \, ac_a \, . \qquad (III,27)$$

Die Größe a ist in Abb.III.16. veranschaulicht und bedeutet

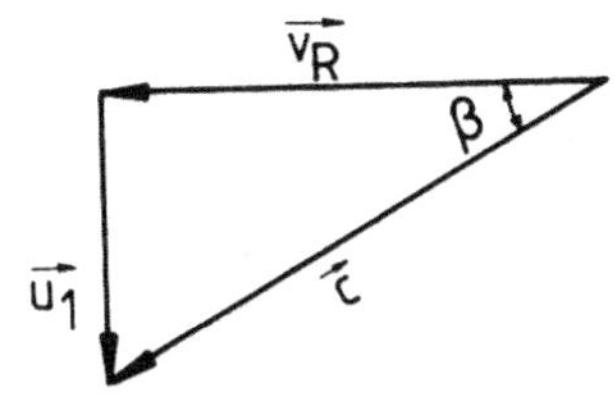


Abb.III.15.: Skizze zu den Geschwindigkeiten am Windradflügel.

ein Tragflächenelement im Abstand r von der Rotorachse. Die Richtung von $T^*$ senkrecht zur resultierenden Anströmgeschwindigkeit folgt aus dem Satz von Kutta-Joukowsky /85/, /86/. Die Widerstandskraft ist analog:

$$W^* = \frac{\rho}{2} c^2 ac_w . \qquad \text{(III,27')}$$

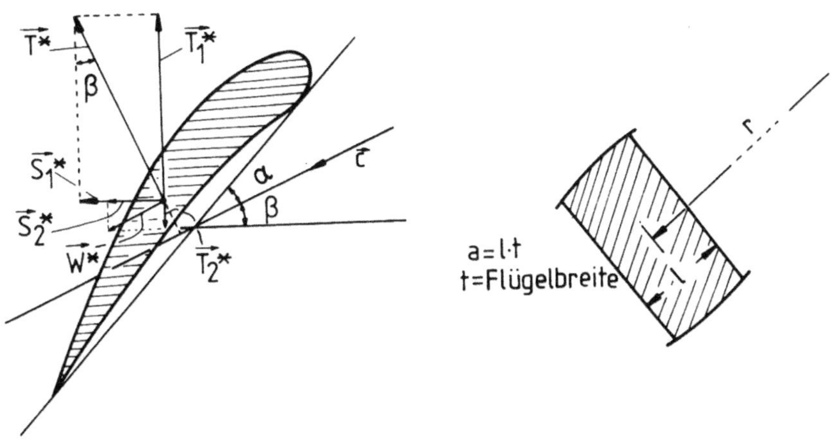


Abb.III.16.: Prinzipskizze zur genaueren Erfassung der Kräfte am Windradflügel.

$T_1^*$ und $T_2^*$ wirken in Richtung der Flügelbewegung. Daher ergibt sich als antreibende Kraft:

$$T_R^* = T_1^* - T_2^* = T^* \cos\beta - W^* \sin\beta . \qquad \text{(III,28)}$$

In axialer Richtung wirkt dagegen:

$$S_R^* = S_1^* + S_2^* = T^* \sin\beta + W^* \cos\beta. \qquad \text{(III,28')}$$

Da $W^*$ im Vergleich zu $T^*$ klein ist, soll der damit zusammenhängende Anteil vernachlässigt werden:

$$T_R^* \approx T^* \cos\beta$$

$$S_R^* \approx T^* \sin\beta\,. \qquad \text{(III,29)}$$

Damit kann man die optimale Flügelbreite abschätzen. Für z Flügel ist die Widerstandskraft z mal so groß; dementsprechend gilt:

$$S_R^* = zT^* \sin\beta = zT^* \frac{u}{c} = z\frac{\rho}{2} c_a uclt. \qquad \text{(III,30)}$$

Dadurch wird jene Luft beeinflußt, die durch einen Kreisring der Fläche $2r\pi l$ strömt. Nach der idealisierten Windradtheorie wird durch die Widerstandskraft $S_R^*$ der Massenstrom:

$$2r\pi l v_R \rho$$

von $v_1$ auf $v_2$ gebremst. Die damit verbundene Impulsänderung ist gleich $S_R^*$:

$$S_R^* = 2r\pi l v_R \rho (v_1 - v_2). \qquad \text{(III,30')}$$

Mit

$$v_R = \frac{v_1 + v_2}{2}$$

bekommt man:

$$v_1 - v_2 = 2(v_1 - v_R)$$

und durch Gleichsetzen der zwei Ausdrücke für $S_R^*$:

$$z\frac{\rho}{2} c_a uclt = 4r\pi l \rho v_R (v_1 - v_R),$$

$$t = \frac{2\pi r}{z} \cdot \frac{4}{c_a} \cdot \frac{v_R}{u} \cdot \frac{v_1 - v_R}{c}\,. \qquad \text{(III,31)}$$

Mit dieser Flügelbreite im Abstand r vom Windradmittelpunkt kann man die Geschwindigkeit von $v_1$ auf $v_2$ reduzieren. Für optimalen Energiegewinn ist $v_R = 2/3\, v_1$, sodaß man damit

$$t_{opt} = \frac{2\pi r}{z} \cdot \frac{8}{9c_a} \cdot \frac{v_1^2}{uc}\,, \qquad \text{(III,32)}$$

$\frac{2\pi r}{z}$ = Abstand der Flügel am Kreis mit dem Radius r erhält.

Bei großer Umlaufgeschwindigkeit u (verglichen mit $v_1$) ist $v_1/u$ sehr klein: Ein schnell laufendes Flügelrad ist daher sehr schmal. Ist dagegen $v_1/u$ groß, das Windrad also ein Langsamläufer, so sind auch die Flügel breit.

Die vom Wind abgegebene Leistung ist:

$$S_R^* \, v_R .$$

Dagegen wird vom Windrad für die Drehbewegung die Leistung:

$$T_R^* u$$

aufgenommen. Berücksichtigt man den Widerstand nach (III,28'), so erhält man als Flügelwirkungsgrad:

$$\eta_F = \frac{T_R^* \, u}{S_R^* \, v_R} = \frac{1-\varepsilon tg\beta}{1+\varepsilon ctg\beta} \cdot \frac{\cos\beta}{\sin\beta} \cdot \frac{u}{v_R} = \frac{1-\varepsilon tg\beta}{1+\varepsilon ctg\beta} \quad \text{(siehe: /87/)}$$

$$\varepsilon = \frac{W^*}{T^*} = \text{Profilgleitzahl.} \qquad \text{(III,33)}$$

Man erkennt, daß die Umlaufsgeschwindigkeit in $\eta_F$ entscheidend eingeht: wegen

$$\frac{u}{v_R} = tg\beta$$

muß hier die Gleitzahl besonders klein sein, um einen guten Wirkungsgrad zu erhalten. Das bedeutet sorgfältige Flügelanfertigung. Bei Langsamläufern ist tgß entsprechend klein, der Einfluß der Gleitzahl fällt nicht ins Gewicht.

## III.3. Windenergieanlagen

Die primäre Entwicklungslinie für Windenergieanlagen strebt eine Vergrößerung und Verbesserung /82/ der bewährten überkommenen Konzepte an. H.Honnef /88/ hat in seinem Buch über Windkraftwerke hier ohne Zweifel konzeptuelle Pionierarbeit geleistet. Praktische Erfahrungen mit einer großen Windenergieanlage erwarb man zuerst an der Smith-Putnam-Anlage in Vermont, USA /89/. Es handelte sich dabei um eine Anlage mit horizontaler Achse und zwei Flügeln. Der Durchmesser der überstrichenen Fläche betrug 53 m. Bei einer Windgeschwindigkeit von 13 m/s, konnte eine Leistung von 100 kW erreicht werden. Insgesamt war die Anlage, die in das lokale Elektrizitätsversorgungsnetz eingebunden war, etwa 1 1/2 Jahre in Betrieb. Nach dem Bruch eines Flügels wurde sie nicht mehr in Betrieb genommen. Von der "Studiengesellschaft Windkraft e.V." wurde von 1957 bis 1968 bei Stötten-Schnittlingen eine 100 kW-Versuchsanlage mit einem Rotorduchmesser von 34 m betrieben. Der Parallelbetrieb mit dem öffentlichen Elektrizitätsversorgungsnetz erfolgte zur vollsten Zufriedenheit /90/.

Die Erfahrungen solcher Versuchsanlagen liegen der Entwicklung und dem Bau größerer Anlagen mit Leistungen im Megawatt-Bereich zugrunde. Ein Beispiel dafür ist die Anlage GROWIAN I /91/, /92/ (große Windenergieanlage I) in der Bundesrepublik Deutschland bei Marne (Abb.III.17.). Der Rotor mit horizontaler Achse wird von einem 96,6 m hohen Rohr aus Stahl getragen. Der Rohrdurchmesser beträgt 3,5 m. Der Zwei-Blatt-Rotor hat einen Durchmesser von 100 m. Der im Luv ausragende Sporn trägt die für die Nachführung und Regelung erforderlichen Windmeßgeräte. Der erwartete Energieertrag liegt bei ca. 12 GWh/a. Der Bereich der genutzten Windgeschwindigkeit liegt zwischen 6,3 m/s und 24 m/s. Zwischen 11,8 m/s und 24 m/s arbeitet der Generator konstant mit 3 MW Leistung. Zu diesem Zweck werden die Rotorblätter verstellt, da ja sonst die extrahierte Leistung mit der Windgeschwindigkeit stark ansteigt.

Zur Abschätzung des Windpotentials der Bundesrepublik ging

man von einem Windkraftwerk bestehend aus 100 Einzelanlagen vom Typ GROWIAN I aus /93/. Zwanzig solche 300-MW-Anlagen decken danach etwa 7 % der Nachfrage an elektrischer Energie der Bundesrepublik, bezogen auf 1977. Das ist mehr als im gleichen Jahr durch Wasserkraft bereitgestellt wurde. Vierzig solche Anlagen haben bereits eine Energiebereitstellung, die dem Anteil der Kernkraftwerke, ebenfalls bezogen auf 1977, entspricht. Innerhalb eines Küstengebietes von 37000 $km^2$ wird dafür eine Anlagenfläche von 70 $km^2$ abgeschätzt. Allerdings wird eine konkrete Realisierung als sehr viel schwieriger eingeschätzt als diese Zahlen glauben lassen könnten. Die Anlage GROWIAN II /94/ soll eine Leistung von 5 MW erbringen und hat einen Rotordurchmesser von 145 m. Die Nabenhöhe soll 120 m betragen. Der Rotor ist als Ein-Blatt-Rotor mit Gegengewicht geplant. Eine entsprechend kleinere Demonstrationsanlage - 48 m Rotordurchmesser, 370 kW elektrische Leistung,

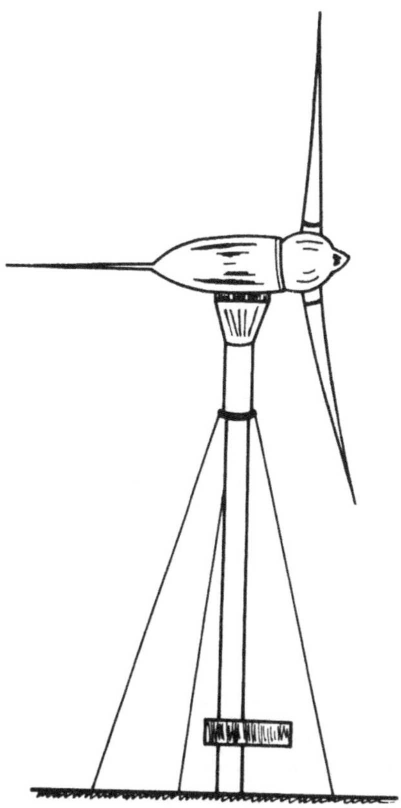

Abb.III.17.: Skizze zur Windenergieanlage GROWIAN I.

wird in der Nähe von Bremerhaven getestet. Ähnliche Großanlagen werden in den USA erprobt. Ein Beispiel dafür ist die

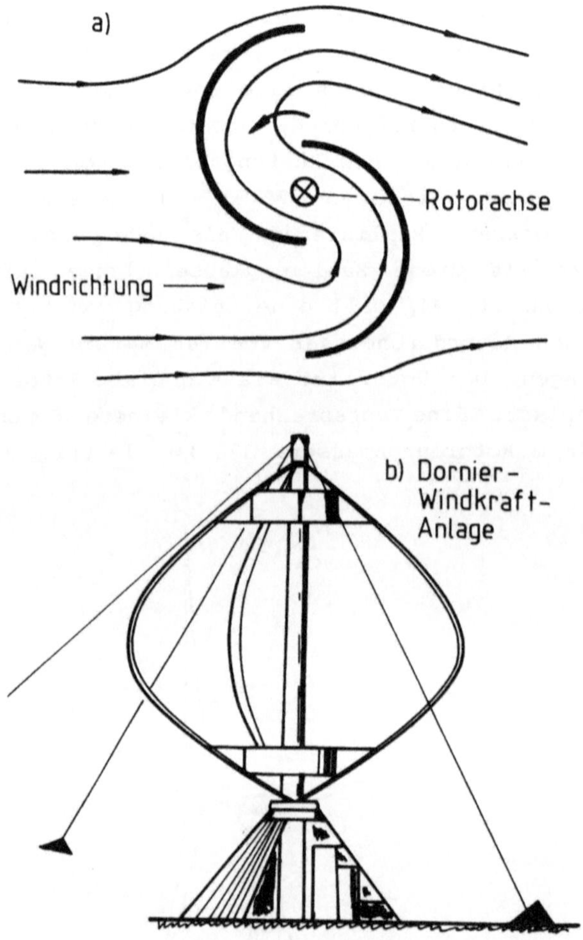


Abb.III.18.: a) Prinzipskizze zum offenen Savonius-Rotor.
b) Prinzipskizze zum Darrieus-Rotor.

Anlage MOD 1 bei Boone, North Carolina, mit einer Leistung von 2 MW /95/, die auch in das lokale Elektrizitätsversorgungsnetz eingebunden war. Wegen eines Defektes mußte der Betrieb leider eingestellt werden. Drei Anlagen mit je 2,5 MW Leistung des Nachfolgetyps MOD 2 sind bei Goldendale, Washington, in Betrieb und dienen u.a. dem Studium der Probleme, die durch den kombinierten Betrieb mehrerer Windräder auftreten. In die gleiche Größenkategorie sind die beiden Windenergieanlagen bei Marglap und Naesudden in Schweden (3MW bzw. 2,4 MW elektrische Leistung) einzureihen. Windräder mit vertikaler Achse - Darrieus-Rotor und Savonius-Rotor (Abb.III.18.) haben gewisse Vorteile gegenüber Anlagen mit horizontaler Achse. So braucht man keine Nachführung entsprechend der Windrichtung, was den Aufbau einfacher macht. Besonders das Darrieus-System hat einen sehr einfachen Rotorblattaufbau und entsprechend niedrige Herstellungskosten. Dagegen wirkt sich u.a. nachteilig aus, daß ein Anlaufen ohne Zusatzeinrichtungen nicht möglich ist oder daß bei der gleichen Windleistung weniger Leistung extrahiert werden kann. Beispiele solcher Anlagen sind die in Canada errichteten Darrieus-Windenergie-Anlagen /95/ (50 kW und 230 kW elektrische Leistung) oder das deutsch-argentinische Gemeinschaftsprojekt mit Dreiblatt-Rotor /96/ (40 kW bei 13,1 m/s Windgeschwindigkeit). Besonders interessant ist der Typ eines "Aufwindkraftwerkes", für den in Manzanares, Spanien, eine Demonstrationsanalge errichtet wurde /97/. Ein aus Folie bestehendes Sonnendach von ca. 0,2 $km^2$ Fläche und in der Höhe von einigen Metern über dem Erdboden sorgt durch die sich unter dem Sonnendach stärker erwärmende Luft für den Aufwind in einem 200 m hohen Kamin. Für das Dach finden zwei verschiedene Folienarten zur Erprobung Verwendung (Tedlar-Folie bzw. UV-präparierte Polyester-Folie). In dem Kamin entsteht ein aufsteigender Luftstrom von einer Geschwindigkeit bis zu 20 m/s. Ein Windrad mit vier Rotorblättern zusammen mit der entsprechenden Turbine entziehen dem Luftstrom bis zu 100 kW elektrische Leistung. Die Speicherwirkung des Sonnendaches ist so gut, daß auch ein Betrieb während der Nachtstunden möglich ist. Über den Bau weiterer, größerer Anlagen dieses Typs (Abb.III.19.) soll nach Vorliegen der notwendigen Test- und Erfahrungswerte entschieden werden. Im Vergleich mit anderen Formen der Umwandlung der Strahlungsenergie der Sonne in elektrische Energie wären die Kosten pro kWh elektrischer Energie hiebei deutlich niedriger.

Ebenfalls eine Turmkonstruktion verwendet die Erzeugung künstlicher Tornados nach J.Yen /98/, wobei die Luft durch Längsschlitze in der Wand ins Turminnere dringt und dort einen tornadoähnlichen Wirbel bildet, in dessen Zentrum ein Unterdruck entsteht. In dieses Unterdruckgebiet dringt Umgebungsluft ein und betreibt eine Turbine.

Die bisher genannten Windenergieanlagen machen von den in Abb.III.2. gezeigten Geschwindigkeitsverhältnissen nur beschränkt Gebrauch. Die Idee, die optimalen Windverhältnisse in sehr viel größeren Höhen auszunützen, ist daher durchaus naheliegend /99/, /100/. Mit Hilfe eines Ballons in 5000 m Höhe bei einer mittleren Windgeschwindigkeit von 12,5 m/s bis 18 m/s könnten einem aus /100/ entwickelten Projekt entsprechend bis zu 27 GWh/a extrahiert und über ein Kabel als elektrische Energie der Nutzung zugeführt werden /101/. Dabei ist als Turbine eine Mantelturbine vorgesehen, die einen bedeutend höheren Wirkungsgrad als eine freifahrende Turbine aufweist /102/, /103/.

Die hier angeführten Beispiele sollen nur einen ungefähren Eindruck der sich abzeichnenden Entwicklungen auf dem Gebiet der Windenergie geben. Sie sind nicht als eine vollständige Charakterisierung der weltweiten Anstrengungen auf diesem Gebiet gedacht.

Der nach wie vor klassische Einsatz von Windenergieanlagen liegt in der dezentralisierten Energieversorgung mit und ohne Speichermöglichkeit. Bewässerungsanlagen oder das Hochpumpen von Wasser bei tiefgelegenem Grundwasserniveau sind Funktionen, die unabhängig vom unregelmäßigen Dargebot des Windes wahrgenommen werden können. In dünn besiedelten Gebieten ist auch die Bereitstellung elektrischer Energie in Verbindung mit Batterien als Speicher möglich. Hier errichten allerdings die Kosten für größere, leistungsfähige Batterien empfindliche Schranken. Eine Speicherung momentan überschüssiger Energie in Form von Wärme ist nur vernünftig, wenn ein Bedarf an Wärmemenergie für Heizzwecke und für Warmwasserversorgung besteht, da bei dieser Art der Energiespeicherung ja ein beträchtlicher Exergieverlust auftritt. Für dezentrale kleinere Anlagen kann dagegen eine Speicherung in Form mechanischer Energie eines Schwungrades sinnvoll sein. Die Speicherfrage ist auch für in ein Stromversorgungsnetz eingebaute Großanlagen wichtig, dort aber fast leichter lösbar. Hier können Pumpspeicher oder Druckluftspeicher vorteilhaft eingesetzt werden /82/. Insgesamt können die Vorteile der Windenergie nur zusam-

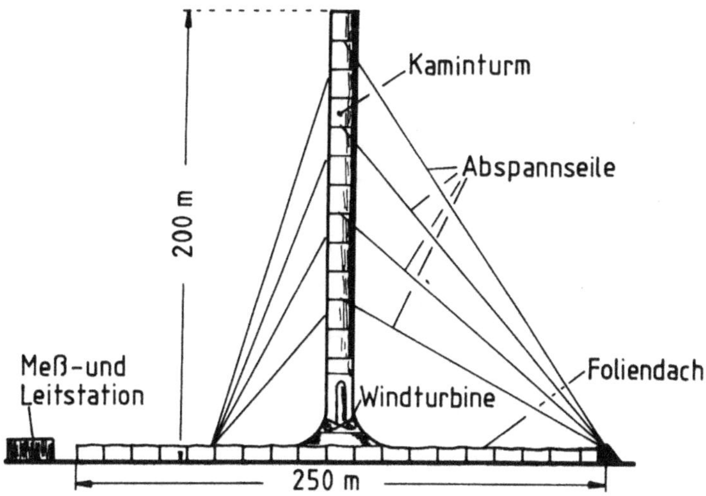


Abb.III.19.: Schematische Darstellung der Aufwindanlage in Manzanares.

men mit entsprechenden Speichermöglichkeiten für Anlagen aller Größenordnungen wirklich voll genützt werden /104/.

# IV. Strahlungsenergie der Sonne

Die direkte Nutzung der Strahlungsenergie der Sonne wurde in Ansätzen immer wieder praktiziert /105/, /106/. Den meisten dieser Anwendungen war gemeinsam, daß die Strahlungsenergie durch optische Einrichtungen konzentriert wurde, um eine größere Energiedichte zu erhalten. Versuche, Metalle zu schmelzen, verliefen ebenso erfolgreich wie der Betrieb eines Heißluftmotors mit Hilfe der Strahlungsenergie der Sonne durch J.Ericsson (1803-1889). Allerdings waren Wirkungsgrad und Preis in so einem Mißverhältnis, daß er seine Bemühungen in dieser Richtung wieder einstellte. Die Bemühungen von Ericsson sind hier beispielhaft auch für all die anderen Versuche, Dampfmaschinen durch Umwandlung der Strahlungsenergie in Wärme zu betreiben, genannt. Das Prinzip des Flachkollektors wurde von Nicholas de Saussure (1740-1799) zur Konstruktion eines Sonnenofens ausgenützt, mit dem man Temperaturen bis zu $160^{\circ}$ C erreichen konnte. Auch Ideen, mit Hilfe von Thermoelementen Strahlungsenergie in elektrische und letztlich in mechanische Energie zu transformieren, wurden erprobt. In diesem Zusammenhang muß man jedenfalls die "Solar Motor Company" in Boston erwähnen, deren Plan es war, die Energiebedürfnisse in den Wüstenteilen von Kalifornien und Arizona durch einen Sonnenmotor zu befriedigen. A.G.Eneas konstruierte einen solchen Motor, der für einige Zeit seine Aufgabe, Energie für eine Pumpanlage in Arizona zu liefern, gut erfüllte. Die Geschäftserfolge der Gesellschaft waren leider gering.

Das einzige Gebiet, in dem wirklich durch viele Jahre Sonnenenergie mit Erfolg zum Einsatz kam, war die Erzeugung von Trinkwasser. Nach Plänen eines J.Harding wurde in La Salinas, Chile, in den Jahren 1872-74 von Carlos Wilson eine Wasserdestillationsanlage errichtet, die etwa 23000 l Trinkwasser pro Tag lieferte. Bei 4700 $m^2$ entspricht das einer Trinkwasserproduktion von ca. 5 $l/m^2$.

In den letzten Jahren ist die Literatur, die sich mit der Nutzung der Strahlungsenergie der Sonne befaßt, sprunghaft angewachsen. Die hier zitierte Literatur /106-109/ stellt notwendig nur eine Auswahl dar. Sie enthält aber jeweils eine umfangreiche Referenzsammlung zu spezialisierter Information.

In den folgenden Abschnitten werden die grundlegenden physikalischen Aspekte der mit der Nutzung der solaren Strahlungsenergie zusammenhängenden Probleme behandelt.

## IV. 1. Verfügbare Strahlungsenergie

### IV.1.1. Die Solarkonstante; astronomische Berechnungsgrundlagen

Die entscheidende Meßgröße für die auf der Erde grundsätzlich verfügbare Strahlungsleistung der Sonne ist die Solarkonstante $I_o$. Man versteht darunter die auf eine zur Einstrahlungsrichtung senkrecht stehende Ebene auftreffende Strahlungsleistung. Ihr Wert beträgt außerhalb der Atmosphäre etwa 1,35 $kW/m^2$. Der derzeit wohl allgemein akzeptierte Mittelwert ist 1,353 $kW/m^2$ /110/. Durch die unterschiedliche Entfernung der Erde von der Sonne schwankt der Wert von $I_o$ um maximal 3 % (Abb.IV.1.). Das Spektrum der einfallenden Strahlung ent-

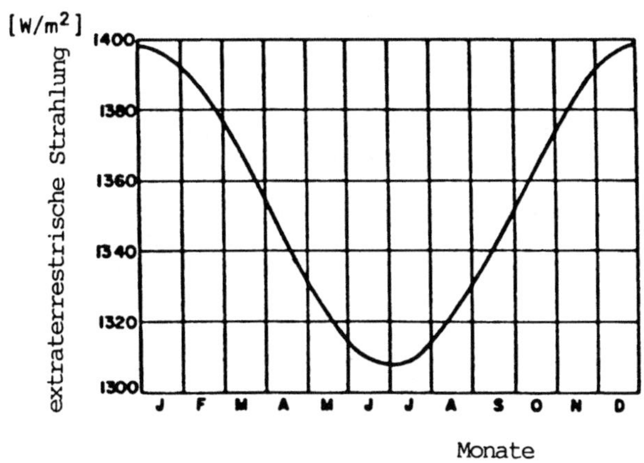


Abb.IV.1.: Änderung des Wertes der Solarkonstante im Laufe des Jahres /108/.

spricht ungefähr dem Spektrum eines schwarzen Strahlers mit der Temperatur von 5800 K (Abb.IV.2.).
Eine Aufgliederung der Strahlungsleistung auf verschiedene Wellenlängenbereiche liefert die folgenden Werte /108/:

| Wellenlängenbereich $[10^{-6}m]$ | 0-0,38 | 0,38-0,78 | 0,78-∞ |
|---|---|---|---|
| Anteilige Leistung $[W/m^2]$ | 95 | 640 | 618 |

Der Hauptanteil der eingestrahlten Energie liegt demnach im sichtbaren und infraroten Bereich.

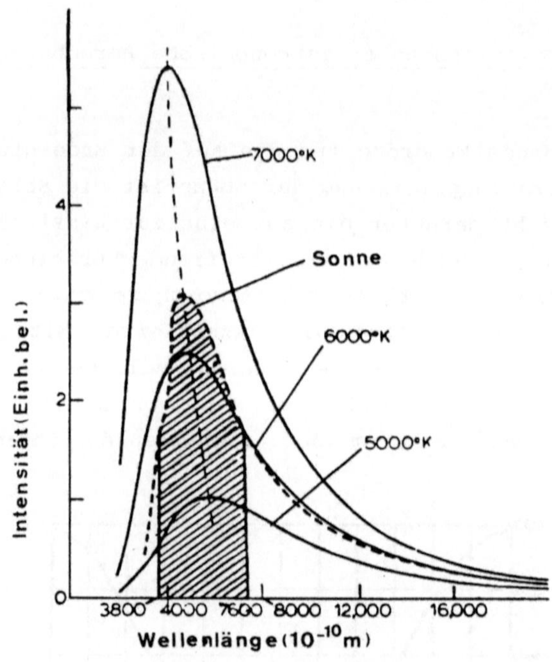


Abb.IV.2.: Das Sonnenspektrum im Vergleich zu den Spektren von schwarzen Strahlern verschiedener Temperaturen. Die schraffierte Fläche entspricht ungefähr dem sichtbaren Bereich /111/.

Auf eine zur Einfallsrichtung geneigte Ebene fällt:

$$I_E = I_0 \cos\beta \qquad (IV,1)$$

β ist der Winkel der Einstrahlungsrichtung und der Normalen auf die Ebene E (Abb.IV.3.).

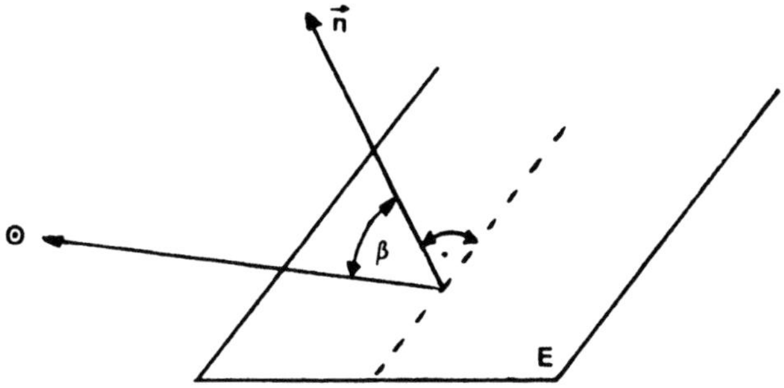


Abb.IV.3.: Festlegung des Winkels β zur Orientierung einer Ebene bezüglich der Einstrahlungsrichtung von der Sonne: $\vec{n}$ markiert die Richtung normal auf die Ebene.

Um allerdings überhaupt die Einstrahlungsrichtung angeben zu können, braucht man ein entsprechendes Koordinatensystem, in dem die relative Bewegung des Systems Sonne-Erde festgelegt werden kann. Je nach Problemstellung verwendet man zwei Koordinatensysteme: das Horizont- und das Äquatorsystem.

Horizontsystem:

Man definiert zur Beschreibung der astronomischen Objekte eine fiktive Himmelskugel. Die Tangetialebene am Standort des Beobachters bildet den scheinbaren Horizont. Dazu parallel verläuft der wahre Horizont durch den Erdmittelpunkt. Beide Horizontebenen schneiden sich im unendlich Fernen, d.i. an der Himmelskugel. Ihre Schnittlinie mit der Himmelskugel ist

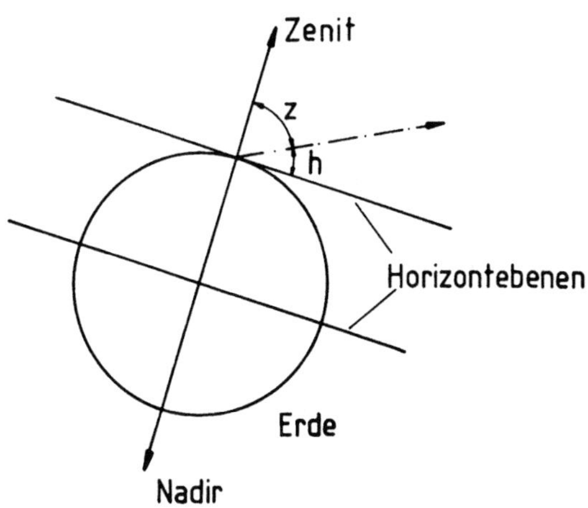


Abb.IV.4.: Skizze zum Horizontsystem: z = Zenitdistanz; h = Höhe des Himmelskörpers.

der Horizontkreis. Die Normale auf die Horizontebene durchstößt die Himmelskugel über dem Beobacher im Zenit, in der Gegenrichtung im Nadir. Die Höhe h eines Himmelskörpers ist der Winkel zwischen der Verbindungslinie zum Gestirn und der Horizontebene. Die Zenitdistanz z ist der Winkel zwischen Verbindungslinie und Zenit. Die Summe aus h und z ist demnach $90^o$. Verlängert man die Polachsen bis zur Himmelskugel, so erhält man die Himmelspole. Vertikalkreise verlaufen auf der Himmelskugel durch Zenit und Nadir. Jener Vertikalkreis, der zusätzlich durch die Himmelspole geht, heißt Merdidian. Seine Schnittpunkte mit der Horizontebene legen den Nord- und Südpunkt fest (Abb.IV.5.).

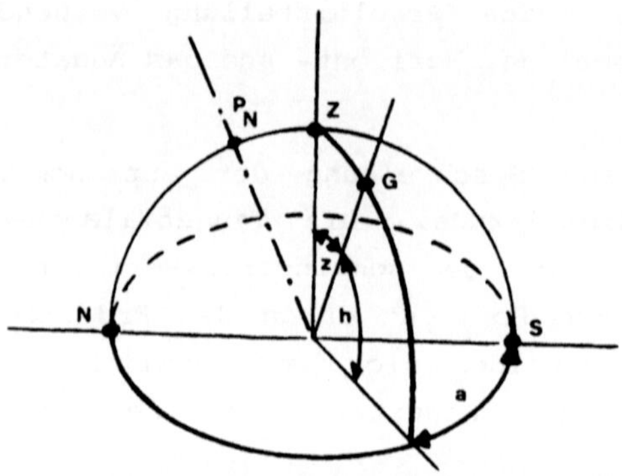


Abb.IV.5.: Skizze zur Festlegung eines Gestirns im Horizontsystem: Z=Zenit; G=Gestirn; $P_N$=Himmelsnordpol; S=Südpunkt; N=Nordpunkt; z=Zenitdistanz; h=Höhe des Himmelskörpers; a=Azimut.

Die Orientierung am Horizontkreis erfolgt durch die Angabe des Azimuts a. In Übereinstimmung mit einem Teil der Literatur /109/, /111/ wird dabei der Südpunkt als Nullpunkt angenommen und die Winkel werden von Süden nach Westen positiv gezählt.

Äquatorsystem:

In diesem System dient die Äquatorebene als Bezugsebene. Sie schneidet die Himmelskugel im Himmelsäquator. Die Längenkreise durch die Pole heißen Stundenkreise; die Parallelkreise verlaufen parallel zum Äquator. Damit ist die Position eines Gestirns hier durch die jeweiligen Stunden- und Parallelkreise bestimmt.

Die Deklination ist der Bogenabstand eines Parallelkreises vom Äquator und nimmt Werte zwischen $-90^{\circ}$ und $+90^{\circ}$ an. Die Polardistanz ist der Komplementärwinkel zu $\delta$. Als Nullpunkt für die Stundenkreise dient der Schnittpunkt der Meridians mit dem Äquator (Abb.IV.6., Punkt A). Der Stundenwinkel ist der Bogen zwischen diesem Punkt und dem Schnittpunkt des Stundenkreises mit dem Äquator (Abb.IV.6., Bogen AB am Äquator). Ein wichtiger Punkt ist der Frühlingspunkt F. So bezeichnet man den Schnittpunkt des Himmelsäquators mit der Ekliptik, da dort die Mitte der Sonnènscheibe gerade zur Zeit des Frühlingsäquinoktiums durchgeht. Die Ekliptik ist der Kreis an der Himmelskugel, den die Sonne im Laufe eines Jahres durchläuft. Sie ist gegen den Äquator um $23^{\circ}27'$ geneigt.

Aus dem sphärischen Dreieck in Abb.IV.6. kann man die Kenngrößen des Äquatorsystems und des Horizontsystems ineinander umrechnen:

$$\sin z \sin a = \cos\delta \sin t$$

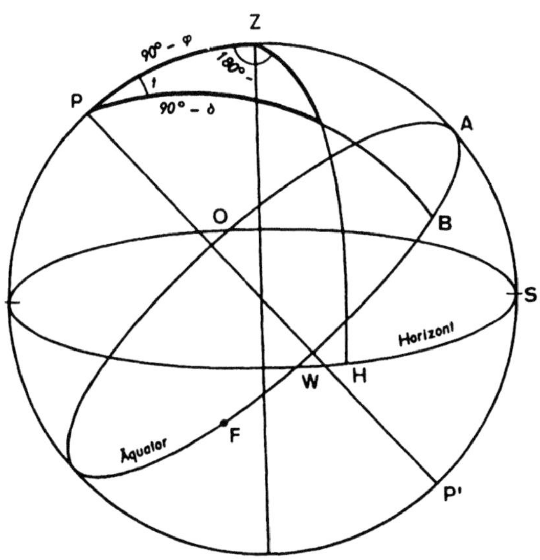


Abb.IV.6.: Darstellung des Äquatorsystems: P=Himmels(nord)pol, Z=Zenit; S=Sonne; der Bogen AZ=$\phi$ markiert die geographische Breite (=Polhöhe) des Ortes des Beobachters; der Bogen AB=t ist der Stundenwinkel der Sonne; F markiert den Frühlingspunkt, der Bogen FB heißt Rektaszension (gemessen von Westen über Süden nach Osten); z=Zenitdistanz, $\delta$=Deklination.

$$\cos z = \sin\phi\sin\delta + \cos\phi\cos\delta\cos t$$
$$\sin z \cos a = -\cos\phi\sin\delta + \sin\phi\cos\delta\cos t \qquad \text{(IV,2)}$$

bzw.

$$\cos\delta\sin t = \sin z\sin a$$
$$\sin\delta = \sin\phi\cos z - \cos\phi\sin z\cos a \qquad \text{(IV,3)}$$
$$\cos\delta\cos t = \cos z\cos\phi + \sin\phi\sin z\cos a$$

Dabei ist $\phi$ die geographische Breite des Beobachters bzw. die Polhöhe vom Beobachtungsort aus gemessen. Die Deklination der Sonne erhält man aus:

$$\delta_{\odot} = 23{,}45\sin(0{,}986\,[284+n]) \text{ (in Grad)} \qquad \text{(IV,4)}$$
n = Nummer des Tages im Jahr.

Der Stundenwinkel $t_{\odot}$ der Sonne hat nach Abb.IV.6. seinen Nullpunkt im Kulminationspunkt der Sonne. Eine Position der Sonne mit dem Stundenwinkel $2^h$ heißt, daß die Sonne vor 2 Stunden ihren Höchststand erreicht hat. Außerdem muß man beachten, daß für die Zeitrechnung hier die lokale Sonnenzeit zuständig ist, da ja nur dann der Sonnenhöchststand wirklich mit 12.00 Uhr mittag zusammenfällt. Bezeichnet man die in den verschiedenen Zeitzonen gültige Zeit mit Standardzeit, so findet man die wirkliche Sonnenzeit wie folgt:

$$\text{Sonnenzeit} = \text{Zonenzeit} \quad \pm 4\,[\Delta\lambda] + ZG\,. \qquad \text{(IV,5)}$$

Das positive Vorzeichen gilt, wenn der Ort östlich des Meridians liegt, auf den die Zonenzeit bezogen ist, das negative, wenn der Ort westlich davon liegt. $\lambda$ ist die geographische

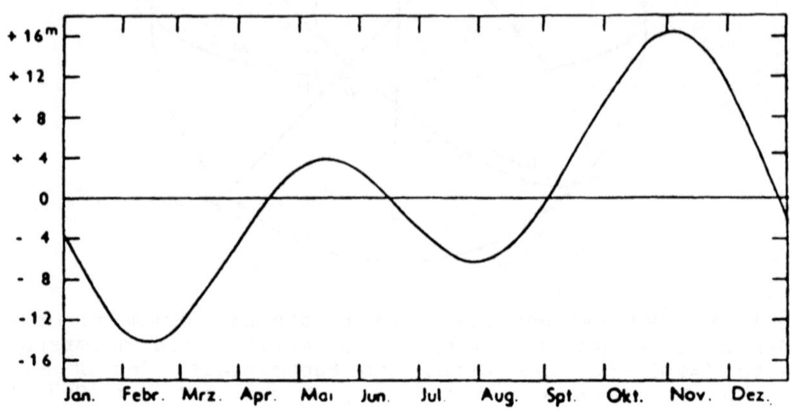


Abb.IV.7.: Jährlicher Verlauf der Zeitgleichung.

Länge in Grad. ZG bezeichnet die Zeitgleichung, welche den Einfluß der unregelmäßigen Erdbewegung berücksichtigt (Abb.IV.7.).

Mit den hier dargelegten Grundlagen kann man die Einfallsrichtung der direkten Sonnenstrahlung auf beliebig orientierte Ebenen bestimmen. Dabei ergibt sich der Winkel nach (IV,1) entsprechend Abb.IV.8.

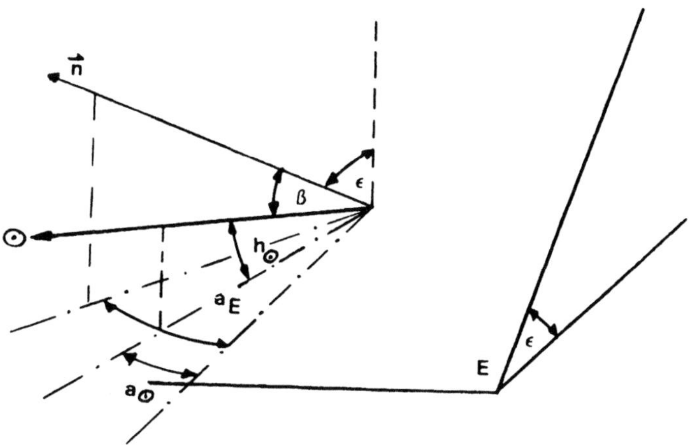


Abb.IV.8.: Festlegung der Normalenrichtung der Ebene E und der Richtung des einfallenden Sonnenstrahles durch $a_E$ = Azimut der Normalenrichtung; $a_\odot$=Azimut der Sonne; $h_\odot$=Sonnenhöhe; $\varepsilon$=Neigungswinkel der Ebene zum Horizont.

Man kann die Normalenrichtung und die Einfallsrichtung der Sonnenstrahlen in räumlichen Polarkoordinaten angeben:

$$\begin{aligned} x_\odot &= \sin z_\odot \cos a_\odot = \cos h_\odot \cos a_\odot \\ y_\odot &= \sin z_\odot \sin a_\odot = \cos h_\odot \sin a_\odot \\ z_\odot &= \cos z_\odot \qquad\quad = \sin h_\odot \end{aligned} \qquad (IV,6)$$

und

$$\begin{aligned} x &= \sin\varepsilon \cos a_E \\ y &= \sin\varepsilon \sin a_E \\ z &= \cos\varepsilon \end{aligned} \qquad (IV,7)$$

Daraus bekommt man:

$$\cos\beta = \cos\varepsilon \sin h_\odot + \sin\varepsilon \cos h_\odot (\cos a_E \cos a_\odot + \sin a_E \sin a_\odot) \; . \qquad (IV,8)$$

Mit (IV,2) folgt weiter:

$$\cos\beta = \cos\varepsilon(\sin\phi\sin\delta_\odot+\cos\phi\cos\delta_\odot\cos t_\odot)$$
$$+ \sin\varepsilon\cos a_E(-\cos\phi\sin\delta_\odot+\sin\phi\cos\delta_\odot\cos t_\odot) \qquad \text{(IV,9)}$$
$$+ \sin\varepsilon\sin a_E\cos\delta_\odot\sin t_\odot$$

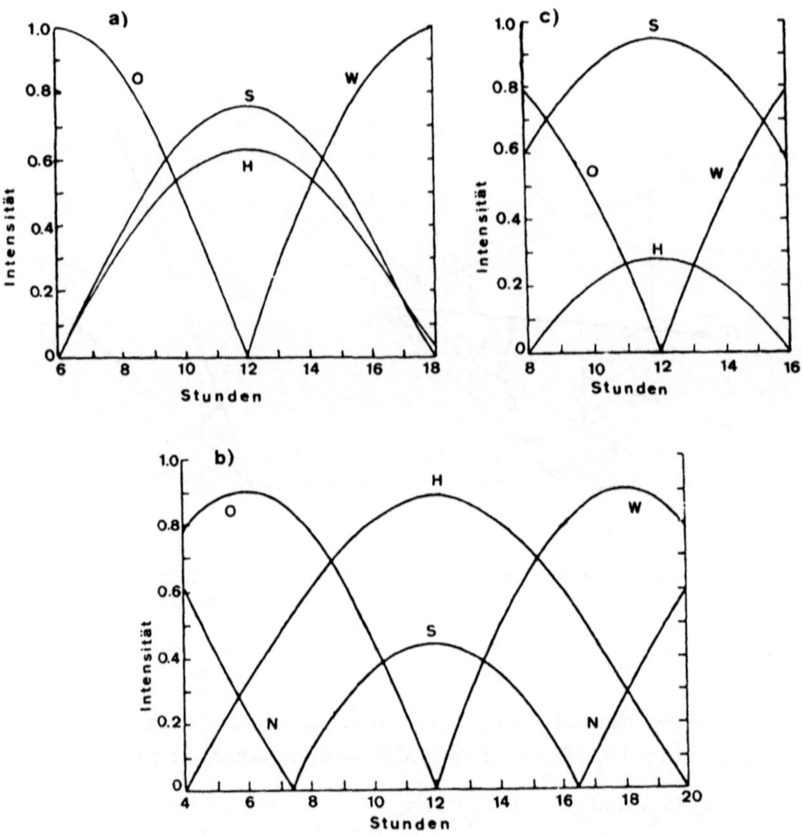


Abb.IV.9a.: Der Tagesgang der Einstrahlung auf vertikale Ebenen mit Normalenrichtung nach Osten (O), Westen (W), Süden (S) und Norden (N). Die Einstrahlung auf eine horizontale Ebene ist mit H gekennzeichnet. Die Anfangszeit in den Diagrammen markiert jeweils den Sonnenaufgang, die Endzeit den Sonnenuntergang. Die Intensität ist auf I=1 normiert. Als Tage wurden gewählt: a=Äquinoktium, b=Sommersolstitium, c=Wintersolstitium. Die geographische Breite ist $\phi=50^\circ$ /111/.

<u>Spezialfälle:</u>

a) Horizontale Ebene: $\varepsilon = 0$

$$\cos\beta = \sin\phi\sin\delta_\odot+\cos\phi\cos\delta_\odot\cos t_\odot = \cos z_\odot = \sin h_\odot$$

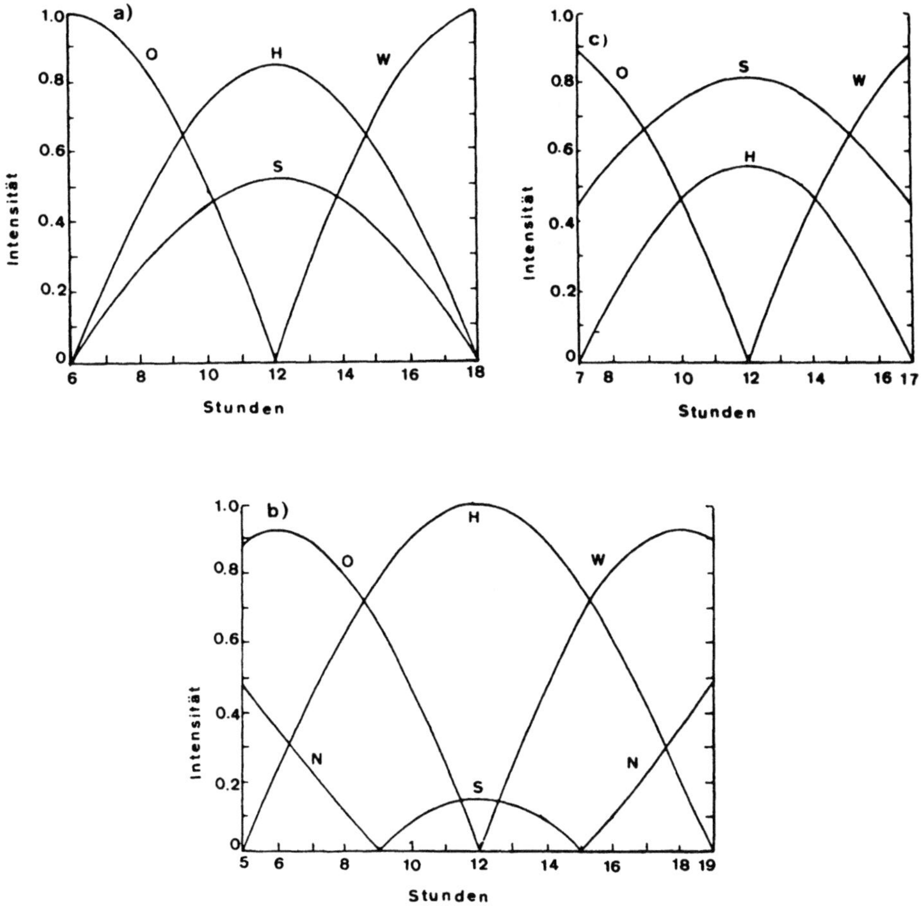


Abb.IV.9b.: Wie in Abb.IV.9a.; die geographische Breite ist $\phi=32^{\circ}$ /111/.

b) senkrechte Ebene in Richtung Süden:

$$\varepsilon = 90^{\circ};\ a_E = 0$$

$$\cos\beta = -\cos\phi\sin\delta_{\odot}+\sin\phi\cos\delta_{\odot}\cos t_{\odot} = \sin z_{\odot}\cos a_{\odot}$$

c) Senkrechte Ebene in Richtung Osten:

$$\varepsilon = 90^{\circ};\ a_E = 270^{\circ}$$

$$\cos\beta = -\cos\delta_{\odot}\sin t_{\odot}$$

d) Senkrechte Ebene in Richtung Westen:

$$\varepsilon = 90^{\circ};\ a_E = 90^{\circ}$$

$$\cos\beta = \cos\delta_{\odot}\sin t_{\odot}$$

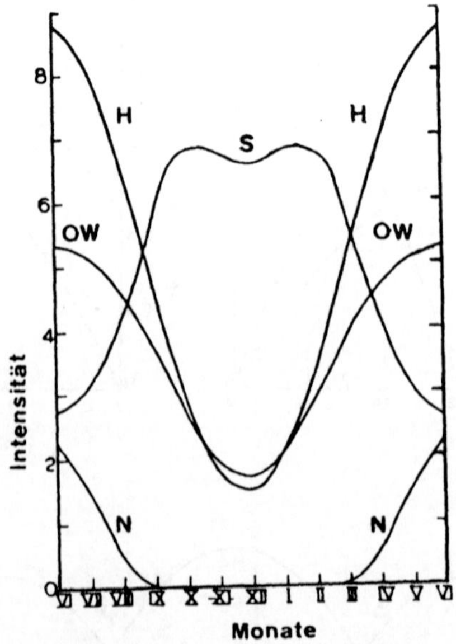


Abb.IV.10.: Jahreslauf der Einstrahlungstagessummen analog zu Abb.IV.9. für den Fall $\phi=50^{\circ}$. Die Intensität pro $m^2$ bei senkrechtem Einfall ist auf I=1 normiert. Die Kurve OW berücksichtigt die Einstrahlung auf eine senkrechte Ebene, deren eine Seite nach Westen, die andere nach Osten orientiert ist /111/.

Die Abb.IV.9. zeigt die Verhältnisse für zwei Breitengrade. Die Breite $\phi=32^{\circ}$ entspricht ungefähr El Paso, Tel Aviv oder Schanghai, die Breite $\phi=50^{\circ}$ Winnipeg, Prag oder Charkow. Die Abb.IV.10. und IV.11 zeigen den Jahreslauf der Tagessummen.

Der Fall a) ermöglicht die Bestimmung der Zeit des Sonnenaufgangs, da in diesem Fall $\beta=90^{\circ}$ bzw. $\cos\beta=0$ sind. Daraus folgt:

$$\cos t_{\odot_A} = -\mathrm{tg}\,\delta_{\odot}\,\mathrm{tg}\,\phi$$

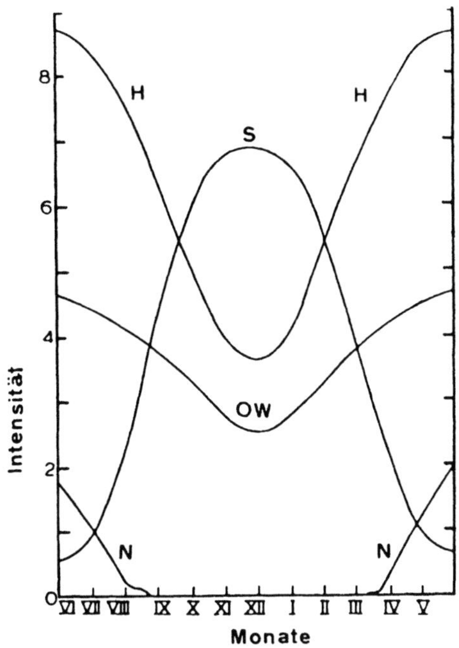


Abb.IV.11.: Wie in der vorhergehenden Abbildung, aber für $\Phi=32^{o}$ /111/.

## IV.1.2. Einfluß der Atmosphäre auf die Sonneneinstrahlung

Die Sonnenstrahlung wird beim Durchgang durch die Atmosphäre deutlich beeinflußt. Die dabei stattfindenden Absorptions- und Streuprozesse beeinflussen sowohl die Intensität I der die Erdoberfläche erreichenden Strahlung wie deren spektrale Zusammensetzung. Die zur Strahlungsbilanz (solaren Ursprungs) an der Erdoberfläche beitragende Strahlung besteht aus mehreren Komponenten. Die direkte Sonnenstrahlung ist jener Anteil, der, ohne Streuprozesse in der Atmosphäre durchgemacht zu haben, direkt von der Sonne auf die Erdoberfläche gelangt. Die Himmelsstrahlung ist das Resultat mehr oder weniger zahlreicher Streuprozesse. Im Gegensatz zur direkten Sonnenstrahlung, die auf eine vorgegebene Empfangsfläche gerichtet auffällt, trifft die Himmelsstrahlung diffus aus allen Richtungen auf eine solche Empfangsfläche auf. Einen gewissen Beitrag liefert noch die atmosphärische Gegenstrahlung. Man versteht darunter eine bevorzugte langwellige Strahlung, verursacht durch die Abstrahlung der Wasser-, Kohlensäure- und Ozonmoleküle der Atmosphäre. Ihre Bestrahlungsstärke liegt bei etwa 0,3 $kW/m^2$.

Die Spezialliteratur, die sich mit dem Fragenkreis der Wechselwirkung der Sonneneinstrahlung mit der Erdatmosphäre befaßt, ist außerordentlich umfangreich. Mit Hilfe der hier zitierten Gesamtdarstellungen /112-115/ ist ein weiteres Eindringen in die Materie ohne weiteres möglich.

### IV.1.2.1. Die relative optische Dicke der Atmosphäre

Für die Schwächung eines monochromatischen Strahles der Intensität $I(\lambda)$ gilt bei senkrechtem Durchgang durch eine dünne Schicht der Dicke ds für die Intensitätsabnahme:

$$dI(\lambda) = -\sigma(\lambda)\, NI(\lambda)ds. \qquad (IV,10)$$

Dabei entspricht $\sigma(\lambda)$ einem mikroskopischen Wirkungsquerschnitt, der pro wirksames Teilchen alle Prozesse berücksichtigt, die zu einer Schwächung der Intensität $I(\lambda)$ führen (Streuung, Absorption). N ist die Zahl der zur Strahlenschwächung beitragenden Teilchen pro Volumseinheit. Die Größe

$$\Sigma(\lambda) = N\sigma(\lambda)$$

entspricht dem in der Kernphysik verwendeten makroskopischen Wirkungsquerschnitt mit der Dimension $[m^{-1}]$ und hat in der Optik den Namen Extinktionskoeffizient. Zum Unterschied von diesem "normalen" Extinktionskoeffizienten verwendet man auch noch eine auf die Dichte bezogene Größe:

$$a(\lambda) = \frac{\sigma(\lambda)N}{\rho} \quad [\frac{m^2}{kg}]. \qquad (IV,11)$$

Der Vorteil der so definierten Größe ist evident: besteht das Gas aus nur einer Komponente, so ist

$$\rho = Nm, \qquad m = \text{Molekülmasse},$$

und es gilt:

$$a(\lambda) = \frac{\sigma(\lambda)N}{Nm} = \frac{\sigma(\lambda)}{m}. \qquad (IV,12)$$

Die Größe $a(\lambda)$ ist damit unabhängig von der im Einheitsvolumen enthaltenen Teilchenzahl. Im Falle von mehreren Komponenten kann man den mittleren Wirkungsquerschnitt:

$$\overline{\sigma(\lambda)} = \sigma_1(\lambda)\frac{N_1}{N} + \sigma_2(\lambda)\frac{N_2}{N} + \ldots$$

$$N = N_1 + N_2 + \ldots$$

zugrunde legen und bekommt ein zu (IV,12) analoges Ergebnis. Wenn sich die relative Zusammensetzung des Gases nicht ändert, so ist auch hier $\overline{\sigma(\lambda)}$ konstant. Betrachtet man nur den Fall der Absorption, so nennt man:

$\sigma_a(\lambda)\,N$ = Volumsabsorptionskoeffizient
$a(\lambda)$ = Massenabsorptionskoeffizient.

Für (IV,10) bekommt man nun:

$$dI(\lambda) = -\sigma(\lambda)NI(\lambda)ds = -a(\lambda)I(\lambda)\rho ds \qquad \text{(IV,10')}$$

und für die Intensitätsänderung entlang des Weges s:

$$I(\lambda,s) = I_o(\lambda)\exp\left[-a(\lambda)\int_o^s \rho ds'\right] . \qquad \text{(IV,13)}$$

Man nennt:

$$\Theta(\lambda,z_\odot) = a(\lambda)\int_o^\infty \rho ds' \qquad \text{(IV,14)}$$

optische Dicke der Atmosphäre entlang eines Strahles, der an der Erdoberfläche die Zenitdistanz $z_\odot$ hat. Für eine Zenitdistanz $z_\odot=0$ gilt dann:

$$\Theta_o(\lambda) = a(\lambda)\int_o^\infty \rho dh . \qquad \text{(IV,14')}$$

Mit dieser Größe als Referenzgröße kann man eine relative optische Dicke definieren:

$$m(z_\odot) = \frac{\Theta(\lambda,z_\odot)}{\Theta_o(\lambda)} = \frac{\int_o^\infty \rho ds'}{\int_o^\infty \rho dh} . \qquad \text{(IV,15)}$$

Da die Integrale jeweils die Luftmasse eines Zylinders mit der Flächeneinheit als Basis, einmal in Richtung $z_\odot$ und einmal senkrecht nach oben darstellen, ist $m(z_\odot)$ eine relative Luftmasse, die man "atmosphärische Masse" nennt /112/. In der englischsprachigen Literatur ist AM="air mass" (AMI, AMII usw.) üblich. Zu einer genaueren Auswertung von Formel (IV,15) sollte man auf die zuständige Literatur zurückgreifen /112/. Man findet dann:

$$m(z_\odot) = \frac{R}{(n_0-1)n_0 \sin z_\odot} \qquad \text{(IV,16)}$$

R = astronomische Refraktion

$n_0$ = Brechungsindex der Luft an der Erdoberfläche

und weiter als gute Näherung für $z_\odot < 60^\circ$ die Beziehung:

$$m(z_\odot) = \sec z_\odot \ . \qquad \text{(IV,17)}$$

Die anschauliche Interpretation dieses Resultats besagt, daß die Atmosphäre bis $z_\odot = 60^\circ$ als horizontal geschichtet angesehen werden kann. Die sphärische Krümmung macht sich erst bei Werten von $z_\odot > 60^\circ$ bemerkbar. Dort muß man dann $m(z_\odot)$ genauer berechnen.

Tabelle IV.1.

Die genau berechneten Werte für $m(z_\odot)$ nach Bemporad /111/

| $z_\odot$ | sec $z_\odot$ | m |
|---|---|---|
| $0^\circ$ | 1,00 | 1,00 |
| $30^\circ$ | 1,15 | 1,15 |
| $60^\circ$ | 2,00 | 2,00 |
| $70^\circ$ | 2,92 | 2,90 |
| $80^\circ$ | 5,76 | 5,60 |
| $85^\circ$ | 11,47 | 10,39 |
| $88^\circ$ | 28,65 | 19,79 |
| $90^\circ$ | $\infty$ | 39,70 |

Unter den hier gemachten Annahmen kann man nun die Formel (IV,13) auch in der Form:

$$I(\lambda, z_\odot) = I_0(\lambda) \exp[-a(\lambda)\rho_0 H m(z_\odot)] \qquad \text{(IV,18)}$$

H = Höhe der Atmosphäre bei $z_\odot = 0$

schreiben. Außerdem ergibt sich nun eine Form für den Extinktionskoeffizienten:

$$b(\lambda) = a(\lambda)\rho_0 H \ . \qquad \text{(IV,19)}$$

Dieser ist auf die relative atmosphärische Luftmasse bezogen. Die Größe:

$$q(\lambda) = \exp[-b(\lambda)] \qquad \text{(IV,20)}$$

heißt Transmissionsfaktor. Man kann aber auch einen integralen

Transmissionsfaktor bilden. Diese integrale Größe bezieht sich auf die Gesamtstrahlung:

$$q^m \int_0^\infty I_0(\lambda)d\lambda = q^m I_0 = \int_0^\infty I_0(\lambda) \exp[-b(\lambda)m]d\lambda \qquad \text{(IV,21)}$$

$$q = \left[\frac{\int_0^\infty I_0(\lambda) \exp|-b(\lambda)m|d\lambda}{I_0}\right]^{1/m} .$$

Der genauer Wert von q hängt natürlich von den tatsächlichen Streu- und Absorptionsvorgängen ab.

## IV.1.2.2. Streu- und Absorptionsprozesse in der Atmosphäre

Für die Streuung der die Atmosphäre durchsetzenden Sonnenstrahlung ist vor allem die Rayleigh-Streuung maßgebend. Man versteht darunter eine Streuung an den Molekülen der Luft, die ohne Änderung der Wellenlänge erfolgt und von J.W.Strutt, dem späterem Lord Rayleigh (1842-1919), erstmals untersucht wurde /116/, /117/. Die Rayleigh-Streuung liefert auch die Erklärung für das Himmelsblau.

Für die Absorption der Strahlung sind die Spektraleigenschaften der Luftmoleküle verantwortlich. Die in dieser Hinsicht wichtigsten Anteile der Luft sind: $O_3$, $O_2$, O, $H_2O$, $CO_2$, $N_2$, N, NO, $N_2O$, CO, $CH_4$. In dieser langen Liste kommt $H_2O$, $O_3$ und $CO_2$ der Hauptanteil zu. Die Abb.IV.12. gibt einen guten Eindruck von den tatsächlichen Verhältnissen im gesamten Frequenzbereich.

Der Einfluß des Wassers erstreckt sich über den ganzen Frequenzbereich, Ozon und Sauerstoff sind im Bereich des sichtbaren Lichtes wirksam und Kohlendioxid ist im Infraroten wichtig (allerdings hauptsächlich für die Absorption der von der Erde ausgesandten Strahlung). Zu diesen atomaren Effekten kommt noch die Streuung und Absorption durch Aerosole. Man versteht darunter Schwebstoffe in der Atmosphäre, die man gemeinhin Staube, Rauche und Nebel nennt. Sie werden teilweise ("künstlich") durch Verbrennungsprozesse verursacht, aber auch durch den Wind in Form von Oberflächenabtragung. Elektrisch geladene Molekülkomplexe in der Atmosphäre sind Kon-

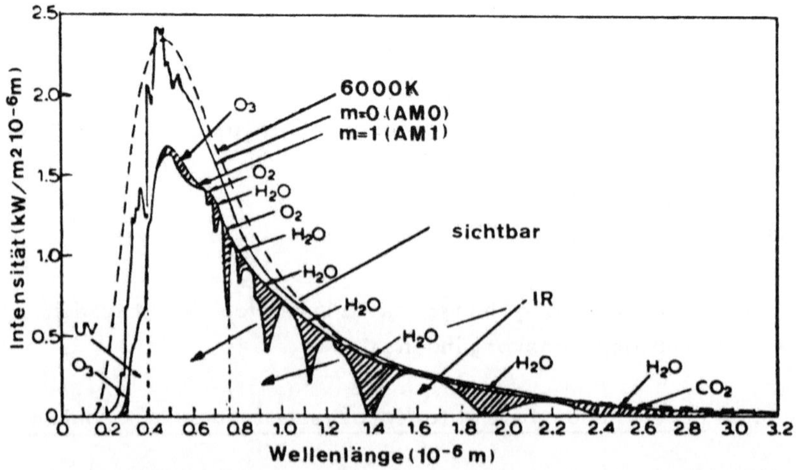


Abb.IV.12.: Vergleich des extraterrestrischen Sonnenspektrums mit dem Spektrum der Strahlung in Meeresniveau. Außerdem ist noch das Spektrum eines schwarzen Strahlers mit 6000 K eingezeichnet /111/.

densationskeime für Tröpfchenbildung. Auch vulkanische Asche liefert zeitweise Beiträge zum Aerosolgehalt. Die optische Wirksamkeit dieser Teilchen beginnt bei Radien von etwa $10^{-7}$m. Ab dieser Größe bezeichnet man sie mit dem Sammelnamen "Dunst".

Rayleigh-Streuung:

Auf Lord Rayleigh's Untersuchungen /116/,/117/ wurde bereits hingewiesen. Ihr Gegenstand war die Streuung von Licht an sphärischen Teilchen mit Radien, die sehr viel kleiner als die Wellenlänge des eingestrahlten Lichtes sind. Dabei sind diese Kugeln in ein Medium eingebettet, dessen Brechungsindex nur wenig von dem der Kugeln verschieden ist. Der Grenzfall $r \ll \lambda$ findet in dem Umstand seinen Ausdruck, daß das elektrische Feld im Kugelbereich räumlich konstant ist. Dadurch wird innerhalb der Kugel ein Dipolmoment induziert, dessen zeitliche Variation die Quelle für die Streustrahlung liefert. Das allgemeine Problem der Streuung elektromagnetischer Wellen an Kugeln beliebiger Größe wurde von G.Mie und P.Debye gelöst /118/,/119/.

Der interessierte Leser wird sich allerdings in modernen Darstellungen dieser Ergebnisse leichter zurechtfinden /112/,

/120/,/121/.

Die Berechnung der Rayleigh-Streuung liefert für die in (IV,10) eingeführte Größe $\sigma_R(\lambda)N$, den Streukoeffizienten pro Volumen, den Wert:

$$N\sigma_R(\lambda) = \frac{32\pi^3(n-1)^2}{3N\lambda^4} \qquad (IV,22)$$

bzw. als Massenstreukoeffizient:

$$a_R(\lambda) = \frac{\sigma_R(\lambda)N}{\rho} = \frac{32\pi^3(n-1)^2}{3N\rho\lambda^4} . \qquad (IV,22')$$

Es ist zu beachten, daß die Abhängigkeit von N im Nenner nur vorgetäuscht ist, da eine elementare mikroskopische Berechnung ergibt, daß

$$(n-1) \sim N$$

und damit $a_R(\lambda)$ nur von den (eventuell mittleren) Eigenschaften des einzelnen (effektiven) Teilchens abhängt. Die bevorzugte Streuung kurzer Wellenlängen ist die seit der berühmten Arbeit von Rayleigh bekannte Ursache für das Himmelsblau.

Dunststreuung:

Für die den Dunst ausmachenden Teilchen ist die Berechnung des Streuquerschnitts sehr kompliziert und kann - wie bei der Rayleigh-Streuung - der Original-Literatur entnommen werden. Definiert man eine zu $\sigma_R(\lambda)$ analoge Größe $\sigma_D(\lambda)$ (D=Dunst), so findet man:

$$\sigma_D(\lambda) = \pi r^2 K(\frac{2\pi r}{\lambda}) . \qquad (IV,23)$$

Daraus gewinnt man für $r \ll \lambda$:

$$\sigma_D(\lambda) = \sigma_R(\lambda).$$

In Abb.IV.13. ist ein Beispiel für den Verlauf von K gegeben /113/.

Zur faktischen Berücksichtigung des Einflusses des Dunstes auf die Strahlschwächung definiert man auch einen Transmissionsfaktor für Dunst, den man auf eine Dunsthöhe $H_D$ bezieht und der eine Strahlschwächung nach:

$$I(\lambda) = I_o(\lambda)\, q_D^m(\lambda) = I_o(\lambda) \exp[-\int_o^\infty \sigma_D(\lambda) ds] \qquad (IV,24)$$

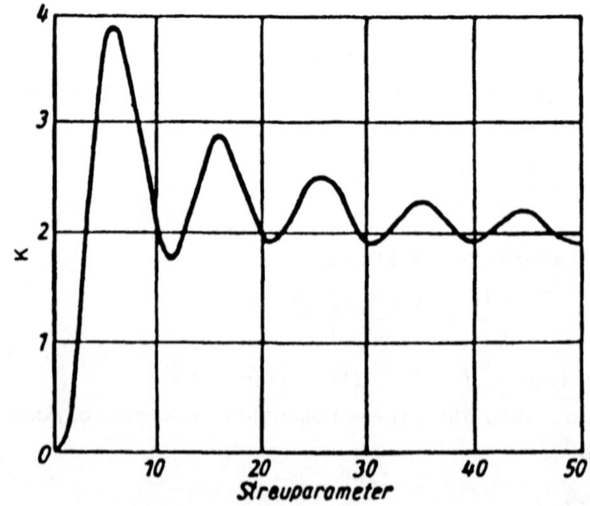


Abb.IV.13.: Verlauf von K für Wassertröpfchen; der Streuparameter ist das Argument $2\pi r/\lambda$ von K.

verursacht[1]. Ebenso folgt dann ein integraler Transmissionsfaktor entsprechend (IV,20).

Absorption:

Die Absorption elektromagnetischer Strahlung in der Atmosphäre ist in viel größerem Ausmaß von deren detaillierter Struktur abhängig als dies für die Streuung zutrifft. Um die Verhältnisse übersichtlicher zu gestalten, führt man eine Standardatmosphäre ein, die nur Stickstoff- und Sauerstoffmoleküle enthält. Diese Atmosphäre enthält dann als "Verunreinigung" Ozon, Wasserdampf und Dunst. Man kann nun die Anteile der jeweiligen Konstituenten an der Gesamtabsorption untersuchen /112-115/. Für den Durchgang der Sonnenstrahlung durch die Atmosphäre ist aber die Gesamtabsorption die entscheidende Größe. Diese beschreibt man mit einem pauschalen Transmissionsfaktor $q_A$ für Absorption. Dadurch kann man insgesamt die Intensitätsschwächung des direkten Sonnenlichtes in der sehr anschaulichen Form:

1 In der meteorologischen Literatur wird häufig auch eine eigene relative Luftmasse $m_D$ definiert. Im vorliegenden Zusammenhang ist das nicht so günstig.

$$I = I_o q_k^m \, q_D^m \, q_A^m \qquad (IV,25)$$

angeben. Dabei wird die Menge des atmosphärischen Wasserdampfes durch die Höhe der entsprechenden kondensierten Wassersäule charakterisiert (z.B. 1 cm $H_2O$). Die Angabe des Ozongehalts erfolgt ebenfalls in Höhe einer Gassäule unter Normalbedingungen (z.B. mm NTP). Transmissionsfaktoren entsprechend (IV,25) sind in der Literatur /115/ angegeben.

Es erweist sich als praktisch, eine Atmosphäre mit reiner Rayleigh-Streuung als Bezugsatmosphäre anzunehmen. Den Einfluß von Dunst und das Ausmaß der Absorption berücksichtigt man dann mit Hilfe des Linkeschen Trübungsfaktors T, sodaß man anstelle von (IV,25) den Ausdruck:

$$I = I_o \, q_R^{mT} \qquad (IV,26)$$

mit

$$T = 1 + \frac{\ln q_D + \ln q_A}{\ln q_R}$$

bekommt. T gibt also an, um wieviel man die relative Luftmasse m längs des Strahlungsweges vergrößern muß, um den Trübungseffekt durch reine Rayleigh-Streuung zu simulieren.
Die Tabelle IV.2. gibt Transmissionsfaktoren für Rayleigh-Streuung, Dunststreuung und Absorption an. Die vier auftretenden Werte für T sind so gewählt, daß sie in etwa charakteristische Trübungszustände beschrieben /122/. So entsprach in den 30-er Jahren der Lufttrübung über dem flachen Land ein Faktor T=2,75, über der Großstadt T=3,70 (beides bei einem Wasserdampfgehalt von 1 cm).

Himmelsstrahlung, Globalstrahlung:

Neben der direkten Sonnenstrahlung erreicht natürlich auch ein Teil der gestreuten Strahlung die Erdoberfläche. Man nennt diese diffuse, aus allen Richtungen einfallende Strahlung Himmelsstrahlung. Die Summe der direkten Strahlung und der Himmelsstrahlung nennt man Globalstrahlung. Da z.B. ein Sonnenkollektor auch die Streustrahlung absorbiert, muß man diese bei deren Dimensionierung berücksichtigen. Ihre Kenntnis ist daher für Fragen der Nutzung der Strahlungsenergie wesentlich. Die genauere Bestimmung der diffusen Strahlung ist ein schwieriges Problem. Für eine Atmosphäre mit reiner Rayleigh-

Tabelle IV.2.

Die Werte der Tabelle sind bestimmt für einen Wasserdampfgehalt von 1 cm Höhe und einen Ozongehalt von 2 mm NTP (basiert auf Daten nach /115/).

| | | $h_\odot$ | $5^o$ | $10^o$ | $30^o$ | $60^o$ | $90^o$ |
|---|---|---|---|---|---|---|---|
| | | $m(z_\odot)$ | 10,40 | 5,60 | 2,00 | 1,12 | 1,00 |
| $q_R^m$ | | | 0,575 | 0,681 | 0,837 | 0,895 | 0,906 |
| $q_A^m$ | T | 1,9 | 0,761 | 0,810 | 0,881 | 0,907 | ----- |
| | | 1,75 | 0,691 | 0,760 | 0,854 | 0,892 | 0,899 |
| | | 3,75 | 0,621 | 0,704 | 0,824 | 0,866 | 0,882 |
| | | 5,00 | 0,539 | 0,639 | 0,789 | 0,846 | 0,861 |
| $q_D^m$ | T | 1,90 | 0,798 | 0,875 | 0,967 | 0,994 | ----- |
| | | 2,75 | 0,542 | 0,676 | 0,856 | 0,928 | 0,940 |
| | | 3,75 | 0,355 | 0,497 | 0,741 | 0,828 | 0,869 |
| | | 5,00 | 0,201 | 0,337 | 0,621 | 0,756 | 0,789 |

Streuung gibt H.P.Berlage /123/ unter Berücksichtigung der Streuprozesse an, daß die Hälfte der überhaupt gestreuten Strahlung die Erdoberfläche erreicht:

$$H_R = 0,5\ I_o(1-q_R^m) . \qquad (IV,27)$$

Die gesamte Streustrahlung ist ja die Differenz aus der extraterrestrischen Sonnenstrahlung und der direkten Strahlung, die an der Erdoberfläche ankommt:

$$I_o - I_o\, q_R^m .$$

Es wird also demnach gerade die Hälfte der Streustrahlung wieder in den Weltraum reflektiert. Der Wert von 0.5 stellt eine recht gute Näherung dar. Transporttheoretische Rechnungen /124/ bestätigen dieses Ergebnis für eine Atmosphäre mit reiner Rayleigh-Streuung. Man kann daher (IV,27) zur Grundlage für Abschätzungen der Streustrahlung im Falle von Trübung machen /115/. Nichtabsorbierte Strahlung abzüglich direkte Strahlung liefert die Streustrahlung:

$$I_o q_A^m - I_o q_R^m\, q_D^m\, q_A^m = I_o q_A^m(1-q_D^m\, q_R^m) .$$

Daraus folgt für die Streustrahlung, die den Erdboden erreicht:

$$H_T = 0,5\ I_o q_A^m (1-q_R^m\ q_D^m) = 0,5\ I_o (q_A^m - q_R^{mT})\ . \qquad (IV,28)$$

Messungen von W.Collmann bestätigen diese Beziehung in ausreichender Weise /125/.
Nimmt man (IV,28) für die Himmelsstrahlung bei einer Trübung T an, so ist die Globalstrahlung durch:

$$G_T = I_T + H_T = 0,5\ I_o (q_A^m + q_R^{mT}) \qquad (IV,29)$$

gegeben.

Diese Beziehungen gelten nur für wolkenlose Tage, sodaß eine Abschätzung des Bewölkungseinflusses wichtig ist. Hiezu wurden verschiedene Verfahren entwickelt.

So kann man dabei nach Schulze /115/ von der relativen Bestrahlung $B_T$ und vom Bewölkungsgrad C ausgehen. Das liefert für das Monatsmittel die folgende Näherungsformel:

$$B_C = B_T (1-0,55C-0,25C^4) \qquad (IV,30)$$

$$B_T = \frac{(I_{oT}+H_T)}{I_o} \quad \text{für eine Rayleigh-Atmosphäre .}$$

Der Bevölkerungsgrad C wird in Werten von 0/10 bis 10/10 angegeben. Eine mittlere Bewölkung entspricht etwa C=6/10.

Ein anderes, häufig angewendetes Verfahren geht von der mittleren monatlichen Sonnenscheindauer aus /126/. Dabei ist $G_{h,m}$ die monatliche mittlere Globalstrahlung auf eine horizontale Fläche. Diese wird zur mittleren monatlichen Sonnenscheindauer $\bar{n}$ in Relation gesetzt:

$$G_{h,m} = I_{o,m} (a + b\ \frac{\bar{n}}{\bar{N}})\ . \qquad (IV,31)$$

$\bar{N}$ bezeichnet die maximale Sonnenscheindauer im jeweiligen Monat, a und b sind Konstante, die für eine bestimmte Region angepaßt werden. Mit der so gewonnenen Größe $G_{h,m}$ kann man dann einen Näherungswert für die diffuse Strahlung gewinnen:

$$H_h = G_{h,m} (c + d\ \frac{G_{h,m}}{I_{o,m}}) \qquad (IV,32)$$

(h meint: horizontale Ebene).

Für die Hamburg z.B. ergibt sich:

$$\frac{H_h}{G_{h,m}} = 1{,}043-1{,}0386\ \frac{G_{h,m}}{I_{o,m}}\ .$$

Im Gegensatz zu vorher ist in den angepaßten Konstanten a,b,c und d bereits der mittlere Bewölkungsgrad der jeweiligen Region enthalten.

Der Anteil der diffusen Strahlung an der Gesamteinstrahlung ist beträchtlich. Abb.IV.14. zeigt ebenfalls für den Bereich Hamburg den mittleren Jahresverlauf und seine Komponenten /127/. Die Abb.IV.15. zeigt die Wochenmittel der Tagessummen der Globalstrahlung im Vergleich mit der extraterrestrischen Strahlung für einige ausgewählte Regionen /115/. Das Ausmaß der Globalstrahlung, die auf geneigte Flächen auftrifft, ist

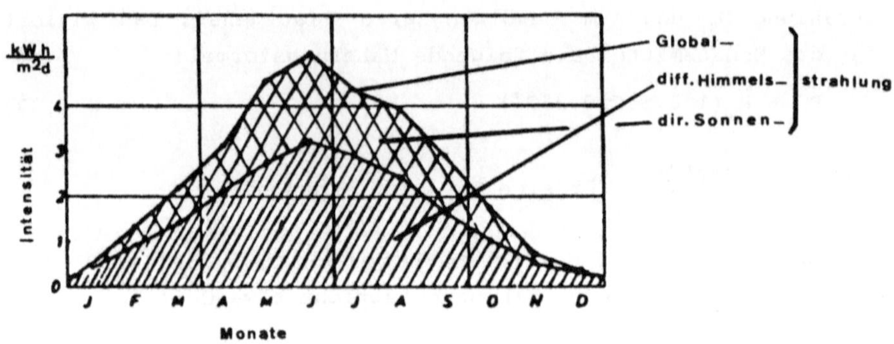


Abb.IV.14.: Tagessummen der Globalstrahlung.

für die Dimensionierung von Kollektoranlagen besonders wichtig. Unter der Voraussetzung, daß der diffuse Anteil der Globalstrahlung isotrop ist, folgt für den Zusammenhang mit dem auf eine horizontale Fläche auffallenden Anteil der Himmelsstrahlung $H_h$:

$$\frac{H_\alpha}{H_h} = \frac{1+\cos\alpha}{2} = \cos^2\frac{\alpha}{2}\ . \qquad \text{(IV,33)}$$

Tatsächlich muß man aber davon ausgehen, daß die Verteilung der Himmelsstrahlung anisotrop ist, wodurch die Verhältnisse wesentlich komplizierter werden. Ebenso ist der Anteil der vom Boden reflektierten Strahlung abzuschätzen. In der Literatur sind verschiedene Wege diskutiert, um hier eine im Rahmen

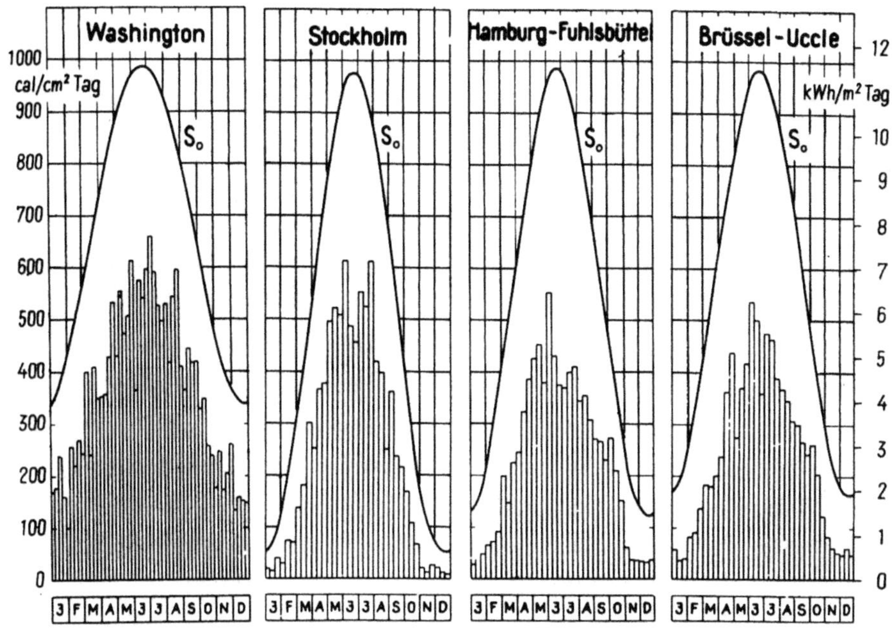


Abb.IV.15.: Wochenmittel der Tagessummen der Globalstrahlung im Vergleich mit der extraterrestrischen Strahlung für einige ausgewählte Regionen.

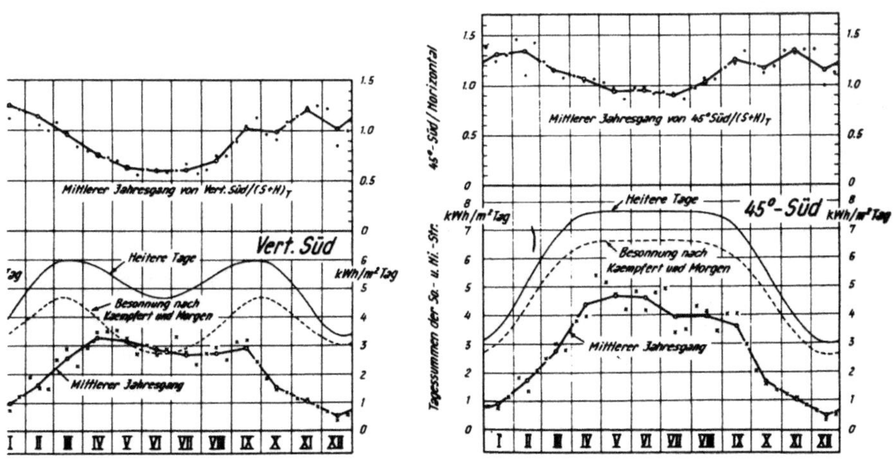


Abb.IV.16.: Jahresgang gemessener Tagessummen der Sonnen- und Himmelsstrahlung; Mitte: vertikal nach Süden gerichtete Empfangsfläche, unten : 45° geneigt nach Süden, gestrichelt: Rechenwerte ohne Berücksichtigung der Himmelsstrahlung /115/.

Tabelle IV.3.

Intensität der diffusen Himmelsstrahlung in engen Spektralbereichen für verschiedene Größen von Wassertropfen.

| Wellenlänge ($10^{-6}$m) | $I_o$-Spektrum (mcal $cm^{-2}.m^{-1}$) | diffuse Strahlung (mcal.$cm^{-2}$.$min^{-1}$) Zahl der Wassertropfen pro $cm^3$ klare Luft | | | |
|---|---|---|---|---|---|
| | | 0 | 100 [r=1 | 25 r=5 Einheit: $10^{-7}$m | 5 r=10] |
| 0,28-0,30 | 2,6 | 4,4 | 0,05 | 0,14 | 1,0 |
| 0,30-0,32 | 11,5 | 14,4 | 0,27 | 0,78 | 4,6 |
| 0,32-0,34 | 21,8 | 21,9 | 0,44 | 1,62 | 9,2 |
| 0,34-0,36 | 31,3 | 23,5 | 0,54 | 2,78 | 12,8 |
| 0,36-0,38 | 35,2 | 20,8 | 0,51 | 3,52 | 14,6 |
| 0,38-0,40 | 36,0 | 16,9 | 0,45 | 3,78 | 15,1 |
| 0,42-0,44 | 54,3 | 17,2 | 0,52 | 6,41 | 23,2 |
| 0,46-0,48 | 62,6 | 13,7 | 0,46 | 7,65 | 25,6 |
| 0,50-0,52 | 59,7 | 9,3 | 0,36 | 7,35 | 20,6 |
| 0,56-0,58 | 54,6 | 4,4 | 0,25 | 6,67 | 14,4 |
| 0,64-0,66 | 48,4 | 2,8 | 0,136 | 5,48 | 18,6 |
| 0,70-0,72 | 42,9 | 1,8 | 0,090 | 4,29 | 20,0 |
| 0,78-0,80 | 33,3 | 0,8 | 0,046 | 3,04 | 18,0 |
| 0,86-0,88 | 27,1 | 0,5 | 0,027 | 2,11 | 15,8 |
| 0,98-1,00 | 21,0 | 0,2 | 0.015 | 1,36 | 12,4 |

des Möglichen zuverlässige Antwort zu bekommen. Exemplarisch möge auf /126/ verwiesen werden, wo auch ein ausreichender Überblick über die einschlägige Literatur gegeben ist. Abb.IV.16. zeigt (wieder für Hamburg) mittlere Tageswerte der Globalstrahlung für geneigte Flächen. Man erkennt, daß eine Neigung von ca. 45° für mittlere Breiten vernünftig ist. Genaue Daten sind nur durch Messung erhältlich.

Das Spektrum der diffusen Himmelsstrahlung weicht deutlich von dem der direkten Strahlung ab und ist darüber hinaus stark von der Größe der Wassertropfen in der Luft abhängig (Tabelle IV.3. /111/).

## IV.2. Festkörperphysikalische Grundlagen für thermische und photovoltaische Nutzung der Strahlungsenergie der Sonne

### IV.2.1. Beschreibung der Wechselwirkung von Strahlungsfeld und Materie mit Hilfe der frequenzabhängigen Dielektrizitätskonstante

Sowohl bei der photovoltaischen wie bei der thermischen Nutzung der Strahlungsenergie der Sonne ist das grundlegende Problem die Art, wie die Materie auf die von ihr absorbierte Strahlungsleistung reagiert. Im ersten Fall ergibt sich dabei die Möglichkeit, elektrische Energie in Form eines Photostroms einer entsprechenden Größenordnung zu gewinnen, im zweiten Fall wird Strahlungsenergie in Wärme umgewandelt, die der absorbierenden Materie zur weiteren Nutzung entzogen wird. Die physikalischen Elementarprozesse, die beiden Formen der Nutzung der Strahlungsenergie zugrunde liegen, können damit einfach unter dem Oberbegriff "Wechselwirkung des elektromagnetischen Strahlungsfeldes mit Materie" zusammengefaßt werden.

Die klassische Elektrodynamik nach J.C.Maxwell behandelt das Licht als eine Überlagerung elektromagnetischer Wellenvorgänge, in denen elektrische und magnetische Felder in charakteristischer Weise miteinander verknüpft sind[1]. Die Wechselwirkung dieser Wellen mit Materie führt zu Absorptions-, Emissions- und Streuvorgängen. Diese Prozesse werden in erster Linie durch Kraftwirkungen des elektrischen Feldes der Strahlung auf frei bewegliche oder auf lokalisierte Ladungsträger bewirkt. Im ersten Fall hat man es mit den Leitfähigkeitsphänomenen, im zweiten mit den dielektrischen Eigenschaften des materiellen Systems zu tun. Das elektrische Strahlungsfeld wirkt auf die frei beweglichen Ladungsträger beschleunigend

1 Die elektromagnetische Theorie des Lichtes ist Bestandteil jeder Einführung in die Physik und kann in den verschiedenen Lehrbüchern nachgelesen werden /128/,/129/. Hier werden jene Aspekte kurz zusammengefaßt, die für das unmittelbare Verständnis des Folgenden notwendig sind.

und induziert einen Strom. Für die relativ geringe Intensität des Sonnenlichtes gilt das Ohmsche Gesetz:

$$\vec{j}(\omega) = \overleftrightarrow{\sigma(\omega)}\vec{E}(\omega) \qquad \text{(IV,34)}$$

$\omega$ = Kreisfrequenz

als linearer Zusammenhang zwischen den einzelnen Frequenzkomponenten ("Fourierkomponente") $\vec{E}(\omega)$ des elektrischen Feldes und den durch sie induzierten Komponenten $\vec{j}(\omega)$ der Stromdichte. Es ist dabei bequemer, anstelle der natürlichen Frequenz $\nu$ die Kreisfrequenz $\omega=2\pi\nu$ zu verwenden (ebenfalls in der Einheit $sec^{-1}$).

Der "dynamische", d.h. frequenzabhängige Leitfähigkeitstensor $\overleftrightarrow{\sigma(\omega)}$[1] beschreibt dabei die "lineare Antwort" (engl.: linear response) der freien Ladungsträger auf die äußere Störung. In den für Sonnenkollektoren und Sonnenzellen verwendeten Materialien mit fast ausschließlich kubischer Kristallstruktur reduziert sich dieser Tensor auf eine skalare Größe $\sigma(\omega)$, so daß wir uns im folgenden auf diesen Fall beschränken dürfen.

In der ursprünglichen, klassischen Elektrodynamik war $\sigma$ als konstanter phänomenologischer Materialparameter behandelt worden. Es zeigte sich dann aber, daß erst die Berücksichtigung seiner für die verschiedenen Materialien sehr unterschiedlichen Frequenzabhängigkeit eine Beschreibung der großen Vielfalt statischer ($\omega=0$) und zeitabhängiger ($\omega\neq0$) elektrischer Leitungsphänomene in Festkörpern ermöglicht. Ein tieferer Einblick in die zugrundeliegenden physikalischen Vorgänge ergab sich allerdings erst durch das Verständnis der Quantennatur sowohl der elektromagnetischen Strahlung als auch der Atome, Moleküle und Festkörper /130/.

Aufgrund dieses Verständnisses wird es auch klar, warum man sich bei der Formulierung des Ohmschen Gesetzes und überhaupt im folgenden auf räumlich homogene elektrische Felder be-

---

1 Ein Tensor definiert eine lineare Beziehung zwischen zwei Vektoren ($\vec{j}$,$\vec{E}$) und trägt dem Umstand Rechnung, daß diese Beziehung für die drei Raumkomponenten $j_x$, $j_y$, $j_z$ verschieden sein kann.

schränken kann. Diese Annahme scheint zunächst im Widerspruch zur räumlichen Periodizität des Wellenvorganges zu stehen. Man weiß aber aus der klassischen Wellenlehre, daß als Grundvoraussetzung für das Auftreten von Beugungseffekten die Wellenlänge der Strahlung und die räumliche Variation des beugenden Objekts (z.B. der Spaltabstand eines Strichgitters) von derselben Größenordnung sein müssen. Daher müßte eine auf die diskrete mikroskopische Struktur eines Festkörpers reagierende Strahlung eine Wellenlänge von der Größenordnung eines Atomdurchmessers oder einer Gitterkonstante haben, also im Angström-Bereich ($1\mathring{A}=10^{-10}$m) der Röntgenstrahlung liegen. Die Wellenlängen der optischen Strahlung liegen aber im Mikron-Bereich ($1\mu=10^{-6}$m) und sind daher auf der atomaren Längenskala eines Kristallgitters als unendlich anzusehen. Das bestätigt die Annahme eines räumlich homogenen Feldes in ausgezeichneter Weise.

Die gleichen Gesichtspunkte liegen auch unserem Verständnis der Einwirkung des Strahlungsfeldes auf lokalisierte Ladungsverteilungen im Festkörper zugrunde. Dabei kommt es zu räumlich begrenzten Ladungsverschiebungen (z.B. innerhalb der Gitteratome auf Grund ihrer atomaren elektrischen Polarisierbarkeit) oder im Infrarot (IR-)-Bereich zu starken Kopplungen des Strahlungsfeldes an die Schwingungen geladener Atom-Untergitter polarer Kristalle. Hierher gehören auch der für die Photoleitung in Solarzellen entscheidende (innere) Photoeffekt, bei dem durch die Einwirkung des Strahlungsfeldes zunächst gebundene Elektronen delokalisiert und damit freie Ladungsträger erzeugt werden.

Im Rahmen der klassischen Elektrodynamik werden Ladungsdichteverschiebungen und die mit ihnen verknüpften Polarisationsfelder durch die Dielektrizitätskonstante $\varepsilon$ beschrieben. Wie bei der Leitfähigkeit $\sigma$ erweist sich auch bei dieser Größe, daß sie nur innerhalb bestimmter Frequenzbereiche des Strahlungsfeldes konstant, sonst aber ein frequenzabhängiger Tensor ist. Die tatsächlich sehr ausgeprägte Frequenzabhängigkeit der oben beschriebenen Prozesse zwingt auch hier zur Einführung einer entsprechenden dynamischen "dielektrischen Antwort". Daher definiert man analog zu (IV,34) die dynamische dielektrische Funktion $\overleftrightarrow{\varepsilon(\omega)}$ des Kristallgitters als Tensor

$$\vec{E}_{St}(\omega) = \varepsilon\overleftrightarrow{(\omega)}\vec{E}(\omega), \tag{IV,35}$$

also durch einen linearen Zusammenhang zwischen dem äußeren Spannungsfeld $\vec{E}_{St}(\omega)$ und dem resultierenden makroskopischen elektrischen Feld $\vec{E}(\omega)$ im Inneren des Dielektrikums. Für kubische Kristalle reduziert sich der Tensor $\varepsilon\overleftrightarrow{(\omega)}$ wieder auf eine skalare Größe $\varepsilon(\omega)$.

Die Berücksichtigung der dynamischen Materialgrößen $\sigma(\omega)$ und $\varepsilon(\omega)$ im Formalismus der klassischen Elektrodynamik ist nun sehr einfach. Die Maxwellsche Gleichung für die Ausbreitung elektromagnetischer Wellen in einem elektrisch leitenden, unmagnetischen ($\mu=1$) Dielektrikum enthalten jetzt zusätzliche Frequenzabhängigkeiten. Für jede Frequenzkomponente des Strahlungsfeldes gilt:

$$\vec{\nabla}\times\vec{H}(\omega,\vec{x},t) = \sigma(\omega)\vec{E}(\omega,\vec{x},t) + \varepsilon(\omega)\varepsilon_o \frac{\partial\vec{E}(\omega,\vec{x},t)}{\partial t}$$

$$\vec{\nabla}\times\vec{E}(\omega,\vec{x},t) = -\mu_o \frac{\partial\vec{H}(\omega,\vec{x},t)}{\partial t} \tag{IV,36}$$

$$\vec{\nabla}.(\mu_o\vec{H}(\omega,\vec{x},t)) = 0$$

$$\vec{\nabla}.(\varepsilon(\omega)\varepsilon_o\vec{E}(\omega,\vec{x},t)) = \rho(\omega,\vec{x},t),$$

wobei $\rho$ den zeitlich mit der Frequenz $\omega$ oszillierenden Anteil der Gesamtladungsdichte bedeutet. Eliminiert man das Magnetfeld $\vec{H}(\omega,\vec{x},t)$, so bekommt man für $\vec{E}(\omega,\vec{x},t)$ eine Wellengleichung:

$$-\vec{\nabla}\times\vec{\nabla}\times\vec{E}(\omega,\vec{x},t) = \mu_o\varepsilon_o\varepsilon(\omega) \frac{\partial^2\vec{E}(\omega,\vec{x},t)}{\partial t^2} + \mu_o\sigma(\omega) \frac{\partial\vec{E}(\omega,\vec{x},t)}{\partial t} \tag{IV,37}$$

bzw.

$$-\vec{\nabla}\times\vec{\nabla}\times\vec{E}(\omega,\vec{x},t) = \frac{1}{c_M^2} \frac{\partial^2\vec{E}(\omega,\vec{x},t)}{\partial t^2} + \mu_o\sigma(\omega) \frac{\partial\vec{E}(\omega,\vec{x},t)}{\partial t}. \tag{IV,37'}$$

Dabei gilt:

$$c^2 = \frac{1}{\varepsilon_o\mu_o}\,; \qquad c_M^2 = \frac{c^2}{\varepsilon(\omega)\mu(\omega)}. \tag{IV,38}$$

Der übliche Wellenansatz:

$$\vec{E}(\omega,\vec{x},t) = \vec{E}_\omega e^{i(\vec{Q}.\vec{x}-\omega t)} \tag{IV,39}$$

mit dem Wellenvektor $\vec{Q}$ parallel zur Ausbreitungsrichtung der Welle, ergibt für den uns interessierenden Fall transversaler

Polarisation ($\vec{E}\perp\vec{Q}$):

$$\left[-Q^2 + \frac{\omega^2}{c^2}\,\varepsilon(\omega) + i\omega\mu_o\sigma(\omega)\right]\vec{E}_\omega = 0. \qquad \text{(IV,40)}$$

In der Festkörperphysik ist es üblich, auch Effekte freier Ladungsräger als ein effektives dielektrisches Verhalten zu interpretieren und daher den zweiten und dritten Summanden der Gleichung (IV,40) zu einer "effektiven" dynamischen dielektrischen Funktion zusammenzufassen:

$$\varepsilon^*(\omega) = \varepsilon(\omega) + i\,\frac{\sigma(\omega)}{\varepsilon_o\omega}\,. \qquad \text{(IV,41)}$$

Als Lösungsbedingung für den Wellenansatz (IV,39) erhält man aus (IV,40) unmittelbar das Dispersionsgesetz transversaler Wellenausbreitung mit vorgegebener Frequenz $\omega$:

$$Q^2 = \frac{\omega^2}{c^2}\,\varepsilon^*(\omega). \qquad \text{(IV,42)}$$

Die Auswirkung von Effekten freier Ladungsträger (Realteil von $\sigma(\omega)\neq 0$), speziell die Auswirkung der Erzeugung Joulescher Wärme durch Gitterstreuprozesse der induzierten Ströme, aber auch eventueller komplexer Beiträge zu $\varepsilon(\omega)$, führt gemäß (IV,41) und (IV,42) zu komplexen Wellenzahlvektoren und damit auf einen komplexen Brechungsindex. Der Betrag des Wellenzahlvektors ist dann wie folgt gegeben:

$$|\vec{Q}| = \frac{\omega}{c}\left[n(\omega)+i\kappa(\omega)\right] = \frac{\omega}{c}\,n^*(\omega) = \frac{\omega}{c}\sqrt{\varepsilon^*(\omega)}. \qquad \text{(IV,43)}$$

Der Brechungsindex $n(\omega)$ beschreibt die Phasengeschwindigkeit und der Absorptionsindex $\kappa(\omega)$ die räumliche Dämpfung der Welle. Dies folgt unmittelbar aus (IV,39) unter Verwendung des Dispersionsgesetzes:

$$\omega = \frac{2\pi c}{\lambda_{Vak}}$$

der Wellenausbreitung im Vakuum. Für die Ausbreitung parallel zur x-Richtung eines kartesischen Koordinatensystems ergibt sich nämlich:

$$\vec{E}(\omega) = E_\omega e^{2\pi i(n(\omega)x-ct)/\lambda_{Vak}}.e^{-2\pi\kappa(\omega)x/\lambda_{Vak}}\,. \qquad \text{(IV,44)}$$

Die Phasengeschwindigkeit der Welle beträgt demnach $c/_{n(\omega)}=c_M$ und die Wellenamplitude wird innerhalb einer Vakuum-Wellenlänge $x=\lambda_{Vak}$ um den Faktor $\exp\left[-2\pi\kappa(\omega)\right]$ abgeschwächt.

In Zusammenhang mit dieser allgemeinen Diskussion dispersiver Wellenvorgänge ist nochmals auf die bereits angedeutete Möglichkeit komplexer, also absorptiver Beiträge der lokalisierten Ladungen zu $\varepsilon(\omega)$ hinzuweisen. So dominiert etwa die schon erwähnte Kopplung des Strahlungsfeldes an die Dipolfelder geladener Gitteratome die Absorption der meisten Nichtmetalle im IR-Bereich des Spektrums und damit auch ihre Wärmestrahlungseigenschaften. In Metallen gibt es ebenfalls solche Gitterbeiträge und darüberhinaus resonanzartige Absorptionseffekte durch strahlungsbedingte Übergänge von Ladungsträgern zwischen normalerweise getrennten Energiebereichen ("Interbandprozesse"). Zusätzlich zum imaginären Leitfähigkeitsbeitrag in (IV,41) führen alle absorptiven Vorgänge zu einem Imaginärteil der dynamischen dielektrischen Funktion $\varepsilon^*(\omega)$, in der also auch $\varepsilon(\omega)$ ganz allgemein als komplexe Größe anzusehen ist.

Die durch die Ionenauslenkungen, durch die in den Atomrümpfen lokalisierten Elektronendichten und durch die freien Ladungsträger verursachten inneren Polarisationsfelder addieren sich zum gesamten inneren Polarisationsfeld $\vec{P}$. Nach Einführung der sogenannten dynamischen Suszeptibilität $\chi(\omega)$ mittels:

$$\vec{P}_\omega = 4\pi\chi(\omega)\vec{E}_\omega$$

ergibt sich daher:

$$\vec{E}_{\omega,\mathrm{Str.}} = \vec{E}_\omega + \vec{P}_\omega = (1+4\pi\chi(\omega))\vec{E}_\omega$$

und damit in jenen Fällen, in denen die dynamische Suszeptibilität ein Skalar ist:

$$\varepsilon^*(\omega)=1+4\pi\chi(\omega)=1+4\pi(\chi_{vib}(\omega)+\chi_\ell(\omega)+\chi_f(\omega))=\varepsilon_G(\omega)+4\pi\chi_f(\omega). \tag{IV,45}$$

Dabei wurden die Beiträge der Gitterauslenkungen und der lokalisierten Rumpfelektronen in $\varepsilon_G(\omega)$ zusammengefaßt.

Diese additiven Beiträge sind aber wegen der gemeinsamen Abschirmwirkung auf das äußere Feld nicht als völlig unabhängig anzusehen. Z.B. wird in einem Metall das Polarisationsfeld möglicher induzierter Gitterauslenkungen klein, und daher $\varepsilon_G=1$ zu setzen sein, weil das äußere Feld von vornherein durch die freien Ladungsträger abgeschirmt wird und an den Gitterionen nicht mehr wirksam werden kann.

Die jeweils charakteristischen Frequenzabhängigkeiten von $\chi_G$, $\chi_\ell$, $\chi_f$ bedingen die sehr unterschiedlichen dielektrischen und optischen Eigenschaften von Isolatoren, Halbleitern und Metallen. Sie liefern damit auch ein Verständnis der sehr verschiedenen Wirkungsweisen der zumeist metallischen photothermischen Energiewandler (Sonnenkollektoren: siehe IV.3.) und der photovoltaischen Halbleiterbauelemente (Solarzellen: siehe IV.4.). Der unmittelbar anschauliche Ausdruck dieser verschiedenen Wirkungsweisen ist durch das unterschiedliche Absorptions- und Reflexionsvermögen gegeben, deren Abhängigkeit von der fundamentalen Materialgröße $\varepsilon^*(\omega)$ im folgenden erläutert wird.

Für die auf die Oberfläche eines Körpers einfallende Strahlungsenergie gilt die folgende Bilanzgleichung:

$$A + R + D = 1 \,, \qquad \text{(IV,46)}$$

A = Bruchteil absorbierter Strahlungsenergie pro Zeiteinheit und Fläche
= Absorptionsvermögen,

R = Bruchteil reflektierter Strahlungsenergie pro Zeiteinheit und Fläche
= Reflexionsvermögen,

D = Bruchteil der den Körper durchsetzenden Strahlungsenergie pro Zeiteinheit und Fläche
= Durchlässigkeit.

Dabei ist zu beachten, daß sich A auf die tatsächlich im Medium absorbierte Strahlung bezieht und nicht auf die Strahlung, die durch die bestrahlte Oberfläche aufgenommen wird. Ein Teil dieser Strahlung tritt ja bei von Null verschiedener Durchlässigkeit wieder aus dem Medium aus. Bezeichnet man den Bruchteil der durch die Oberfläche pro Zeiteinheit und Fläche ins Medium eindringenden Energie als Flächenabsorptionsvermögen $A_F$, so gilt

$$A_F = A + D. \qquad \text{(IV,46')}$$

Infolge der oben besprochenen Dispersionseigenschaften optisch aktiver Medien sind A, R und D sehr unterschiedliche Funktionen der mikroskopischen Struktur der jeweiligen Stoffe. Die verschiedenen, in der Solartechnik zu bewältigenden Aufgaben (optimale Absorption, gute Reflexion bei konzentrierenden

Spiegeln, große Durchlässigkeit bei Linsen usw.) stellen entsprechende, oft auch frequenzabhängige Anforderungen an die optischen Eigenschaften der Materialien. Um diesen gerecht zu werden, braucht man ein genaues Verständnis der diese Eigenschaften beschreibenden Größen in (IV,46).

Die Reflexion an einer idealen Oberfläche erfolgt nach dem Reflexionsgesetz derart, daß ein einfallender und reflektierter Strahl mit dem Einfallslot gleiche Winkel bilden. Einfallender Strahl, Lot und reflektierter Strahl liegen in einer Ebene. Diffuse Reflexion wird durch Unregelmäßigkeiten der Oberfläche hervorgerufen. Dadurch wird das einfallende Licht nach allen Seiten reflektiert. Die genaue Beschreibung des Reflexionsvorgangs, aber natürlich auch das Eindringen der Strahlungsenergie in das Medium erfolgt mit den Mitteln der Theorie elektromagnetischer Wellen /128/, /129/, /131/. Das Brechungsgesetz von Snellius[1] beim Übergang von einem Medium I in ein Medium II folgt aus den Übergangsbedingungen für die elektrischen und magnetischen Feldvektoren $\vec{E}$ und $\vec{H}$ (Abb.IV.18):

$$\frac{\sin\alpha_{I}}{\sin\alpha_{II}} = \frac{n_{II}(\omega)}{n_{I}(\omega)} \qquad \text{(IV,47)}$$

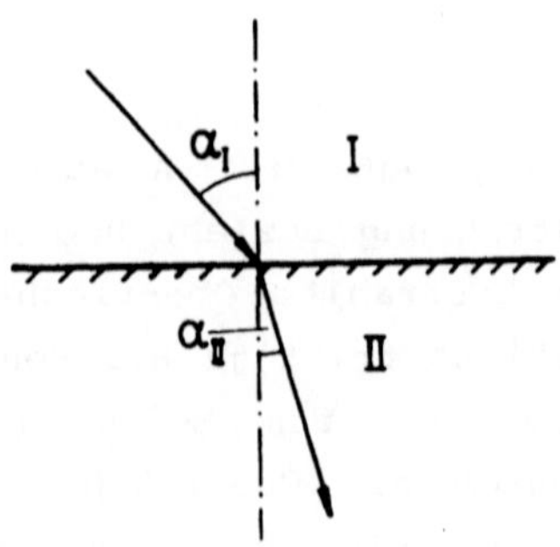


Abb.IV.17.: Winkelverhältnisse nach dem Brechungsgesetz von Snellius; II bezeichnet das optisch dichtere Medium.

Der Brechungsindex ist für nicht magnetische Materialien nach (IV,53) definiert; für magnetische Substanzen gilt:

1 Willebrord Snellius van Roijen (1591-1626).

$$n(\omega) = \sqrt{\varepsilon(\omega)\mu(\omega)} \;. \qquad \text{(IV,48)}$$

Für nicht oder nur ganz schwach absorbierende Substanzen ist n im sichtbaren Bereich von der Frequenz $\omega$ praktisch unabhängig und eine Konstante. Für Glas gilt $n \approx 1{,}5$. Bestimmt man - ebenfalls für den Fall verschwindender Absorption - bei senkrechtem Einfall ($\alpha_I = \alpha_{II} = 0$) Reflexionsvermögen und Durchlässigkeit für den Übergang Vakuum → Medium(n>1) → Vakuum, so bekommt man:

$$R = \left(\frac{n-1}{n+1}\right)^2 \qquad \text{(IV,49)}$$

$$D = \frac{4n}{(n+1)^2} \;. \qquad \text{(IV,50)}$$

Für Glas liefert das etwa 4 % Reflexionsvermögen gegenüber 96 % Durchlässigkeit. Ist $A \neq 0$ (nach (IV,46)), kann man die gleichen Beziehungen benützen, muß aber $n^*(\omega)$ (nach (IV,43)) einsetzen. Man bekommt dann in dem zu (IV,49) analogen Fall das Reflexionsvermögen:

$$R = \left|\frac{n^*(\omega)-1}{n^*(\omega)+1}\right|^2 = \frac{(n-1)^2+\kappa^2}{(n+1)^2+\kappa^2} \;. \qquad \text{(IV,51)}$$

Da die Strahlungsintensität proportional zu $|\vec{E}|^2$ ist, nimmt der in das Medium eindringende Anteil in einem Faktor $\exp[-4\pi\kappa(\omega)x/\lambda_{vak}]$ ab. Die Größe:

$$K = \frac{4\pi\kappa(\omega)}{\lambda_{Vak}} = \frac{2\omega\kappa(\omega)}{c} \qquad \text{(IV,52)}$$

hat die Dimension einer reziproken Länge und die gleiche Bedeutung wie der in Zusammenhang mit (IV,10) genannte Volumsabsorptionskoeffizient $\sigma_a(\lambda)N$ (siehe IV.1.2.). K wird Extinktionskoeffizient genannt. $\kappa(\omega)$ heißt Absorptionsindex[1]. Den Wert für A nach (IV,46) bekommt man durch die Bestimmung der Absorption entlang dem insgesamt zurückgelegten Weg.

Zusammenfassend kann man feststellen, daß mit Hilfe der oben eingeführten dynamischen Materialgrößen ($\varepsilon^*(\omega)$, $n^*(\omega)$ usw.) der Anwendungsbereich der Methoden der klassischen elektrodynamischen Wellentheorie wesentlich erweitert wird. Ein tatsächliches Verständnis der Wechselwirkung Strahlungsfeld-

---

1 Die Nomenklatur ist leider nicht eindeutig, so daß auch andere Bezeichnungen vorkommen.

Materie liegt aber erst vor, wenn man alle diese Größen mikroskopisch begründen kann.

### IV.2.2. Die Quantennatur des Festkörpers

Zur Beschreibung der für die Wechselwirkung mit dem Strahlungsfeld wichtigen elektrischen Struktur der Festkörper geht man vorteilhaft vom Energieniveau-Schema des freien, isolierten Atoms aus und verfolgt die Änderung dieses Schemas beim Zusammenbau solcher Atome zu einem Molekül oder zu einem Kristall.

Für isolierte Atome ergibt die quantenmechanische Rechnung für die möglichen Bindungszustände der einzelnen Elektronen im anziehenden Kraftfeld der positiven Kernladung und im abstoßenden Zusatzpotential der übrigen Atomelektronen eine Reihe diskreter, gegen die Ionisierungsenergie dichter liegender Energieniveaus. Diese Niveaus bzw. die ihnen zugeordneten Zustände werden, beginnend beim tiefsten Energieniveau, von den tatsächlich vorhandenen Elektronen eingenommen. Diese Auffüllung der Zustände ergibt die energetisch günstigste Elektronenkonfiguration und erfolgt gemäß dem Paulischen Ausschließungsprinzip /130/ (W.Pauli (1900-1958)), wonach jeder der (durch einen hier nicht näher erläuterten Satz von Quantenzahlen charakterisierten) Zustände nur von einem einzigen Elektron besetzt werden kann.

Dieses Niveauschema ändert sich aber beim Einbau des Atoms in einen Kristall in ganz charakteristischer Weise, und zwar unabhängig von den Einzelheiten des Bindungstyps. Ganz allgemein kommt es beim Zusammenbau von N Atomen zu einem Molekül oder Kristall zu einer N-fachen Aufspaltung des ursprünglichen Atomniveaus, wobei die Größe der Aufspaltung durch die Kopplungsenergie benachbarter Atome bestimmt ist. Im Fall der Kristallbindung führt aber die ungeheuer große Zahl von Atomen (etwa $10^{23}$ pro $cm^3$) zu einer praktisch kontinuierlichen Verteilung der erlaubten Niveaus innerhalb dieses Aufspaltungsbereiches. Diese sogenannten Energiebänder sind durch verbotene Energiebereiche voneinander getrennt und werden wieder, beginnend beim tiefsten Energieband, durch die tatsächlich vorhandenen Kristallelektronen aufgefüllt. Im elektronischen Grundzustand (am absoluten Nullpunkt der Temperatur) ist dann das Bandschema bis zu einer Maximalenergie aufgefüllt. Das letzte voll besetzte Band - das (oberste) Valenzband - und das erste nicht vollbesetzte Band - das (unterste) Leitungsband - bestimmen die elektrischen und optischen Eigenschaften des Kristalls. Dies ist wieder völlig analog zum Atom, bei dem die wichtigsten physikalischen und chemischen Eigenschaften durch die "äußersten", am schwächsten gebundenen Elektronen - die Valenzelektronen - bedingt sind. Die Ursache dafür ist, daß jegliche elektronische Anregung durch äußere Störungen wegen des Pauli-Prinzips nur durch Übergänge von Elektronen in unbesetzte Energiezustände erfolgen kann. Dies geschieht natürlich energetisch am leichtesten und daher am häufigsten durch Anregung aus den höchsten besetzten Energieniveaus bzw. Bandbereichen.

Daraus erklärt sich auch unmittelbar der wesentliche Unterschied zwischen Metallen und Nichtmetallen, wie er in Abb. IV.18. sehr einfach veranschaulicht werden kann: während nämlich nichtmetallische Substanzen (a) dadurch charakterisiert sind, daß im Grundzustand ein vollständig besetztes Valenzband vorliegt und das darüber liegende Leitungsband leer ist, kommt es in Metallen (b) zu einer teilweisen Auffüllung des

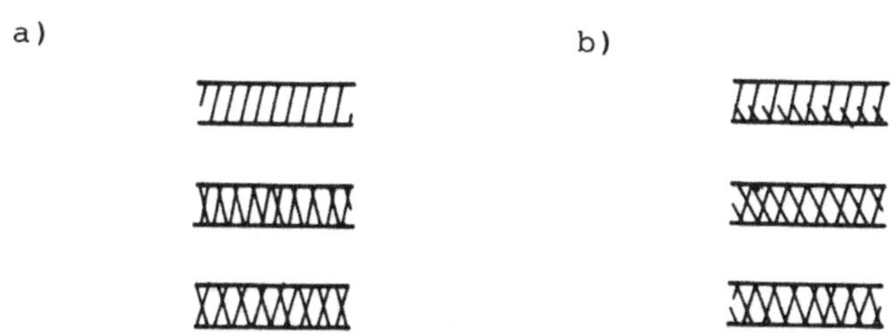


Abb.IV.18.: Skizze zur Bandstruktur von Nichtmetallen (a) und Metallen (b).

Leitungsbandes. Die hohe metallische Leitfähigkeit ergibt sich dann aus dem Sachverhalt, daß schon ganz kleine Felder ausreichen, um Leitungselektronen aus den höchsten besetzten Leitungsbandbereichen in unmittelbar darüberliegende unbesetzte Zustände desselben Bandes anzuregen, die eine Stromleitung ermöglichen. In Isolatoren oder Halbleitern muß die

Energiezufuhr aus dem äußeren Feld größer sein, weil zunächst eine verbotene Energiezone überwunden werden muß, bevor durch teilweise Bevölkerung des Leitungsbandes und teilweise Entleerung des Valenzbandes ein Strom fließen kann. In dieser Hinsicht unterscheiden sich Halbleiter von Isolatoren nur durch eine wesentlich kleinere Energielücke $E_L$ (von der Größenordnung 1 eV im Vergleich zu rund 10 eV in Isolatoren).

Die gerade erwähnte Möglichkeit, durch unbesetzte Valenzzustände Stromführung zu erreichen, spielt als sogenannte Löcherleitung vor allem in Halbleitern eine wichtige Rolle. Wie schon oben erläutert, kann ein gänzlich aufgefülltes Band keinen Strombeitrag liefern. Die Wirkung eines einzelnen unbesetzten Bandzustandes ist nun die einer fehlenden negativen, also eigentlich einer einzelnen positiven Ladung. Die genaue Analyse dieses Sachverhaltes zeigt, daß die Situation durch Ersetzen dieses "Defektelektrons" durch einen fiktiven Ladungsträger positiver Ladung, ein "Loch", richtig beschrieben werden kann.

Für die Ladungsträgerdynamik, speziell für die Behandlung des Einflusses äußerer Kraftfelder, ist die sogenannte Effektivmassen-Näherung von großem Nutzen. Es zeigt sich nämlich, daß für die meisten praktischen Anwendungen die Wirkung des periodischen Kristallpotentials der regelmäßig angeordneten Gitteratome durch die Verwendung einer für jede Ladungsträgersorte typischen effektiven Masse ersetzt werden kann. Diese Masse ergibt sich aus den Details der Bandstruktur und bestimmt die Reaktion der Ladungsträger auf zusätzlich wirkende Kräfte. Solche sind z.B. die Kräfte äußerer Felder, bei deren Behandlung dann der periodische Anteil des Gitterpotentials nicht mehr explizit berücksichtigt werden braucht. Die restlichen unvermeidlichen Abweichungen von der Gitterperiodizität durch Gitterfehler und vor allem durch die thermische Bewegung des Gitters sind dann im allgemeinen nur kleine Störungen der Bandzustände des idealen, regelmäßigen Kristalls. Sie bestimmen allerdings den elektrischen Widerstand eines Leiters und damit die Erzeugung Joulescher Wärme, spielen aber auch für einige komplizierte optische Prozesse eine wichtige Rolle.

Als periodische Vorgänge sind auch die Gitterschwingungen quantisiert. Ganz analog der Einführung von Photonen für das elektromagnetische Feld bezeichnet man die Quanten einer Gitterwelle als Phononen. Jeglicher Energietransfer an das Kristallgitter erfolgt in Quanten $\hbar\omega_{\vec{q}}$, wo $\omega$ die (Kreis-) Frequenz und $\vec{q}$ der reelle Wellenzahlvektor (des Betrages $2\pi$/Wellenlänge) der jeweiligen Gitterwelle sind. Demgemäß spricht man von der Absorption und Emission einzelner Phononen durch Ladungsträger oder Photonen.

Die Gitterstruktur der Kristalle führt dazu, daß nur Wellenzahlen innerhalb eines beschränkten Bereiches, der Brillouinzone, vorkommen. Ihre Maximalbeträge sind von der Größenordnung $q_{max} \sim 1$/Gitterkonstante $\approx 10^{10} m^{-1}$. Typische Phononenenergien $\hbar\omega_{\vec{q}}$ liegen im Bereich unterhalb 0,1 eV.

Die eben beschriebene Effektivmassen-Näherung reicht allerdings nicht mehr aus, einige kompliziertere elektronische Prozesse, die aber z.B. für den Wirkungsgrad einer Solarzelle wesentlich sind, zu verstehen. In diesen Fällen ist eine genauere Charakterisierung der Bandzustände notwendig. In Analogie zur Wellenmechanik freier Teilchen, wo jedem Teilchen eine Wellenlänge bzw. eine Wellenzahl zugeordnet wird, sind nämlich die detaillierten Quantenzustände eines Kristallelektrons ebenfalls durch einen Wellenzahlvektor, den sogenannten Blochvektor $\vec{k}$ bestimmt. Seine Werte können wie bei den Gitterschwingungen auf die Brillouinzone beschränkt werden. Der Blochvektor spielt gemeinsam mit der Bandnummer $\ell$ die Rolle einer Quantenzahl und bestimmt die genaue energetische Lage eines Zustandes in einem Band. Die Energie eines Kristallelektrons ist also eine Funktion $E_\ell(\vec{k})$. Für alle elementaren Wechselwirkungsprozesse in Kristallen gilt dann neben dem Energiesatz ein Erhaltungssatz für die Summe der Wellenzahlvektoren aller beteiligten Ladungsträger, Gitterquanten und Photonen (sowie für den Gesamtkristall). Diese Wellenzahlvektor-Erhaltung übernimmt die Rolle des Impulssatzes der üblichen Teilchenkinematik.

Abb.IV.19. zeigt die zwei wichtigsten Typen von Halbleiterbandstrukturen. Dargestellt sind jeweils zweidimensionale Schnitte durch den Funktionsverlauf $E_{VB}(\vec{k})$ des Valenzbandes und $E_{LB}(\vec{k})$ des Leistungsbandes. Abb.IV.19a. zeigt den Stan-

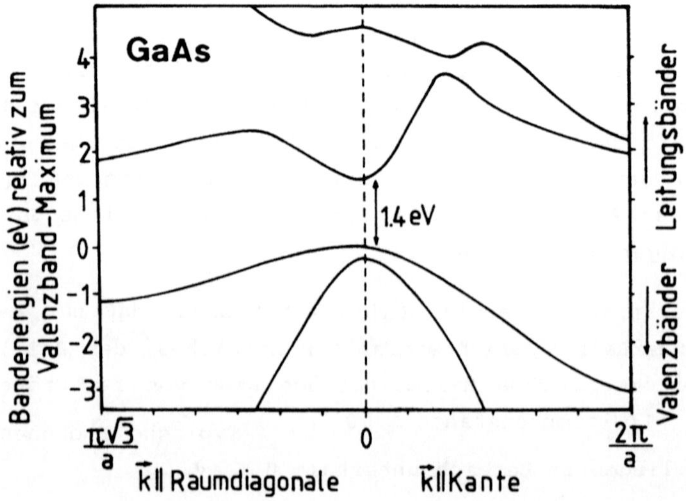


Abb.IV.19a.: Bandstruktur eines Halbleiters mit direkter Energielücke (Gallium-Arsenid) für den Wellenzahlvektor $\vec{k}$ parallel einer Raumdiagonale bzw. einer Würfelkante des kubischen Kristalls; a=Gitterkonstante; Energien in eV.

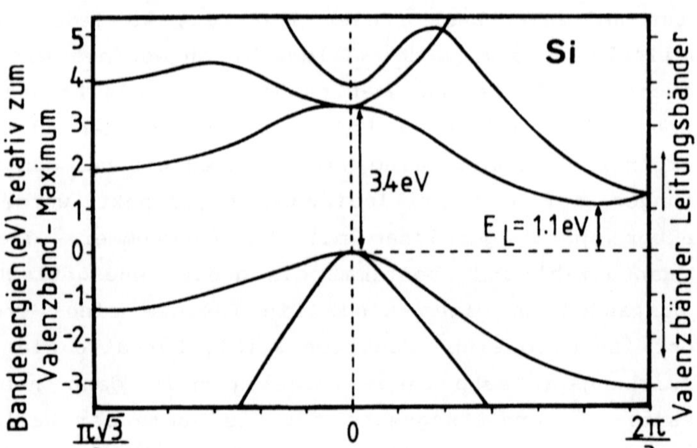


Abb.IV.19b.: Bandstruktur des Siliziums in der Nähe der Bandkante für den Wellenzahlvektor $\vec{k}$ parallel einer Raumdiagonale bzw. einer Würfelkante des kubischen Kristalls; a=Gitterkonstante; Energien in eV.

dardfall einer "direkten" Energielücke, bei welcher das Minimum des Leitungsbandes (bei k=0) direkt oberhalb des Maximums des Valenzbandes liegt. Abb.IV.19b. zeigt das Beispiel für eine "indirekte" Bandlücke. Hier liegen die Bandextrema an verschiedenen Punkten des $\vec{k}$-Raumes. Im vorliegenden Fall des technologisch bedeutsamen Siliziums, eines Halbleiters kubischer Kristallsymmetrie, liegen sechs äquivalente Leitungsbandminima in der Nähe der Grenze der Brillouinzone entlang der ±x-, ±y- und ±z-Richtungen des $\vec{k}$-Raumes. Diese indirekte Bandlücke hat nachteilige Auswirkungen auf das Absorptionsspektrum von Silizium-Solarzellen (siehe IV.4.).

Abschließend muß noch auf die Dotierung von Halbleitern eingegangen werden, da dieser Umstand für die Wirkungsweise fast aller elektronischen Halbleiterbauelemente - auch für Solarzellen - wichtig ist. Die Energielücke $E_L$ der Größenordung 1 eV ist nämlich viel zu groß, um mittels thermischer Anregung durch Gitterstoßprozesse hinreichend viele Elektronen im Leitungsband und entsprechende Löcher im Valenzband zu haben. Nach dem Gleichverteilungsssatz der statistischen Thermodynamik ist die mittlere kinetische Energie eines schwingenden Atoms oder eines freien Ladungsträgers von der Größenordnung $k_BT$ ($k_B$=1,38.10$^{-23}$J/K=Boltzmann-Konstante). Die Energielücke von Halbleitern von der Größenordnung 1 eV entspricht (siehe Umrechnungstabelle) mittleren thermischen Energien der schwingenden Gitteratome bei Temperaturen von mehr als zehntausend Grad. Daher ist die Zahl der durch Gitterstöße thermisch angeregten Elektronen bei den üblichen Betriebstemperaturen von Halbleiterbauelementen verschwindend klein. Man behilft sich daher bei der Kristallherstellung durch den gezielten Einbau bestimmter Fremdatome, welche einzelne Atome des Wirtsgitters ersetzen können. Diese Fremdatome besitzen nach ihrem Einbau entweder ein sehr locker gebundenes Valenzelektron, das schon bei tiefen Temperaturen von einigen Kelvin in das Leitungsband angeregt wird, oder ein nur knapp oberhalb des Valenzbandmaximums liegendes unbesetztes Niveau, welches durch thermische Anregung eines Elektrons ebenfalls schon bei tiefen Temperaturen aus dem Valenzband besetzt werden kann, sodaß ein Loch entsteht.

Im ersteren Fall wirken die Fremdatome als "Donatoren" und

ergeben eine Elektronenleitung, also den Transport negativer Ladungen ("n-Dotierung"). Im zweiten Fall erzeugen sie als "Akzeptoren" Löcher, die sich als positive Ladungsträger manifestieren ("p-Dotierung"). Im Vergleich zu den rund $10^{23}$ Gitteratomen pro $cm^3$ des reinen Kristalls liegen Donator- oder Akzeptorkonzentrationen bei schwacher Dotierung im Bereich $10^{14}$-$10^{16}$ $cm^{-3}$, für hohe Dotierung bei $10^{18}$ bis $10^{20}$ $cm^{-3}$. Bei noch höheren Dotierungen kommt es durch die Streuung an den geladenen Fremdatomen zu einer unerwünscht starken Reduzierung der Ladungsträgerbeweglichkeiten.

Ein wichtiges Beispiel für die Dotierung eines Halbleiters ist das (vierwertige) Silizium: Dotierung mit (fünfwertigem) Phosphor, Arsen oder Antimon liefert n-Silizium, während p-Silizium mit dreiwertigen Atomen wie Bor, Aluminium oder Gallium hergestellt wird. Diese beiden Dotierungsformen des Siliziums bilden die Grundlage des gegenwärtigen Standardtyps photovoltaischer Solarzellen.

### IV.2.3. Optische Absorptionsprozesse in Festkörpern

#### IV.2.3.1. Übersicht

Wir unterscheiden - worauf schon in IV.2.1. hingewiesen wurde - zwei wesentlich verschiedene Absorptionsmechanismen elektromagnetischer Strahlung in Festkörpern[1]: die rein elektronischen Wechselwirkungen (Elektron-Photon-Wechselwirkung) und die direkte Kopplung des Lichtes an das Kristallgitter (Phonon-Photon-Wechselwirkung). Im ersten Fall lassen sich die wesentlichen Züge der Absorptionsvorgänge mittels der Bandstrukturen der Festkörper verstehen. Man unterscheidet Intrabandprozesse, bei denen sowohl Anfangs- wie auch Endzustand des absorbierenden Elektrons innerhalb desselben Bandes liegen, und Interbandprozesse, bei denen der Endzustand einem höheren Band angehört als der Ausgangszustand. Das Pauliprinzip führt nun dazu, daß die Intrabandabsorption nur in den teilweise besetzten Bändern von Metallen und (dotierten) Halbleitern auftreten kann, während optische Absorption

1 Die Literatur zu diesen und allen anderen einschlägigen Fragen der Festkörperphysik ist außerordentlich vielfältig. Neben /130/ als Einführung gibt u.a. O.Madelung /132/ einen guten Überblick.

in Isolatoren nur durch Elektronenanregung aus den voll besetzten Valenzbändern in die leeren Leitungsbandzustände möglich ist. Dieser Mechanismus bestimmt auch das Absorptionsverhalten der Halbleiter, wo er vor allem den für die photovoltaische Energieumwandlung entscheidenden Photostrom der erzeugten Elektronen und Löcher bewirkt. In Metallen spielt er wegen der dort herrschenden sehr hohen freien Ladungsträgerkonzentration gegenüber den Intrabandprozessen eine sekundäre Rolle.

### IV.2.3.2. Joulesche Wärme, Absorption durch freie Ladungsträger

Auf der Basis des bisher Erläuterten (bes. IV.2.2.) kann man die Entstehung Joulescher Wärme bei elektrischer Leitung in Kristallen sehr einfach veranschaulichen. Im Falle des thermischen Gleichgewichts - ohne äußeres elektrisches Feld - wird im Mittel gleich viel Energie von den Ladungsträgern in Form absorbierter Phononen aus dem Gitter aufgenommen wie durch Phononenemission an das Gitter abgegeben wird. Entsteht nun durch ein angelegtes elektrisches Feld Stromleitung, so werden der pro Zeiteinheit dem Ladungsträgersystem zugeführte Energie- und Impulsbetrag durch erhöhte Photonenemission an das Gitter weitergegeben. Dadurch wächst der Energieinhalt des Gitters an, bis - gleichzeitig stattfindende und mit der Gittertemperatur ebenfalls zunehmende - Phononen-Verlustprozesse an der Kristalloberfläche ein weiteres Anwachsen der Phononenzahlen und damit der Temperatur des Kristalls verhindern. Da diese Energiebilanz im wesentlichen auch für die hochfrequenten Wechselfelder einer elektromagnetischen Strahlung gilt, liefert die Elektron-Phonon-Dynamik auch die Grundlage der photothermischen Energieumwandlung. Bei den hohen optischen Frequenzen spielt allerdings die Massenträgheit des Leitungsstroms eine wichtige Rolle, was eine detailliertere Behandlung mittels der in IV.2.1. definierten dynamischen, frequenzabhängigen Dielektrizitätskonstante erforderlich macht. Für den vorliegenden Zweck genügt das einfache, von P.Drude (1863-1906) schon 1900 entwickelte Modell der Metalloptik /133/. Die Ladungsträger werden dabei als "Elektronengas" unabhängiger Teilchen behandelt und ihr Verhalten in einem homogenen elektrischen Wechselfeld $\vec{E}(t)$ untersucht.

Die daraus folgende Bewegungsgleichung eines geladenen Teilchens der effektiven Masse $m^*$ und der Ladung e lautet:

$$\dot{\vec{v}} + \frac{1}{\tau}\vec{v} = \pm\frac{e}{m^*}\vec{E}(t). \qquad (IV,53)$$

Die Wirkung der Gitterstoßprozesse ist dabei durch das Reibungsglied $\vec{v}/\tau$ berücksichtigt. Die Konstante $\tau$ hat die Bedeutung einer Relaxationszeit für die Driftgeschwindigkeit. Dies erkennt man aus dem Verhalten der Lösung unmittelbar nach Abschalten des Feldes:

$$\vec{v} = \vec{v}_o \cdot e^{-t/\tau}. \qquad (IV,54)$$

Jede zur Zeit des Abschaltens des Feldes vorhandene Driftgeschwindigkeit $\vec{v}_o$ fällt infolge der Stöße exponentiell ab, und zwar in jedem Zeitintervall $\tau$ auf den (1/e)-ten Teil. Diese Relaxationszeit $\tau$ ist im Drude-Modell allen Ladungsträgern gemeinsam und erlaubt daher die Aufstellung einer einfachen Differentialgleichung für die Stromdichte. In dem wichtigsten Fall der Stromleitung in einem einzigen Band genügt der Blochvektor $\vec{k}$ zur Charakterisierung der Ladungsträgerzustände und man bekommt die Stromdichte als:

$$\vec{j} = \pm\sum_{\vec{k}} e v_{\vec{k}}\, n_{\vec{k}}, \qquad (IV,55)$$

$n_{\vec{k}}$ = mittlere Zahl von Ladungsträgern pro Einheitsvolumen in einem infinitesimalen Wellenzahlbereich um $\vec{k}$.

Kombiniert man (IV,53) und (IV,55) so bekommt man:

$$\dot{\vec{j}} + \vec{j}/\tau = \pm\frac{n_e e^2}{m^*}\vec{E}(t), \qquad (IV,56)$$

$n_e = \sum_{\vec{k}} n_{\vec{k}}$ = Ladungsträgerkonzentration.

Bei stationärer Stromleitung in einem Gleichspannungsfeld gilt $\dot{\vec{j}}=0$ und:

$$\vec{j}_o = \sigma_o\vec{E}_o. \qquad (IV,57)$$

Die statische Leitfähigkeit $\sigma_o$ ist daher:

$$\sigma_o = n_e\frac{e^2\tau}{m^*}. \qquad (IV,58)$$

Die damit verknüpfte Größe (Beweglichkeit):

$$b_o = \frac{\sigma_o}{|e|n_e} = \frac{|e|\tau}{m^*} \qquad \text{(IV,59)}$$

ist erwartungsgemäß umso größer, je größer die Relaxationszeit $\tau$ (d.h., je kleiner die Relaxationsrate $1/\tau$) und je kleiner die effektive Masse $m^*$ der Ladungsträger sind.

Für elektrische Wechselfelder:

$$\vec{E}(\omega) = \vec{E}\, e^{-i\omega t}$$

ergibt der Lösungssatz:

$$\vec{j}(\omega) = \vec{j}\, e^{-i\omega t} \,,$$

$$(-i\omega\tau+1)\vec{j} = \sigma_o\vec{E}, \qquad \text{(IV,60)}$$

woraus die dynamische Leitfähigkeit:

$$\sigma(\omega) = \frac{\sigma_o}{1-i\omega\tau} \qquad \text{(IV,61)}$$

folgt. Die Größe $\sigma(\omega)$ ist die Leitfähigkeit in (IV,41), sodaß für die dort definierte effektive dielektrische Funktion folgt:

$$\varepsilon^*(\omega) = \varepsilon(\omega) + i\,\frac{\sigma_o}{\omega\varepsilon_o(1-i\omega\tau)}\,. \qquad \text{(IV,41')}$$

Es ist günstig, an dieser Stelle die sogenannte Plasmafrequenz:

$$\omega_p = \sqrt{\frac{n_e e^2}{\varepsilon_o m^*}} \qquad \text{(IV,62)}$$

einzuführen. Sie beschreibt die Frequenz kollektiver Eigenschwingungen frei beweglicher Ladungsträger in einem insgesamt neutralen System. Für eine einfache Herleitung von Gleichung (IV,62) kann man von dem Modell frei beweglicher geladener Masseteilchen in einem reibungsfreien, gleichförmig geladenen, neutralisierenden Medium ausgehen. Auf diese Weise werden die diskret verteilten Ionen in Metallen - bzw. Donatoren oder Akzeptoren in Halbleitern - durch einen gleichförmigen Ladungshintergrund ersetzt. Abb.IV.20. zeigt ein solches Elektronenplasma der Dichte $n_e$. Die Elektronenverteilung ist gegenüber dem positiven Hintergrund starr um eine bestimmte Distanz x verschoben. So simuliert man Ladungsdichteschwankungen negativer Raumladung und gleichzeitig entstehende Verarmungsbereiche positiver Ladung. Entsprechend der Poisson-Gleichung für die entstehenden Ladungsbereiche:

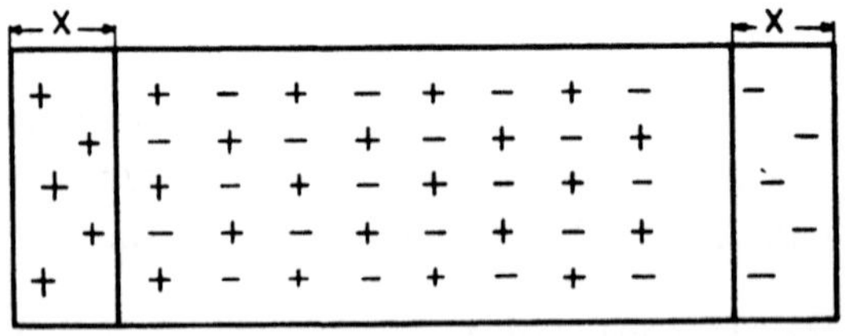

Abb.IV.20.: Modell zur Ableitung der Plasmafrequenz.

$$\vec{\nabla}.\vec{E} = \pm\frac{n_e|e|}{\varepsilon_o} \tag{IV,63}$$

wirkt bei einer gemeinsamen Auslenkung x der Elektronen (wie in Abb.IV.20.) auf die Ladungsträger in Inneren ein Feld $4\pi n_e|e|x$. Die entsprechende Bewegungsgleichung ist:

$$m^*\ddot{x} = -\frac{n_e e^2}{\varepsilon_o} . \tag{IV,64}$$

Diese harmonische, ungedämpfte Schwingung hat die Frequenz $\omega_p$ entsprechend (IV,62). Das Ladungsträger-Plasma verhält sich also wie zwei durch eine elastische Feder gekoppelte, entgegengesetzt geladene Massen, die durch ein äußeres Wechselfeld zu erzwungenen Schwingungen angeregt werden können. Nach (IV,58) ist damit die statische Leitfähigkeit:

$$\sigma_o = \varepsilon_o \tau \omega_p^2 . \tag{IV,58'}$$

Dieser Wert liefert eine weitere Form der dynamischen Dielektrizitätskonstante:

$$\varepsilon^*(\varepsilon) = \varepsilon(\omega) + i\frac{\omega_p}{\omega}\cdot\frac{\omega_p\tau}{1-i\omega\tau} . \tag{IV,65}$$

An diesem Ausdruck lassen sich die Einflüsse der einzelnen Beiträge gut abschätzen. In Metallen liefert jedes Gitteratom je nach seiner Wertigkeit mindestens ein Elektron in das Leitungsband. Die entsprechende Elektronendichte von der Größenordnung $n_e \approx 10^{23}cm^{-3}$ und eine effektive Masse, die gleich der Masse des freien Elektrons ($m_o \approx 10^{-31}kg$) ist, ergeben eine Plasmafrequenz $\omega_p \approx 10^{16}s^{-1}$. Für Halbleiter (n-Silizium) sind charakterisitsche Werte: $m^*=0,3m_o$; $n_e=10^{18}cm^{-3}$ (für hohe Dotierung) bzw. $n_e=10^{14}cm^{-3}$ (für niedere Dotierung); sie führen zu Plasmafrequenzen von $10^{14}s^{-1}$ bzw. $10^{12}s^{-1}$.

Eine Messung der Gleichstrombeweglichkeit etwa des Kupfers ($n_e$=8,5.10$^{22}$cm$^{-3}$, $\sigma_o$(300K)=6.10$^5\Omega^{-1}$cm$^{-1}$) oder des n-Siliziums ($b_n$(300K)=1,6.10$^3$cm$^2$V$^{-1}$) bei Zimmertemperatur liefert mittels Gleichung (IV,59) typische Relaxationszeiten von $\tau=10^{-14}$s für gut leitende Metalle bzw. $\tau=10^{-13}$s für Halbleiter.

In Metallen liegen die Plasmafrequenzen $\omega_p \approx 10^{16}s^{-1}$ in guten Leitern weit über dem Wert der reziproken Relaxationszeit $\tau^{-1}$ ($\tau^{-1} \approx 10^{14}s^{-1}$), die hier qualitativ als Stoßfrequenz der Ladungsträger interpretiert werden kann. Es markiert $\tau^{-1}$ dementsprechend eine für die Substanz charakteristische Frequenz und dient zur Abgrenzung dreier Bereiche:

1. Niedere Frequenzen (Infrarot und Mikrowellenbereich),

$\omega_p >> \tau^{-1} >> \omega$:

$$\varepsilon^*(\omega) \approx i \frac{\omega_p}{\omega} \omega_p \tau = i \frac{\sigma_o}{\varepsilon\omega} \qquad \text{(IV,66)}$$

$n \approx \kappa >> 1$;

nach (IV,44) kommt es daher pro (Vakuum-Wellenlänge) $\lambda_{Vak}$ zu einer sehr starken Dämpfung entsprechend $\exp[-2\pi\kappa(\omega)x/\lambda_{Vak}]$ und nach (IV,51) zu einer starken Reflexion:

$$R = \frac{(n-1)^2 + \kappa^2}{(n+1)^2 + \kappa^2} \approx 1 .$$

2. Mittlere Frequenzen, $\omega_p >> \omega >> \tau^{-1}$:

$$\varepsilon^*(\omega) = 1 - \frac{\omega_p^2}{\omega^2} < 0 \qquad \text{(IV,67)}$$

$$\kappa \approx \frac{\omega_p}{\omega} , \quad n << \kappa \quad ,$$

woraus sowohl starke Absorption wie Reflexion folgen. Dieser mittlere Frequenzbereich umfaßt für gute Leiter den sichtbaren Teil des Spektrums. Für schlechte Leiter sind die Stoßfrequenzen $\tau^{-1}$ vergleichbar mit den Frequenzen des sichtbaren Lichtes und daher ist der vorstehende Grenzfall nicht realisiert und man hat die volle Gleichung (IV,65) auszuwerten.

3. Hohe Frequenzen (Ultraviolett (UV)-Bereich), $\omega > \omega_p >> \tau^{-1}$:

$$\varepsilon^*(\omega) \approx \varepsilon_\ell(\omega) - \frac{\omega_p^2}{\omega^2} > 0 , \qquad \text{(IV,68)}$$

$$n = \sqrt{\varepsilon^*} , \quad \kappa = 0.$$

Bei diesen hohen Frequenzen sind sogar die relativ hochfrequenten Plasmaschwingungen des Elektronengases kaum mehr anregbar: Metalle werden für UV-Licht durchsichtig. In Glg. (IV,68) sind die im UV-Bereich einsetzenden Polarisationsbeiträge durch die fest gebundenen Rumpfelektronen berücksichtigt, weil ja jetzt das äußere Wechselfeld nicht mehr durch die freien Ladungsträger abgeschirmt ist und auf die Ionen einwirken kann. Eventuelle resonante Beiträge der Gitterschwingungen liegen hingegen im völlig abgeschirmten IR-Bereich und konnten in (IV,66) und für die Abschätzung von R völlig vernachlässigt werden.

In Halbleitern dagegen kann die im Vergleich zu Metallen wesentlich geringere Zahl freier Ladungsträger das äußere Feld nicht mehr abschirmen, sodaß die durch $\varepsilon_G$ und $\varepsilon_\ell$ beschriebenen Polarisationsfelder der Gitterschwingungen und der lokalisierten Elektronen das dielektrische und optische Verhalten bestimmen. Dabei sind im Gegensatz zu den fest gebundenen Rumpfelektronen die zur Kristallbindung beitragenden und daher nicht mehr fest an die Atomrümpfe gebundenen Valenzelektronen sehr leicht polarisierbar. Ihre Beiträge zu $\varepsilon_\ell$ sind im ganzen Spektralbereich von der Größenordnung 10.
Aus Glg. (IV,65) sieht man, daß der Beitrag freier Ladungsträger proportional ihrer Konzentration $n_e$ ist. Er wird daher bei starker Elektron-Phonon-Kopplung, also für eine kleine Relaxationszeit $\tau$, und bei Frequenzen $\omega > \omega_p$ vernachlässigbar. Im Extremfall sehr schwacher Elektron-Phonon-Kopplung, d.h. $\tau \to \infty$, folgt:

$$\varepsilon^*(\omega) = \varepsilon(\omega) - \frac{\omega_p^2}{\omega^2} \quad .$$

Der Brechungsindex n würde also bei Vernachlässigung der die Absorption beschreibenden kleinen imaginären Beiträge zu $\varepsilon^*$ für $\omega = \omega_p/\sqrt{\varepsilon}$ verschwinden und gemäß Glg. (IV,51):

$$R \approx \frac{(n-1)^2}{(n+1)^2}$$

zu starker Reflexion führen. Andererseits ergibt dann in dieser Näherung n=1 das Verschwinden jeglicher Reflexion. Wegen des hohen Valenzbeitrages $\varepsilon_\ell > 10$ liegt die aus der Forderung $\varepsilon^* = 1$ folgende Frequenz $\omega = \omega_p/\sqrt{\varepsilon - 1}$ sehr knapp oberhalb $\omega_p/\sqrt{\varepsilon}$, so daß der Wert des Reflexionskoeffizienten R innerhalb eines sehr kleinen Frequenzzuwachses von R=1 auf R=0 abfällt. Diese durch die tatsächlich vorhandene Gitterwechselwirkung (endliches $\tau$) in allen Materialien ausgeschmierte Plasmakante bei n=0 spielt bei der Diskussion geeigneter Halbleiter-Materialien für selektive Absorption eine wichtige Rolle.

Der Beitrag freier Ladungsträger zum Absorptionsindex $\kappa$ eines Halbleiters zeigt das Verhalten:

$$\kappa \sim \frac{\omega_p^2}{\tau\omega^3} \quad . \tag{IV,69}$$

Es ist nämlich:

$$n \approx \sqrt{\varepsilon_\ell} \approx \text{konstant} >> \kappa \quad ,$$

so daß der aus (IV,53) folgende Imaginärteil $2\kappa n$ klein gegenüber dem Realteil ist. Vergleicht man mit (IV,65), so gilt:

$$2\kappa n = \frac{\omega_p}{\omega}\, \omega_p \tau \, \frac{1}{1+\omega^2\tau^2} \quad .$$

Da der wichtige Frequenzbereich $\omega >> \omega_p$, $\tau^{-1}$ ist, kann man den obenstehenden Ausdruck nach $1/\omega^2\tau^2$ entwickeln und bekommt (IV,69). Daraus folgt für den Extinktionskoeffizienten:

$$K = \frac{2\omega\kappa(\omega)}{c} \sim \frac{\omega_p^2}{\tau\omega^2} \sim \frac{n_e \lambda^2_{Vak}}{\tau} \quad . \tag{IV,70}$$

Im Halbleiter ist das Absorptionsverhalten freier Ladungsträger im Bereich $\omega \gtrsim \omega_p$ durch eine quadratische Abhängigkeit von der Wellenlänge charakterisiert. Hier, genauso wie im IR-Bereich der Metalle, spielen die Ladungsträger-Streuprozesse eine wichtige Rolle. Ihr i.a. ausgeprägtes Temperaturverhalten führt in diesen Fällen auch zu einer Temperaturabhängigkeit des Brechungs- und Absorptionsverhaltens.

### IV.2.3.3. Interbandabsorption. Direkte und indirekte Übergänge

Der für die optischen Eigenschaften der Isolatoren und Halbleiter bestimmende Absorptionsmechanismus ist die Anregung eines Valenzbandelektrons in einen Leitungsbandzustand durch Absorption eines Photons. Da für den entsprechenden Gesamtprozeß dieser "Elektron-Loch-Paarerzeugung" die Energie und der Wellenzahlvektor erhalten sein müssen, spielt die detaillierte Bandstruktur des absorbierenden Materials eine wichtige Rolle. Für Substanzen mit einer direkten Energielücke wird der Absorptionsprozeß im Bandschema der Abb.IV.21. veranschaulicht. Da die Photonenwellenzahlen vernachlässigbar klein sind gegenüber der Brillouin-Zonengrenze, erfolgt ein Elektron-Photon-Übergang immer vertikal. Die minimale Strahlungs-

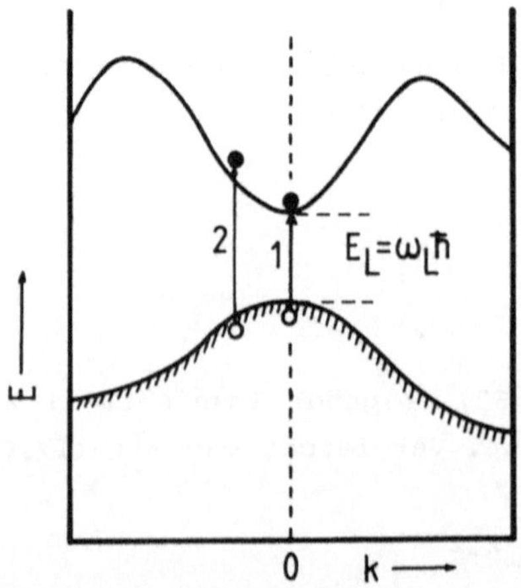


Abb.IV.21.: Schematische Darstellung der Bandstruktur für eine Substanz mit direkter Energielücke.

frequenz für eine Elektron-Loch-Anregung beträgt:

$$\omega_L = \frac{E_L}{\hbar} \quad ,$$

da nur Photonen mit mindestens dieser Frequenz ein Elektron über den verbotenen Energiebereich anheben können. Absorption der Schwellenfrequenz $\omega_L$ geschieht also durch Anregung eines Elektrons aus dem Valenzbandmaximum in das Minimum des Leitungsbandes (Übergang 1 in Abb.IV.21.). Absorption bei höheren Frequenzen erfolgt durch Übergänge in höheren Bandbereichen (z.B. Übergang 2 in Abb.IV.21.). Die entsprechende Überschußenergie der Elektronen und Löcher bezüglich ihres jeweiligen Bandextremums ist kinetische Energie, die im weiteren Verlauf durch Phononenemission an das Kristallgitter abgegeben wird. Das Absorptionsspektrum einer direkten Bandlücke ist also durch einen bei $\omega_L$ einsetzenden und steil nach oben gehenden Extinktionskoeffizienten charakterisiert (Abb.IV.22.).

Da $\omega_L$ bei Isolatoren im UV-Bereich liegt, sind perfekte Isolatorkristalle durchsichtig. Dagegen liegt $\omega_L$ für die meisten Halbleiter unterhalb des sichtbaren Bereiches und daher absorbieren diese wie ein Metall das ganze sichtbare Spektrum und zeigen einen silbrig-metallischen Glanz. Halbleiter, deren Bandlücken innerhalb des sichtbaren Spektrums liegen, sind dagegen für den Frequenzbereich unterhalb $E_L/\hbar$ durchlässig. Z.B. hat das für die Anwendung in Solarzellen wichtige Cadium-Sulfid (CdS) eine direkte Bandlücke von 2,4 eV und daher eine rötlich-gelbe Färbung.

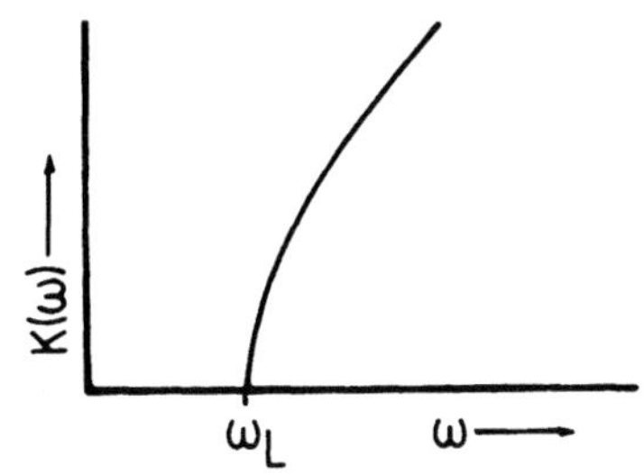


Abb.IV.22.: Schematische Darstellung des Verlaufs von K(ω) für eine Substanz mit direkter Energielücke.

In allen Halbleitern und Isolatoren besteht allerdings noch die Möglichkeit von Absorptionsprozessen unterhalb der Absorptionskante durch Anregung von Elektronen, die in Fremdatomen oder Gitterfehlstellen gebunden sind, oder durch Anregung von Valenzelektronen in unbesetzte Störstellenzustände. Solche Prozesse an sogenannten Farbzentren sind die Ursache der Färbung vieler Isolierstoffe (z.B. Edelsteine), aber auch von nichtkristallinen Substanzen wie etwa Gläsern. Gitterfehlstellen und Fremdatome sind als Folgen des Kristallwachstums oder des Herstellungsverfahrens unvermeidlich, ihre Zahl ist aber im Vergleich zur Zahl der für Interbandübergänge zur Verfügung stehenden Valenzelektronen verschwindend klein. Dies gilt auch für gezielt in Halbleiter eingebaute Donatoren und Akzeptoren. Daher spielt die Störstellenabsorption für den Energiehaushalt photovoltaischer oder photothermischer Materialien keine wichtige Rolle.

Etwas komplizierter als im bisher betrachteten Fall der direkten Absorption liegen die Verhältnisse in Materialien mit indirekter Bandlücke. Abb.IV.23. zeigt den qualitativen Verlauf der Bandlücke in Silizium. Direkte Interbandabsorption aus dem Maximum des Valenzbandes (Übergang 1) führt auch hier wieder zu einer entsprechenden Absorptionskante für eine Frequenz $E'_L/\hbar$, die dem energetischen Abstand $E'_L$ zum Leistungs-

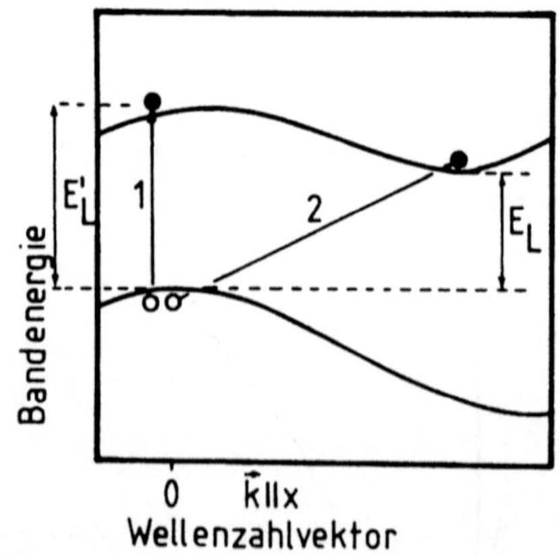


Abb.IV.23.: Qualitativer Verlauf der Bandlücke des Siliziums (nach O.Madelung /131/):
1 direkter Übergang, 2 indirekter Übergang, • angeregtes Elektron, o erzeugtes "Elektronenloch".

band bei k=0 entspricht. Es kommt aber bereits unterhalb dieser Schwelle zu Absorptionsprozessen, in denen offenbar Elektronen aus dem Valenzbandmaximum in das energetisch tiefer liegende Leitungsbandminimum bei $k_{LBM}$ angeregt werden (Übergang 2). Die für die Gesamtwellenzahlvektor - Erhaltung noch fehlende Differenz - $k_{LBM}$ zwischen Anfangs- und Endzustand des Elektron-Phonon-Systems wird dabei durch eine zusätzliche Emission oder Absorption eines Phonons geliefert. Da es sich dabei um einen Stufenprozeß 2. Ordnung handelt (je eine Elektron-Photon- und eine Elektron-Phonon-Wechselwirkung), ist seine Gesamtwahrscheinlichkeit wesentlich kleiner als die des Prozesses 1. Ordnung, des alleinigen Elektron-Photon-Prozesses bei direkter Interbandabsorption. Der Beitrag von phononassistierten Übergängen zum Extinktionskoeffizienten hat daher einen weniger steilen Verlauf und ergibt nach Überlagerung mit den direkten Übergängen den typisch abgeschrägten Stufenverlauf der Abb.IV.24.

Zum besseren Verständnis der detaillierten Energiebilanz eines indirekten Übergangs denkt man sich den Absorptionsvorgang in seine möglichen Teilprozesse zerlegt. Diese können auf zwei Arten stattfinden (Abb.IV.25.):

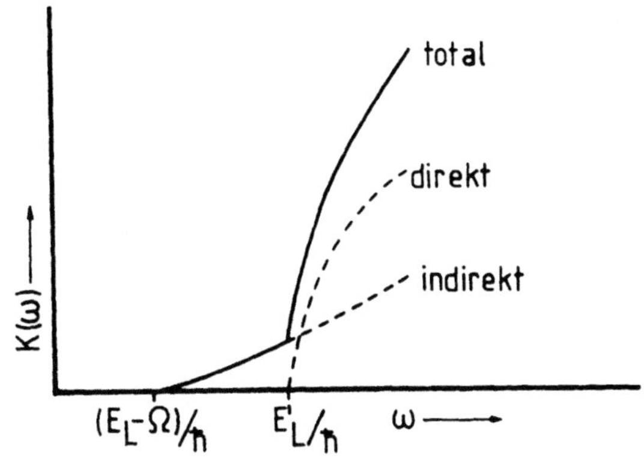


Abb.IV.24.: Schematische Darstellung des Absorptionsspektrums eines Halbleiters mit indirekter Bandlücke $E_L$.$E'_L$($>E_L$): direkte Bandlücke; $\hbar\Omega$: Energie der am indirekten Übergang beteiligten Phononen.

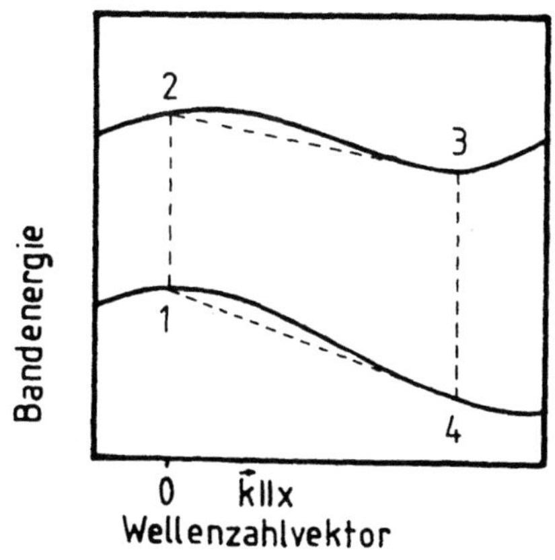


Abb.IV.25.: Indirekte Interbandabsorption am Beispiel der indirekten Bandlücke des Siliziums (nach O.Madelung /132/).

1. Absorption eines Photons durch eine Elektron im Valenzbandmaximum ($\vec{k}=0$) und dadurch Erzeugung eines Elektron-Loch-Paares mit jeweils $\vec{k}=0$; darauffolgender Übergang des Elektrons in das Leitungsbandminimum bei $\vec{k}_{LBM}$ unter Emission oder Absorption eines Phonons des entsprechenden Wellenzahlvektors $-\vec{k}_{LBM}$ bzw. $+\vec{k}_{LBM}$ (Übergang 1→2→3)
2. Absorption des Photons durch ein Valenzbandelektron bei

$\vec{k}_{LBM}$ und dadurch Erzeugung eines Elektrons im Leitungsbandminimum und des entsprechenden Lochs im Valenzband; darauffolgender Übergang eines $\vec{k}$=0-Elektrons aus dem Valenzbandmaximum in das zunächst entstandene Loch bei $\vec{k}_{LBM}$ durch Absorption oder Emission eines Phonons mit

$|\vec{q}| = |\vec{k}_{LBM}|$ (Übergänge 4→3, 1→4)

Überlegt man sich die Energiebilanz dieser Teilprozesse, so kommt man allerdings zunächst zum Schluß, daß Phononen mit ihren vernachlässigbaren Energien (maximal einige Hundertstel eV) nicht imstande sein sollten, die Energiedifferenzen der Interbandübergänge 1→2 bzw. 1→4 auszugleichen. Tatsächlich ist bei quantenmechanischen Mehrfachprozessen aber Energieerhaltung nur für den Gesamtprozeß, nicht aber für die einzelnen Teilprozesse zu fordern. Die Heisenbergsche Unbestimmtheitsbeziehung führt nämlich dazu, daß für die äußerst kurzlebigen (virtuellen) Zwischenstände die Energie nicht mehr hinreichend genau festgelegt ist. Erst daraus wird verständlich, warum Phononen mit ihren vernachlässigbaren Energien allein aufgrund ihres Beitrags zur Erhaltung des Wellenzahlvektors die indirekten Übergänge ermöglichen. Abb.IV.26. zeigt den Extinktionskoeffizienten als Funktion der Wellenlänge für einige solartechnologisch wichtige Halbleiter. Man erkennt, daß Silizium aufgrund seiner indirekten Bandlücke wesentlich schwächer absorbiert als andere Halbleiter mit Energielücken vergleichbarer Größe (z.B. Gallium-Arsenid usw.).

Die Lebensdauer eines bei einer Interbandabsorption erzeugten freien Ladungsträgers, also Elektrons oder Loches wird in erster Linie durch die Paarvernichtung bestimmt, also durch die Rekombination des Elektrons mit irgendeinem Loch, wobei die freiwerdende Energie:

$$E_{EL} - E_{Loch} > E_L$$

entweder durch elektromagnetische Strahlung (strahlende Rekombination) oder häufiger durch Phononenerzeugung (strahlungslose Rekombination) freigesetzt wird.

### IV.2.3.4. Gitterabsorption

Ein starres Kristallgitter kann mit elektromagnetischer Strah-

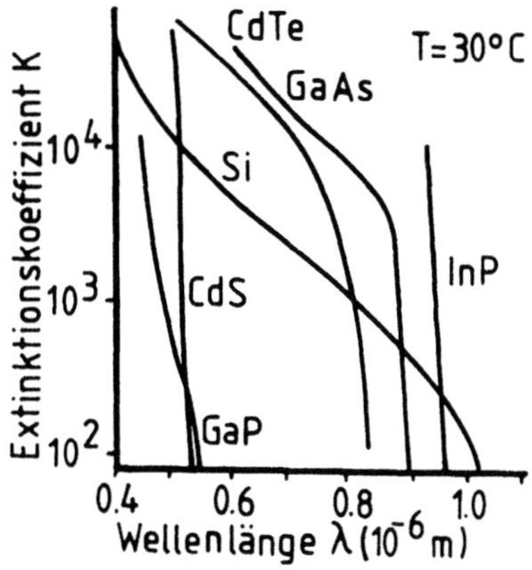


Abb.IV.26.: Verlauf des Extinktionskoeffizienten für einige wichtige Halbleiterkristalle (nach B.O.Seraphin /134/).

lung nur über die in den Abschnitten IV.2.3.2. und IV.2.3.3. behandelten elektronischen Prozesse der Inter- und Intrabandübergänge oder im hochfrequenten UV- und Röntgenbereich über Anregung von Rumpfelektronen wechselwirken. Tatsächlich befindet sich aber das Kristallgitter infolge Überlagerung der thermisch angeregten Gitterschwingungen in steter Bewegung. In praktisch allen mehratomigen Substanzen sind mit bestimmten Eigenschwingungen elektrische Dipole verknüpft, die auf Grund ihrer Symmetrieeigenschaften an das Strahlungsfeld koppeln können. Dann ergibt sich für die Wechselwirkung solcher optisch aktiver Moden mit dem elektrischen Feld der Strahlung wieder das Modell eines erzwungenen Oszillators. Je nach den Dämpfungsverhältnissen dieser Oszillatoren kommt es dann zu mehr oder weniger ausgeprägten Absorptionsmaxima, wenn die Frequenz der Strahlung gleich der Eigenfrequenz einer ungestörten Gitterschwingung ist. Die entsprechenden Phononenenergien solcher optisch aktiver Moden liegen im Infrarot. Gemäß dem Kirchhoffschen Gesetz und dem Wienschen Verschiebungssatz (siehe IV.2.3.5.) liegt die bei den üblichen solartechnologischen Anwendungen auftretende Wärmestrahlung ebenfalls in diesem Frequenzbereich. Auch für die Herstellung selektiver Absorber- oder Reflektormaterialien für photothermische oder photovoltaische Bauelemente (IV.3; IV.4) ist dieser Umstand wichtig. Abb.IV.27. zeigt schematisch ein vollständiges Absorptionsspektrum eines Halbleiters mit typischen Gitterabsorptionsstrukturen im IR-Bereich und mit der Absorptionskante bei höheren Frequenzen. Ein für Isolatoren charakteristisches Absorptionsspektrum unterscheidet sich von dem der Abb.IV.27. durch das Fehlen der freien Ladungsträgerab-

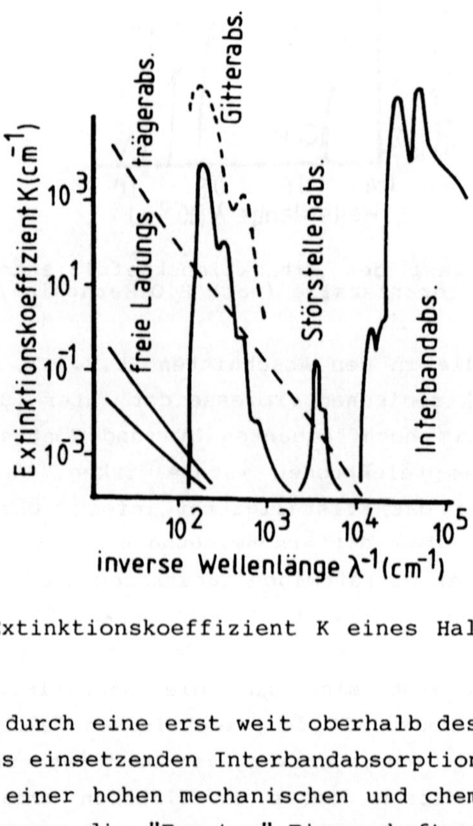


Abb.IV.27.: Extinktionskoeffizient K eines Halbleiters (schematisch).

sorption und durch eine erst weit oberhalb des optischen Frequenzbereiches einsetzenden Interbandabsorption im Sichtbaren. Zusammen mit einer hohen mechanischen und chemischen Stabilität folgen daraus die "Fenster"-Eigenschaften mancher Isolatoren (Gläser), die sie auch für solartechnische Anwendungen so nützlich machen.

IV.2.3.5. Emission von Wärmestrahlung

Bei photothermischen Energieumwandlung wird ein möglichst großer Bruchteil der einfallenden Strahlungsenergie der Sonne mit Hilfe eines Kollektors in technisch verwertbare Wärme verwandelt. Dabei erwärmt sich natürlich das Kollektormaterial und man muß dafür sorgen, daß möglichst wenig absorbierte Energie durch Abstrahlung wieder verlorengeht. Dazu ist eine genaue Kenntnis des Emissionsverhaltens der Körper in bezug auf Wärmestrahlung wichtig.

Als Bezugsstandard dient dabei der "schwarze" (d.i. der jede elektromagnetische Strahlung vollständig absorbierende) Körper (siehe I.2.3., IV.1.1., IV.1.2.2.). R.G.Kirchhoff (1824-1887) erkannte auf Grund thermodynamischer Überlegungen, daß Emissions- und Absorptionseigenschaften der Körper direkt miteinander verknüpft sind. Das von ihm formulierte Kirchhoffsche Gesetz besagt, daß bei vorgegebener Temperatur und Frequenz der Quotient aus spektralem Emissionsvermögen $h(\omega)$ und spektralem Absorptionsvermögen $a(\omega)$ für alle Temperaturstrahler gleich ist. Dabei ist $a(\omega)$ der Bruchteil der pro Flächeneinheit einfallenden Strahlungsleistung innerhalb des infinitesimalen Frequenzintervalls $d\omega$, der absorbiert wird:

$$a(\omega) = \frac{I_a(\omega)d\omega}{I_e(\omega)d\omega} \qquad \text{(IV,71)}$$

$I_a(\omega)$ = absorbierte Intensität pro $m^2$ und s,
$I_e(\omega)$ = einfallende Intensität pro $m^2$ und s.

Die Größe $A_F$ nach (IV,46') ist demnach:

$$A_F = A + D = \frac{\int_0^\infty I_a(\omega)d\omega}{\int_0^\infty I_e(\omega)d\omega} \, . \qquad \text{(IV,72)}$$

Analog zu (IV,71) bedeutet $h(\omega)$ die pro $m^2$ emittierte Strahlungsleistung.
Für den schwarzen Körper ("SK") gilt entsprechend seiner Definition $a_{SK}(\omega)=1$. Nach dem Kirchhoffschen Gesetz folgt:

$$\frac{h(\omega)}{a(\omega)} = \frac{h_{SK}(\omega)}{a_{SK}(\omega)} = h_{SK}(\omega) \, . \qquad \text{(IV,73)}$$

Es erweist sich als praktisch, das Emissionsvermögen eines Strahlers auf das des schwarzen Körpers zu beziehen, das durch die Plancksche Formel (I,25) gegeben ist. Dadurch kommt man ein relatives Emissionsvermögen (engl.: emissivity):

$$e(\omega) = \frac{h(\omega)}{h_{SK}(\omega)} \qquad \text{(IV,74)}$$

und anstelle von Glg. (IV,73):

$$\frac{e(\omega)}{a(\omega)} = 1 \qquad \text{(IV,73')}$$

oder in Worten: spektrales Absorptionsvermögen $a(\omega)$ und relatives spektrales Emissionsvermögen $e(\omega)$ eines Körpers sind gleich groß.

Das von J.Stefan (1835-1893) und L.Boltzmann ebenfalls mit Hilfe der Thermodynamik formulierte Stefan-Boltzmannsche Gesetz:

$$H_{SK} = \int_0^\infty h_{SK}(\omega)d\omega = \sigma T^4$$
$$\sigma = 5{,}675.10^{-8}\ W/m^2K^4 \qquad \text{(IV,75)}$$

liefert den Zusammenhang zwischen Gesamtstrahlung und Temperatur des Körpers[1]. Eine weitere wichtige Information ist im Verschiebungssatz von W.Wien (1864-1928) enthalten:

$$\lambda_{max} = (2.897.10^{-3} mK)/T(K), \qquad \text{(IV,76)}$$

welcher die Wellenlänge der maximalen Intensität und die zugehörige Temperatur des Strahlers korreliert. Auch dieser Zusammenhang folgt natürlich aus der Planckschen Formel, wurde aber von W.Wien ebenfalls bereits im Jahre 1893 aus den Beobachtungen gefolgert. Für eine Strahlungstemperatur der Sonne von 6000 K folgt demnach das Intensitätsmaximum für eine Wellenlänge von $4{,}8.10^{-7}$m, welche im sichtbaren Bereich ($4.10^{-7}$m (violett) $\leq \lambda_{sichtbar} \leq 7.10^{-7}$m (rot)) liegt.

### IV.2.3.6. Optische Selektivität

Abb.IV.28. zeigt die spektralen Verhältnisse bei der photothermischen Energieumwandlung. Sie zeigt die Strahlungsleistung der Sonne in Abhängigkeit von der Wellenlänge für m=2 (AM2; siehe IV.1.2., auch Tabelle IV.1.) und die Spektren zweier Temperaturstrahler mit T=400 K bzw. T=600 K. Optimales Absorbermaterial sollte nun das eingestrahlte Sonnenspektrum

1 Es ist klar, daß die Gesamtabstrahlung pro Flächeneinheit in der angegebenen Form aus dem Planckschen Strahlungsgesetz folgen muß, doch hatten Stefan und Boltzmann das nach ihnen benannte Gesetz bereits in den Jahren 1873 bzw. 1884 gefunden.

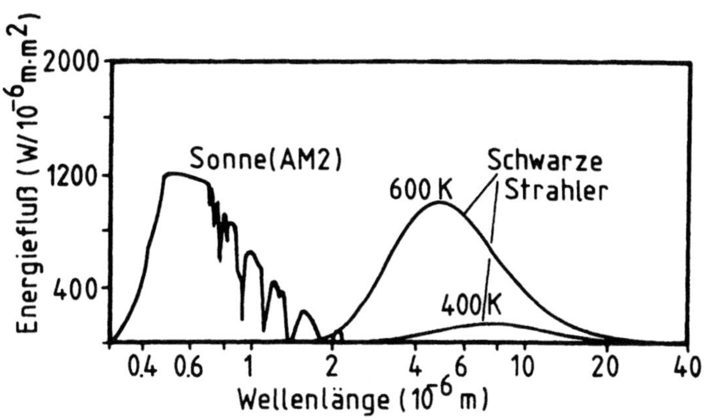


Abb.IV.28.: Sonnenspektrum für AM2 und die Spektren zweier Schwarzer Strahler für 327° C (600 K) und 127° C (400 K) /134/.

möglichst vollständig absorbieren und im IR-Bereich (durch die Betriebstemperatur gegeben) möglichst wenig emittieren. Dies fordert ein $a_S(\omega)$ nahe Eins und ein $e_{IR}(\omega)$, das sehr klein ist. Entsprechend Abb.IV.28. kann man die Wellenlänge $\lambda=2.10^{-6}$ m als Grenze zwischen Sonnen- und Absorberspektrum nehmen und damit ideales Absorberverhalten modellieren (Abb.IV.29.). Charakterisiert man durch den Quotienten $a_{IR}/e_S$ die Selektivität eines Absorbers, so zeigt das Modellmaterial von Abb.IV.29. etwa den Wert 10. Da geringes Absorptionsvermögen $A_F$ - als Folge von entsprechend kleinen Werten $a_{IR}(\omega)$ -

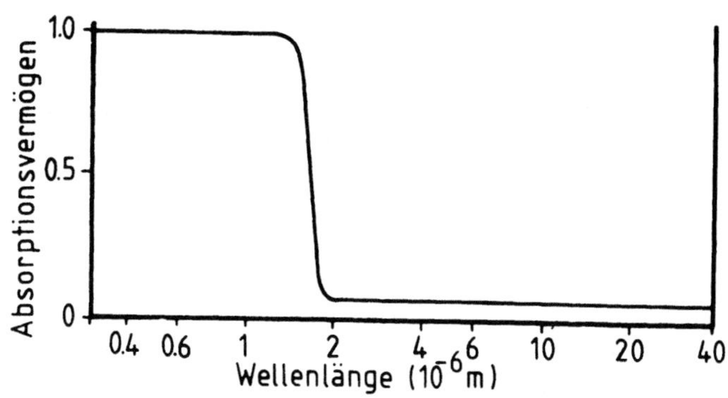


Abb.IV.29.: Schematische Darstellung eines idealen Absorptionsverhalten für photothermische Energieumwandlung.

zu einem Reflexionsvermögen R nahe Eins führt (IV,46'), kann ein Absorber auch durch Kurven wie in Abb.IV.30. charakterisiert werden. Neben dem Modellfall von Abb.IV.30. (durchgezogene Kurve) ist auch das Reflexionsvermögen für ein typisches Metall bzw. einen typischen Halbleiter angegeben. Die hohe metallische Ladungsträgerdichte ($n_e$=$10^{23}$cm$^{-3}$) führt nach (IV,62) zu einer großen Plasmafrequenz. Entsprechend (IV,66) und (IV,67) folgt daraus das große Reflexionsvermögen der Metalle im sichtbaren und IR-Bereich. Der deutlich kleinere Wert der Plasmafrequenz für Halbleiter ($n_e$≤$10^{19}$cm$^{-3}$) verschiebt die analoge Kurve für R(λ) nach größeren λ-Werten und damit deutlich über den Grenzwert $\lambda_o$. Wollte man einen Halbleiter mit einem Anstieg bei $\lambda_o$=2.$10^{-6}$m, so würde das bei Verwendung typischer Werte für die effektive Masse $m^*$ eine Ladungsträgerdichte von etwa $10^{20}$cm$^{-3}$ erfordern. Dotierungen solcher Größenordnung würden aber die optischen und elektrischen Eigenschaften eines Halbleiters zu stark beeinträchtigen. Man kann jedoch bei bestimmten Metallverbindungen im Prinzip durch teilweisen Elektroneneinfang in Atome großer Elektronenaffinität die Plasmakante vom UV- zum

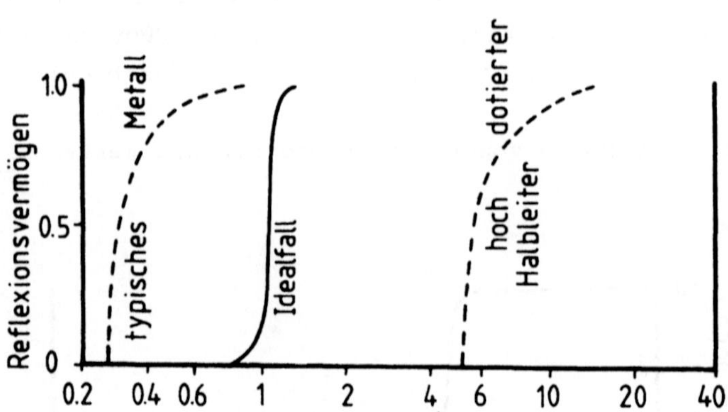


Abb.IV.30.: Grundsätzlicher Verlauf des Reflexionsvermögens R(λ) für Metalle, Halbleiter und "ideale" Absorber.

nahen IR-Bereich hin verschieben. Auch die Verwendung von Mehrkomponentensystemen aus optisch selektiven Substanzen mit jeweils optimalen Reflektor- und Absorbereigenschaften zur Verbesserung des Wirkungsgrades sowie von polykristallinen

und amorphen Substanzen zur Senkung der Herstellungskosten wird derzeit eingehend erprobt. Neben diesen Versuchen, das Absorptionsverhalten durch die Materialzusammensetzung günstig zu beeinflussen, stehen andere, die einen gleichen Effekt durch geeignete Strukturierung der Oberflächen erzielen möchten /106/.
Es stellt sich bei all diesen Versuchen aber auch die Frage, ob mit diesen Methoden zur Erreichung einer möglichst günstigen Selektivität so große Verbesserungen erzielt werden können, die die derzeit oft noch sehr hohen Kosten für diese Maßnahmen rechtfertigen. Bei den im folgenden zu behandelnden Flachkollektoren werden sich gewisse Beurteilungskriterien in dieser Richtung relativ zwanglos ergeben.

## IV.3. Photothermische Energieumwandlung

Die thermische Nutzung der solaren Strahlungsenergie beruht auf der Absorption dieser Strahlung in einem Absorber und auf der dort erfolgenden Umwandlung in Wärme. Dies kann mit Hilfe von sogenannten Flachkollektoren geschehen, die direkte und diffuse Strahlung in gleicher Weise absorbieren. Dabei kann eine der einfalldenden Strahlungsintensität entsprechende, nur relativ geringe Leistungsdichte erzielt werden, was dem Flachkollektor einen Platz im Niedertemperaturbereich zuweist. Mit konzentrierenden Kollektoren kann man dagegen beträchtlich höhere Leistungsdichten erreichen. Doch ist der dabei zu betreibende Aufwand unter Umständen relativ hoch.

### IV.3.1. Flachkollektoren

Flachkollektoren sind gut untersucht und in der Literatur ausführlich beschrieben /106-109/. Die über die folgende Darstellung hinausgehenden Details können daher ohne weiteres der Spezialliteratur entnommen werden. Abb.IV.31. zeigt die wesentlichen Teile eines solchen Kollektors. Der Absorber soll die Strahlungsenergie möglichst vollständig aufnehmen und als Wärme bereitstellen. Auf die grundsätzlich dabei auftretenden Probleme wurde bereits in IV.2.3. und IV.2.3.6. hingewiesen. Hier geht es nun um die Diskussion eines realistischen Modells eines Zwei-Scheiben-Kollektors und die Bestimmung seines Wirkungsgrades.

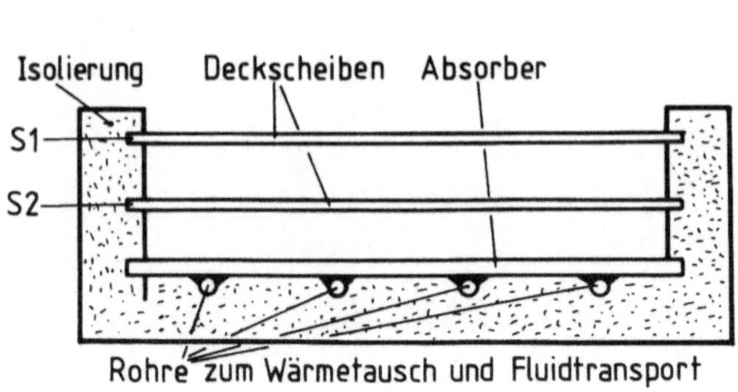


Abb.IV.31.: Flachkollektor mit zwei Deckscheiben.

Der Wirkungsgrad $\eta$ ist definiert als der Quotient aus der der Flüssigkeit in den Kühlrohren zugeführten Nutzwärmeleistung pro $m^2$ Kollektorfläche $\dot{q}_N$ und der pro $m^2$ einfallenden Strahlungsleistung. Da der Kollektor gerichtete und ungerichtete Strahlung absorbiert, hat man hier die Globalstrahlung nach (IV,29) zu verwenden:

$$\eta = \frac{\dot{q}_N}{G_T} \ . \qquad \text{(IV,77)}$$

Nach Abb.IV.31. ist daher zu untersuchen, was insgesamt von der einfallenden Strahlungsenergie auf welche Weise verloren geht. Qualitativ spielen dabei folgende Prozesse eine Rolle:

Reflexion an den Deckscheiben
(sichtbarer Bereich),
Strahlungsverluste durch die Deckscheiben
(IR-Bereich),
Wärmeleitungsverluste durch die Isolierschicht
am Rand und an der Hinterseite des Kollektors,
Konvektionsverluste durch das Deckscheiben-
system und durch den Wind, der über
die oberste Deckscheibe streicht.

Bezogen auf 1 $m^2$ Kollektorfläche gilt die Bilanzgleichung:

$$G_T(DA_{FK}) = \dot{q}_N + \dot{q}_V + \dot{q}_{Sp} \ , \qquad \text{(IV,78)}$$

$\dot{q}_N$ = Nutzleistung pro $m^2$ Kollektorfläche ,
$\dot{q}_V$ = Verlustleistung pro $m^2$ Kollektorfläche ,
$\dot{q}_{Sp}$ = im Kollektor pro $m^2$ und s gespeicherte Wärme,
$G_T$ = die die oberste Kollektorscheibe erreichende Globalstrahlung ,
$(DA_{FK})$ = Faktor, der die effektive Transmission durch die Deckscheiben und die Absorption im Kollektor berücksichtigt.

Zur Durchlässigkeit D ist zu bemerken, daß sie nicht mit dem Ausdruck in (IV,50) übereinstimmt, sondern wegen der größeren Zahl der reflektierenden Grenzschichten eine etwas kompliziertere Struktur hat /108/. Ebenso muß hier eine eventuelle Absorption längs des Weges durch die Scheiben berücksichtigt werden. Da das Reflexionsvermögen vom Einfallswinkel abhängt, müßte man eigentlich die direkte Strahlung und die Himmelsstrahlung gesondert behandeln. Nach (IV,25) und Tabelle IV.2.

entspricht einem Trübungsfaktor T=2,75 (relativ reine Atmosphäre) ein Wert von ca. 1,03 $kW/m^2$ an gerichteter Strahlung. Glg. (IV,28) gibt für die gleiche Trübung einen zusätzlichen Betrag von 92,5 $W/m^2$ an Himmelsstrahlung; also sind in diesem Fall etwa 8 % der einfallenden Strahlung diffus. Dieser Anteil erhöht sich entsprechend bei Bewölkung (siehe Abb.IV.14.). Für die folgenden Überlegungen ist es ausreichend, nur von der gerichteten Strahlung auszugehen. Der sich daraus ergebende Wirkungsgrad ist eine untere Grenze.

Die Größe $\dot{q}_{Sp}$ wird ebenfalls nur wirksam, wenn sich die Temperaturverhältnisse im Kollektor mit der Zeit ändern. Andernfalls ist im Kollektor eben der Betrag $m_K c_K (T_K - T_U)$ gespeichert. $T_U$ ist die Umgebungstemperatur. Die Kollektortemperatur $T_K$ ist ein mittlerer Wert, weil die Temperatur der einzelnen Kollektorteile ja verschieden ist und so etwa jede Deckscheibe eine andere Temperaturdifferenz zur Umgebung aufweist. Betrachtet man einen stationären Zustand, so kann man in der Bilanz (IV,78) von dem Beitrag $q_{Sp}$ absehen. Im praktischen Einsatz kann dieser Leistungsanteil durchaus wesentlich sein. Denn wenn ein Kollektor während der Nachtstunden auskühlt, wird sein Verhalten über eine unterschiedlich lange Phase des Aufwärmens nicht stationär sein und $\dot{q}_{Sp}$ ist dabei unter Umständen wichtig. Umgekehrt wird beim Abkühlen ein Teil der gespeicherten Wärme als Nutzwärme wirksam.
Wir betrachten also die vereinfachte Bilanzgleichung:

$$I_{\perp}(DA_{FK}) = \dot{q}_N + \dot{q}_V. \qquad \text{(IV,78')}$$

Bei einem mittleren Brechungsindex für Glas von $n \approx 1{,}526$ folgt ein Reflexionskoeffizient:

$$R(0) = \left(\frac{n-1}{n+1}\right)^2 = 0{,}0434.$$

Glas hat also im sichtbaren Bereich einen hohen Wert von $A_F$, aber wegen seines kleinen Absorptionsindex $\kappa(\omega)$ nach (IV,69) nur einen sehr kleinen Extinktionskoeffizienten $K(\omega)$. So bekommt man für $D_1$ bei einer Deckscheibe ohne Absorption (siehe Abb.IV.34.):

$$D_1 = (1-R)^2 + (1-R)^2R^2 + \dots$$

$$= (1-R)^2 \sum_{n=0}^{\infty} R^{2n} = \frac{(1-R)^2}{(1-R^2)} = \frac{1-R}{1+R}. \qquad \text{(IV,79)}$$

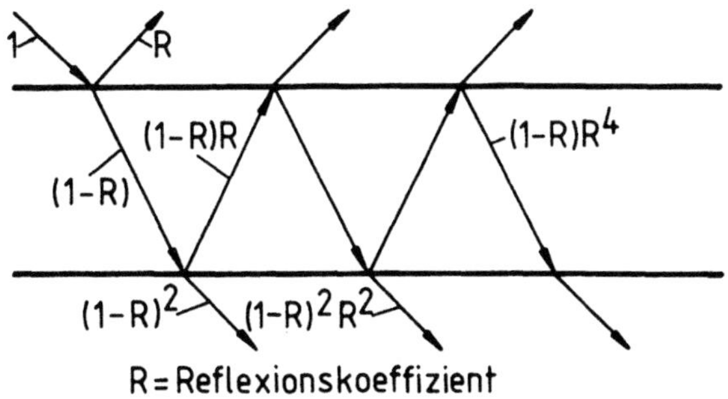


Abb.IV.32.: Zur Berechnung des Transmissionskoeffizienten einer Deckscheibe ohne Absorption.

Bei zwei Deckscheiben muß man auch die Reflexionen zwischen den beiden Deckscheiben beachten. Insgesamt wird von einer Scheibe $(1-D_1)$ reflektiert. Da für Glas $D_1 \approx 0,917$ gilt, ist dieser Anteil klein. Von der 2. Deckscheibe wird demnach der Anteil $D_1(1-D_1)$ reflektiert. Ein Teil dieser reflektierten Strahlung tritt wieder in die 2. Deckscheibe ein, sodaß durch ein zweifaches Deckscheibensystem etwas mehr durchgeht, als man durch $D_1^2$ erfassen kann. Aber die Korrektur, diesen Effekt zu erfassen, ist umständlich und bringt offensichtlich nur einen Bruchteil von Prozenten. Damit gilt bei vernachlässigbarer Absorption in den Deckscheiben und bei einem Flächenabsorptionsvermögen des Kollektors $A_{FK}=1$ für die Absorberschicht:

$$(DA_{FK}) = D_1^2 \text{ (2-Scheibenkollektor).} \qquad \text{(IV,80)}$$

Einen Überblick über den Einfluß eines von Null verschiedenen Einfallswinkel gibt Abb.IV.33. Dort ist das Transmissionsvermögen ohne Absorption als Funktion des Einfallswinkels dargestellt. Die Zahl der Deckscheiben geht als Parameter ein. Man sieht, daß der von Null verschiedene Einfallswinkel erst für $\Theta > 50^o$ merkbar wird. Bei $\Theta = 90^o$ ist das Transmissionsvermögen auf Null abgesunken.

Je nach der Qualität des Glases liegt der Extinktionskoeffizient K ungefähr zwischen den Werten 0,04 $cm^{-1}$ und 0,3 $cm^{-1}$. Dementsprechend ergibt sich ein die Absorption in den Deckscheiben berücksichtigender Einflußfaktor:

exp (-KL),

wobei L die wirkliche Länge des Strahlenweges ist. Bei zwei Scheiben von der Dicke von 0,25 cm liefert das Werte bis zu 0,861 für senkrechten Einfall und bei $\Theta \neq 0$ entsprechend dem verlängerten Weg weniger. Abb.IV.34. zeigt zwei Beispiele für Kurven analog zu Abb.IV.33., bei denen die Absorption berücksichtigt ist.

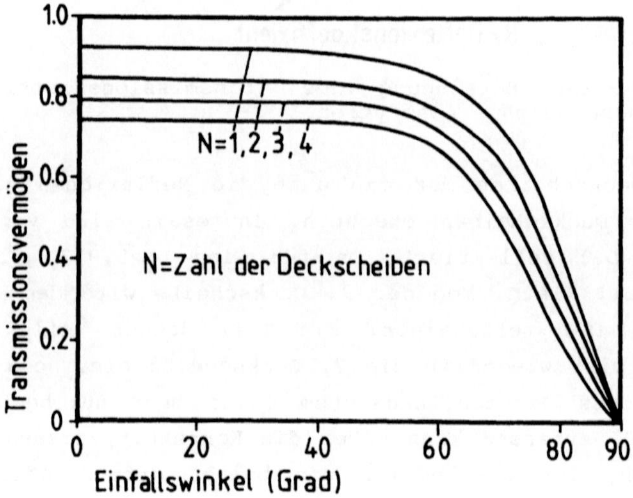


Abb.IV.33.: Transmissionsvermögen ohne Absorption für Systeme bis zu 4 Deckscheiben aus Glas mit n=1,526 /108/.

Die Nutzleistung $\dot{q}_N$ ergibt sich aus der dem Wärmeüberträger zugeführten Leistung:

$$\dot{q}_N = \dot{m} c_K (T_2 - T_1) \, , \qquad \text{(IV,81)}$$

$\dot{m}$ = den Kollektor durchsetzende Masse in kg pro s,

$c_K$ = Wärmekapazität (J/K kg),

$T_2$ : Temperatur beim Ausfluß,

$T_1$ = Temperatur beim Zufluß.

Die Verlustgleichung kann man durch einen Gesamtkollektor-Verlustkoeffizienten (Wärmedurchgangszahl; II.5) $k_{K,eff}$ beschreiben:

$$\dot{q}_V = k_{K,eff}(T_A - T_U) \, , \qquad \text{(IV,82)}$$

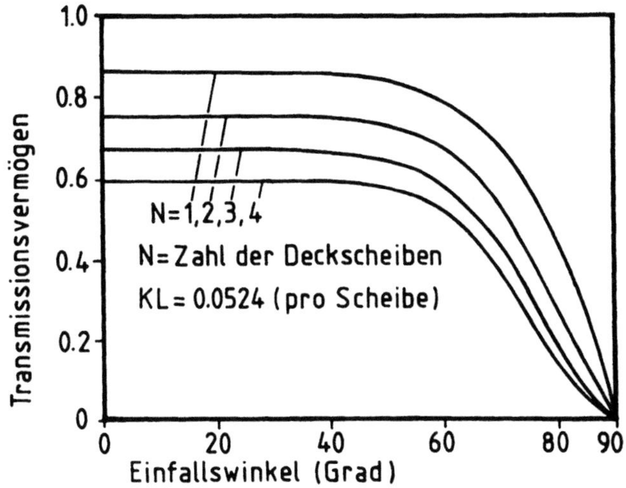


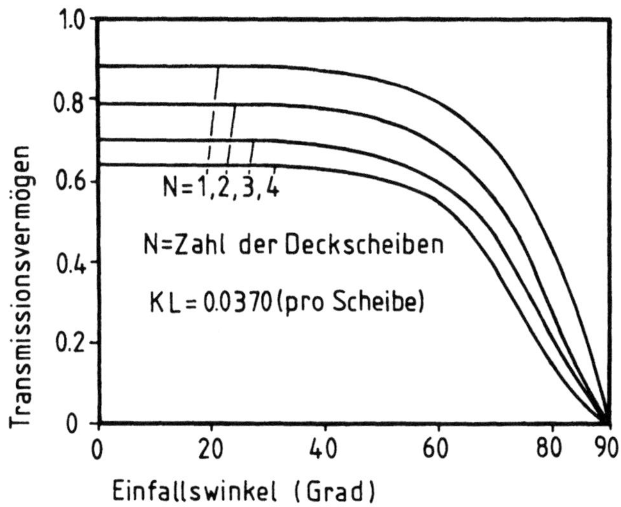


Abb.IV.34.: Transmissionsvermögen für Systeme mit bis zu 4 Deckscheiben unter Berücksichtigung der Absorption /108/.

$T_A$ = Absorbertemperatur,

$T_U$ = Umgebungstemperatur.

Daraus folgt:

$$\eta = \frac{\dot{q}_N}{I_\perp} = \frac{I_\perp (D_1^2) - k_{K,eff}(T_A - T_U)}{I_\perp} =$$

$$= \left[D_1^2 - k_{K,eff} \frac{T_A - T_U}{I_\perp}\right] . \qquad (IV,83)$$

Zur Bestimmung von $k_{K,eff}$ ist eine Bilanz der Wärmeverluste des Kollektors notwendig. Die dafür wichtigen Prozesse sind oben bereits aufgelistet und werden nun im einzelnen besprochen. Zur Berücksichtigung der Wärmeverluste an der Kollektorrückseite hat man in erster Linie die Wärmeleitung durch die Isolatorabdeckung zu beachten. Entsprechend Abschnitt (II.6) ergibt sich dabei eine Wärmedurchgangszahl:

$$k_R = \frac{\lambda}{d}\,, \qquad \text{(IV,84)}$$

wobei:

d = Dicke der Isolierschicht,

$\lambda$ = Wärmeleitfähigkeit des Isoliermaterials.

Die Berücksichtigung der Randverluste kann sehr kompliziert sein, ihr Ausmaß ist bei nicht zu kleinen Kollektoren aber vernachlässigbar.

Für die Kollektoroberseite bestimmen Konvektion und Wärmestrahlung die Verluste. Man kann die Deckscheiben dabei als undurchsichtig für die vom Absorber emittierte IR-Strahlung annehmen. Dadurch fallen Fragen die Transmission betreffend weg. Man hat dagegen den Strahlungsenergie-Austausch zwischen ebenen Flächen mit unterschiedlichem Absorptionsvermögen und unterschiedlicher Temperatur zu betrachten. Man kann dafür ähnliche Überlegungen wie für die Bestimmung der Transmissionskoeffizienten heranziehen /135/. Abb.IV.35. zeigt das Prinzip dementsprechend für den Übergang von 1→2 ($T_1 > T_2$):

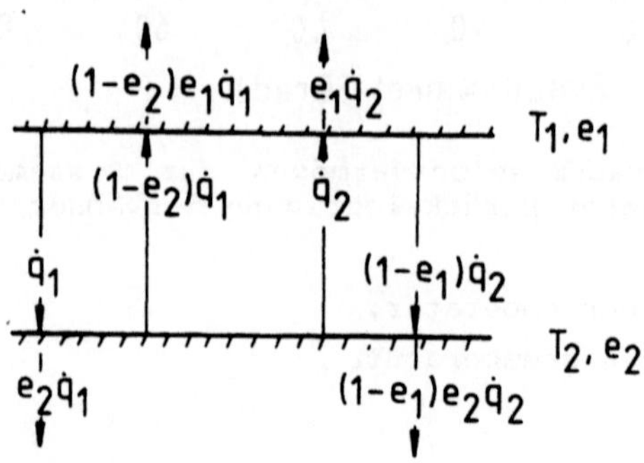


Abb.IV.35.: Prinzipskizze zur Bestimmung des Energieaustausches zwischen zwei strahlenden Oberflächen: $e_1, e_2$=Emissionsvermögen der Oberflächen 1 und 2; $\dot{q}_1, \dot{q}_2$=abgegebene Strahlungsleistungen.

$$\dot{q}_{12} = \frac{\frac{\dot{q}_1}{e_1} - \frac{\dot{q}_2}{e_2}}{\frac{1}{e_1} + \frac{1}{e_2} - 1} = \frac{\sigma(T_1^4 - T_2^4)}{\frac{1}{e_1} + \frac{1}{e_2} - 1} .$$

Daraus bestimmt sich ein temperaturabhängiger Wärmeverlustkoeffizient (Verluste von 1 nach 2):

$$\dot{q}_{12} = k_{Str}\cdot(T_1 - T_2),$$

$$k_{Str} = \frac{\sigma(T_1^2 + T_2^2)\ (T_1 + T_2)}{\frac{1}{e_1} + \frac{1}{e_2} - 1} . \qquad (IV,85)$$

Setzt man $T_1 = T_A$, $T_2 = T_{S2}$, so beschreibt $k_{Str}$ den "Wärmedurchgang" vom Absorber zur Deckscheibe S2.

Dies ist allerdings nicht der einzige Wärmeübertragungsmechanismus. Die Konvektion hat ebenfalls Anteil am Wärmeaustausch. Man versteht darunter jenen Wärmeaustausch, der durch das Zusammenwirken von Wärmeleitung und das Strömen eines Fluids (Gas oder Flüssigkeit) zustande kommt. Die genaue Behandlung dieses Phänomens ist sehr schwierig. Zum Glück wurden in der Strömungs- und Wärmetechnik Methoden entwickelt, die eine ausreichende Berücksichtigung der Konvektionsphänomene mit relativ einfachen Mitteln erlauben /135/. Im vorliegenden Fall handelt es sich um freie Konvektion zwischen parallelen Platten (Absorber, Deckscheiben), die verschiedene Winkel mit der Richtung der Schwerebeschleunigung einschließen.

Die Grundlagen dieser einfachen Verfahren bilden die Nusselt-Zahl und die Grashof-Zahl und Zusammenhänge zwischen beiden. Die Basis zum genaueren Verständnis bildet die sogenannte Ähnlichkeitstheorie oder Dimensionsanalyse, auf die hier nicht weiter eingegangen wird.

Die Nusselt-Zahl ist wie folgt definiert:

$$Nu = \frac{k}{\lambda/L} , \qquad (IV,86)$$

$L$ = Plattenabstand [m].

Sie setzt die tatsächliche Wärmeübergangszahl $k$ zwischen zwei durch ein Gas (bzw. eine Flüssigkeit) der Leitfähigkeit $\lambda$ getrennte Flächen in Beziehung zum Wärmeübergang durch reine

Wärmeleitung (Abschnitt II.6.). Kennt man daher die Nusselt-Zahl für die interessierenden Konfigurationen und die herrschenden Bedingungen, kann man k berechnen.

Die Grashof-Zahl:

$$Gr = \frac{g\beta L^3 \Delta T}{\nu^2} \qquad \text{(IV,87)}$$

g = Erdbeschleunigung $[m/s^2]$,

β = Volumsausdehnung-Koeffizient $[K^{-1}]$,

ΔT : Temperaturdifferenz [K] zwischen den Platten

ν = kinematische Zähigkeit $[m^2/s]$ des Fluids zwischen den Platten,

berücksichtigt den Auftrieb bei freier Konvektion. Beide Zahlen sind dimensionslos. Von den in der Literatur gegebenen Zusammenhängen zwischen Nu und Gr sind besonders die folgenden drei für unsere Zwecke nützlich /108/:

$$Nu = 0,152(Gr)^{0,281} \qquad \text{(IV,88)}$$

(horizontale Platten, Wärmefluß von unten nach oben, $10^4 < Gr < 10^7$);

$$Nu = 0,093(Gr)^{0,310} \qquad \text{(IV,89)}$$

(Platten geneigt unter einem Winkel von 45°; Wärmefluß von unten nach oben, $10^4 < Gr < 10^7$);

$$Nu = 0,062(Gr)^{0,327} \qquad \text{(IV,90)}$$

(vertikale Platten, $1,5.10^5 < Gr < 10^7$).

Daraus kann man in jedem Fall k berechnen. Nach (IV,88) bekommt man (bei einer mittleren Temperatur von 10°C):

$$k_{10} = 1,64\ \frac{\Delta T^{0,281}}{l^{0,157}}\ [W/m^2K], \qquad \text{(IV,91)}$$

wobei "l" bedeutet, daß der Plattenabstand in Zentimeter einzusetzen ist. Sowohl die kinematische Viskosität ν (absolute Viskosität/Dichte), als auch β und die Leitfähigkeit λ sind Funktionen der Temperatur. Dabei kann man bei β Luft wie ein ideales Gas behandeln und $\beta=\frac{1}{T}$ setzen. Für die entsprechenden Zahlenwerte von λ und ν findet man tabellarische Zusammenstellungen in der Literatur über Wärmeübertragung /136/. Hier wurden (für T=283 K) λ=0,026 [W/mK] und $\nu=15.10^{-6}[m^2/s]$ verwendet. Eine Umrechnung von $k_{10}$ auf andere mittlere Temperatur $\overline{T}$ kann mit Hilfe der empirischen Beziehung:

$$k_{\overline{T}} = k_{10}(1-0,0018(\overline{T}-10)) \qquad \text{(IV,92)}$$

erfolgen. Damit wird für einen horizontal liegenden Kollektor der Gesamtwärmetransport vom Absorber zur Deckscheibe S2:

$$\dot{q}_{A2} = k_{Str} + k_{KV}(T_A - T_{S2}) \qquad \text{(IV,93)}$$

($k_{KV}$ bezeichnet die Wärmedurchgangszahl infolge Konvektion). Für den Wärmeübergang von der Deckscheibe $S_2$ noch $S_1$ kann man analog vorgehen.

Zur Berechnung der Abstrahlung an die Umgebung kann man in (IV,85) die Temperatur der Umgebung einsetzen und diese als schwarzen Strahler mit e=1 betrachten. Man bekommt dann:

$$k_{Str,U} = e_{S1}\,(T_{S1}^2 + T_U^2)\,(T_{S1} + T_U)\,. \qquad \text{(IV,94)}$$

Einen wesentlichen Anteil an der Wärmeabgabe der obersten Deckscheibe hat der über sie streichende Wind. Dafür kann man einen Wärmeübergangskoeffizienten $\alpha_W$ ansetzen:

$$\alpha_W = 5{,}7 + 3{,}8\ v_W[W/m^2K]\,, \qquad \text{(IV,95)}$$

$v_W$ = Windgeschwindigkeit.

Mitteleuropäische Verhältnisse werden mit einer Durchschnittsgeschwindigkeit von 3m/s gut beschrieben.

Eine genauere Betrachtung der Wärmedurchgangszahlen führt ohne besondere Schwierigkeiten zu einem ausreichenden Verständnis der Situation. So ergibt sich $k_{Str}$ für den Übergang vom Absorber zur 2. Deckscheibe als:

$$k_{Str} = \frac{\sigma}{\frac{1}{e_{IR,A}} + \frac{1}{e_{IR,S2}} - 1}\,(T_A^2+T_{S2}^2)\cdot(T_A+T_{S2})\,.$$

Es ist offensichtlich gleich, ob man den Absorber schwach IR-emittierend macht ($e_{IR,A}$ sehr klein; siehe IV.2.3.6) oder ob man den gleichen Effekt durch erhöhte IR-Reflexion an der dem Absorber zugewandten Seite der Deckscheibe S2 erzielt. Für einen Absorber mit nicht unterdrückter IR-Emission ($e_{IR,A}$=0,9) und für normales Glas ($e_{IR,A} \approx 0{,}8$) ist:

$$\frac{1}{e_{IR,A}} + \frac{1}{e_{IR,S2}} - 1 \approx 1{,}36.$$

Für $e_{IR,A}$=0,1 verkleinert sich $k_{Str}$ auf 13 % des ursprünglichen Wertes. Nimmt man gar einen selektiv beschichteten Absorber und eine entsprechend reflektierend gemachte Deckscheibe ($\varepsilon_{S2}$=0,1), so macht $k_{Str}$ nur mehr 7 % des ersten Wertes aus.

Dieser Gewinn schlägt aber nicht voll zu Buche. Durch den reduzierten Strahlungsaustausch erniedrigt sich die Temperatur $T_{S2}$ und entsprechend (IV,91) nimmt der Wärmetransport durch Konvektion zu.

Die Absorbertemperatur $T_A$ und die Umgebungstemperatur $T_U$ legen die Randbedingungen für das stationäre Problem fest. Zur Bestimmung der Deckscheibentemperaturen $T_{S1}$, $T_{S2}$ muß man die folgende Relation erfüllen:

$$[k_{Str,A\to S2}(T_A,T_{S2}) + k_{KV,A\to S2}(T_A,T_{S2})]\cdot[T_A-T_{S2}] =$$

$$[k_{Str,S2\to S1}(T_{S1},T_{S2}) + k_{KV,S2\to S1}(T_{S2},T_{S1})]\cdot[T_{S2}-T_{S1}] =$$

$$[\alpha_W + k_{Str,S1\to U}(T_{S1},T_U)]\cdot[T_{S1}-T_U]. \qquad (IV,96)$$

Man kann Näherungswerte für $T_{S1}$,$T_{S2}$ mit ausreichender Genauigkeit durch Probieren finden und hat dann einen Wert für die Wärmeverluste durch die Vorderseite des Kollektors.

Die folgende Abb.IV.36. zeigt die Wirkung selektiver Schichten und die gegenseitige Beeinflussung von Konvektions- und Strahlungsverlusten durch verschiedene Temperaturen der Deckscheiben. Die Scheibenabstände sind jeweils 2,5 cm. Absorbertemperatur und Umgebungstemperatur wurden mit 100°C und 10°C vorgegeben. Die Windgeschwindigkeit soll 5 m/s betragen und die Umgebung wirkt als schwarzer Strahler. Die zu variierenden Parameter sind demnach das relative Emissionsvermögen der zwei Deckscheiben und des Absorbers für IR-Strahlung: $e_{IR,S1}$, $e_{IR,S2}$ und $e_{IR,A}$.
Im Fall a) liegen "normale" Materialverhältnisse mit $e_{IR,S1}$= =$e_{IR,S2}$=0,8 und $e_{IR,A}$=0,95 vor, wo etwa eine Oberflächenpräparation mit schwarzen Lacken auch noch hohes Emissionsvermögen im IR-Bereich zur Folge hat. Die Gesamtverluste an der Vorderseite des Kollektors sind etwa 300 W/m$^2$s. Zwischen Absorber und erster Deckscheibe bzw. zwischen den Deckscheiben dominiert die Strahlung als Wärmeübertragungsmechanismus. An der äußeren Deckscheibe ist die Konvektion durch den über die Scheibe streichenden Wind ausschlaggebend. Der Fall b) nimmt idealisierte Verhältnisse mit verschwindendem IR-Emissionsvermögen an, während die Deckscheiben Eigenschaften wie in a) haben. Die Wärmeverluste sinken fast um zwei Drittel

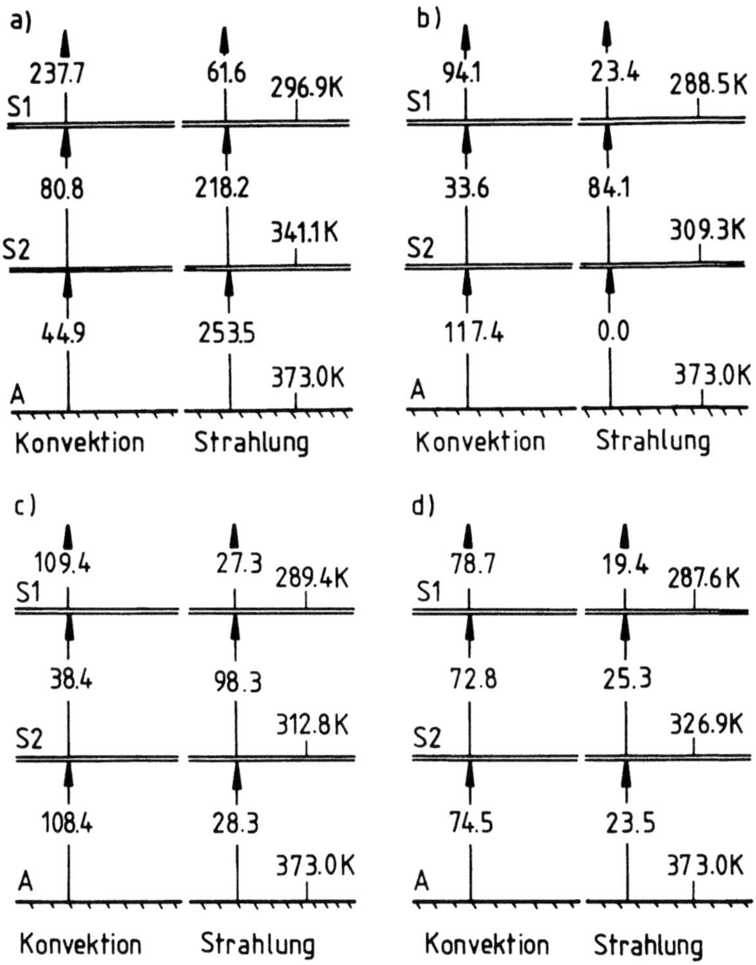


Abb.IV.36.: Wärmeverluste an der Vorderseite eines 2-Scheiben-kollektors. Die Fälle unterscheiden sich durch ihre verschiedenen selektiven Eigenschaften. Der Fall d) hat nur mehr weniger als ein Drittel der Verluste von a) (Verluste in Watt/$m^2$).

gegenüber a). Mit der Erhöhung des relativen Emissionsvermögens auf $e_{IR,A}=0{,}05$ in c) steigen die Verluste leicht an. Die besten Eigenschaften zeigt allerdings der Fall d), der ein durch Präparation durchaus erreichbares Emissionsvermögen $e_{IR,A}=0{,}1$ hat, und dazu eine Deckscheibe S2, die infolge erhöhten IR-Reflexionsvermögens beidseitig ein Emissionsvermögen $e_{IR,S2}=0{,}1$ zeigt.

Zur Bestimmung des Wirkungsgrades nach (IV,83) muß man noch $k_{K,eff}$ bestimmen, dessen Wert sich hauptsächlich aus den Beiträgen von Vorder- und Rückseite des Kollektors ergibt:

$$k_{K,eff} = k_R + k_{Vo} , \qquad \text{(IV,97)}$$

$$\frac{1}{k_{Vo}} = \frac{1}{k_{A\to S2}} + \frac{1}{k_{S2\to S1}} + \frac{1}{k_{S1\to U}} ,$$

mit:

$$k_{A\to S2} = [k_{Str,A\to S2} + k_{KV,A\to S2}] \text{ usw.}$$

Die Abb.IV.39a,b zeigen den Kollektorwirkungsgrad für verschiedene Werte von effektiver Einstrahlungsleistung $G_T$ bei $T_U$=20°C in Abhängigkeit von der Differenz $T_A$-$T_U$. Es handelt sich dabei ebenfalls um einen 2-Scheiben-Kollektor, wobei die äußere Deckscheibe S1 einmal IR-reflektierend ist und einmal nicht. Der Einfluß der selektiven Schicht ist bei geringen Strahlungsleistungen sehr wesentlich. Bei $G_T$=400 W/m² und T=70° liefert der beschichtete Kollektor einen Wirkungsgrad von ca. 25 % gegenüber einigen wenigen Prozenten mit unbeschichtetem Kollektor. Bei höheren Werten der Strahlungsleistung wird der Unterschied weniger ausgeprägt (bei $G_T$=1000 W/m² etwa 20 % bezogen auf den unbeschichteten Kollektor). Nimmt man zum Vergleich einen durchschnittlichen Wert von 600 W/m², so muß man die Kollektorfläche etwa um einen Faktor 1,50 vergrößern, um den Effekt der reflektierenden Beschichtung zu kompensieren. Man erkennt daraus auch, daß die Kosten für das Aufbringen selektiver Schichten den Preis eines halben Kollektors gleicher Fläche nicht überschreiten sollten.

Für den praktischen Einsatz von Flachkollektoren ist die erzielbare Vorlauftemperatur eine wichtige Kenngröße. Diese ergibt sich aus den Wärmeübergangsverhältnissen Absorber → wärmeübertragendes Fluid. Die Behandlung solcher Probleme gehört zu den Standardaufgaben der Wärmetechnik. Sie sind mit den dort üblichen Methoden auch zufriedenstellend lösbar /108/.

## IV.3.2. Konzentrierende Kollektoren

Die geringe Flächendichte der solaren Strahlungsleistung kann durch Einrichtungen zur Konzentration der Strahlungsenergie

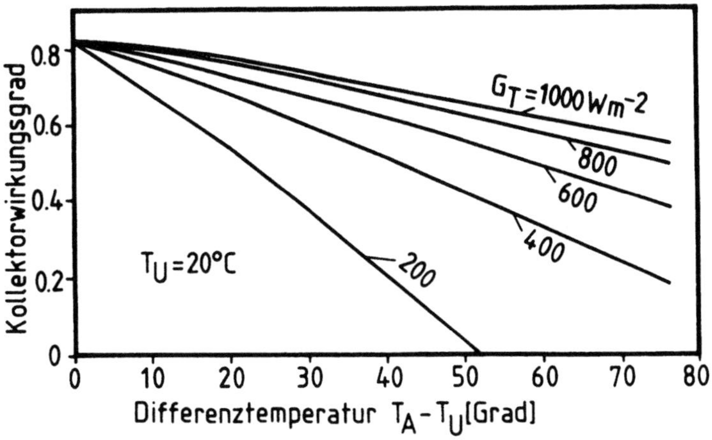


Abb.IV.37a.: Wirkungsgrad eines 2-Scheiben-Kollektors: Die Außenscheibe hat eine IR-wirksame Beschichtung /137/.

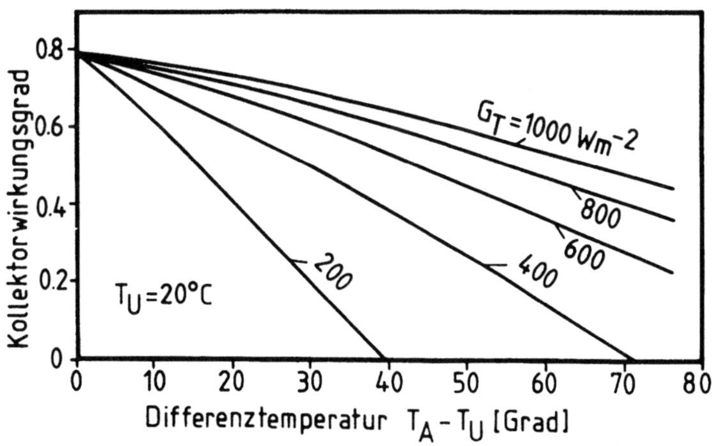


Abb.IV.37b.: Wirkungsgrad eines 2-Scheiben-Kollektors ohne selektive Beschichtung /137/.

beträchtlich erhöht werden. Dabei kommen entweder Linsen oder Spiegel zur Anwendung. Linsen sollen möglichst wenig reflektieren und ihr Material muß im sichtbaren Bereich einen sehr kleinen Extinktionskoeffizienten K aufweisen. Für Spiegel ist dagegen optimales Reflexionsvermögen wünschenswert.

In der angewandten Optik gibt es vielfältiges Erfahrungsmaterial über Linsen und Spiegel jeglicher Art. Die Frage, die sich im vorliegenden Zusammenhang ergibt, ist daher nicht so sehr, ob und wie man konzentrierende Einrichtungen mit optimalen Eigenschaften herstellt, sondern wie man das zu einem Preis leisten kann, der dem Zweck angepaßt ist. Neben den Systemen mit fokussierenden Eigenschaften sind in der letzten Zeit auch nichtfokussierende Systeme in zunehmendem Maß untersucht worden. Es werden daher im folgenden die wesentlichen Eigenschaften für beide Typen erläutert.

### IV.3.2.1. Fokussierende Systeme

Ein konzentrierender Kollektor besteht aus einem Konzentrator und einem Absorber. Die konzentrierenden Eigenschaften werden durch das Konzentrationsverhältnis C beschrieben:

$$C = \frac{A_p}{A} = \frac{\text{Apertur d. Konzentrators}}{\text{Absorberfläche}} \quad . \qquad \text{(IV,98)}$$

Bei einer kreisförmigen Apertur und einer ebensolchen Absorberfläche gilt /138/:

$$C \leq \frac{1}{\sin^2 \Theta_S} \;, \qquad \text{(IV,99)}$$

$\Theta_S$ = halber Winkel, unter dem die Sonnenscheibe von der Erde gesehen wird = halber Winkeldurchmesser der Sonne (Abb.IV.38.).

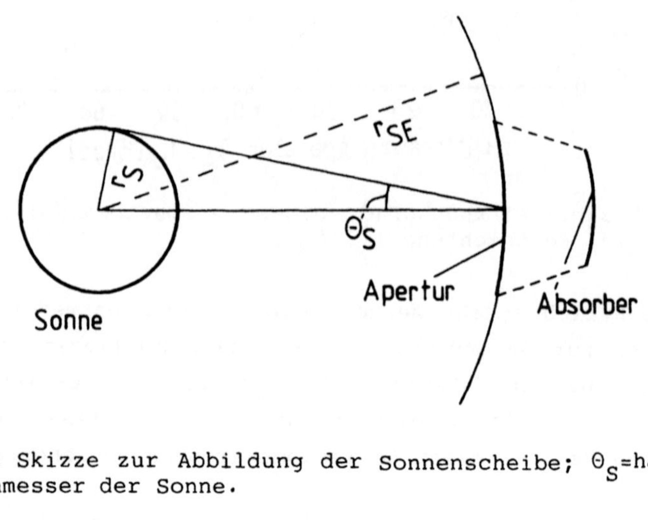


Abb.IV.38.: Skizze zur Abbildung der Sonnenscheibe; $\Theta_S$=halber Winkeldurchmesser der Sonne.

Im Falle zylinderförmiger Spiegel oder Linsen, welche die Strahlungsquelle auf eine Brennlinie abbilden, gilt dagegen:

$$C \leq \frac{1}{\sin\Theta_S} \quad . \qquad (IV,100)$$

Der Winkeldurchmesser der Sonne ist $2\Theta_S \approx 32'$; daher ist bei (IV,99) $C_{max} \approx 45000$, bei (IV,100) aber $C_{max,z} = 212$. Die Beziehungen (IV,99) und (IV,100) folgen u.a. aus thermodynamischen Überlegungen zum Strahlungsaustausch Apertur - Strahlungsquelle. Nimmt man für die Sonne eine einheitliche Oberflächentemperatur $T_S$ an, so gibt die Sonne entsprechend dem Stefan-Boltzmannschen Gesetz insgesamt eine Strahlungsleistung:

$$Q_S = 4\pi r_S^2 \sigma T_S^4 \qquad (IV,101)$$

ab. Bezeichnet man die Entfernung Erde-Sonne mit $r_{SE}$, so empfängt die Apertur den Bruchteil:

$$F_{S\to A_p} = \frac{A_p}{4\pi r_{SE}^2} \quad .$$

Im Idealfall des verlustlosen Leistungstransfers von der Apertur zum Absorber empfängt dieser:

$$Q_{S\to A} = Q_S \, F_{S\to A_p} = \frac{r_S^2}{r_{SE}^2} A_p \, \sigma T_S^4 \quad . \qquad (IV,102)$$

Die Temperatur des Absorbers gibt ebenfalls Anlaß zur Abstrahlung:

$$Q_A = A\sigma T_A^4 \quad . \qquad (IV,103)$$

Ein Teil dieser Strahlung erreicht die Sonne:

$$Q_{A\to S} = F_{A\to S} \, Q_A = F_{A\to S} A\sigma T_A^4 \quad . \qquad (IV,104)$$

Im Falle $T_A = T_S$ ist der Strahlungsaustausch null. Daher gilt:

$$\frac{r_S^2}{r_{SE}^2} Ap = AF_{A\to S}$$

bzw.

$$\frac{A_p}{A} = \frac{r_{SE}^2}{r_S^2} F_{A\to S} = \frac{F_{A\to S}}{\sin^2\Theta_S} \quad .$$

$F_{A\to S}$ kann aber den Wert 1 nicht überschreiten, so daß folgt:

$$C \leq \frac{1}{\sin^2\Theta_S} \quad .$$

Man kann die Konzentration noch erhöhen, wenn man der Absorberplatte ein Material vom Brechungsindex n vorschaltet:

$$C \leq \frac{n^2}{\sin^2\Theta_S} . \qquad (IV,105)$$

Meistens beschreibt man die Lichtstärke (Strahlungsleistungsausbeute) von optischen Systemen mit der f- oder Blendenzahl:

$$\text{f-Zahl} = \frac{b}{d} , \qquad (IV,106)$$

b = Brennweite,

d = Aperturdurchmesser.

Nach Abb.IV.39. erkennt man, daß der Bilddurchmesser den Wert:

$$a = 2b\sin\Theta_S \ (\sin\Theta_S \approx tg\Theta_S \text{ f. Paraxialstrahlen}) \qquad (IV,107)$$

hat. Daraus folgt eine untere Grenze für die Blendenzahl:

$$C = \left(\frac{d}{a}\right)^2 = \left(\frac{d}{2b\sin\Theta_S}\right)^2 = \left(\frac{1}{2.\text{f-Zahl}}\right)^2 C_{max} .$$

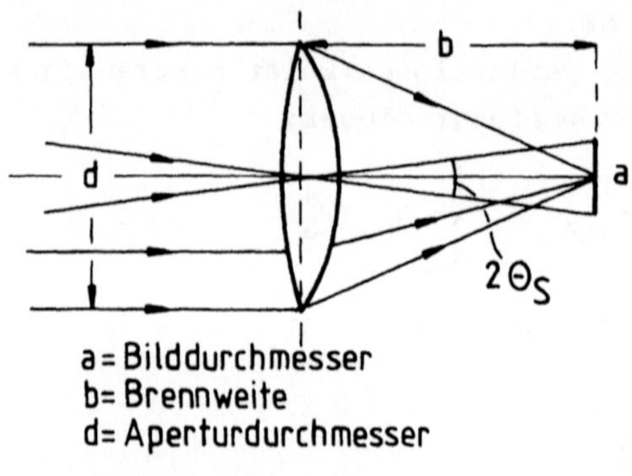


Abb.IV.39.: Zusammenhang zwischen Bildgröße, Brennweite und Winkeldurchmesser der Sonne.

Wegen:

$$C \leq C_{max}$$

folgt weiter:

$$\text{f-Zahl} \geq 0,5 . \qquad (IV,108)$$

Die erreichbaren Absorbertemperaturen folgen aus der Leistungsbilanz im stationären Zustand:

$$Q_{S\to A} = Q_A + \eta Q_{S\to A} . \qquad (IV,109)$$

Dieser Bilanz liegt eine Umgebungstemperatur Null zugrunde, da sonst die Absorbertemperatur auch durch Beiträge, die aus der Umgebung kommen, beeinflußt wäre. So aber bezieht der Absorber die Energie, die er vermöge seiner Temperatur abstrahlen kann, zur Gänze aus der Einstrahlung der Sonne. Ein weiterer Teil dieser Strahlungsenergie wird als Nutzwärme abgeführt. $\eta$ ist der Bruchteil der absorbierten Strahlungsleistung, die diesen Anteil ausmacht. Berücksichtigt man Transmissionsverluste und ein selektives Absorptions- und Emissionsverhalten, so gilt:

$$(1-\eta)\tau . a_A(T_S) . A_p . (\frac{r_S}{r_{SE}})^2 \sigma T_S^4 = e_A(T_A) . A\sigma T_A^4 ,$$

$a_A(T_S)$ = Absorptionsvermögen, das dem durch die Temperatur der Sonne $T_S$ gegebenen Spektrum entspricht,

$e_A(T_A)$ = Emissionsvermögen, das der Temperatur $T_A$ des Absorbers entspricht,

$\tau$ = berücksichtigt Verluste durch Reflexion usw.

Damit bekommt man:

$$T_A^4 = (1-\eta)\tau . \frac{a_A(T_S)}{e_A(T_A)} \cdot \frac{A_p}{A} \sin^2\Theta_S . T_S^4 =$$

$$= (1-\eta)\tau . \frac{a_A(T_S)}{e_A(T_A)} \cdot \frac{C}{C_{max}} \cdot T_S^4 . \qquad \text{(IV,110)}$$

Für $\eta=0$, $\tau=1$, $C=C_{max}$ und $a_A(T_S)=e_A(T_A)$ folgt $T_A=T_S$ als höchster Wert der Absorbertemperatur. Bei zylindrischen Konzentratoren ist C höchstens 212, woraus als maximale Absorbertemperatur folgt:

$$T_{A,max} = T_S \cdot \frac{1}{\sqrt[4]{212}} = 0,262\ T_S . \qquad \text{(IV,111)}$$

Bei konzentrierenden Kollektoren kommt der wesentliche Anteil an absorbierter Strahlungsenergie von der direkten Strahlung. Hat die Apertur aber einen sehr großen Akzeptanzwinkel, so kann man auch einen spürbaren Anteil an diffuser Strahlung konzentrieren. Für diffuse Strahlung ergibt sich die folgende Bilanz des Strahlungstransfers:

$$Q_{d,A_p\to A} - Q_{d,A\to A_p} = A_p . F_{d,A_p\to A} . \sigma T_{A_p}^4 - A . F_{d,A\to A_p} . \sigma T_A^4 . \qquad \text{(IV,112)}$$

Für $T_{A_p} = T_A$ gilt:

$$A_p F_{d,A_p \to A} = A\, F_{d,A \to A_p} .$$

Dabei ist praktisch immer die Beziehung:

$$F_{d,A \to A_p} = 1$$

erfüllt und man bekommt:

$$F_{d,A_p \to A} = \frac{A}{A_p} = \frac{1}{C} . \qquad (IV,113)$$

Je größer also das Konzentrationsverhältnis C ist, umso kleiner ist der Anteil an diffuser Strahlung, der zur Leistungsbilanz mit beiträgt.

### IV.3.2.2. Elemente parabolischer zylindrischer Konzentratoren

Zwar ist das Konzentrationsverhältnis zylindrischer Konzentratoren kleiner als das von sphärischen, aber die ersteren finden aus einer Reihe von Gründen mehr Beachtung. Deshalb werden hier die wesentlichen Eigenschaften der zylindrischen Konzentratoren kurz dargelegt. In Abb.IV.40. werden die Abbildungsverhältnisse an einem zylindrischen Parabolspiegel gezeigt.

Bezeichnet man den Winkel des reflektierten Zentralstrahles mit der optischen Achse mit $\phi$ und den halben Winkeldurchmesser der Sonne mit $\Theta_S$, so findet man für $Z_i$ /139/:

$$\mathrm{tg}\alpha_1 = \mathrm{tg}(\phi - \Theta_S) = \frac{r\sin\phi - Z_i}{r\cos\phi}$$

und bekommt daraus:

$$Z_i = \frac{r\,\mathrm{tg}\Theta_S}{\cos\phi\left[1 + \mathrm{tg}\phi\,\mathrm{tg}\Theta_S\right]} . \qquad (IV,114)$$

Analog findet man:

$$\mathrm{tg}\alpha_2 = \mathrm{tg}(\phi + \Theta_S) = \frac{r\sin\phi + Z_a}{r\cos\phi}$$

und

$$Z_a = \frac{r\,\mathrm{tg}\Theta_S}{\cos\phi\left[1 - \mathrm{tg}\phi\,\mathrm{tg}\Theta_S\right]} . \qquad (IV,115)$$

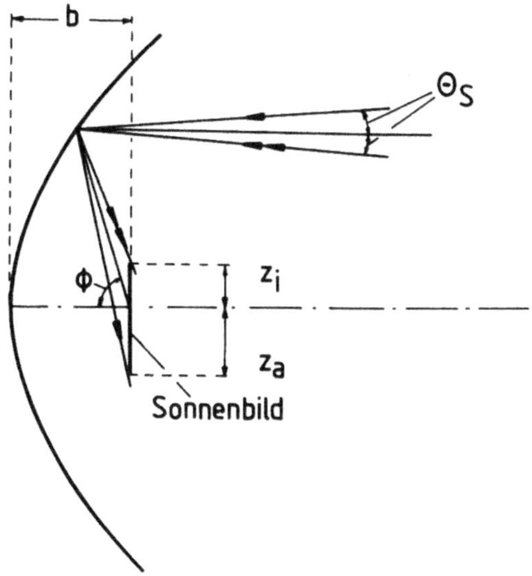


Abb.IV.40.: Schematische Skizze eines zylindrischen Parabolspiegels: $Z_i$ markiert die Begrenzung durch den inneren, $Z_a$ die durch den äußeren Strahl. $(Z_i+Z_a)$=Durchmesser des Sonnenbildes in der Fokalebene; b=Brennweite.

Aus dem Verlauf von $Z_i$ und $Z_a$ für zunehmenden Winkel $\phi$ erkennt man, daß das Bild der Sonne dabei immer größer und diffuser wird und das erzielbare Konzentrationsverhältnis immer schlechter. Bezeichnet man den Winkel $\phi$, der den Reflektor begrenzt, mit $\phi_G$ und wählt man eine Absorbergröße, die gerade noch alle konzentrierte Strahlung empfängt, dann ist $\phi_G$ gleich dem 1. kritischen Winkel[1]. Die Absorberbreite ist dann $2Z_a$. Die Apertur ist:

$$A = \ell d = 2\ell r \sin\phi_G \ .$$

Man muß aber auch die Wirkung des Absorbers, der einen Teil der Apertur abdeckt, mit in Rechnung stellen. Man bekommt dann:

$$A_{eff} = \ell . d_{eff} = 2\ell r \sin\phi_G - 2Z_a .$$

Daraus folgt das Konzentrationsverhältnis:

---

1 Man bezeichnet damit jenen Winkel, für den der größere der beiden Werte $Z_i$ und $Z_a$ gleich der halben Absorberbreite ist. Nach Abb.IV.40. ist dann die Absorberbreite gerade 2 $Z_a$.

$$C = \frac{A_{eff}}{A} = \frac{\sin\phi_G \cos\phi_G [1-tg\Theta_S tg\phi_G]}{tg\Theta_S} - 1 \; . \qquad (IV,116)$$

Das maximale Konzentrationsverhältnis liegt bei $\phi_{G,max}=44{,}87^o$ und hat den Wert $C_{max}=104{,}66$.

Ein röhrenförmiger Absorber zeigt etwas andere Verhältnisse (Abb.IV.41.).

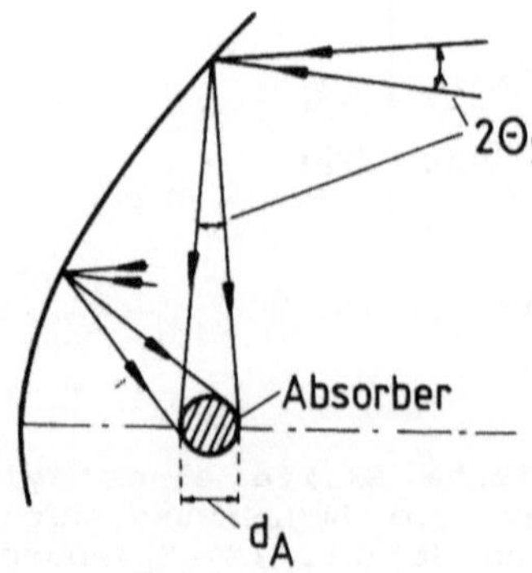


Abb.IV.41.: Bestrahlungsverhältnisse bei einem röhrenförmigen Absorber mit dem Durchmesser: $d_A=4b\Theta_S$.

Der Durchmesser $d_A=4b\Theta_S$ stellt sicher, daß bei einem Begrenzungswinkel $\phi_G=90^o$ noch alle reflektierten Strahlen auf das Rohr fallen. Als Konzentrationsverhältnis C bekommt man in diesem Fall:

$$C = \frac{\ell d_{A_p}}{\ell \pi d_A} = \frac{4b}{\pi 2b\Theta_S} \approx 135{,}2 \; . \qquad (IV,117)$$

Man muß allerdings beachten, daß es sich hiebei nur um einen ungefähren Richtwert handelt, da die Absorberfläche ja nicht gleichmäßig "beleuchtet" wird. Wenn man noch die Abdeckung des Spiegels mit in Rechnung stellt, bekommt man:

$$C = \frac{(d_{A_p} - d_A)}{\pi d_A} = 135{,}2 - \frac{1}{\pi} \; . \qquad (IV,117')$$

Hat man dagegen größere Rohrdurchmesser, so muß man die Absorberfläche durch $(d_A \Theta_G \ell)$ charakterisieren und bekommt dann:

$$C = \frac{(d_{A_p} - d_A)}{d_A \Theta_G} = \frac{1}{\Theta_G} (\frac{d_{A_p}}{d_A} - 1) . \qquad (IV,118)$$

Wegen der größeren Absorberfläche wird C kleiner.

Bei den vorstehenden Überlegungen wurde nicht berücksichtigt, daß der Spiegel natürlich kein ideales Reflexionsvermögen hat und so auch nicht alle einfallende Strahlung auf den Absorber reflektiert wird. R kann mit etwa 0,9 angenommen werden. Analog zu Flachkollektoren kann man auch einen röhrenförmigen Absorber "abdecken". Die Funktion der Deckscheibe übernimmt hier ein Glasrohr. Für eine genaue Bilanz ist ähnlich wie beim Flachkollektor vorzugehen: Reflexionsverluste, eventuelle Absorption im Glas, Wärmestrahlungs- und Konvektionsverluste müssen bestimmt werden. Das Absorberrohr kann auch hier mit einer selektiven Schicht versehen werden, um die IR-Ausstrahlung zu reduzieren. Abb.IV.42. zeigt Kurven für den Wirkungsgrad von Kollektoren der besprochenen Art in Abhängigkeit vom Konzentrationsverhältnis C. Als Parameter dient der Quotient $a_A(T_S)/e_A(T_A)$ bzw. das IR-Reflexionsvermögen an der Innenseite des Abdeckrohres. Selektive Schichten erlauben bei gleicher Absorbertemperatur schlechtere Konzentrationsverhältnisse. Man braucht daher in so einem Fall nicht so auf die Spiegelqualität zu achten. Man hat dementsprechend abzuwägen, was wirtschaftlicher ist: das Aufbringen von Schichten oder die Verwendung hochwertiger Spiegel.

Will man noch höhere Temperaturen erreichen, muß man rotationssymmetrische Reflektoren mit ihrem höheren Konzentrationsverhältnis verwenden [(IV,100)]. Betrachtet man den zu Abb.IV.41. bzw. zu (IV,117) analogen Fall mit einer Kugel als Absorber, so bekommt man:

$$d_A = 4b\sin\Theta_S \ , \ d = 4b$$

und

$$C = \frac{\pi(2b)^2}{\pi(2b\sin\Theta_G)^2} = \frac{1}{\sin^2\Theta_S} \ . \qquad (IV,119)$$

Dieser Wert von C entspricht bereits dem thermodynamischen Maximalwert und ist aus den gleichen Gründen wie vorher eine

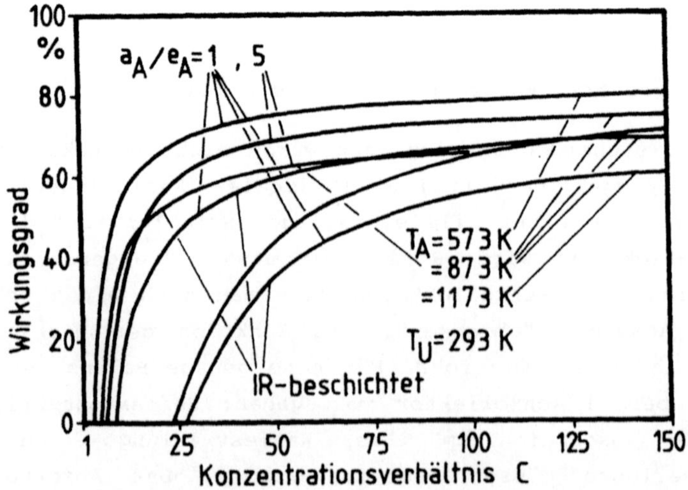


Abb.IV.42.: Wirkungsgrade für zylindrische Konzentratoren in Abhängigkeit von C mit $a_A(T_S)/e_A(T_A)$ als Parameter. Einige Absorber haben auf der Innenseite des Abdeckrohres ein verbessertes IR-Reflexionsvermögen. Die Einstrahlungsleistung auf eine Ebene senkrecht zur Strahlrichtung beträgt 700 $W/m^2$. Für höhere Absorbertemperaturen sind gute Wirkungsgrade schwieriger erreichbar /109/.

Überschätzung. In praktischen Anwendungen (Zentraler Sonnenturm mit vielen Spiegeln) hat man für den einzelnen Spiegel viel kleinere Grenzwinkel und eine entsprechend weit entfernte Absorberkugel. Temperaturen über 1000°C können damit ohne weiteres erreicht werden.

### IV.3.2.3. Nichtabbildende konzentrierende Systeme

Es ist auch möglich, konzentrierende Kollektoren als Lichtleitkammern zu bauen. Man muß dabei die Form des Kollektors so wählen, daß ein möglichst großer Teil der in ihn eintretenden Strahlungsenergie durch fortwährende Reflexion auf eine verglichen mit der Eintrittsöffnung des Kollektors entsprechend kleinere Absorberfläche fällt. Ein typisches Beispiel für diese Art von Kollektoren ist die parabolische Lichtleitkammer nach V.K.Baranov bzw. R.Winston /140/, /141/ (in der englischsprachigen Literatur: CPC=coumpound parabolic concentrator).

Die reflektierenden Wände dieser Lichtleitkammer haben einen Verlauf, der einem Parabelbogen nachgebildet ist (Abb.IV.45.). Die Parabelbögen, die die Wände der trogförmigen Kammer bilden, sind symmetrisch zur optischen Achse, die aber nicht mit der jeweiligen Parabelachse zusammenfällt. Die Neigung der Parabelachse zur optischen Achse bestimmt den Öffnungswin-

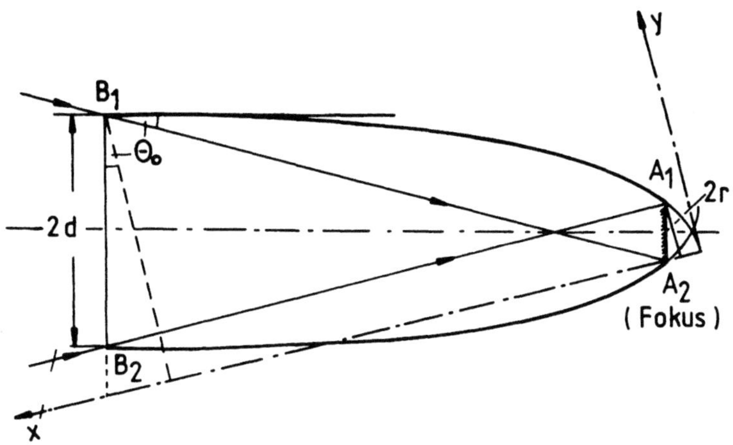


Abb.IV.43.: Prinzipskizze zur parabolischen Lichtleitkammer: $A_1A_2$=Absorberfläche; $B_1B_2$=Eintrittsöffnung. Alle Strahlen mit Eintrittswinkeln $\Theta<\Theta_o$ treffen den Absorber.

kel der Anordnung. Die Punkte $B_1,B_2$ markieren die Randpunkte der Apertur, die Punkte $A_1,A_2$ die Randpunkte der Absorberfläche. Gleichzeitig ist $A_2$ der Brennpunkt der "oberen" Parabel, $A_1$ jener der "unteren". Dadurch werden alle Strahlen, die die optische Achse im Winkel $\Theta_o$ (=Winkel der jeweiligen Parabelachse mit der optischen Achse) schneiden, entweder in $A_1$ oder $A_2$ gesammelt. Alle Strahlen mit Winkeln $\Theta\leq\Theta_o$ treffen also den Absorber. Das Konzentrationsverhältnis dieser Anordnung ist:

$$C = \frac{d}{r} = \frac{1}{\sin\Theta_o} \quad . \qquad \text{(IV,120)}$$

Beschreibt man die Parabelpunkte im jeweiligen, parabeleigenen Koordinatensystem, so folgt für den Punkt $A_1$:

$$x_{A_1} = b - 2r\sin\Theta_o, \qquad \text{(IV,121)}$$

$$y_{A_1} = 2r\cos\Theta_o,$$

$b$ = Brennweite der Parabel.

Aus der Parabelgleichung:

$$y^2 = 4bx$$

bekommt man damit:

$$b = r(1+\sin\Theta_o)$$

und weiter:

$$x_{A_1} = r(1-\sin\Theta_o) \ . \qquad \text{(IV,121')}$$

Der Punkt $B_1$ ist dadurch charakterisiert, daß in ihm die Tangente parallel zur optischen Achse verläuft. Seine Koordinaten sind:

$$y_{B_1} = 2(d+r)\cos\Theta_o \qquad \text{(IV,122)}$$

und

$$x_{B_1} = r(1+\frac{d}{r})^2.(1-\sin\Theta_o) \ .$$

Die Steigung in diesem Punkt ist:

$$y' = \frac{2b}{y} = \frac{2r(1+\sin\Theta_o)}{2(d+r)\cos\Theta_o} = \frac{\sin\Theta_o}{\cos\Theta_o} \ .$$

Daraus folgt (IV,120).
Die Länge der Lichtleitkammer ist:

$$\ell = (d+r)\mathrm{ctg}\Theta_o = r(\frac{1}{\sin\Theta_o}+1)\mathrm{ctg}\Theta_o \ . \qquad \text{(IV,123)}$$

Zwar nimmt mit zunehmendem Öffnungswinkel das Konzentrationsverhältnis ab, aber dafür trägt zur Ausbeute nicht nur die direkte, sondern auch ein beträchtlicher Anteil an diffuser Strahlung bei. Verkürzt man die Kammer, so wird zwar das Konzentrationsverhältnis kleiner, doch erleidet man kaum Einbußen bei der Aperturfläche und spart beim Reflektormaterial ein. Abb.IV.44. zeigt die Verhältnisse bei verkürzter Konzentratorhöhe /142/. Eine mögliche Form der Anwendung zeigt Abb.IV.45 /141/. Die hier vorgestellte parabolische Lichtleitkammer ist nur ein Beispiel der Entwicklung in dieser Richtung. So stellt die Trombe-Meinel-Kammer eine ähnliche Einrichtung dar (Abb.IV.46).

Die Konzentrationseigenschaften der parabolischen Kammer sind den der anderen konzentrierenden Einrichtungen (bei niedrigen Werten des Konzentrationsverhältnisses) deutlich überlegen.

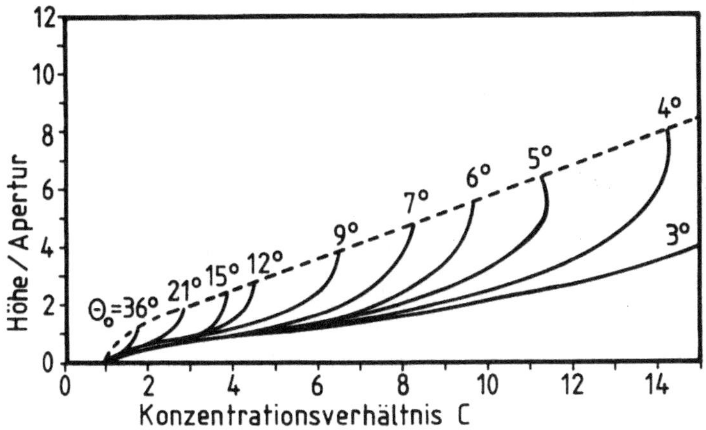


Abb.IV.44.: Abhängigkeit des Konzentrationsverhältnisses von parabolischen Lichtleitkammern in Abhängigkeit vom Verhältnis Höhe zu Aperturdurchmesser.

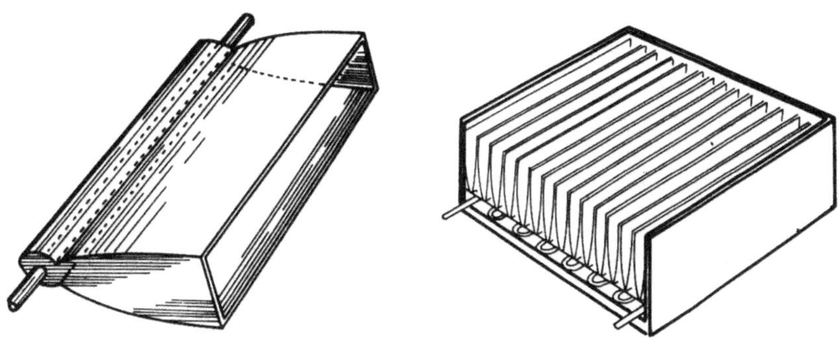

Abb.IV.45.: Parabolische Lichtleitkammer mit Absorberrohr (links); Kollektorfeld aus parabolischen Kammern (rechts).

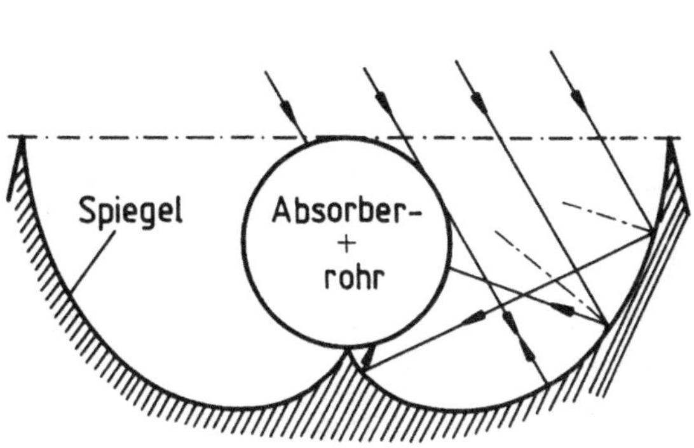


Abb.IV.46.: Trombe-Meinel-Kammer zur Konzentration der einfallenden Strahlungsenergie auf ein Absorberrohr /106/.

Der Nachteil liegt in den relativ großen Spiegelflächen und dem dadurch bedingten Materialaufwand.

### IV.3.2.4. Nachführung von Kollektoren

Da der wesentliche Anteil der Strahlungsleistung, der durch konzentrierende Kollektoren nutzbar gemacht wird, der direkten Strahlung entstammt, muß man in der Regel Einrichtungen zur Nachführung des Kollektors vorsehen. Je nach der Art der Nachführung ist der Winkel zwischen der Normalenrichtung des Kollektors und der einfallenden Sonnenstrahlung verschieden groß. Die Beziehungen (IV,8) und (IV,9) liefern den Kosinus dieses Winkels. Im Falle idealer Nachführung ist dieser Winkel null bzw. $\cos\beta=1$. Dieser Fall ist regeltechnisch meist sehr aufwendig.

Stellt man die Drehachse für die Kollektornachführung parallel zur Erdachse, so bekommt man (in der (IV,8) bzw. (IV,9) entsprechenden Bezeichnungsweise):

$$a_E = a_\odot \;; \qquad \varepsilon = \phi$$

und

$$\cos\beta = \cos\phi \sin h_\odot + \sin\phi \cos h_\odot = \sin(h_\odot + \phi) =$$

$$= \cos\left(\frac{\pi}{2} - (h_\odot + \phi)\right) = \cos\delta_\odot \qquad \text{(IV,124)}$$

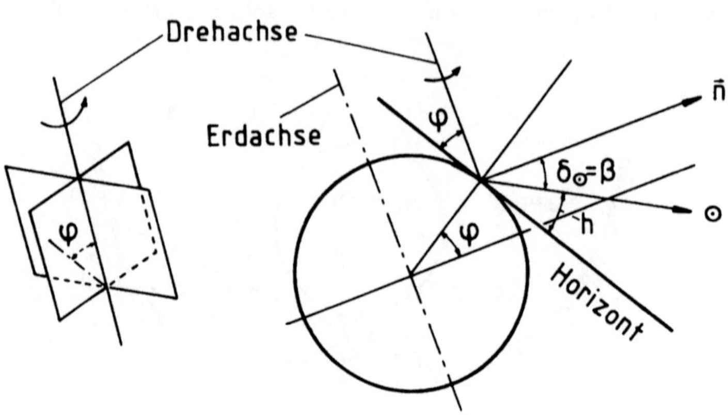


Abb.IV.47.: Skizze zu Formel (IV,124).

Man erreicht auf diese Weise, daß der Einfallswinkel der Sonnenstrahlung den ganzen Tag hindurch gleich der Deklination ist.

Oft wird die Kollektorebene einmal pro Tag auf den Sonnenhöchststand hin ausgerichtet. Einer solchen Einstellung entsprechen: $t_{\odot}=0$, $a_E=a_{\odot}$, und: $z_{\odot}=\sin\phi\sin\delta_{\odot}+\cos\phi\sin\delta_{\odot}=\cos\varepsilon$. Daraus folgt:

$$\cos\beta = \sin^2\delta_{\odot}+\cos^2\delta_{\odot}\cos t_{\odot}. \qquad (IV,125)$$

Eine weitere mögliche Fixposition für einen konzentrierenden Kollektor hängt eng mit (IV,124) zusammen. Die Normale zeigt dabei zu jener Sonnenposition, die diese zur Tag- und Nachtgleiche an ihrem Höchststand hat. Dies entspricht den folgenden Koordinaten des Normalenvektors: $x_{\odot}=\sin\phi$, $y_{\odot}=0$, $z_{\odot}=\cos\phi$. Der Winkel der Kollektorebene mit der Horizontebene ist also gleich der geographischen Breite. Dem entspricht:

$$\cos\beta = \cos\delta_{\odot}\cos t_{\odot} . \qquad (IV,126)$$

Die Deklination der Sonne umfaßt den Winkelbereich $-23,45^{\circ}\leq \delta_{\odot}\leq 23,45^{\circ}$. Daraus ergeben sich für $\cos\beta$ die folgenden Wertebereiche:

$0\leq|\cos\beta|\leq 0,917$ für (IV,124),
$0\leq|\cos\beta|\leq 1$ für (IV,125),
$0\leq|\cos\beta|\leq 0,917$ für (IV,126) .

Dabei ist zu beachten, daß im ersten Fall (IV,124) der Einstrahlungswinkel während des Tages konstant ist, während in den beiden anderen Fällen der Variationsbereich von $\cos\beta$ - in Abhängigkeit von der Tagesdauer - täglich durchlaufen wird. Danach ergibt sich z.B. für $\phi=40^{\circ}$ und im Fall der Tag- und Nachtgleiche ein mittlerer Wert von $\cos\beta=0,64$ ($\delta_{\odot}=0$) für (IV,126).

## IV.4. Photovoltaische Energieumwandlung

### IV.4.1. Solarzellen

Die Solarzelle bildet die Grundlage der direkten Umwandlung der Strahlungsenergie der Sonne in elektrische Energie[1]. Die Wirkungsweise dieses Halbleiterbauelementes beruht auf der Erzeugung von frei beweglichen Elektron-Loch-Paaren durch den inneren Photoeffekt, auf der Verhinderung ihrer Rekombination durch ihre räumliche Trennung in geeigneten inneren elektrischen Feldern und auf der technologischen Auswertung des entstehenden Photostroms bzw. der Photospannung.

Ähnlich wie bei der photothermischen Energieumwandlung steht einem großtechnischen Einsatz der Solarzelle zur Zeit zwar noch der zu hohe Kostenaufwand entgegen, doch führt die allgemeine Energie- und Umweltproblematik auch hier zu einer weltweiten Suche nach verbesserten und verbilligten präparativen Verfahren und Technologien.

Als Demonstrationsobjekt für die Wirkungsweise einer Solarzelle soll uns im folgenden die schon seit mehreren Jahrzehnten erprobte und vor allem in der Raumfahrt bewährte Siliziumzelle dienen. Sie beruht auf den auch für die Transistortechnologie entscheidenden Eigenschaften eines n-p-Halbleiterüberganges, und zwar auf der detaillierten elektronischen Struktur im Grenzgebiet zwischen n- und p-dotierten Bereichen eines einzelnen Halbleiterkristalls ("Homokontakt"). Auf die etwas verwickelteren Verhältnisse in sogenannten Heterokontakten zwischen jeweils verschiedenen n- bzw. p-dotierten Halbleitermaterialien oder in Metall-Halbleiter-Übergängen ("Schottky-Kontakte") brauchen wir nicht näher einzugehen, da sie keine wesentlich neuen physikalischen Aspekte enthalten.

---

1 In der bereits zitierten Literatur /106/, /107/, /109/ findet man jeweils Abschnitte zu diesem Thema. Im weiteren Text wird nur eine kleine Auswahl der vorhandenen Literatur, im wesentlichen zu den Grundlagen des Themas, angegeben.

## IV.4.1.1. Der p-n-Übergang im Gleichgewicht

Für die Funktionsweise der Siliziumzelle ist der Verlauf des Leitungs- und Valenzbandes im Bereich des p-n-Kontaktes entscheidend /143/, /144/. Abb.IV.48. zeigt den idealisierten Fall eines abrupten Kontaktes eines n- mit einem p-Bereich. Der Übergang zwischen den beiden Dotierungsarten erfolgt entlang der Grenzfläche F. Der Umstand, daß der Übergang tatsächlich natürlich nicht an einer geometrisch exakten Fläche, sondern in einem schmalen räumlichen Grenzbereich erfolgt, ist für das Prinzip der Solarzelle nur von nebensächlicher Bedeutung.

Für ein qualitatives Verständnis des Bandverlaufes ist es zweckmäßig, die elektronischen Prozesse bei der Bildung des Kontaktes zu verfolgen. Dazu kann man sich die beiden ver-

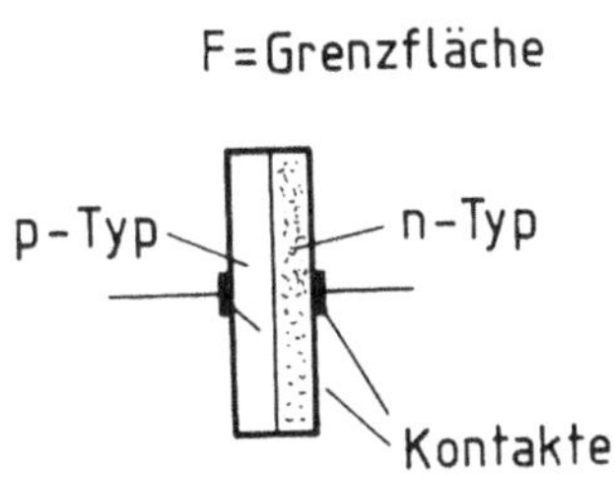


Abb.IV.48.: Idealisierter, abrupter p-n-Halbleiterübergang.

schieden dotierten Bereiche zunächst räumlich getrennt denken. In Abb.IV.49. ist das Bandschema in der Umgebung der Energielücke skizziert. Der p-dotierte Teil enthält durch den Einfang von Valenzelektronen in Akzeptor-Fremdatome einen Überschuß an Löchern im Valenzband, während der n-leitende Teil einen Überschuß an Leitungselektronen besitzt. Das Vakuumniveau liegt um jenen Energiebetrag oberhalb des Leitungsbandminimums, der erforderlich ist, um ein Elektron aus diesem Minimum in den Außenraum anzuregen, d.h. aus dem Kristall zu entfernen. Weiters ist zu beachten, daß auf Grund der Wärmebewegung der Kristallatome natürlich immer wieder zusätzlich Elektronen aus dem Valenzband in das Leitungsband "gestoßen" werden, um nach kurzer Zeit wieder mit einem Loch zu rekombinieren.

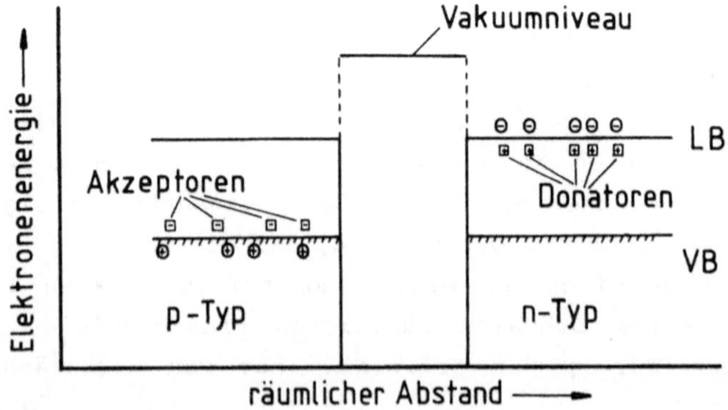


Abb.IV.49.: Banddiagramm der räumlich getrennten p- und n-dotierten Bereiche des Si-Kristalls. Strichlierte Gebiete bezeichnen durch Elektronen aufgefüllte Bandbereiche: ⊖ ... Leitungselektronen; ⊕ ... bewegliche Löcher; ⊟ ... Akzeptoren; ⊞ ... Donatoren; LB... Leitungsband; VB... Valenzband.

Die Konzentration dieser thermisch induzierten Elektron-Loch-Paare nimmt mit der Temperatur stark zu, ist aber um viele Größenordnungen kleiner als die in Abb.IV.49. angedeuteten dotierungsbedingten Ladungsdichten.

Die Abb.IV.50. zeigt nun das Bandschema unmittelbar nach dem Zusammenschluß der beiden Bereiche, bevor noch die freien Elektronen und Löcher zu diffundieren beginnen. Da das Vakuum-

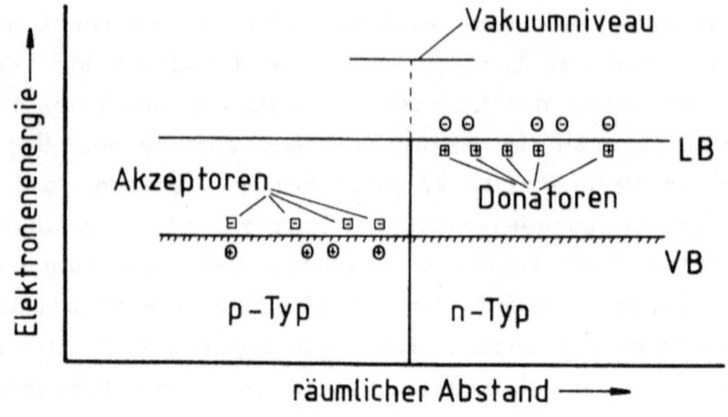


Abb.IV.50.: Bandschema unmittelbar nach dem Zusammenfügen des p- und n-Bereiches. Die vertikale Linie bezeichnet den abrupten p-n-Übergang.

niveau für beide Teilkristalle dasselbe ist, ergibt sich in diesem Zeitpunkt das unveränderte Bandschema, wobei dem Gesamtkristall die p-Seite einen Überschuß an Löchern und die n-Seite einen Überschuß an Leitungselektronen aufweist, so daß ein entsprechendes Konzentrationsgefälle für Löcher bzw. Elektronen vorhanden ist.

Räumlich wechselnde Konzentrationsverhältnisse frei beweglicher Teilchen bewirken aber Diffusionsprozesse, bei denen jede einzelne Teilchenart trachtet, aus dem Gebiet seiner höheren Teilchendichte in Bereiche niederer Dichte zu strömen. Im vorliegenden Fall kommt es daher unmittelbar nach dem Zusammenfügen der beiden Teilkristalle zu einem Diffusionsstrom der Leitungselektronen aus dem n-Bereich durch die Grenzfläche in den p-Bereich und analog zu einer Diffusion der Löcher in die Gegenrichtung. Gleichzeitig werden dabei die Konzentrationsunterschiede abgebaut.

Gelangt nun ein diffundierendes Elektron (bzw. Loch) als sogenannter Minoritätsträger in den p- (bzw. n-) dotierten Bereich, wird es schließlich mit einem der dort befindlichen Majoritätsträger, also mit einem Loch (bzw. einem Elektron) rekombinieren. Waren die beiden Teilkristalle vor dem Zusammenfügen elektrisch neutral, so führen nun die Paarvernichtungsprozesse dazu, daß die Gesamtladung der Donatoren und Akzeptoren im n- und p-Bereich nicht mehr ganz durch freie Ladungsträger neutralisiert wird. Da die Fremdatome im Kristallgitter fixiert sind, entstehen im Rekombinationsgebiet in der Nähe des Kontaktes Bereiche negativer Raumladung im p-Gebiet und positiver Raumladung im n-Gebiet (Abb.IV.51.). Man bezeichnet daher diesen durch Verminderung der Konzentration der freien Ladungsträger entstandenen Raumladungsbereich als Verarmungsgebiet. Außerhalb dieser Zone herrscht Neutralität.

Obwohl in Abb.IV.51. noch immer ein Konzentrationsgefälle für Elektronen und Löcher vorhanden ist, bewirkt das den Diffusionsströmen entgegenwirkende elektrische Feld $\vec{F}_0$ der entstandenen Raumladungszone schließlich einen Gleichgewichtszustand, in welchem einander die Diffusionsströme der Minoritätsträger und jener thermisch angeregten Majoritätsträger, welche auf Grund ihrer hohen kinetischen Energie die

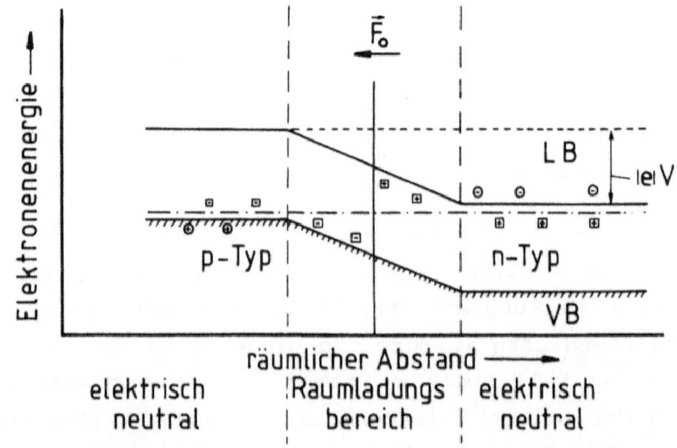


Abb.IV.51.: Bandschema nach der Bildung des Raumladungsgebietes unter Berücksichtigung der Potentialverhältnisse im Verarmungsbereich.

Potentialbarriere überwinden können, die Waage halten.

Das Bandschema dieser Gleichgewichtssituation ist dadurch bestimmt, daß durch das "Diffusionspotential" $eV_o$ im Raumladungsgebiet die potentielle Energie der Elektronen und damit die ganze Bandstruktur auf der n-Seite relativ zum p-Bereich um $(-e)V_o$ abgesenkt wurde.

Es erweist sich für das Verständnis der Zusammenhänge als nützlich, die räumlich veränderlichen Potentialverhältnisse für Elektronen und Löcher und deren Tendenz, sich in Bereiche möglichst tiefer Energie zu begeben, folgendermaßen zu veranschaulichen: Elektronen "rollen" innerhalb einer Bandstruktur wie Kugeln in einem Schwerefeld immer nach unten, während Löcher innerhalb der Bandstruktur wie Luftblasen in einer Flüssigkeit aufwärts zu steigen trachten und sich in den ihnen zugänglichen oberen Bereichen der Bänder sammeln. Die Abb. IV.50./51. geben ein anschauliches Bild dieses Sachverhalts: die Verarmungszone spielt die Rolle einer Potentialbarriere für die Majoritätsträger und einer Rutsche für die Minoritätsträger.

Dieses anschauliche Bild erfordert dann allerdings eine etwas genauere Analyse der in Abb.IV.51. gezeigten Verhältnisse. Betrachtet man den neutralen n-Bereich, so scheinen - im Gegensatz zur eben beschriebenen Tendenz der Elektronen, möglichst tiefe Energiezustände einzunehmen - unbesetzte Niveaus der ionisierten Donatoratome unterhalb der von den Elektronen besetzten Leitungszustände liegen. Tatsächlich fallen auch immer wieder Elektronen in diese Donatorniveaus, werden aber sehr rasch thermisch, also durch Stoßprozesse auf Grund der Wärmebewegung des Gitters, wieder in das Leitungsband hinaufgestoßen. Die Abbildung zeigt daher eigentlich einen zeitlichen Mittelwert der statistisch schwankenden Besetzungszahlen von Donator- und Leitungsbandzuständen. Analoges gilt für die Besetzungsverhältnisse der Akzeptor- und Valenzbandzustände im p-Bereich. In dieser etwas vereinfachenden Formulierung kommt es daher zwischen den Störstellen- und Bandniveaus der Abb.IV.51. zu einer für Elektronen und Löcher gleichen zeitlich gemittelten energetischen Lage (-.-.-.-. in Abb.IV.51.). In Übereinstimmung mit der Gleichgewichtsforderung ergibt dies eine verschwindende Klemmenspannung des unbeleuchteten p-n-Kontaktes.

Die genauere Theorie des p-n-Überganges liefert $V_0$ und die Ausdehnung des Raumladungsbereiches in Abhängigkeit von den Dotierungsverhältnissen und der mittleren Diffusionslänge der Ladungsträger. Die mittlere Diffusionslänge ist jene Distanz, die ein Elektron bzw. Loch innerhalb seiner Lebensdauer diffundiert. Sie ist umso größer, je höher die Beweglichkeit und je kleiner die Rekombinationsrate des Ladungsträger sind. Die Diffusionspotentialbarriere $|e|V_0$ kann nie größer sein als die Energielücke $E_L$, weil es sonst im Raumladungsgebiet sofort zu einem Abfließen von Elektronen aus Akzeptorzuständen in tieferliegende leere Donatorniveaus und damit zu einer Neutralisierung von Fremdatomen käme. Diese Verminderung der Raumladungen innerhalb der Verarmungsschicht würde so lange zu einem Abbau des Diffusionspotentials führen, bis die Gleichgewichtsbedingung $eV_0 \leq E_L$ wieder erfüllt wäre.

#### IV.4.1.2. Der bestrahlte p-n-Übergang; die Photospannung

Die Potentialverhältnisse eines p-n-Überganges ermöglichen seine Verwendung als Photozelle. Bestrahlt man den Übergang mit Photonen, deren Energie $h\nu$ größer als die Bandlücke $E_L$ ist, so werden Elektron-Loch-Paare erzeugt (Abb.IV.52.).

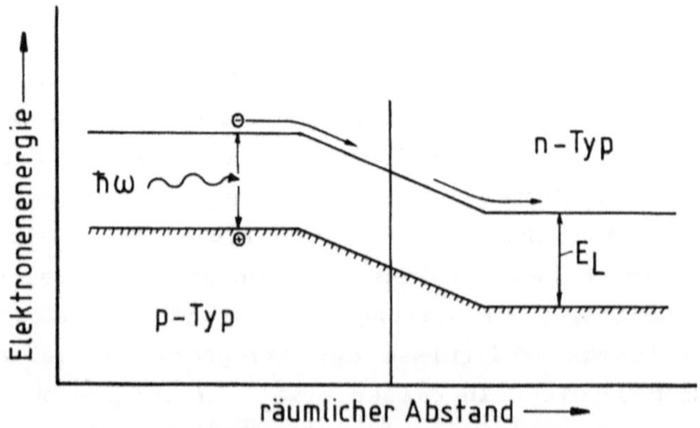


Abb.IV.52.: Zur Wirkungsweise des p-n-Überganges bei Bestrahlung der p-dotierten Seite mit Photonen der Energie $\hbar\omega > E_L$.

Gelangt ein, zunächst im feldfreien, elektrisch neutralen p-Bereich von der bestrahlten Seite nach innen diffundierendes Photoelektron in den Feldbereich der Raumladungszone, so wird es sofort den Potentialabfall hinuntergeschwemmt und daher von den Löchern des p-Bereiches räumlich getrennt. In gleicher Weise wird ein im n-Bereich photoerzeugtes Loch, falls es die Feldzone erreicht, in den p-Bereich hinaufgezogen. Die Majoritätsträger werden hingegen die Verarmungszone nur dann passieren können, wenn ihre kinematische Energie größer ist als die Potentialbarriere. Diese räumliche Trennung von photoerzeugten Elektronen und Löchern führt zu einer Reduzierung der Potentialbarriere und daher zu einem energetischen Anheben des n-Bereiches relativ zum p-Bereich. Im Gegensatz zum Gleichgewichtsfall baut sich jetzt eine nichtverschwindende Spannung zwischen den Klemmen auf (Abb.IV.53.).
Schließlich wird sich ein stationärer Zustand einstellen, in welchem der durch die Photoerzeugung erhöhte Diffusionsstrom der Minoritätsladungsträger durch den auf Grund der erniedrigten Potentialbarriere gleichermaßen erhöhten thermischen Diffusionsstrom der Majoritätsträger wieder kompensiert wird (Abb.IV.54).

Die Bestrahlung wirkt sich so aus als wäre eine der inneren Bandverbiegung $eV_o$ entgegenwirkende Spannung $V_{LL}$ (Leerlaufspannung) an den Übergang gelegt worden. Diese Photoleerlauf-

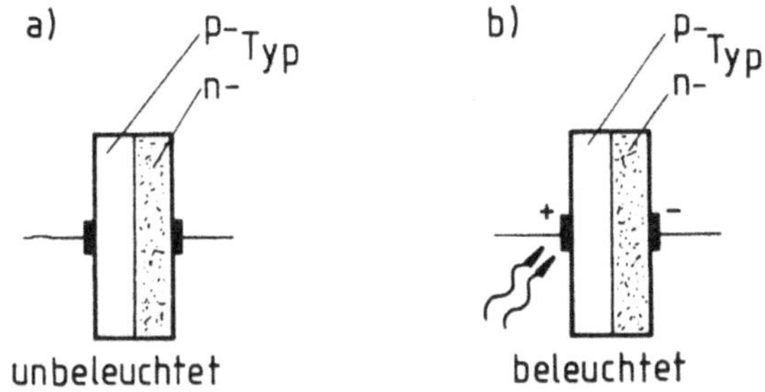


Abb.IV.53.: Ausbildung der Photoleerlaufspannung bei Beleuchtung eines p-n-Überganges.

spannung kann (bei intensiver Bestrahlung) bestenfalls entgegengesetzt gleich dem Diffusionspotential $V_o$ werden. In diesem Fall wäre die Potentialbarriere völlig abgebaut.

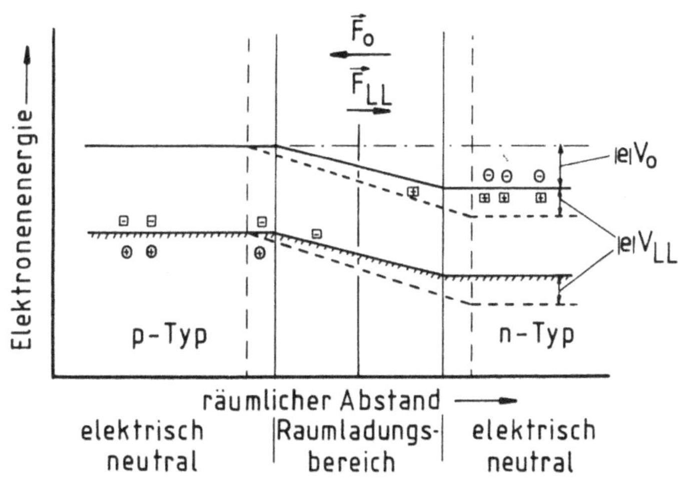


Abb.IV.54.: Bandschema und Ladungsverteilungen des beleuchteten p-n-Übergangs (-) und des unbeleuchteten Übergangs (--; siehe auch Abb.IV.51.). $\vec{F}_o$ bezeichnet die Raumladungsfeldstärke des unbeleuchteten Kontaktes und $\vec{F}_{LL}$ das durch den teilweisen Ladungsabbau in der Verarmungszone bei Beleuchtung auftretende Gegenfeld.

Tatsächlich erreicht $V_{LL}$ diesen Idealwert nie, da es immer für jeden photoerzeugten Minoritätsträgerstrom durch das Raumladungsgebiet einen entgegengesetzt fließenden, thermisch induzierten Diffusionsstrom derselben Ladungsträger aus ihrem Majoritätsbereich gibt. Dieser durch die thermische Anregung von Elektron-Loch-Paaren aufrechterhaltene Diffusionsstrom besteht aus Majoritätsträgern, deren thermische Energie ausreicht, um die Potentialbarriere zu überwinden. Er nimmt daher mit wachsender Temperatur sehr stark zu und bewirkt dann durch die verringerte Photospannung den Leistungsabfall von Solarzellen bei hoher Temperatur, also vor allem bei ihrem Betrieb in konzentriertem Sonnenlicht. Bei normaler Sonnenbestrahlung (AM1 bzw. m=1) betragen die Photoleerlaufspannungen von Siliziumzellen etwa die Hälfte des Idealwertes $E_L/e$, also etwa 0,6 V. Den Quotienten $eV_{LL}/E_L$ nennt man Spannungsfaktor der Zelle.

### IV.4.1.3. Photostrom und Wirkungsgrad einer Photozelle

Verbindet man die Kontakte eines kontinuierlich bestrahlten p-n-Überganges über einen Außenwiderstand, so bewirkt die Photospannung einen Stromfluß im Außenkreis. Dieser zunächst einsetzende Ladungsausgleich bewirkt eine energetische Absenkung des n-Bereiches gegenüber dem p-Bereich. Die photoinduzierte Diffusion von Minoritätsträgern (z.B. Elektronen im p-Bereich) kann jetzt von dem thermisch angeregten Diffusionsstrom der Majoritätsladungsträger (Elektronen im n-Bereich) nicht mehr kompensiert werden. Der Grund dafür liegt in der nunmehr kleineren Zahl von genügend energiereichen Ladungsträgern, die die gegenüber der Leerlaufsituation erhöhte Potentialbarriere überwinden können. Es kommt zur Ausbildung eines stationären Photostroms, wobei der Stromfluß im Außenkreis entlang des Potentialgefälles zwischen den beiden Kontakten der Zelle (Abb.IV.53.), im Halbleiter durch den jeweiligen Überschuß der Minoritätsträgerdiffusion über die thermischen Diffusionsströme der Majoritätsträger erfolgt. Nach dem Wiedereintritt der Elektronen über den linksseitigen Kontakt in das Valenzband des p-dotierten Halbleiterbereiches rekombinieren sie dort mit photoerzeugten und noch nicht rekombinierten Löchern, wodurch die Kontinuität des Stroms im gesamten System gewährleistet wird.

Typische Photostromdichten liegen in der Größenordnung von etwa 10 $mA/cm^2$, in hochwertigen Siliziumzellen bei etwa

100 mA/cm$^2$.

Ein Teil der absorbierten Strahlungsenergie kann also von der Photozelle an einem äußeren Widerstand als nutzbare elektrische Energie weitergegeben werden. Strom und Spannung bestimmen die gewinnbare Leistung. Abb.IV.55. zeigt die Strom-Spannungscharakteristik einer Photozelle. Die rechnerische

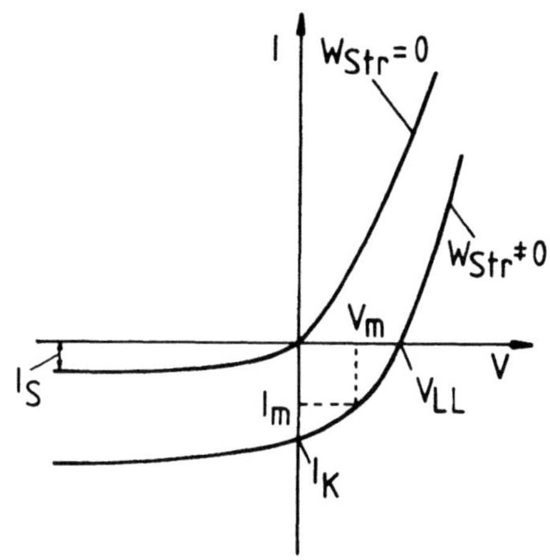


Abb.IV.55.: Strom-Spannungscharakteristik einer Solarzelle für eine vorgegebene Bestrahlungsintensität ($W_{Str}\neq 0$) bzw. bei Dunkelheit ($W_{Str}=0$). $V_{LL}$=Leerlaufspannung, $-I_S$=Sperrspannungssättigungsstrom, $-I_K$=Photokurzschlußstrom. $I_m$ und $V_m$ bestimmen sich aus dem Maximalwert des der Charakteristik eingeschriebenen Rechtecks.

Behandlung führt zur folgenden Abhängigkeit des Stromes I von einer an die Zelle angelegten Spannung V:

$$I = I_S\left[\exp\left(\frac{eV}{kT}\right) - 1\right] - I_K \ . \qquad \text{(IV,127)}$$

Der Stromverlauf hängt damit entscheidend von der Größe des Sperrspannungssättigungsstromes $I_S$ ab. Dieser Strom ist die Summe der schon mehrfach erwähnten thermisch induzierten Diffusionsströme der Majoritätsträger. Der Wirkungsgrad der Zelle wird als Verhältnis von maximal erreichbarer elektrischer Leistung zur Strahlungsleistung $W_{Str}$ definiert:

$$\eta = \frac{I_m V_m}{W_{Str}} \ . \qquad \text{(IV,128)}$$

Das Produkt $I_mV_m$ ist umso größer, je mehr sich die Charakteristik einem Rechtecksverlauf annähert. Der Füllfaktor:

$$f = \frac{I_mV_m}{I_KV_{LL}} \qquad (IV,129)$$

beschreibt die Abweichung von dieser idealen Kurvenform. Damit kann man $\eta$ auch mit seiner Hilfe ausdrücken:

$$\eta = f \frac{I_KV_{LL}}{W_{Str}} \quad . \qquad (IV,128')$$

Der Füllfaktor für eine hochwertige Siliziumzelle beträgt etwa 0,75. Ihre maximale Leistung ergibt sich daher mit den schon angegebenen optimalen Werten als (0,1A).(0,6V).(0,75) $\hat{=}$0,05W. Der Betrag des Kurzschlußstromes $I_K$ ist proportional der Differenz von Photoerzeugungs- und Rekombinationsraten der Minoritätsladungsträger. Um einen maximalen Photostrom zu erreichen, sollte die Energielücke des Halbleiters so klein sein, daß möglichst viele Photonen der Sonnenstrahlung ein Elektron-Loch-Paar erzeugen können. Ebenso sollte die Diffusionslänge der Minoritätsträger mindestens so groß sein wie die Eindringtiefe (Absorptionslänge) des Sonnenlichtes, damit möglichst viele Minoritätsträger die Feldzone des Kontaktes erreichen können. Andererseits ist aber die Photospannung durch die Größe der Energielücke beschränkt, sodaß eine zu kleine Energielücke $E_L$ durch die Reduktion von $V_{LL}$ den Wirkungsgrad nach Gleichung (IV,128') wieder reduzieren würde.

Diese zwei gegensätzlich wirkenden, durch die Bandlücke bedingten Einflüsse auf den Wirkungsgrad von Solarzellen beschränken die für die Photovoltaik interessanten Halbleiter auf solche mit Energielücken im Bereich von etwa 1,4 eV bis 1,7 eV. Die Forderung nach höchster chemischer Reinheit und struktureller Perfektion, um die Lebensdauer der Minoritätsträger gegenüber den Rekombinationsprozessen an Gitterfehlern möglichst gering zu halten, bedingt eine weitere Einschränkung. Gerade dieser letzte Aspekt macht nach wie vor die Solarzelle aus monokristallinem Silizium zum ersten Anwärter für den großtechnischen Einsatz, weil einerseits die Transistortechnologie mit ihren durch Jahrzehnte erprobten und verfeinerten Herstellungsverfahren hochwertiger p-n-Übergänge schon weltweit entwickelt ist, und weil andererseits Silizium als Hauptbestandteil der Erdkruste als äußerst billiger Rohstoff praktisch unbegrenzt zur Verfügung steht. Daß trotz dieser enormen ökonomischen Vorteile eine großtechnische Anwendung der Siliziumzelle noch in der weiteren Zukunft zu liegen scheint, beruht auf der Tatsache, daß gerade Silizium von allen infrage kommenden Halbleitermaterialien die ungünstigsten optischen Eigenschaften aufweist. Die Ursache dafür liegt in seiner indirekten Bandlücke (Abb.IV.25.) und in seinem dementsprechend geringen optischen Absorptionsvermögen (Abb.IV.28.). So beträgt die Absorptionslänge, also die Eindringtiefe, für sichtbares Licht etwa 300 µm, während die Diffusionslänge der Minoritätsträger auch in den zur Zeit hochwertigsten Siliziumeinkristallen etwa 100 µm beträgt. Dies führt zu großen Rekombinationsverlusten im bestrahlten Volumen der Zelle, weil nicht alle photoerzeugten Minoritätsträger die Feldzone des Kontaktes erreichen.

Es gibt noch weitere Mechanismen, die den Wirkungsgrad einer Solarzelle in prinzipieller Weise begrenzen. So ist der Vergrößerung des Wirkungsgrades durch Erhöhung der Dotierung und damit der Raumladungsdichten, der Potentialbarrieren und der Photoleerlaufspannung eine physikalische Schranke gesetzt, indem Donatoren und Akzeptoren durch ihre Störung der perfekten Kristallsymmetrie die Raten für Elektron-Loch-Paarvernichtung wesentlich erhöhen und dadurch den Photostrom reduzieren. Es gibt also auch hier zwei gegenläufige Tendenzen für den Wirkungsgrad und man hat für jedes Halbleitermaterial und für jede spezielle Anwendung eine optimale Dotierung zu finden. Speziell im Silizium kommt es noch zusätzlich zu einer merklichen Beeinträchtigung des Wirkungsgrades durch erhöhte thermische Elektron-Loch-Erzeugungsraten in der Umgebung von Gitterfehlern oder Fremdatomen; wie bereits besprochen, ergibt sich dadurch eine Verringerung der Photoleerlaufspannung unter ihren Idealwert $E_L/e$. Weiters hat etwa ein Viertel aller eingestrahlten Photonen eine zu kleine Energie, um Elektron-Loch-Paare zu erzeugen. Ungefähr ein weiteres Drittel der Strahlungsenergie geht durch thermische Aufheizung des Gitters verloren, indem Photonen mit Energien $\hbar\omega > E_L$ zunächst Ladungsträger hoher kinetischer Energie erzeugen (Übergang 2 in Abb.IV.25.). Diese Überschußenergie wird dann im Laufe des Diffusionsprozesses als Joulesche Wärme an das Gitter weitergegeben und geht für die photovoltaische Energieumwandlung verloren.

Schließlich muß man noch zwei Verlustmechanismen erwähnen, die man zwar durch geeignete Maßnahmen weitgehend eliminieren könnte, wenn man dafür wesentlich erhöhte Herstellungskosten in Kauf nähme. Ein Teil der Sonnenstrahlung wird nämlich infolge des hohen Brechungsindexes des Halbleitermaterials an der Oberfläche der Zelle reflektiert. Wie in IV.2.3.6. ausgeführt ist, gibt es zur Reduktion der Reflexion eine Reihe sehr wirksamer, aber auch kostspieliger Maßnahmen, wie selektive antireflektierende Beschichtungen oder die Herstellung geeignet strukturierter Oberflächen. Der zweite Verlustmechanismus besteht darin, daß es an der Kristalloberfläche ähnlich wie an den Fremdatomen oder Gitterfehlern im Inneren zu sehr hohen Rekombinationsraten kommt. Im Prinzip können diese Oberflächenverluste durch ein geeignetes inhomogenes Dotierungsprofil verhindert werden. Die so erzielte Erhöhung des Wirkungsgrades (um einige Prozent) würde aber den Kostenaufwand des Dotierungsverfahrens wohl nicht rechtfertigen. Je nach Qualität der Kristalle, ihrer Dotierung, ihrer Oberflächenbehandlung zur Verminderung der Reflexionsverluste und der Güte der Metallelektroden an den Kontakten erreichen Siliziumsolarzellen mit hochwertigen, monokristallinen p-n-Übergängen Wirkungsgrade von 10-15 %, besonders sorgfältig präparierte Zellen solche bis 18 %. Abb.IV.58. zeigt die Energiebilanz einer Siliziumeinkristallzelle mit verminderter Reflexion und veranschaulicht nochmals das Ausmaß der Verlustmechanismen. Es wurde schon darauf hingewiesen, daß andere Halbleiter wesentlich bessere Absorptionseigenschaften als Silizium haben. So zeigt monokristallines Galliumarsenid (GaAs) als Homokontaktzelle einen Wirkungsgrad $\eta \leq 15$ % bei ausgezeichnetem Hochtemperaturverhalten. Heterokontaktzellen aus monokristallinem Galliumarsenid bzw. Galliumaluminiumarsenid haben bei einem Wirkungsgrad von $\eta \leq 21$ % ein ähnlich gutes Temperaturverhalten. Beide Typen sind jedoch wegen des teuren Ausgangsmaterials und wegen des Fehlens erprobter Herstellungstechnologien sehr kostspielig. Ihr Einsatz ist eventuell in Sonderfällen mit konzentrierenden Einrichtungen zu rechtfertigen.

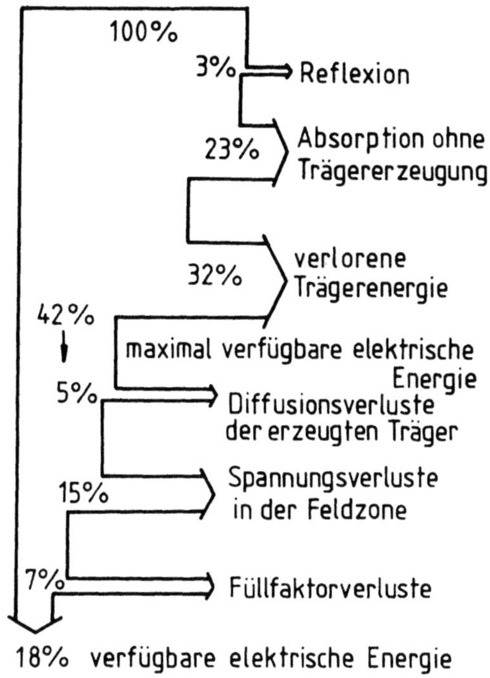


Abb.IV.56.: Energiebilanz einer Solarzelle aus einkristallinem Silizium. Aus 100 % eingestrahlter Sonnenenergie erhält man 18 % verfügbare elektrische Energie. Die Reflexionsverluste wurden bereits durch Oberflächenbehandlung reduziert.

## IV.5. Solaranlagen: Stand und Entwicklungstendenzen

### IV.5.1. Anlagen zur Bereitstellung von Niedertemperaturwärme

Im Niedertemperaturbereich ($\leq 100^{o}C$) kommen praktisch nur Flachkollektoren (siehe IV.3.1.) zur Anwendung. Ihr Einsatzbereich umfaßt Raumheizung, Warmwasserbereitung, Kühlung, Schwimmbadheizung, Trockenanlagen, usw. Im wesentlichen kann man die hiebei notwendige Technologie als ausgereift betrachten. Die Entwicklung von Materialien mit günstigeren Emissions- und Absorptionseigenschaften ist zu erwarten und wird die Einsatzmöglichkeiten von Flachkollektoren besonders in Regionen mittlerer Einstrahlungsleistung deutlich verbessern (Abb.IV.39.). Insgesamt kommt es aber wohl ebenso stark auf die effiziente Ausgestaltung der ganzen Anlage einschließlich Wärmespeicher an.

Die Schwimmbadheizung gestaltet sich am einfachsten, weil hier Speicher- und Heizmedium zusammenfallen, und der Bedarfszeitraum mit der Periode der optimalen Einstrahlungsbedingungen ideal korreliert ist. Im Bereich des Wohnens (Warmwasserbereitung und Heizung) können Simulationsprogramme in der Planungsphase sehr nützlich sein /145/, /146/. Ausgehend von den Daten über die mittlere Sonneneinstrahlung und über die wärmetechnischen Eigenschaften des Hauses (oder mehrere Gebäude) wird die Leistungsfähigkeit einer vorgegebenen Kollektoranlage simuliert. Dabei werden, einige Erfahrung seitens des Benützers vorausgesetzt, sehr zuverlässige Ergebnisse erhalten, und die gewünschten Anlagen können so zweckmäßiger und kostengünstiger ausgeführt werden.

Insgesamt gestattet die Berücksichtigung der lokalen Gegebenheiten (Einstrahlungsbedingungen, Preise konventioneller Energieträger, Investitutionskosten von Flachkollektoranlagen) heute in den meisten Fällen ein realisitsches Urteil über den Einsatz von Flachkollektoren zur Erzeugung von Niedertemperaturwärme. Wieweit jedoch so erzeugte Niedertemperaturwärme über entsprechende Einrichtungen sinnvoll in mechanische oder elektrische Energie transformiert werden kann, ist nicht so klar. Der an sich schon kleine Erntefaktor von Kollektoranlagen /147/ ist noch zu koppeln mit dem Energie- bzw. Exergieerntefaktor der Einrichtung zur Bereitstellung von mechanischer bzw. elektrischer Energie. Ohne hier auf detaillierte Untersuchungen verweisen zu können, liegt die Annahme nahe, daß die in Abschnitt II.5. besprochenen (und analoge) Einrichtungen - wenn überhaupt - nur dann mit einem Exergieerntefaktor >1 arbeiten können, wenn ihre zu transformierende Wärme keines zusätzlichen Exergieaufwandes bedarf. Das wäre z.B. der Fall bei Abwärmenutzung am Ort ihres Anfalls.

### IV.5.2. Anlagen zur Bereitstellung von Prozeßwärme bzw. elektrischer Energie

Bei solartechnischen Anlagen zur Bereitstellung von Prozeßwärme oder elektrischer Energie hat die benötigte Temperatur des Wärmeübertragungsmediums in jedem Fall über 100 °C zu liegen. Es kommen daher konzentrierende Kollektoren zum Einsatz. Die Temperaturbereiche für trogförmige (eindimensional, Linienfokus) Konzentratoren liegen zwischen 100 °C und 300 °C, für zweidimensionale (Punktfokus) bei 300 °C und darüber.

Die derzeit bestehenden Anlagen sind durchwegs Versuchskraftwerke und sind hinsichtlich Wirkungsgrad und Funktionsfähigkeit auch nach diesem Gesichtspunkt zu beurteilen. Die Mehrzahl dieser Anlagen ist nach dem Turmkonzept gebaut, d.h. zweidimensionale Konzentratoren lenken die Strahlungsenergie auf einen zentralen Empfänger, der notwendigerweise auf einem Turm montiert ist (Central Receiver System, Abb.IV.59.). Das größte derartige Kraftwerk, Solar One, ist derzeit in Barstow in Kalifornien mit einer Leistung von 10 MWe in Betrieb. Das erste Kraftwerk nach diesem Prinzip wurde von G.Francia entworfen nach 1968 fertiggestellt /148/. Im folgenden werden beispielhaft zwei Kraftwerke nach dem Turmkonzept und eines mit parabolischen Trogkonzentratoren ("Farmkonzept", Distributed Collector System) genauer beschreiben.

#### IV.5.2.1. Kraftwerk nach dem Farmkonzept in Almeria, Spanien

Dieses Solarkraftwerk ist eine Versuchsanlage der Internationalen Energieagentur. Es stellt die eine Hälfte eines Vergleichsprojektes zwischen CRS- und DCS-Systemen dar, da

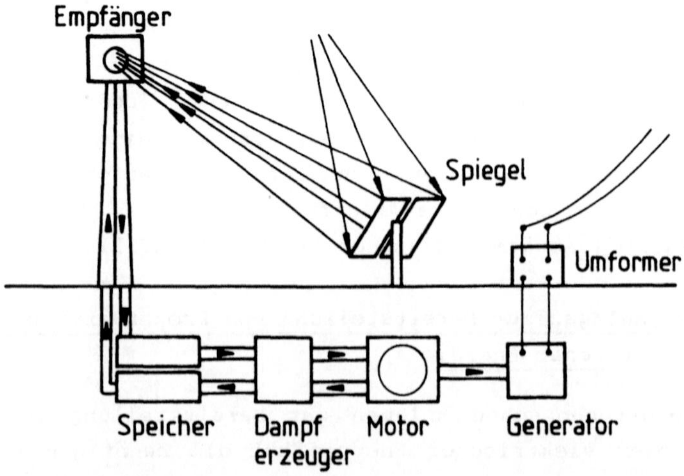


Abb.IV.57.: Schema eines Kraftwerkes nach dem Turmkonzept (central receiver system).

zur Gesamtanlage in Almeria auch noch ein gleich großes Kraftwerk nach dem Turmkonzept gehört.
Zwei etwas unterschiedliche Kollektorfelder (ACUREX: einachsige Nachführung, 2674 $m^2$; MAN: zweiachsige Nachführung, 2688 $m^2$) mit Linienfokussierung konzentrieren die einfallende Sonnenstrahlung auf geschwärzte Glasrohre mit Wärmeöl als Wärmeübertragungsmedium. Die Anlage hat drei Kreisläufe: in einem ersten Kreislauf zirkuliert das Öl zwischen den Kollektoren und dem Speichertrank, in einem zweiten zwischen Speichertank und Wärmetauscher, in dem dann der Wasserdampf für den dritten Kreislauf mit dem Turbogenerator erzeugt wird. Das System ist für eine elektrische Leistung von 500 kWe ausgelegt. Die Anlage ging 1981 in Betrieb und hat seit dieser Zeit wertvolle Informationen geliefert /149/. Der Anlagenwirkungsgrad liegt beträchtlich unter den bei der Projektplanung angenommenen Werten. Er beträgt für die Periode Oktober 1981 bis November 1982 1,6 %, wobei die Teilperiode Juni 1982 bis November 1982 2,2 % aufweist. Dies ist das verständliche Resultat von nach einer Anlaufphase vorgenommenen ersten Verbesserungen. Einige wichtige Gründe für das Nichterreichen des Planungszieles konnten inzwischen ausgemacht werden. So sind etwa die Einstrahlungsbedingungen nicht so vorteilhaft, wie man für die Planung angenommen hatte, und die Zahl der "guten"

Sonnentage ist kleiner. Im Sommer führt Luftverschmutzung zu einer starken Reduktion der Einstrahlungsleistung. Auch die direkte Verschmutzung der Konzentratoren, teilweise verursacht durch Tauablagerung infolge nächtlicher Abkühlung, erweist sich als Problem. Insgesamt erfordert die Anlage einen außerordentlich ökonomischen Umgang mit der Wärmeenergie. Die thermische Trägheit des Wärmespeichers, aber auch anderer Anlagenteile ist sorgfältiger zu beachten. Die bisher durchgeführte Fehlerstatistik weist mehr Schwachstellen im konventionellen als im solarspezifischen Teil der Anlage auf.

### IV.5.2.2. Kraftwerk nach dem Turmkonzept in Almeria, Spanien

Die zweite Anlage der Internationalen Energieagentur in Almeria ist nach dem Turmkonzept gebaut und ebenfalls für eine Leistung von 500 kWe ausgelegt. Mit den verwendeten Heliostaten (Martin Marietta) kann eine 400-fache Konzentration erreicht werden. Das Kollektorfeld umfaßt eine Reflektorfläche von 3655 $m^2$ mit 93 Heliostaten, die die Strahlungsleistung auf einen 43 m hoch liegenden Empfänger konzentrieren. Die zweiachsige Anpassung an den Sonnenstand geschieht mittels Computer. Als Wärmeübertragungsmedium dient flüssiges Natrium bei 530°C und $4.10^5$ Pa. Als Wärmespeicher dienen zwei Natriumtanks. Über einen Dampferzeuger wird Dampf von 500°C und $10^7$ Pa Druck bereitgestellt und mit ihm auf konventionelle Weise elektrische Energie erzeugt. Auch mit dieser Anlage wurde im Herbst 1981 der Versuchsbetrieb aufgenommen.

Die Überschätzung der Strahlungsverhältnisse am Ort der Anlage wirkt sich natürlich auch für den Betrieb des Turmkraftwerkes nachteilig aus. Was oben über die Verschmutzung gesagt wurde, gilt auch für die Heliostaten. Dazu kommen Korrosionserscheinungen an der reflektierenden Schicht. Daneben ergaben sich verschiedenste Probleme, die wohl für eine Versuchsanlage in der Anfangsphase typisch sind. Als besondere Schwierigkeit erweist sich die thermische Trägheit der Anlage /150/. Die Instandhaltung des Natriumsystems ist nicht einfach und erfordert geschultes Personal. Die hier beispielhaft angeführten Ergebnisse der Auswertung des bisherigen Probebetriebs machen deutlich, daß für die Eingliederung von Solarkraftwerken nach dem Turmprinzip in ein versorgungssicheres Netz noch wesentliche Verbesserungen an verschiedenen Systemteilen durchzuführen sind. Die bisherigen Versuchsergebnisse bieten dafür eine wohl unverzichtbare Basis.

### IV.5.2.3. Solar One: US-Demonstrationskraftwerk in Barstow, Kalifornien

Solar One ist das derzeit größte solarthermische Kraftwerk. Es wurde im April 1982 in Betrieb genommen. Das Auslegungsziel von 10 MWe konte unter entsprechenden Einstrahlungsbedingungen erreicht werden /151/. 1818 Heliostaten (Martin Marietta) mit 39.3 $m^2$ pro Stück lenken die Strahlungsenergie auf einen Empfänger in 79 m Höhe. In diesem wird direkt Dampf von 516$^{o}$C erzeugt, der der Turbine zugeführt wird. Eine Öl-Fels-Speicheranlage ermöglicht einen Betrieb über die Dauer von vier Stunden ohne Sonneneinstrahlung. Die Erfahrung des bisherigen Probebetriebs mit Anschluß an das Stromversorgungsnetz sind gut, sodaß Southern California Edison weitere Anlagen vom gleichen Typ plant.

### IV.5.2.4. Entwicklungstendenzen bei solarthermischen Anlagen

Aus den bis jetzt errichteten Versuchsanlagen ersieht man, daß ungefähr die halben Kosten der Anlage durch Kollektoren und Absorber bzw. durch Heliostaten und Empfänger gegeben sind. Damit ist auch die Richtung kostensenkender Entwicklungsarbeiten vorgegeben. Dieser Sachverhalt ist im übrigen einleuchtend, weil der Rest der Anlagenteile ja aus dem Bereich langjährig erprobter Technik kommt. Z.B. haben die ersten Heliostaten eine Masse von 100 kg/$m^2$ aufgewiesen. Die schließlich bei Solar One installierten Reflektoren hatten nur mehr 54 kg/$m^2$. Reflektoroberflächen auf Polymerbasis mit Metallbeimischungen und/oder Schutz der Heliostaten durch Kuppeln sollten nochmals eine Gewichtsreduktion um mindestens einen Faktor 2 mit entsprechenden Kostensenkungen gestatten.

Anlagen nach dem Farmkonzept sind in ihrer Größe eher auf den Bereich einiger MWe beschränkt, da sonst die Verluste durch die langen Absorberleitungen zu groß werden. Turmkraftwerke werden in Projektstudien bis zu einer Größe von etwa

100 MWe untersucht. Über diese Größenordnung hinaus werden die Heliostatenfelder zu groß. Die Reflektoren sind dann vom Empfänger so weit weg, daß sich u.a. Nachführungsungenauigkeiten oder Spiegelfehler schon derart auswirken, daß der Beitrag zum Energieinhalt des Empfängers vernachlässigbar ist.

### IV.5.3. Anlagen zur Bereitstellung elektrischer Energie mit Hilfe photovoltaischer Energieumwandlung

Die ersten Anwendungen photovoltaischer Energieumwandlung erfolgten in der Satellitentechnik. Der Gesamtaufwand der einzelnen Raumfahrtprojekte ließ Energiebereitstellungskosten von 500,- $\$/W_p$ (= peak watt) ohne weiters zu. Inzwischen sind die Kosten drastisch gesunken. Preisangaben schwanken heute zwischen 5-7 $\$/W_p$, wobei die einzelnen Photozellen schon zu Modulen zusammengeschlossen sind /152/, /153/. Ein solches Modul liefert typischerweise etwa 50 W bei ca. 16 V Gleichstrom. Unter Berücksichtigung der Installationskosten ergeben sich Preise von ca. 12.- $\$/W_p$ /152/. Dem stehen angestrebte Kosten von 1,50 - 3,30 $\$/W_p$ für installierte Systeme gegenüber. Neben kristallinem Silizium spielen bei diesen Kostenprojektionen besonders der verstärkte Einsatz von amorphem Silizium und Fortschritte im Bereich der Dünnschicht-Technologie eine Rolle /154/.

Bei der größten Zahl der Anwendungen handelt es sich bisher um Energieversorgung von Einrichtungen, die weit weg von jedem öffentlichen Versorgungsnetz sind (stand alone systems). Als Speichersystem dient meist eine Batterieanlage. Dabei ist darauf zu achten, daß diese Batterien - anders als die normalen Autobatterien - jedenfalls eine Entladung bis zu mehr als 50 % ohne besondere Einbuße der Lebensdauer aushalten sollen. Für die bis jetzt wohl häufigste Anwendung der photovoltaischen Energieversorgung, für Pumpanlagen in energieunterversorgten Gebieten, ist kein Speicher nötig.

Neben solchen und anderen Kleinanlagen findet man aber auch schon Pilotanlagen bis zur Größe von 1 $MW_e$. So nahm die Firma Arco Solar Inc. Ende des Jahres 1982 eine 1 $MW_e$-Anlage mit Anschluß an das Netz der Southern California Edison in Betrieb. Die Solarzellen-Panele werden dabei dem Sonnenstand nachgeführt. Innerhalb der Europäischen Gemeinschaft ist das derzeit größte Pilotprojekt eine photovoltaische Energieversorgung eines Kurzentrums auf der Nordseeinsel Pellworm mit einer Leistung von 300 $kW_p$. Die Anlage steht in Verbindung mit dem Netz. Auf der griechischen Insel Kythnos ist eine 100 $kW_p$ Anlage in Verbindung mit Diesel- und Windgeneratoren in Betrieb. Daneben gibt es in Europa eine Reihe kleinerer Projekte (im Bereich zwischen 30 $kW_p$ und 80 $kW_p$), die entweder schon in Betrieb oder knapp vor der Fertigstellung sind. Im Rahmen der Europäischen Gemeinschaft wurden Aussichten für einen entsprechenden Einsatz von photovoltaischer Bereitstellung elektrischer Energie in Europa sorgfältig untersucht /153/. Unter Annahme einer sehr günstigen Preisentwicklung (ca. 5 $\$/W_p$ einschließlich Installation) ergibt sich daraus für 1990 ein möglicher Beitrag in Form von kleinen Anlagen (500 $W_p$) in entsprechend entfernten Gebieten von insgesamt etwa 1 $MW_p$ pro Jahr. Für größere, nicht mit einem Netz verbundene Systeme, die Speicher in Form von Batterieanlagen benötigen (500 $W_p$-150 $kW_p$), müßten die Kosten günstiger sein (ca. 3 $\$/W_p$). Unter solchen Bedingungen wäre für 1990 in Europa ein Anteil dezentraler mittlerer Systeme im Ausmaß von rund 10 $MW_p$ pro Jahr möglich.

Für Länder mit nicht ausgebauten Leitungssystemen zur Versorgung mit elektrischer Energie stellt sich auch die Rentabilitätsfrage anders. Hier sind die Kosten für Leitungssysteme zur Versorgung eines großräumigeren Bereiches mit zu beachten. Es kann daher erwartet werden, daß unter solchen Umständen die dezentralen Möglichkeiten der Photovoltaik auch ökonomisch eher zum Durchbruch gelangen. In den weniger technisierten Regionen sind die Betriebserfahrungen an Pilotanlagen anders zu bewerten als in den Industriestaaten. Es ist daher wichtig, solche Anlagen auch dort zu betreiben. Die bisher größte dieser Art ist mit einer Leistung von 400 $kW_p$ in Saudiarabien zur Versorgung eines Dorfes installiert.

Auch wenn es gelingt, die Herstellungskosten für Solarzellen im erhofften Ausmaß tatsächlich zu senken, kann man auf Grund der Erzeugungskapazität für die Jahrhundertwende nur mit einem eher bescheidenen Anteil an der Versorgung mit elektrischer

Energie rechnen. Eine Studie der American Physical Society /155/ schätzt für die USA den möglichen Anteil mit bestenfalls 1 % ab. Eine besonders zukunftsorientierte Anwendung von Solarzellen stellt das Projekt eines geostationären Sonnenenergiesatelliten dar /156/, /157/. Es ist offensichtlich, daß die Einstrahlungsverhältnisse für Solarzellen, an einen geostationären Satelliten gekoppelt, wesentlich günstiger sind. Verglichen mit einem Punkt an der Erdoberfläche kann man die "Nachtzeiten" praktisch vernachlässigen. Bewölkung, Dunst usw. sind nicht vorhanden. Man rechnet mit einer etwa viermal so großen Energieausbeute wie an einem günstig gelegenen Ort an der Erdoberfläche. Im Prinzip ist auch die Errichtung großer Strukturen im Weltraum aus Gründen des Platzes und der Schwerelosigkeit leichter, wenn man als Voraussetzung einmal unterstellt, daß es technisch möglich und ökonomisch vernünftig ist, die Bestandteile für solche Großstrukturen in den Weltraum zu bringen. Für die Energieübertragung zur Erde denken die Proponenten dieser Idee an Mikrowellen oder Laserstrahlen.

Verschiedene Institutionen (NASA, Department of Energy) und Firmen (Arthur D. Little, Inc., Boeing, The Aerospace Corporation) haben Konzeptstudien vorgelegt, die eine ungefähre Beurteilung eines solchen Projektes auch hinsichtlich eventueller Folgewirkungen erlauben. Dabei handelt es sich immer um Anlagen, die zwischen 5 GW und 10 GW Leistung zur Erde liefern. Zur Beurteilung eventueller Folgewirkungen wurde eine Referenzstudie für ein Satelliten-Solarkraftwerk mit 300 GW Leistung an der Erdoberfläche, bestehend aus 60 Einzelsatelliten in geostationären Bahnen, herangezogen. Soweit es heute überhaupt beurteilbar ist, könnten z.B. nachteilige Auswirkungen auf die Atmosphäre durch die große Zahl der für die Konstruktion notwendigen Raketenflüge entstehen. Auch die Leistungsübertragung könnte zu negativen, derzeit nur vage beurteilbaren Auswirkungen führen /158/, /159/.

# V. Energie aus dem Atomkern

## V.1. Einführung

Von den hier vorgestellten Energieformen blickt die Kernenergie auf die kürzeste, aber auch stürmischste Entwicklung zurück. Sie fand als Fusionsenergie erstmals im Zusammenhang mit der Frage des Energiehaushaltes der Sterne 1920 Erwähnung. Angeregt durch die massenspektroskopischen Untersuchungen und den dabei entdeckten Massendefekt der Atomkerne wiesen J.Perrin (1870-1942) und A.S.Eddington (1882-1944) unabhängig von einander darauf hin, daß ein wesentlicher Beitrag zur inneren Energie der Sterne von der Verschmelzung von Wasserstoff zu Helium stammen könnte /160/, /161/. Diese Hypothese wurde 1929 von R.d'E.Atkinson und F.G.Houtermans dem damaligen Stand der Kernphysik entsprechend eingehender untersucht und als durchaus möglich befunden /162/. Später wurde die Frage des Aufbaues der schwereren Elemente in den Sternen und der damit verbundenen Energieerzeugung u.a. wieder von C.F.v. Weizsäcker und von H.A.Bethe aufgenommen, deren Resultate im sogenannten Bethe-Weizsäcker-Zyklus zusammengefaßt sind /163/, /164/. Als astrophysikalische Energiequelle hat damit die Fusionsenergie die längere Geschichte.

Die Entwicklung des Einsatzes der Spaltungsenergie der Atomkerne, beginnend mit der grundlegenden Arbeit von O.Hahn (1879-1968) und F.Straßmann (1902-1980) 1938 und der unmittelbar folgenden Interpretation als Kernspaltung durch L.Meitner (1879-1968) und O.Frisch (1904-1979) /165/, /166/, ist heute fast allgemein bekannt. O.Hahn und F.Straßmann vermuteten im Gefolge der Kernspaltung auch eine Freisetzung von Neutronen, was dann sehr schnell von F.Joliot (1900-1958) und Mitarbeitern bewiesen wurde /167/. Damit stand die Möglichkeit einer Kettenreaktion fest. Fast Hand in Hand damit ging die Erkenntnis sowohl des technischen wie leider auch des militärischen Potentials dieser Entdeckung /168/.

S.Flügge schätzte die aus einem Kubikmeter $U_3O_8$ freisetzbare Energie mit $2{,}6.10^{17}$ J ab und machte deutlich, daß alles nur darauf ankomme, diesen Energiebetrag auch nach Belieben regelbar freizusetzen. Der erste Schritt in diese Richtung geschah durch E.Fermi (1901-1954) und Mitarbeiter am 2.12.1942, wo sie im Chicago Pile 1 erstmals eine Kettenreaktion starten konnten. Mit der Konstruktion des Druckwasserreaktors (DWR) für das Unterseeboot "Nautilus" 1954 wurde die Linie der Leichtwasserreaktoren (LWR) grundgelegt. Zwar war das erste industrielle Kernkraftwerk in Calder Hall, Großbritannien, mit einem gasgekühlten Reaktor vom "Magnox"-Typ ausgerüstet, aber die LWR sollten in der Folge eine dominierende Rolle erreichen. Im Rückblick erscheint diese Entwicklung vielleicht doch nicht so vorteilhaft, weil trotz des hohen sicherheitstechnischen Standards, den der LWR heute aufweisen kann, die entsprechenden Eigenschaften der forgeschrittenen gasgekühlten Hochtemperaturreaktoren (HTR) noch besser sind.

Überlegungen zur Brennstofföкonomie führten dann sehr bald zur Idee der Brutreaktoren, deren Technik durch PHÈNIX bzw. durch die russische BN-Linie bereits eindrucksvoll demonstriert wird.

Daneben entstanden unmittelbar nach dem 2. Weltkrieg, auch durch Fragen zu den Brennstoffressourcen mitbedingt, die ersten Forschungsvorhaben zur technischen Nutzung der Fusion. Dabei konnten die Astrophysiker durch ihre Kenntnis der Plasmaprobleme einen ganz wesentlichen Beitrag zu einem ersten Schritt auf dem schließlich doch sehr weiten Weg zu einem möglichen Fusionsreaktor der Zukunft einbringen. Nach einer ersten zusammenfassenden Darstellung der vorläufigen Ergebnisse der Arbeiten in den USA im Jahre 1956 /169/ erfolgte im Rahmen der "Second United Nations International Conference on Peaceful Uses of Atomic Energy", 1958, die Publikation der Forschungsergebnisse der verschiedenen Staaten zur thermonuklearen Energiebereitstellung /170/. Von diesem Zeitpunkt an kann man von einer internationalen Kooperation auch auf dem Gebiet der Fusionsforschung und Fusionstechnologie sprechen.

Es kann nicht die Absicht sein, im folgenden nun sowohl auf dem Gebiet der Kernverschmelzung wie der Spaltung einen Überblick über die gesamten Grundlagen einschließlich Reaktorphysik und Plasmaphysik zu geben. Darüber gibt es viele und ausgezeichnete Darstellungen mit verschiedenem Schwierigkeitsgrad, von denen einige beispielhaft in der Literaturzusammenstellung genannt werden /171-177/. Vielmehr werden die grundlegenden Aspekte der Energiebereitstellung und einige aus der Sicht des Autors wesentlich dazugehörende Teilbereiche behandelt.

## V.2. Kernphysikalische Grundlagen

### V.2.1. Bindungsenergie des Atomkerns; Energiebilanz bei Spaltung und Fusion

Beim Zusammenbau elementarer Teilchen zu atomaren oder nuklearen stabilen Konfigurationen (Atome, Moleküle, Atomkerne) wird Bindungsenergie frei. Für atomare und molekulare Prozesse sind Vorgänge im Bereich der Atomhülle verantwortlich. Die damit verbundenen Energiebeträge liegen in der Größenordnung von einigen eV und darunter. Prozesse im Bereich des Atomkerns sind dagegen mit Energieumsetzungen vom Ausmaß von MeV verknüpft. Dies erklärt einmal die sehr viel größere Energiedichte in den Kernbrennstoffen gegenüber den konventionellen Energieträgern wie Kohle, Öl oder Holz, bei deren Verbrennung ja nur Umordnungen im Bereich der Elektronenhülle der beteiligten Atome auftreten. Daher sind die im Bereich der atomaren Energieumsetzungen auftretenden Massenänderungen dann auch so klein, daß man in der Chemie die von der Energieerhaltung entkoppelte Massenerhaltung als nützliche und richtige "Näherung" betrachten kann. Bei Energieumsetzungen im Bereich des Kerns hat man dagegen die Erhaltung von Masse und Energie stets gemeinsam zu betrachten und der nukleare Massendefekt ist eine meßbare Größe:

$$\Delta m = Z\, m_p + (A-Z)\, m_n - m_k(A,Z)\ , \qquad (V,1)$$

$\Delta m$ = Massendefekt des Atomkerns mit der Gesamtnukleonenzahl A und Z Protonen ,

$m_p$ = Masse des Protons ,

$m_n$ = Masse des Neutrons ,

$m_k(A,Z)$ = Masse des Atomkerns .

Glg. (V,1) drückt aus, daß die Masse des gebundenen Kerns kleiner ist als die Massensumme seiner Bausteine. Die der Masse $\Delta m$ entsprechende Energie $\Delta mc^2 = E_B$ heißt Bindungsenergie und muß dem Kern zugeführt werden, will man ihn wieder in seine elementaren Bausteine zerlegen. Einige Beispiele für die Bindungsenergie von Kernen sind in Tabelle V.1. angegeben. Man findet dort auch die Bindungsenergie pro Nukleon, die für unsere Zwecke eine größere Aussagekraft hat.

Tabelle V.1.

Bindungsenergie $E_B$ und Bindungsenergie pro Nukleon $E_{B/A}$ einiger ausgewählter Atomkerne /178/ (Zur Nomenklatur: ${}^A_Z X$ bzw., ${}^A X$, da durch den Elementnamen auch Z bestimmt ist).

| Nuklid | $E_B$ [MeV] | $E_{B/A}$ [MeV] |
|---|---|---|
| ${}^2_1H$ | 2,226 | 1,113 |
| ${}^4_2He$ | 28,296 | 7,074 |
| ${}^9_4Be$ | 58,165 | 6,463 |
| ${}^{35}_{17}Cl$ | 298,263 | 8,522 |
| ${}^{197}_{97}Au$ | 1560,0 | 7,919 |
| ${}^{235}_{92}U$ | 1784,9 | 7,595 |
| ${}^{236}_{92}U$ | 1791,3 | 7,590 |

An der Bindungsenergie pro Nukleon erkennt man, ob ein Kern stark gebunden, d.h. sehr stabil ist oder nicht. Die Abb.V.1. zeigt das diesbezügliche Verhalten über den ganzen Bereich der Massenzahlen von 0 bis 240.

Man erkennt, daß sowohl die Verschmelzung leichter Atomkerne zu schwereren als auch das Spalten schwerer Kerne zu leichteren zu stark gebundenen Kernen führt. Es wird bei so einem Vorgang dann jeweils Bindungsenergie frei. Z.B. hat ${}^4He$ einen - relativ zu seiner unmittelbaren Nachbarschaft - sehr fest gebundenen Atomkern. In gleicher Weise sind die mittelschweren Kerne, die bei der Spaltung eines schweren Kern entstehen, um etwa 1 MeV pro Nukleon stärker gebunden als der Ausgangskern.

Atomkerne können mit einer außerordentlich kleinen Wahrscheinlichkeit spontan zerplatzen (Spontanspaltung; Halbwertzeit $T_{1/2\emptyset_s}=1,9.10^{17}$ Jahre für ${}^{235}U$). Aber nur wenn man dem Atom-

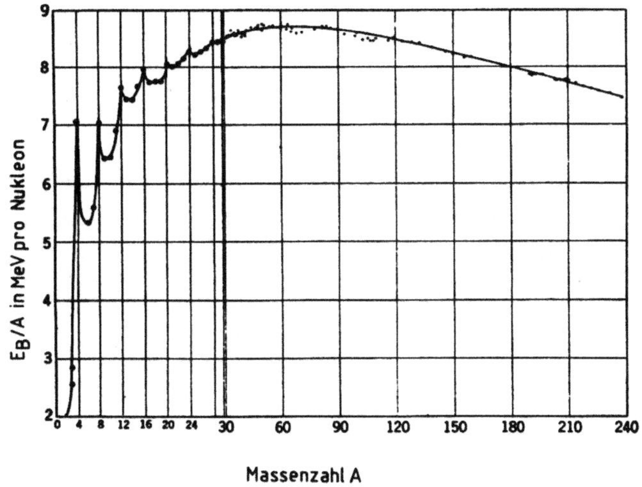


Abb.V.1.: Mittlere Bindungsenergie pro Nukleon $E_{B/A}$ in MeV /179/.

kern zusätzlich Energie zuführt, kommt man zu einer verwertbaren Zahl von Spaltprozessen. In den technischen Anwendungen erreicht man diese Energiezufuhr durch die Absorption eines Neutrons, wobei die dabei frei werdende Bindungsenergie ausreicht, um den entstandenen Produktkern ($^{235}U \rightarrow ^{236}U$) zur Spaltung zu bringen. Die folgende Tabelle V.2. zeigt für die vier wichtigsten Atomkerne die dabei freiwerdenden Energien (ohne jenen Energieanteil, der auf die auch entstehenden Neutrinos entfällt: ca. 10 MeV).

Tabelle V.2.

Effektive Energie, die bei der Spaltung durch langsame Neutronen pro Spaltprozeß freigesetzt wird /172/

| Nuklid | Energie in MeV |
|---|---|
| $^{233}U$ | 190.0 |
| $^{235}U$ | 192.9 |
| $^{239}Pu$ | 198.5 |
| $^{241}Pu$ | 200.3 |

In analoger Form zeigt die Tabelle V.3. Fusionsreaktionen und die dabei frei werdenden Energien. Es sind auch Reaktionen aufgenommen, die derzeit ein eher spekulatives Interesse finden.

Tabelle V.3.

Fusionsreaktionen und die dabei auftretenden Energien /177/. Die beiden letzten haben prinzipielle Vorteile, sind aber derzeit von eher spekulativem Interesse.

| Ausgangskerne | Reaktionsprodukte und ihre kinetischen Energien in MeV |
|---|---|
| $^{2}H + {}^{3}H$ | $^{4}He(3,52) + n(14,10)$ |
| $^{2}H + {}^{2}H$ | $^{3}He(0,82) + n(2,45)$ |
| $^{2}H + {}^{2}H$ | $^{3}H(1,01) + p(3,02)$ |
| $^{2}H + {}^{3}He$ | $^{4}He(3,67) + p(14,68)$ |
| $^{3}H + {}^{3}H$ | $^{4}He(1,26) + 2n(2.5,03)$ |
| $p + {}^{11}B$ | $3\,{}^{4}He(3.2,89)$ |
| $p + {}^{6}Li$ | $^{3}He(2,28) + {}^{4}He(1,72)$ |

## V.2.2. Kernphysik thermischer und schneller Reaktoren; Konversion und Brüten

Die grundsätzliche Möglichkeit einer Kettenreaktion im Reaktor ist durch den Umstand gegeben, daß bei der durch ein Neutron induzierten Spaltung eines Atomkerns neben den Spaltproduktkernen wieder Neutronen entstehen. Wenn gerade eines dieser Neutronen den Spaltprozeß weiterträgt, bleibt die Zahl der Spaltungen pro Zeit konstant und die Kettenreaktion verläuft stationär. Ob eine bestimmte Konfiguration an spaltbarem und anderem Material eine solche stationäre Kettenreaktion ermöglicht, hängt von den kernphysikalischen Eigenschaften dieser Materialien und von der Geometrie der Anordnung ab.

Die in Tabelle V.2. angeführten Isotope lassen sich bereits durch Neutronen mit praktisch verschwindend kleiner kinetischer Energie spalten (= thermische Neutronen, weil im Bewegungsgleichgewicht mit den Gitteratomen der Materie; im strengen Sinn thermisch bezeichnet man Neutronen mit der Bewegungsenergie von 0.025 eV). Jeder schwere Atomkern hat eine für ihn typische Schwellenenergie für das Eintreten des Spaltprozesses /172/. Die beim Einfang eines Neutrons freiwerdende Bindungsenergie reicht bei den sogenannten Spaltstoffen[1] aus, diese Schwellenenergie oder Spaltbarriere zu kompensieren. Damit wird der durch Neutroneneinfang entstandene Kern im Prinzip in die Lage versetzt zu spalten. Da in diesem Fall die überwiegende Zahl der spaltenden Neutronen thermische Energie hat, heißt der entsprechende Reaktor thermischer Reaktor. Im Gegensatz dazu sind die im schnellen Reaktor die Spaltungen auslösenden Neutronen eben sehr viel energiereicher bzw. schneller.

Für den Zwischenkern (engl.: compound nucleus) sind aber auch noch andere Reaktionsabläufe möglich. Die Wirkungsquerschnitte für diese Prozesse sind ein Maß für die Wahrscheinlichkeit, mit der sie sich ereignen. In Tabelle V.4. sind die Spaltbarrieren für die wichtigsten Nuklide angegeben. Es handelt sich dabei immer um den durch Neutroneneinfang entstehenden Zwischenkern.

Man sieht an den Daten, daß die schon in Tabelle V.2. als Spaltstoffe angeführten Nuklide wirklich eine kleinere Spaltbarriere haben. Dies trifft auch für $^{241}Pu$ zu. Dagegen sind die Zwischenkerne $^{239}U$ und $^{233}Th$ nur zur Spaltung zu bringen, wenn die eingefangenen Neutronen auch eine entsprechend hohe kinetische Energie hatten. Man nennt im übrigen die Nuklide $^{238}U$ und $^{232}Th$ Brutstoffe, da sie durch Neutronenabsorption zu den Spaltstoffen $^{233}U$ und $^{239}Pu$ führen (Abb.V.2.).

---

1 Man bezeichnet Nuklide, die sich durch thermische Neutronen spalten lassen, als Spaltstoffe. Das heißt aber nicht, daß die Kerne anderer Nuklide nicht spaltbar sind. Aber dort ist, wie beim $^{238}U$ auch, noch eine entsprechende kinetische Energie der Neutronen notwendig (siehe Tabelle V.3.). Die angelsächsische Literatur trifft hier die Unterscheidung von "fissile" und "fissionable".

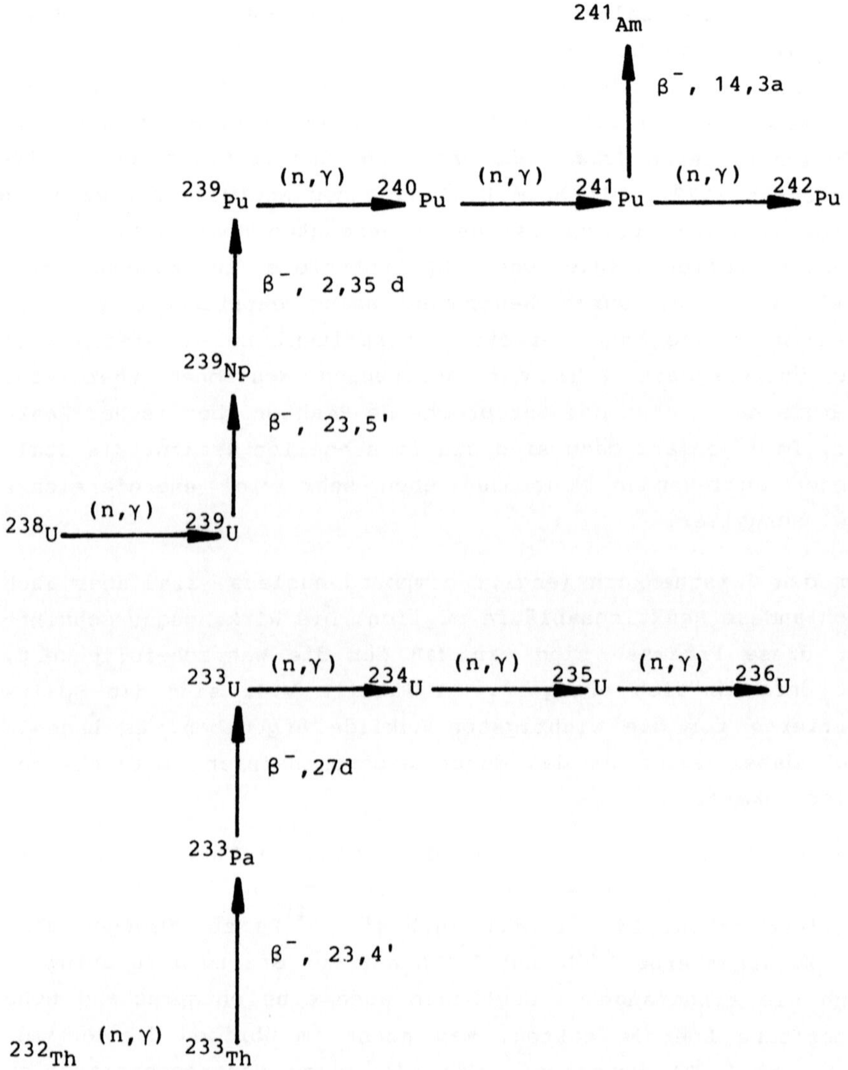


Abb.V.2.: Schema der Brutzyklen für die Spaltstoffe $^{239}U$ und $^{233}U$. Die angegebenen Zerfallszeiten sind die Halbwertszeiten.

Tabelle V.4.

Spaltbarriere $E_f$ und Bindungsenergie $E_{B,n}$ des zum Zwischenkern führenden Neutrons /172/[1]

| Zwischenkern | $E_f$ [MeV] | $E_{B,n}$ [MeV] |
|---|---|---|
| $^{233}Th$ | 6,5 | 4,8 |
| $^{234}U$ | 6,2 | 6,8 |
| $^{236}U$ | 5,7 | 6,5 |
| $^{239}U$ | 6,5 | 4,8 |
| $^{240}Pu$ | 5,8 | 6,5 |
| $^{242}Pu$ | 5,6 | 6,3 |

Tabelle V.5. gibt einen Überblick über die schon erwähnten konkurrierenden Zerfallsmöglichkeiten des Zwischenkerns in Form der die Prozesse charakterisierenden mikroskopischen Wirkungsquerschnitte.

Tabelle V.5.

Wirkungsquerschnitte für Neutron-Kern-Wechselwirkungen

| Prozeß | Symbol für den Wirkungsquerschnitt |
|---|---|
| Neutron-Kern-Streuung | $\sigma_s$ |
| a) elastisch | $\sigma_n$ |
| b) inelastisch | $\sigma_{n'}$, $\sigma_s = \sigma_n + \sigma_{n'}$ |
| Spaltung | $\sigma_f$ (f = fission) |
| Neutroneneinfang, der nicht zur Spaltung führt | $\sigma_c$ (c = capture) |
| Neutronenabsorption | $\sigma_a = \sigma_f + \sigma_c$ |
| Alle möglichen Neutronen-Kern-Wechselwirkungen | $\sigma_T = \sigma_a + \sigma_s = \sigma_f + \sigma_c + \sigma_n + \sigma_{n'}$ |

1 Leider zeigen die Daten der Tabelle V.4. in der Literatur immer noch Inkonsistenzen.

Der Wirkungsquerschnitt $\sigma_c$ umfaßt alle möglichen Zerfallsformen für den Zwischenkern: γ-Emission, Proton-Emission usw. Bei den schweren Kernen spielt praktisch nur die γ-Emission eine Rolle.

Die Größe σ hat die Einheit $[m^2]$ und ist als der scheinbare geometrische Kernquerschnitt bezüglich einer bestimmten Reaktion mit Neutronen zu verstehen. Die praktische Einheit ist:

1 barn = $10^{-28} m^2$ (bzw. $10^{-24} cm^2$).

$$\Sigma_x^{(i)} = N_i \sigma_x [cm^{-1}] , \qquad (V,2)$$

$N_i$ = Zahl der Kerne des Nuklids i pro $cm^3$; wenn man barn in $cm^2$ angibt, bekommt man als Dimension für $\Sigma_x [cm^{-1}]$.

$\Sigma_x^{(i)}$ ist der makroskopische Wirkungsquerschnitt für einen Prozeß x an Kernen der Art i. Er hängt von der Dichte des Materials ab. Meist enthält ein makroskopischer Wirkungsquerschnitt die kumulative Wirkung mehrerer Nuklidarten.

Da man die Neutronenverteilung in einem Reaktor mittels der Neutronenflußdichte:

$$\Phi(\vec{r},v) = n(\vec{r},v)v \ [\text{Neutronen}/cm^2 s] , \qquad (V,3)$$

$n(\vec{r},v)$ = Neutronen pro $cm^3$,

v = Geschwindigkeit der Neutronen,

beschreibt, ist

$$R_x(\vec{r},v) = \Phi(\vec{r},v) . \Sigma_x(\vec{r},v) \ \left[\frac{\text{Ereignisse x}}{s \ cm^3}\right] \qquad (V,4)$$

die Reaktionsrate für Ereignisse vom Typ x. Die Reaktionsrate $R_x$ ist ein wichtiger Begriff, weil ihm die Schlüsselrolle bei der Erstellung der Neutronenbilanz im Reaktor zukommt.

Die Abb.V.3. zeigt die Energieabhängigkeit des mikroskopischen Spaltquerschnitts $\sigma_f(E)$ von $^{235}U$. Man erkennt die große Wahrscheinlichkeit für die Einleitung eines Spaltprozesses bei niedrigen Neutronenenergien. Ähnliche Werte werden im Resonanzbereich dann nur mehr von den Spitzen einzelner Resonanzen erreicht. Dabei entsprechen die Resonanzen den Energieniveaus des Zwischenkerns: Wenn die Wahrscheinlichkeit für die Bildung des Zwischenkerns groß ist (entspricht einem stationären oder quasistationären Zustand), ist auch die Neutroneneinfangwahrscheinlichkeit groß. Abb.V.4. zeigt diesen Sachverhalt schematisch für $^{238}U$. Die Resonanzstruktur der Wirkungsquerschnitte führt zu einer typischen Temperaturabhängigkeit der Reaktionsraten und hat dadurch auch eine gewisse Bedeutung für das Sicherheitsverhalten (kernphysikalischer Dopplereffekt).

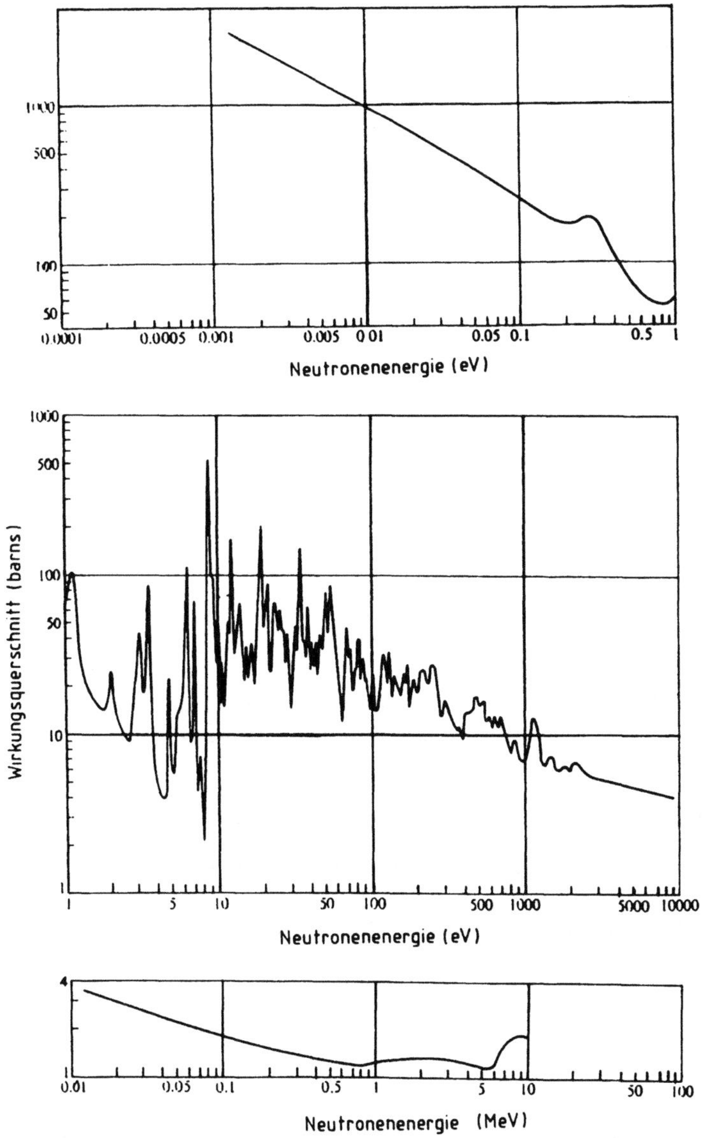


Abb.V.3.: Spaltquerschnitt $\sigma_f$ für $^{235}U$ in Abhängigkeit von der kinetischen Energie der Neutronen /180/.

Pro Spaltung wird eine mittlere Zahl von ca. 2,5 Neutronen frei. Diese Zahl $\nu$ hängt sehr schwach von der Energie der auslösenden Neutronen ab und hat leicht unterschiedliche Werte für die verschiedenen Spaltstoffe. Man hat dabei auch noch zwischen Neutronen, die "prompt" freigesetzt werden, und sogenannten "verzögerten" Neutronen zu unterscheiden. Für die Bilanz sind die prompten Neutronen wichtig, für das Zeitverhalten spielen die verzögerten Neutronen eine wesentliche Rolle. Eine näherungsweise Darstellung von $\nu(E)$ hat die Form:

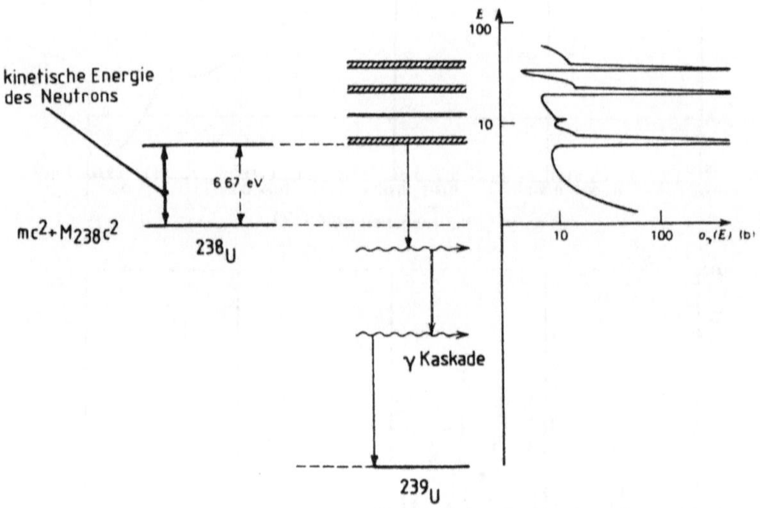


Abb.V.4.: Schematische Gegenüberstellung des Niveauschemas von $^{239}U$ mit dem Absorptionsquerschnittsverlauf von $^{238}U$.

$$\nu(E) = \nu_o + a.E, \text{ in MeV.} \qquad (V,5)$$

Die Größen $\nu_o$ sind der Tabelle V.6. zu entnehmen.

Die Energieverteilung dieser Neutronen kann sehr gut durch eine Funktion der Form:

$$\chi(E) = 0.770.\sqrt{E} \; . \; e^{-0,775E}, \qquad (V,6)$$

$$\int_o^\infty \chi(E)dE = 1$$

approximiert werden. Die mittlere Energie liegt bei etwa 2 MeV. Abb.V.5. zeigt den Verlauf.

Tabelle V.6.

Parameter zur Bestimmung von $\nu(E)$ nach Glg. (V,5) /181/.

| Spaltstoff | $\nu_o$ | a [MeV$^{-1}$] | Energiebereich [MeV] |
|---|---|---|---|
| $^{233}U$ | 2,48 | 0,075 | $0 \leq E \leq 1$ |
| | 2,41 | 0,136 | $E > 1$ |
| $^{235}U$ | 2,43 | 0,065 | $0 \leq E \leq 1$ |
| | 2,35 | 0,150 | $E > 1$ |
| $^{239}Pu$ | 2,87 | 0,138 | $0 \leq E \leq 1$ |
| | 2,91 | 0,133 | $E > 1$ |

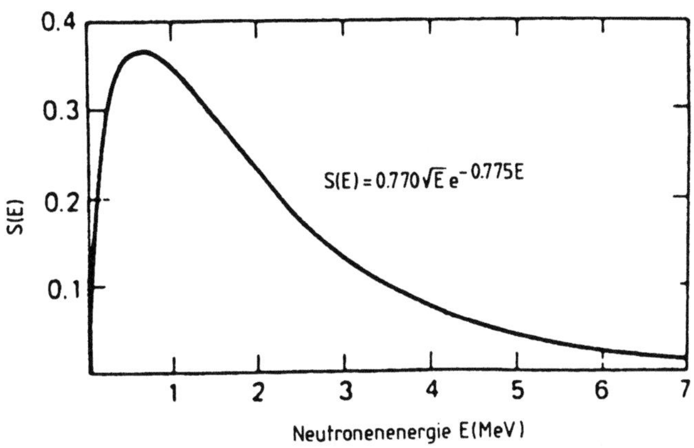


Abb.V.5.: Energieverteilung der prompten Neutronen.

Die verzögerten Neutronen werden aus hochangeregten Spaltproduktkernen mit Neutronenüberschuß emittiert. Ihr Gesamtanteil ist bei $^{235}U$ $\beta$=0.0065. Ihre Energieverteilung ist der durch (V,6) beschriebenen sehr ähnlich.

Eine für die Neutronenbilanz im Reaktor aufschlußreiche Größe ist $\eta$. Man versteht darunter die Zahl der Neutronen, die pro im Spaltstoff (oder pro im Spalt- und Bruststoff) absorbiertem Neutron durch Spaltung entstehen:

$$\eta = \frac{\sigma_f}{\sigma_a} \qquad (V,7)$$

(oder

$$\eta = \frac{\nu(25)\,\Sigma_f(25)}{\Sigma_a(25)+\Sigma_a(28)} \; ; \qquad (V,7')$$

25 bezieht sich auf $^{235}_{92}U$, 28 auf $^{238}_{92}U$).

Die Bedeutung von $\eta$ ist leicht einzusehen. Wenn in einem Reaktor nur Spaltstoff (z.B. $^{235}U$) und kein Brutstoff ist, so muß pro im Spaltstoff absorbiertem Neutron wieder mindestens 1 Neutron freigesetzt werden, damit die Neutronenbilanz stationär gehalten werden kann. Wegen der Absorptionsverluste in den weiteren noch im Reaktor befindlichen Materialien und wegen der Verluste durch das endliche Volumen muß $\eta>1$ sein.

Da die Brennelemente eines Reaktors aber praktisch immer aus Spalt- und Brutstoff bestehen (z.B.: $^{235}U$ und $^{238}U$) so ist eigentlich eher die Beziehung (V,7') anzuwenden. Nach Abb.V.2. entsteht durch Absorption in $^{238}U$ nach einer gewissen Zeit $^{239}Pu$, das nun auch als Spaltstoff seinen Beitrag leistet. Es hängt von dem quantitativen Ausmaß ab, ob man diesen Prozeß als Konversion oder Brüten bezeichnet. Man definiert den Konversionsfaktor:

$$C = \frac{\text{Zahl der pro Sekunde erzeugten Spaltstoffkerne}}{\text{Zahl der pro Sekunde verbrauchten Spaltstoffkerne}} \qquad (V,8)$$

und spricht von Brüten, wenn $C>1$ ist. Damit eine Möglichkeit zum Brüten besteht, muß $\eta>2$ für den reinen Spaltstoff sein. Wenn pro Absorption in Spalt- und Brutstoff gerade ein Neutron zur weiteren Verfügung steht, dürfen keine anderen Verlustmechanismen auftreten, damit dieses eine Neutron wieder im Spalt- Brutstoff-Gemisch absorbiert werden kann. Soll der bei der Spaltung verbrauchte Spaltstoffkern ersetzt werden, muß ein Neutron zur gezielten Absorption im Brutstoff zur Verfügung stehen. Dies erfordert mindestens ein $\eta=2$. Soll aber der verbrauchte Brennstoff ersetzt und neuer dazu erbrütet werden, so muß deutlich $\eta>2$ gelten, da ja die übrigen Verlustmechanismen nicht ausgeschaltet werden können.

Abb.V.6. zeigt den Verlauf von $\eta$ für die Spaltstoffe $^{233}U$,

$^{235}U$ und $^{239}Pu$. Man erkennt $\eta>2$ für $^{233}U$ bis etwa 2 eV. Für $^{235}U$ liegt $\eta$ im gleichen Bereich nur knapp über 2, für $^{239}Pu$ praktisch nicht. Dagegen ist $\eta$ für alle drei Nuklide im keV-Bereich größer 2 und zwar am stärksten für $^{239}Pu$. Daraus folgt die Eignung des $^{232}Th$ - $^{233}U$-Zyklus für einen thermischen oder einen schnellen, die Eignung des $^{238}U$- $^{239}Pu$-Zyklus für

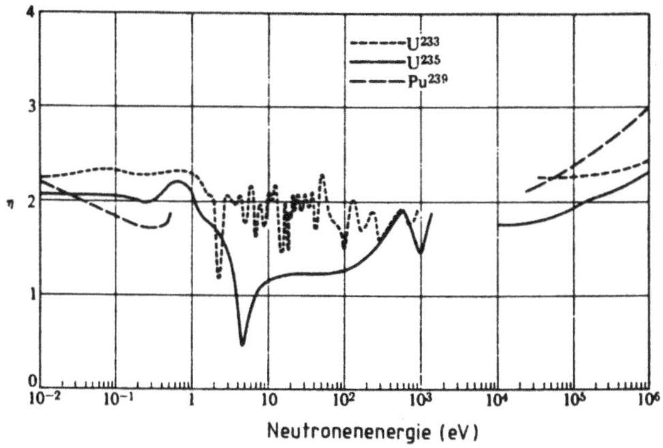


Abb.V.6.: Verlauf von $\eta$ als Funktion der Neutronenenergie für $^{233}U$, $^{235}U$, $^{239}Pu$ (die Kurve für $^{235}U$ ist in der eV-Region geglättet /180/).

einen schnellen Brutreaktor. Der Zyklus mit Plutonium ermöglicht größere Brutraten und daher eine kürzere Verdopplungszeit. Der quantitative Ausdruck für die Verdopplungszeit ist:

$$D(\text{Jahre}) = \frac{2{,}7M}{G.P.(1+\alpha)} \qquad (V,9)$$

mit:

M[kg] = Brennstoffeinsatz am Beginn des Zyklus ,

P[MW] = Reaktorleistung,

G = C-1 = Brutgewinn,

$$\alpha = \frac{\sigma_c}{\sigma_f} \; .$$

Man bekommt durch folgende Überlegung auf Formel (V,9): Wenn in einem Reaktor pro Tag 1 Gramm $^{238}Pu$ gespalten wird, so entspricht das ungefähr einer Leistung von 1 MW (genauer 0,84 MW). Werden pro Tag g Gramm Plutonium verbraucht, dann entspricht das:

$$g \frac{\sigma_f}{\sigma_f+\sigma_c} = \frac{g}{1+\alpha}$$

gespaltenem Material in Gramm. Diesen Zahlenwert kann man auch durch die Leistung P ausdrücken und bekommt:

$$g = P.(1+\alpha).$$

Für g Gramm verbrauchtes Plutonium werden G.g=G.P.(1+α) Gramm neuer Spaltstoff erbrütet. Man gewinnt also den Einsatz M[kg] in:

$$D = \frac{M}{G.P.(1+\alpha).10^{-3}.365}$$

Jahren als zusätzliche Brennstoffmenge für ein zweites Reaktorcore. Natürlich handelt es sich nur um einen Richtwert, weil der Brutgewinn tatsächlich als eine über das Energiespektrum der Neutronen und über das Volumen des Reaktors gemittelte Größe zu berechnen ist.

Man kann die Verdopplungszeit auf den ganzen Spaltstoffzyklus mit Reaktor und Wiederaufarbeitung beziehen oder nur auf den Reaktor. Der erstere Weg ist wohl die konsequentere Vorgangsweise. Bis jetzt wurden nur Brutreaktoren auf der Basis des $^{238}U$- $^{239}Pu$-Zyklus gebaut. Für diese werden die folgenden Verdopplungszeiten angegeben:

PHÈNIX (Frankreich, 250 MWe): 40 Jahre
BN-600 (USSR, 600 MWe): 10 Jahre /182/.

Die Verdopplungszeit von PHÈNIX trägt insofern dem Prototyp-Charakter Rechnung, da das angestrebte technisch-wirtschaftliche Ziel bei einer Verdopplungszeit liegen muß, die mindestens kleiner als die Lebensdauer der Anlage ist.

## V.3. Energieabfuhr aus dem Reaktorkern; verschiedene Arten der Kernkühlung

Die in Tabelle V.2. angegebenen Energiebeträge pro Spaltung haben verschiedene Kernprozesse als Ursache. Tabelle V.7. zeigt sie im einzelnen für $^{235}U$:

Tabelle V.7.

Prozesse, durch deren Ablauf Spaltenergie freigesetzt wird (für $^{235}U$):

| Reaktionsprodukt | Energie [MeV] | Reichweite im Reaktormaterial |
|---|---|---|
| Spaltprodukte | 166,2 | sehr klein (<1 mm) |
| Neutronen | 4,8 | mittel (einige 10 cm) |
| β-Teilchen | 7,0 | klein (einige mm÷cm) |
| prompte γ-Strahlung | 8,0 | groß (10 cm÷einige m) |
| γ-Strahlung aus Spaltprodukten | 7,2 | groß (10 cm÷einige m) |
| Neutrinos | 9,6 | ∞ |
| | 202,7 | |

Man sieht, daß der überwiegende Teil der Energie in Form kinetischer Energie der Spaltprodukte freigesetzt wird. Diese meist stark radioaktiven Nuklide werden im Brennelement zurückgehalten, geben ihre kinetische Energie an das Brennstoffgitter ab und führen so zur Erwärmung des Brennelements, dem die Wärme durch ein Kühlmedium entzogen werden muß. Auch die prompte γ-Strahlung und die β- und die γ-Strahlung, die beim Zerfall der Spaltprodukte frei wird, trägt so zur Temperaturerhöhung der Brennelemente bei.

Nimmt man 192 MeV=$3{,}08.10^{-11}$ Ws als pro Spaltung verfügbare Energie, so liefert das bei 1 Gramm verbrauchtem Spaltmaterial ($^{235}U$) einen Betrag von $2{,}56.10^{21}$ Ws oder 0,91 Megawatt-Tage≈1 MWd. Ein Kraftwerksreaktor mit einer Leistung von 3000 $MW_{therm}$

verbraucht also pro Tag ungefähr 3 kg Spaltstoff. Zu dieser Menge leisten im Laufe der Zeit auch das erbrütete $^{239}Pu$ und $^{241}Pu$ einen Beitrag. Ein sehr kleiner Anteil kommt auch von $^{238}U$ durch Spaltungen, die von schnellen Neutronen eingeleitet werden.

Die Leistungsdichte $P(\vec{r})$ in Abhängigkeit vom Ort im Reaktor bestimmt sich nach (V,4) aus:

$$P(\vec{r}) = 3{,}1.10^{-11} \int_0^\infty \Sigma_f(\vec{r},v).\Phi(\vec{r},v)dv \; [\frac{W}{cm^3}].$$

Man erkennt daraus, daß zur Kenntnis der Leistungsdichte die Spaltrate $\Sigma_f(\vec{r},v)\Phi(\vec{r},v)$ und damit auch der Neutronenfluß in Abhängigkeit vom Ort und von der Geschwindigkeit v der Neutronen bekannt sein muß.

Als Nebenprodukt der erzeugten Energie fallen pro Spaltung auch je zwei Spaltproduktkerne an. Das entspricht z.B. pro Gramm $^{235}U$ einer Erzeugung von etwa $5.10^{21}$ mittelschweren, teilweise sehr instabilen Kernen. Diese Spaltprodukte, weiters die durch Neutronenabsorption entstandenen Aktiniden und sonstige Aktivierungsprodukte setzen nach dem Stoppen der Kettenreaktion weiterhin Energie durch radioaktive Zerfallsprozesse frei. Im Mittel wird diese Nachzerfallsleistung durch

$$P(t,\tau) = P_o.6{,}22.10^{-2}.\ [\tau^{-0,2}-(\tau+t)^{-0,2}] \qquad (V,10)$$

$P_o$ = ursprüngliche Reaktorleistung,
$t$ = vorausgegangene Betriebszeit in Sekunden,
$\tau$ = Zeit nach der Abschaltung in Sekunden

beschrieben. Diese Beziehung gilt für $15' < \tau < 100$ d. Die Tabelle V.8. zeigt eine detailliertere Aufgliederung für einen speziellen Fall. Man sieht, daß die Nachzerfallswärme beträchtliche Werte annehmen kann. Dies erfordert auch nach dem Abschalten des Reaktors eine funktionsfähige Kühlung.

Bei den heute hauptsächlich in Betrieb befindlichen Leichtwasserreaktoren steht dieses Wärmeübertragungsmedium Wasser unter entsprechend hohem Druck. Abb.V.5. zeigt, daß die mittlere Energie der bei der Spaltung freigesetzten Neutronen im Bereich von MeV (etwa 2 MeV) liegt. Für einen thermischen Reaktor muß ihre Bewegungsenergie daher um 8 Größenordnungen verringert werden. Dies geschieht beim LWR in erster Linie durch elastische Stöße mit den Wasserstoffkernen, sodaß bei

Tabelle V.8.

Berechnete Radioaktivität als Funktion der Zeit nach dem Abschalten für einen DWR mit 1100 MWe /183/.

| | Radioaktivität (Megacurie) | | | | | | |
|---|---|---|---|---|---|---|---|
| Zerfalls-Zeit(Tage) | Jod- und Bromisotope | Edelgase | Alle Spalt-produkte | Aktiniden | Aktivierungs-produkte | Gesamt | Thermische Gesamt-leistung (kW) |
| 0 | 1435,000 | 1240 | 13800 | 3450 | 10,6 | 17250 | 225000 |
| 1 | 265 | 221 | 2890 | 1330 | 9,19 | 4230 | 17400 |
| 5 | 101 | 105 | 1870 | 432 | 8,42 | 2310 | 9720 |
| 15 | 28,7 | 29,0 | 1280 | 39,7 | 7,50 | 1330 | 5600 |
| 20 | 6,74 | 4,77 | 947 | 9,35 | 6,40 | 963 | 4060 |
| 60 | 0,494 | 0,784 | 656 | 6,32 | 4,76 | 666 | 2350 |
| 120 | $2{,}82.10^{-3}$ | 0,659 | 401 | 5,90 | 2,76 | 410 | 1740 |
| 210 | $3{,}09.10^{-6}$ | 0,648 | 244 | 5,56 | 1,36 | 250 | 1100 |
| 365 | $2{,}18.10^{-6}$ | 0,630 | 146 | 5,17 | 0,614 | 152 | 659 |
| 1097 | $2{,}18.10^{-6}$ | 0,553 | 47,3 | 4,45 | 0,324 | 52,0 | 204 |
| 3653 | $2{,}18.10^{-6}$ | 0,353 | 17,9 | 3,27 | 0,132 | 21,3 | 67 |

diesem Reaktortyp das Wasser sowohl die Funktion eines Bremsmediums wie eines Wärmeüberträgers bwz. Kühlmittels erfüllt.

LWR werden in zwei Varianten gebaut: als Druckwasser-(DWR) und als Siedewasserreaktor (SWR). Die Abb.V.7a. und V.7b. zeigen schematisch das Konstruktionsprinzip beider Typen.

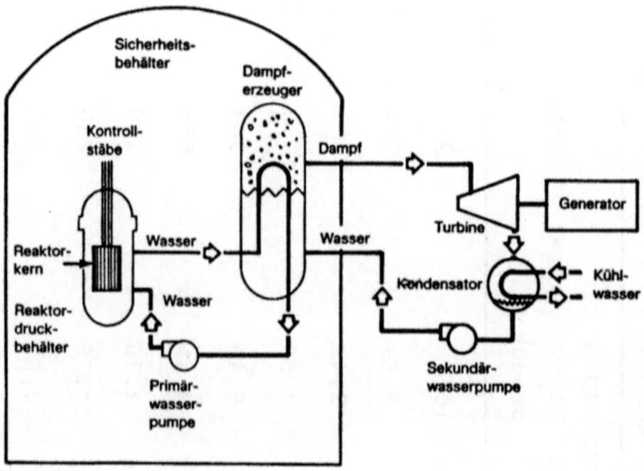


Abb.V.7a.: Schematisches Bild eines Kernkraftwerkes mit DWR.

Der DWR hat zwei Kreisläufe. Das Wasser des Primärkreislaufes durchströmt den Reaktorkern unter so hohem Druck, daß es nicht siedet (Richtwerte: ca. 300°C, $1{,}55.10^7$Pa = 155 bar). Über einen Dampferzeuger wird der Dampf für den Sekundärkreislauf bereitgestellt und auf eine Dampfturbine geleitet. In diesem Kreis ist der Druck bedeutend niedriger (ca. $5{,}5.10^6$ Pa = = 55 bar). Die immer vorhandene geringe Radioaktivität des Kühlmittels (Aktivierungen; Spaltproduktdiffusion) bleibt auf den Primärkreis beschränkt und kommt nicht mit der Turbine in Berührung.

Der SWR hat nur einen Kühlkreislauf, in den die Turbine integriert ist. Das im Reaktor befindliche Wasser siedet und der Dampf für die Turbine wird schon im Reaktor erzeugt. Der Betriebsdruck im Reaktor ist daher auch niedriger (Richtwerte: ca. 286°C, $7.10^6$Pa = 70 bar). Der Kontamination des Kühlkreislaufes ist mehr Aufmerksamkeit zu widmen.

Beim gasgekühlten thermischen Reaktor werden die Funktionen

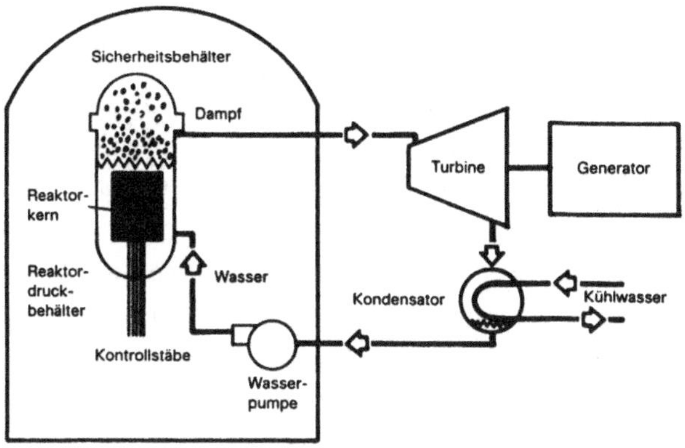


Abb.V.7b.: Schematisches Bild eines Kernkraftwerkes mit SWR.

der Kühlung des Reaktorkerns und der Moderation der Neutronen zwei verschiedenen Materialien zugeteilt. Bei den englischen Magnox-Reaktoren (werden nicht mehr gebaut; Magnox: bezeichnet eine Magnesiumlegierung, die als Hüllmaterial für die Natur-Uran-Brennelemente verwendet wurde) dient Graphit als Moderator, $CO_2$ als Kühlmittel. Wie beim DWR handelt es sich dabei um Anlagen mit einem Primär- und einem Sekundärkreis. Als Arbeitsmittel im Sekundärkreis dient Wasserdampf. Eine englische Weiterentwicklung ist der AGR-Typ (advanced gas cooled reactor) mit leicht angereichertem Uran in Form von $UO_2$ und einem sehr guten Wirkungsgrad von etwa 41 %.

In den sogenannten Hochtemperaturreaktoren /184/ (HTR; bis jetzt sind nur Versuchsanlagen bzw. Prototypen in Betrieb und Bau) erfolgt die Kühlung durch Helium, wobei Temperaturen von über 900°C möglich sind. Derzeit ist auch hier das Arbeitsmedium im Sekundärkreis Wasserdampf. Man studiert daneben die Möglichkeit, eine Gasturbine mit Helium im Einkreisprinzip zu verwenden. Die hohen Temperaturen sind durch die besondere Art der Brennelemente möglich. Diese enthalten den Brennstoff in Form von Kügelchen, die mit einer Graphitschale umgeben sind ("coated particles"). Die ummantelten Kügelchen werden dann entweder in Graphitblöcke - wie im 330 MWe-Kernkraftwerk Fort St.Vrain in Colorado - oder in Graphitkugeln von 6 cm Durchmesser -wie im AVR-Reaktor in Jülich - eingearbeitet. Neben den hohen Kühlmitteltemperaturen ergeben sich noch andere Vorteile, z.B. hohe Konversionsraten. In Schnellen Reaktoren fehlt der Moderator. Der Reaktorkern ist daher sehr kompakt. Dies führt zu hohen Leistungsdichten und zur Notwendigkeit einer sehr effektiven Kühlung. Von den beiden Alternativen Gas und Flüssigmetall hat man sich bis jetzt stets für die Flüssigmetallversion mit Natrium als Kühlmittel entschieden. Die wesentliche Motivation für den Bau schneller Reaktoren liegt in ihrem schon besprochenen Brutpotential, das auch das $^{238}U$ zur Energiebereitstellung verfügbar macht.

## V.4. Elemente der Reaktorregelung

Eine stationäre Neutronenverteilung ohne Neutronenzufuhr von einer Quelle außerhalb des Reaktors erfordert ein Gleichgewicht zwischen Neutronenerzeugung durch Spaltung und Neutronenverlusten jeglicher Art: Absorption im Spalt- und Brutstoff, in Strukturmaterialien, in verschiedenen Spaltprodukten (z.B. Xenon) usw.; dazu kommen noch Verluste durch Ausströmen aus dem Reaktorkernbereich, was trotz eines den Kern umgebenden Neutronenreflektors nicht völlig verhindert werden kann. Die genaue Bestimmung dieses Gleichgewichtszustandes, der also eine Funktion der Materialzusammensetzung und der geometrischen Form des von Neutronen durchströmten Kern- und Reflektorbereiches ist, ist ein schwieriges Problem der Neutronentransporttheorie /172/. Bei seiner Lösung - für realistische Kraftwerksreaktoren mit entsprechenden, auch numerischen Näherungsverfahren - erhält man die für den Gleichgewichtszustand im vorliegenden Fall notwendige Spaltstoffmenge, die "kritische Masse" des Reaktors. Mit den folgenden Abkürzungen:

$R_P$ = Zahl der pro Sekunde im System erzeugten Neutronen,

$R_A$ = Zahl der pro Sekunde im System absorbierten Neutronen,

$R_L$ = Zahl der pro Sekunde aus dem System durch Leckverluste verschwindenden Neutronen

kann man die Neutronenbilanz als mathematisches Eigenwertproblem formulieren:

$$(R_A + R_L) \cdot k_{eff} = R_P \, , \qquad (V,11)$$

$k_{eff}$ = Multiplikationsfaktor.

Der Gleichgewichtszustand liegt bei $k_{eff}=1$ vor. Im Falle $k_{eff}>1$ werden mehr Neutronen produziert als verloren gehen: das System ist nicht mehr im Gleichgewicht und die Zahl der in ihm befindlichen Neutronen und damit auch die Zahl der Spaltungen nimmt zu. Für $k_{eff}<1$ tritt eine analoge Neutronenabnahme ein und die Kettenreaktion bricht schließlich ab. Man bezeichnet die Zustände:

$k_{eff}>1$ : überkritisch ,

$k_{eff}=1$ : kritisch,

$k_{eff}<1$ : unterkritisch.

Eine Regelung des Reaktors erfolgt durch gezielte Störung des kritischen Zustandes. Eine Verminderung der Verluste durch mehr oder weniger starkes Ziehen eines neutronenabsorbierenden Regelstabes führt zu einer Anhebung des Leistungsniveaus. Ebenso führt das instantane Einbringen stark absorbierender Absorberstäbe zu einer Schnellunterbrechung der Kettenreaktion. Insgesamt erfolgt die Steuerung des Leistungsniveaus also durch Eingriffe in den Neutronenhaushalt.

Um ein auf diese Weise regelbares System zu haben, muß im Anfangszustand mehr Brennstoff im Reaktor sein als zum Erzielen der Kritikalität notwendig ist. Es muß ja auch am Ende der Standzeit eines Reatorkerns noch ein überkritischer Zustand möglich sein. Diese Überschußreaktivität wird entweder durch Absorberstäbe, deren Position man dann im Laufe des Betriebes entsprechend ändert, oder durch sogenannte abbrennbare Gifte, die durch Neutronenabsorption umgewandelt und damit neutralisiert werden, kompensiert. Ein Kugelhaufenreaktor braucht dagegen vergleichsweise nur sehr wenig überkritisch zu sein, da man ja immer wieder Brennstoff in Kugelform "nachlegt".

Die Bedeutung der Größe $k_{eff}$ kann durch die folgenden qualitativen Überlegungen noch besser dargestellt werden. Die Neutronen bevölkern den Reaktor nämlich in Form von Neutronengenerationen. Eine Generation von Neutronen verläßt das System durch Absorption in Kernen und Leckage, und produziert dabei durch die Spaltungsprozesse neue Neutronen. Einer Neutronengeneration kommt in diesem Zusammenhang eine gewisse mittlere Lebensdauer $l$ (genauer: Generationszeit) zu, für deren Dauer die Neutronen sich im Reaktor aufhalten, um dann einer neuen Generation von Spaltneutronen Platz zu machen. Man kann diesen Ablauf auch so formulieren:

$$n(t+l) = k_{eff} \cdot n(t), \qquad (V,12)$$

$n(t+l)$ : Zahl der Neutronen im Reaktor gerade eine Lebensdauer später.

Im kritischen Zustand bleibt die Neutronenzahl konstant, sonst nimmt sie zu oder ab. Nehmen wir an, daß die Lebensdauer $l$

gemessen an den uns interessierenden Zeiten klein ist, so kann man in (V,12) eine Taylorentwicklung einführen:

$$n(t+l) = n(t) + l\,\frac{dn(t)}{dt} + \ldots$$

und bekommt damit:

$$\frac{dn(t)}{dt} = \frac{k_{eff}-1}{l}\;.\;n(t) \qquad (V,12')$$

bzw.

$$n(t) = n(0).e^{\frac{\Delta k}{l}\,t}\;, \qquad (V,12'')$$

$$\Delta k = k_{eff}-1\;.$$

Anwachsen oder Abnahme der Neutronenpopulation hängt also sehr entscheidend von der Lebensdauer l ab.

Tatsächlich muß man nun aber unterscheiden, ob die Zahl der prompt freigesetzten Neutronen den Reaktor kritisch ("prompt kritisch") macht, oder ob man zur Erzielung des kritischen Zustandes auch der verzögert freigesetzten Neutronen bedarf. Die Lebensdauer $l_p$ eines prompten Neutrons setzt sich aus der Abbremszeit und der Diffusionszeit als thermisches Neutron zusammen und beträgt etwa $l_p \approx 10^{-4}$s. Im verzögert kritischen System haben $(1-\beta).n(t)$ Neutronen diese Lebensdauer. Die $\beta.n(t)$ Neutronen haben eine effektiv sehr viel längere Lebensdauer, weil sie schon entsprechend verzögert ins System eintreten. Tabelle V.9. zeigt die Halbwertszeiten für 6 Gruppen von verzögerten Neutronen bei der Spaltung von $^{235}U$.

<u>Tabelle V.9.</u>

Eigenschaften der verzögerten Neutronen bei der thermischen Spaltung von $^{235}U$ ($\beta$=0.0065) /173/

| Gruppe i | Halbwertszeit [s] | Zerfallskonst. $\lambda_i[s^{-1}]$ | Anteil $\beta_i/\beta$ |
|---|---|---|---|
| i = 1 | 54,51 | 0,0127 | 0,038 |
| i = 2 | 21,84 | 0,0317 | 0,213 |
| i = 3 | 6,00 | 0,115 | 0,188 |
| i = 4 | 2,23 | 0,311 | 0,407 |
| i = 5 | 0,496 | 1,40 | 0,128 |
| i = 6 | 0,179 | 3,87 | 0,026 |

Damit muß man die Glg. (V,12) eine mittlere Lebensdauer $\bar{l}$ einführen:

$$\bar{l}\, n(t) = l_p\, (1-\beta)\, n(t) + \sum_{i=1}^{6} l_i \beta_i n(t)$$

$$\bar{l} = l_p\, (1-\beta) + \sum_{i=1}^{6} l_i \beta_i \qquad (V,13)$$

Da die Brems- und Diffusionszeiten der verzögerten Neutronen gegenüber der Lebensdauer $1/\lambda_i$ klein sind, kann man auch näherungsweise

$$\bar{l} \sim l_p + \sum_{i=1}^{6} \frac{\beta_i}{\lambda_i} \qquad (V,13')$$

setzen. Damit bekommt man aber $\bar{l} \sim 0{,}08$ s, wodurch der Reaktor auf Änderungen in der Größe $\Delta k$ sehr viel träger reagiert. Es ist also für das Zeitverhalten eines Reaktors sehr wesentlich, ob er sich im prompt oder verzögert kritischen Bereich befindet. Das ist beim schnellen Reaktor noch entscheidender, da dort die prompte Lebensdauer $l_p \sim 10^{-7}$ s beträgt.

## V.5. Sicherheitsfragen; Risikoüberlegungen

Das wesentliche Anliegen der Sicherheitsmaßnahmen bei Kernkraftwerken ist, zu verhindern, daß Radioaktivität durch Betriebsstörungen oder Unfälle in die Umgebung freigesetzt wird. Es liegt in der Natur der Sache, daß man dabei hauptsächlich mit Fragen der Sicherheitstechnik befaßt ist /185/. Dem Charakter der bisherigen Darstellung entsprechend werden daher nur die grundlegenden Phänomene behandelt.

Die für das Zurückhalten von Radioaktivität gewählte Methode besteht in der Errichtung möglichst wirksamer Barrieren, begleitet von einem Mehrstufenprinzip zur Gewährleistung der Sicherheit dieser Barrieren. Als erste Barriere kann der Spaltstoff (bzw. das Spaltstoff-Brutstoff-Gemisch) angesehen werden. Im Regelfall bleiben die Spaltproduktkerne wegen ihrer - verglichen mit Neutronen - großen Masse bereits im Urandioxid stecken. Gasförmige Spaltprodukte können jedoch, besonders bei höheren Temperaturen, aus dem Brennstoff entweichen. Daher verhindert eine entsprechende Hülle aus Zirkaloy einerseits das Austreten solcher Spaltprodukte in das Kühlmittel in sehr hohem Maße; andererseits gibt diese Hülle dem Brennstab zusätzliche Festigkeit und verhindert Korrosion durch das Kühlmittel.

Der Reaktordruckbehälter stellt eine weitere Barriere dar und schließlich wird das ganze Barrierensystem durch den Sicherheitsbehälter abgeschlossen (siehe Abb.V.7a. und b.).

Unter dem schon erwähnten Mehrstufenprinzip versteht man
1. Die Gewährleistung einer Basissicherheit und eine entsprechende Qualitätssicherheit bei der Erstellung der einzelnen Komponenten.
2. Maßnahmen zur Störfallverhinderung.
3. Begrenzung der Folgen beim Auftreten von Störfällen.

Eine Freisetzung des in den Brennstäben enthaltenen radioaktiven Inventars ist nur bei Zerstörung der Brennelemente bei zu hohen Temperaturen möglich. Mechanische Beschädigungen beim Hantieren mit den Brennelementen spielen demgegenüber eine vergleichweise geringe Rolle. Eine Überhitzung des Reaktorkerns kann durch Transienten oder Kühlmittelverluststörfälle auftreten.

Transienten sind zeitlich veränderliche Zustände mit einer starken Erhöhung der Neutronenpopulation im Reaktorkern, die zu einer parallel gehenden Erhöhung der Zahl der Spaltprozesse und damit der Leistung führt. Die Kühlmittelzufuhr hinkt hinter der Leistungserhöhung nach und die Temperatur in den Brennstäben steigt sehr schnell an.
In dieser Situation ist ein negativer Temperaturkoeffizient der Reaktivität:

$$\frac{d\rho}{dT} = \frac{d}{dT}\left(\frac{\Delta k}{k_{eff}}\right) = \frac{1}{k_{eff}^2} \cdot \frac{dk_{eff}}{dT} < 0 \qquad (V,14)$$

von entscheidender Bedeutung. Mit zunehmender Temperatur wird in diesem Fall die Neutronenmultiplikation kleiner und das Leistungsniveau kann nur eine endliche Höhe erreichen. Natürlich muß Vorsorge getroffen werden, daß die sich dabei einstellende Maximaltemperatur nicht über dem Punkt liegt, von dem weg eine Zerstörung der Brennelemente möglich ist.

Bei den LWR kommt der Hauptbeitrag zu dem negativen Reaktivitätskoeffzienten der Temperatur (V,14) von den kernphysikalischen Eigenschaften des $^{238}U$-$^{235}U$-Gemisches und vom Moderatorverhalten. Die Temperaturbewegung der Atomkerne und die dadurch beeinflußte Relativgeschwindigkeit Atomkern-Neutron führt zu einer Beeinflussung der Reaktionsraten im Resonanzbereich der Wirkungsquerschnitte des Brut- und Spaltstoffgemisches. Man nennt diese Erscheinung den nuklearen Dopplereffekt. In thermischen Reaktoren bekommt man einen Zahlenwert von ungefähr $-2.10^{-5}/^{o}C$ /173/. Der Moderatoreinfluß folgt aus der mit erhöhter Temperatur abnehmenden Dichte und dem deswegen ebenfalls abnehmenden Bremsvermögen. Dadurch gelangen weniger Neutronen in den thermischen Energiebereich und das Multiplikationsvermögen nimmt ab. Während die Reaktion auf Temperaturänderungen infolge des Dopplereffekts praktisch instantan erfolgt, stellt sich die Moderatorwirkung leicht verzögert ein.

Bei einem Verlust von Kühlmittel, z.B. infolge eines Lecks in einer Kühlmittelleitung, wird der LWR sofort unterkritisch, weil das Moderatorvolumen im Reaktorkern abnimmt. Der Reaktor kann ohne Schwierigkeiten abgeschaltet werden. Das eigentliche Problem liegt in der sicheren Abfuhr der Nachzerfallswärme, die entsprechend Tabelle V.8. ja sehr groß ist und die - kann sie nicht hinreichend durch Notmaßnamen beseitigt werden - zu einer Zerstörung der Brennelemente und zur Freisetzung der in ihnen enthaltenen Radioaktivität führen kann. Dementsprechend nimmt auch das Studium gerade der Kühlmittelverluststörfälle bzw. der Funktionssicherheit der Notkühleinrichtungen eine dominierende Rolle in der Reaktorsicherheitsforschung ein.

Die Sicherheitseinrichtungen sind zur Beherrschung des sogenannten Auslegungsunfalles ausgeführt. Dafür hat sich die Abkürzung GaU (= Größter anzunehmender Unfall) eingebürgert. Es ist wichtig darauf hinzuweisen, daß ein GaU also nicht mit Austritt von Radioaktivität in die Umwelt verbunden ist, sondern daß es sich dabei um einen durch die Sicherheitseinrichtungen beherrschbaren Störfall handelt.

Risikoanalysen sollen klären, mit welcher Wahrscheinlichkeit Ereignisse bzw. Ereignisketten eintreten, die zu einer vom GaU nicht mehr abgedeckten Situation und damit zu einem Reaktorunfall mit Austritt von Radioaktivität unterschiedlichsten Ausmaßes in die Umgebung führen können. Die Abschätzung der Unfallsfolgen für die davon möglicherweise betroffenen Menschen gibt ein Maß für das Risiko, dem die Menschen in der näheren und weiteren Umgebung eines Kernkraftwerkes ausgesetzt sind /186/, /187/. Der quantitative Ausdruck für das Risiko wird durch das Produkt aus Schadenswahrscheinlichkeit und Schadensausmaß bestimmt. Beide Größen weisen eine gewisse Streubreite auf. Daher ist auch das resultierende Risiko mit einer entsprechenden Streubreite behaftet.

Da - wie schon ausgeführt - nur eine Zerstörung des Reaktorkerns überhaupt zu einer gefährlichen Freisetzung von Radioaktivität Anlaß geben kann, sind die dazu führenden Ereignisabläufe zu studieren. In der Verfolgung solcher Ereignisabläufe, die ja aus dem Versagen verschiedener sicherheitsrelevanter Komponenten und Systemteile folgen, wird parallel die Versagenswahrscheinlichkeit auf Grund von Erfahrungen oder

Abschätzungen festgelegt. Auf diese Weise erhält man, ausgehend von bestimmten auslösenden Ereignissen, eine Aussage über die daraus resultierende Wahrscheinlichkeit für Kernschmelzen und die damit verbundenen Unfallsfolgen. Abb.V.8. veranschaulicht diese Vorgangsweise in Form eines Blockdiagramms.

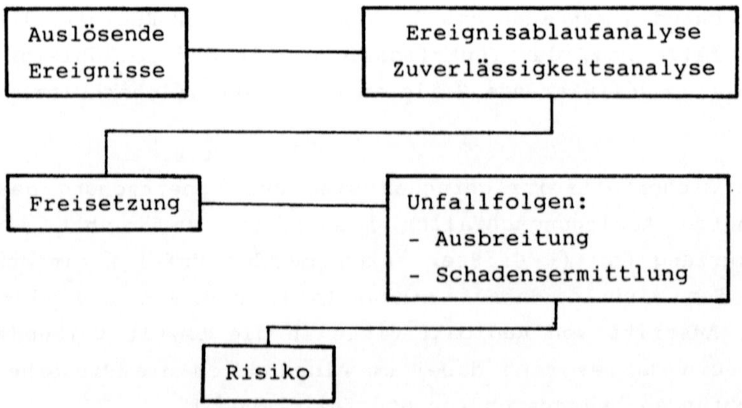


Abb.V.8.: Schema der Schritte einer Reaktor-Sicherheitsstudie.

Tabelle V.10. zeigt die verschiedenen Ursachen und die daraus resultierenden Kernschmelzunfälle pro Jahr, wie sie in der Deutschen Risikostudie (DRS) bestimmt wurden (bezogen auf 25 Reaktoren an 19 Standorten).

Die Abb.V.9. zeigt das Verhältnis der leckagebedingten Störfälle zu jenen, die unter dem Begriff der Transienten zusammengefaßt sind (ab einschließlich Notstromausfall in Tabelle V.10.).

Der Verlauf des Kernschmelzens und seine Auswirkungen auf den Sicherheitsbehälter kann sehr unterschiedlich sein. Dieser Umstand wurde in der DRS durch verschiedene Freisetzungskategorien berücksichtigt. Sie reichen von Kernschmelzen mit Dampfexplosion über Kernschmelzen mit verschieden großen Lecks im Sicherheitsbehälter bis zu Kernschmelzen mit Überdruckversagen. Die Dampfexplosion steht dabei mit ihrem Schadenspotential an erster Stelle (siehe Tabelle V.11.) /189/.

Neue Ergebnisse zur Reaktorsicherheitsforschung zeigen jedoch, daß die Resultate der DRS in manchen Fällen stark reduziert

Tabelle V.10.

Übersicht über die auslösenden Ereignisse, ihre Häufigkeiten pro Reaktorjahr und die daraus folgende Häufigkeit eines Kernschmelzunfalles.

| Auslösendes Ereignis | Häufigkeit des auslösenden Ereignisses pro Reaktorjahr | Bedingte Wahrscheinlichkeit des Ausfalls der erforderlichen Systemfunktionen | Häufigkeit von Kernschmelzunfällen pro Reaktorjahr |
|---|---|---|---|
| | $p_1$ | $p_2$ | $p_3 = p_1 p_2$ |
| Großes Leck | $2{,}7.10^{-4}$ | $1{,}7.10^{-3}$ | $5.10^{-7}$ |
| Mittleres Leck | $8.10^{-4}$ | $2{,}3.10^{-3}$ | $2.10^{-6}$ |
| Kleines Leck | $2{,}7.10^{-3}$ | $2{,}1.10^{-2}$ | $5{,}7.10^{-5}$ |
| Notstromfall | $1.10^{-1}$ | $1{,}3.10^{-4}$ | $1{,}3.10^{-5}$ |
| Ausfall Haupt-speise-Wasser-versorgung | $8.10^{-1}$ | $4.10^{-6}$ | $3.10^{-6}$ |
| Kleines Leck am DH beim Notstromfall | $2{,}7.10^{-4}$ | $2{,}6.10^{-2}$ | $7.10^{-6}$ |
| Kleines Leck am DH bei anderen Transienten | $1.10^{-3}$ | $2.10^{-3}$ | $2.10^{-6}$ |
| ATWS-Störfälle[1] | $3.10^{-5}$ | $3.10^{-2}$ | $1.10^{-6}$ |

1 Anticipated Transients Without Scram.

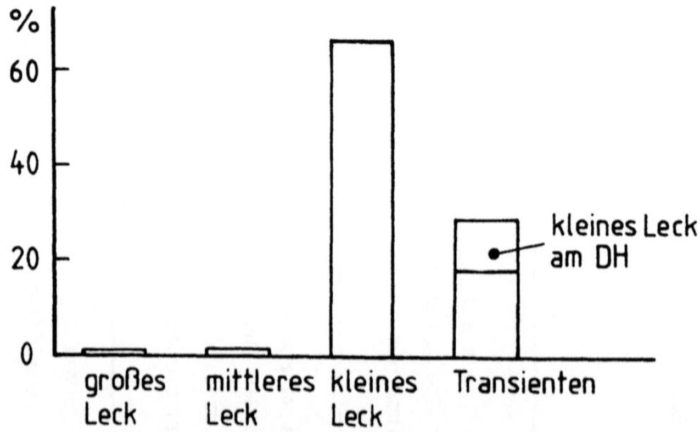


Abb.V.9.: Relative Beiträge der verschiedenen auslösenden Ereignisse zur Kernschmelzhäufigkeit /188/.

werden müssen. So haben detaillierte Untersuchungen gezeigt, daß man die Wahrscheinlichkeit für das Eintreten einer großen Dampfexplosion, die in der Lage ist, Reaktordruckbehälter und Sicherheitsbehälter zu zerstören, um mindestens einen Faktor $10^{-2}$ kleiner als in WASH-1400 bzw. in DRS annehmen muß /190/, /191/.

Einer der Gründe dafür ist das Auftreten von kleineren Dampfexplosionen, die zu keiner Schädigung des Druckbehälters führen und so das Zustandekommen einer großen, zerstörenden Explosion verhindern. Die Ursachen dafür liegen sowohl im zeitlichen Ablauf des Schmelzvorganges wie in den Erstarrungsvorgängen beim Sumpfeinbruch. Der schwerwiegendste Fall unter den Freisetzungskategorien ist damit in seinen Auswirkungen entscheidend entschärft.

Für die tatsächliche Spaltproduktfreisetzung spielt das Verhalten der Aerosole eine wichtige Rolle. Unter den überhaupt auftretenden Aerosolen befindet sich nur ein kleiner Anteil radioaktiver Substanzen. Die Tabelle V.12. zeigt zur Illustration das Druckbehälterinventar eines typischen DWR. Die Zusammensetzung der gesamten Aerosolmasse zeigt Tabelle V.13.

Der große Anteil an Silber ist für die Jodfreisetzung wichtig, da sich nach und nach nichtflüchtiges Silberjodid bildet. Dadurch wird die Jodfreisetzung günstig beeinflußt. Für den insgesamten Unfallsablauf ist weiter wichtig, daß der Druck-

Tabelle V.11.

Freisetzungskategorien

| Freisetzungs-kategorie Nr. | Beschreibung | Häufigkeit pro Jahr |
|---|---|---|
| 1 | Kernschmelzen, Dampfexplosion | $2.10^{-6}$ |
| 2 | Kernschmelzen, großes Leck im Sicherheitsbehälter (Ø 300 mm) | $6.10^{-7}$ |
| 3 | Kernschmelzen, mittleres Leck im Sicherheitsbehälter (Ø 80 mm) | $6.10^{-7}$ |
| 4 | Kernschmelzen, kleines Leck im Sicherheitsbehälter (Ø 25 mm) | $3.10^{-6}$ |
| 5 | Kernschmelzen, Überdruckversagen des Sicherheitsbehälters, Ausfall der Störfallfilter | $2.10^{-5}$ |
| 6 | Kernschmelzen, Überdruckversagen des Sicherheitsbehälters | $7.10^{-5}$ |
| 7 | beherrschter Kühlmittel-Verlust-Störfall, großes Leck im Sicherheitsbehälter (Ø 300 mm) | $1.10^{-4}$ |
| 8 | beherrschter Kühlmittel-Verlust-Störfall | $1.10^{-3}$ |

(Nr. 7 und 8 sind keine Kernschmelzunfälle.)

Tabelle V.12.

Materialinventar eines DWR-Druckbehälters

| Art der Einbauten | Masse [t] | Prozentsatz |
|---|---|---|
| Brennstoff ($UO_2$) | 101,6 | 60,8 % |
| Stahleinbauten | 31,1 | 18,6 % |
| Hüllrohre (Zirkaloy) | 31,9 | 19,0 % |
| Regel- und Steuerstäbe | 2,3 | 1,4 % |
| Spaltprodukte | 0,3 | 0,2 % |

(nur 1/3 der Spaltprodukte sind radioaktiv: ca. 100 kg)

aufbau im Sicherheitsbehälter langsamer erfolgt als ursprüngliche konservative Schätzungen angenommen haben. Abb.V.10. zeigt, daß ein Überdruckversagen des Sicherheitsbehälters

Tabelle V.13.

Zusammensetzung der gesamten Aerosolmasse für einen DWR mit 100 t $UO_2$, einem mittleren Abbrand von 37 GWd/t und nach einem Betrieb von 1000 Tagen /192/.

| Material | Masse [t] |
|---|---|
| Cd, In, Ag (fast nur metall. Silber) | 1,6 |
| Stahlbestandteile | 0,745 |
| Uranoxid | 0,490 |
| Betonbestandteile | 0,300 |
| inaktive Spalt- und Nachzerfallsprodukte | 0,160 |
| Zinn und Zirkon | 0,080 |
| radioaktive Bestandteile | 0,100 |

zwar unvermeidlich ist, aber erst nach 5 Tagen einsetzt. In dieser Zeit kommt es bereits zu einer weitgehenden Ablagerung der Aerosolteilchen im Sicherheitsbehälter, wodurch die tat-

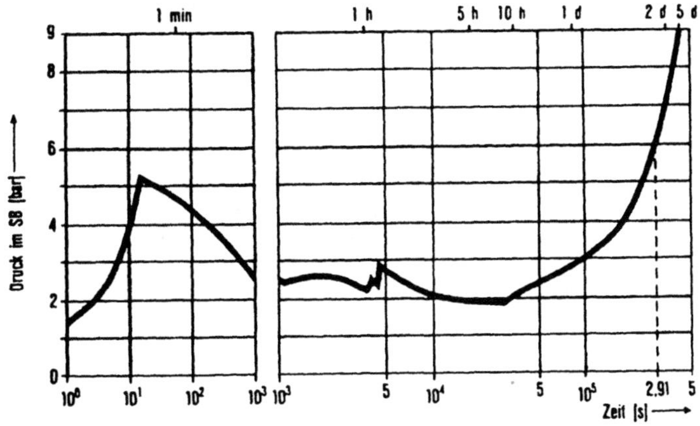


Abb.V.10.: Druckaufbau im Sicherheitsbehälter in der Folge eines Kernschmelzens mit Überdruckversagen (Freisetzungskategorien Nr. 6).

sächliche, nach dem Überdruckversagen erfolgende Freisetzung stark vermindert wird. Der einstweilen durch Rechnungen und Teilexperimente sich ergebende Zeitablauf der Jod- und Aerosolfreisetzung mit seinen günstigen Konsequenzen soll durch Großexperimente noch weiter überprüft werden. Nach deren Abschluß wird auch die energiepolitisch wichtige Frage des Risikos der Kernenergie zumindest für LWR auf einer noch detaillierteren Basis diskutierbar sein.

Vergleicht man das sich ergebende Risiko nach DRS und nach den nun vorliegenden Freisetzungswerten, so bekommt man z.B. im Falle der Freisetzungskategorie 2 eine deutliche Reduzierung der Frühschäden. Abb.V.11. zeigt die entsprechenden Kurven. Aufgetragen ist die Eintrittshäufigkeit für die jeweils minimale Zahl der Frühschäden. Man erkennt, daß die Wahrscheinlichkeit für 100 oder mehr Frühschäden weit unter $10^{-10}$ liegt. Abb.V.12. zeigt die Spätschäden im Falle der Freisetzungskategorie 6. Berücksichtigt man nur die Aerosolrückhaltung, so bekommt man gegenüber DRS Kurve 2. Berücksichtigt man auch noch die neuen Ergebnisse zur Jodrückhaltung, folgt Kurve 3, was einer drastischen Reduzierung der Spätschäden entspricht, die ja in hohem Maß durch das Jod verursacht werden.

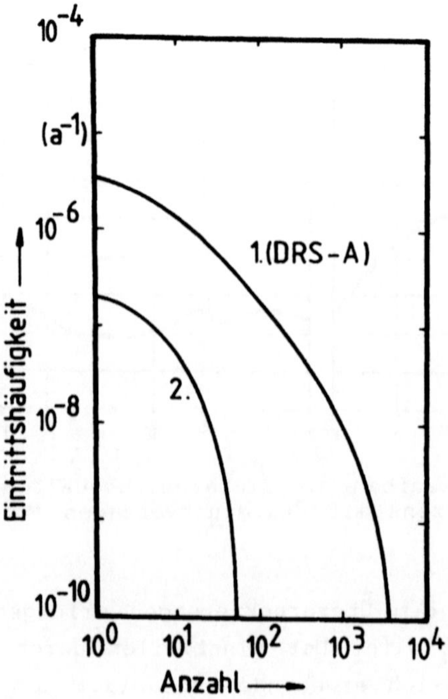


Abb.V.11.: Vergleich der Frühschäden bei der Freisetzungskategorie 2 nach DRS [1. (DRS-A)] und nach neueren Ergebnissen (2.) /193/.

Da fast alle Kraftwerksreaktoren Leichtwasserreaktoren sind, ist es selbstverständlich, daß die Sicherheitsaspekte dieses Reaktortyps am intensivsten untersucht sind. Dies gilt auch für die Risikofragen, die mit dem Einsatz der LWR verknüpft sind. In kleinerem Umfang liegen nun aber auch schon analoge Ergebnisse für Hochtemperaturreaktoren und Brutreaktoren vor /194-196/. Im folgenden werden HTR-Ergebnisse im Vergleich zu den vorstehenden Resultaten des LWR behandelt. Da der in den USA entwickelte Prototyp eines HTR blockförmige Brennelemente hat, ist die von General Atomic & Co. durchgeführte Risikoanalyse auf diesen Typ zugeschnitten. Die nachfolgende deutsche Studie, basierend auf einem HTR-1160 $MW_e$-Konzept, ebenfalls mit blockförmigen Brennelementen, überträgt und modifiziert die Methoden der amerikanischen Vorläuferin. Eine eigene Studie für kugelförmige Brennelemente ist in Vorbereitung. Doch lassen sich gewisse generelle Aussagen schon jetzt auch auf Kugelhaufenreaktoren übertragen.

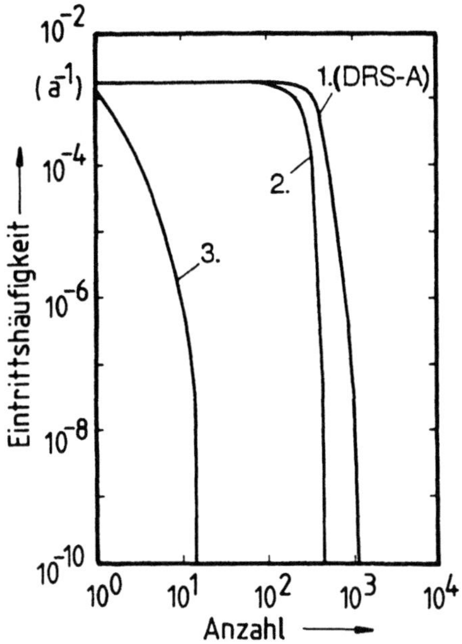


Abb.V.12.: Vergleich der Spätschäden für die Freisetzungskategorie 6 nach DRS [1. (DRS-A)], mit besserer Berücksichtigung der Aerosolrückhaltung (2.) und bei Berücksichtigung der Jod-Rückhaltung (3.).

Das hervorstechende Merkmal eines HTR ist seine thermische Trägheit, die durch die große Wärmekapazität des Graphits bedingt ist. Dazu kommt noch, daß die Versagenstemperatur der Brennelemente wesentlich höher liegt als beim LWR. Diese Umstände führen zu einem im Vergleich zum LWR stark verzögerten Ereignisablauf, der für die Planung und das Einleiten auch nicht automatisierter Gegenmaßnahmen bei einem möglichen Unfall sehr vorteilhaft ist.

Als wichtigste auslösende Ereignisse ergibt die HTR-Risikostudie:

Transienten, besonders auf Grund des Ausfalls des Hauptkühlsystems wegen Verlust der elektrischen Eigenbedarfsversorgung oder anderer Störungen.

Kühlmittelverlust durch Leck tritt deutlich weniger oft auf.

Bei einem Ausfall der Nachwärmeabfuhr durch Versagen des Hilfskühlsystems erfolgt eine Kernaufheizung und Aktivitätsfreisetzung ins Reaktorschutzgebäude. Dabei spielt eine wesentliche Rolle, ob das Linerkühlsystem an der Innenseite des Spannbetondruckbehälters in Funktion bleibt oder nicht. In Tabelle V.14. ist der Zeitablauf für die typischen Phasen der Aktivitätsfreisetzung angegeben. Die Freisetzungshäufigkeiten liegen in der gleichen Größenordnung wie beim LWR. Dies entspricht einfach den analogen Anforderungen an die Sicherheitssyteme.

Tabelle V.14.

Phasen der Kernaufheizung und Aktivitätsfreisetzung in das Reaktorschutzgebäude /197/.

| | | |
|---|---|---|
| A | Kernaufheizung<br>"Blow down" über RDB-Sicherheitsventile<br>Übergeströmte Aktivität niedrig ($\sim$ 10 Ci) | $\geq$ 6 h |
| B | Brennelementtemperaturen überschreiten Versagensgrenzen<br>Aktivitätsfreisetzung aus Reaktorkern<br>Geringer Transport von Edelgasen und Halogenen ins RSG über Heliumausdehnung, Rückhaltung von Cs, Sr im "kalten Reflektor" | $\geq$ 10 h |
| $C_1$ | Reflektoraufheizung/Cs, Sr-Freisetzung<br>Geringer Transport ins RSG über Heliumausdehnung | $\geq$ 70-170 h |
| $C_2$ | Falls Ausfall Linerkühlsystem; RDB-Betonaufheizung/Dampffreisetzung<br>Austreiben von Aktivität ins RSG | > 48-95 h |

Eine Analyse der Unfallsfolgen ergibt, da die maximalen Freisetzungen kleiner als beim DWR sind, keine Frühschäden und erheblich geringere Spätschäden /198/. Abb.V.13. zeigt für die acht wichtigsten Freisetzungskategorien die komplementäre Häufigkeitsverteilung der Spätschäden.

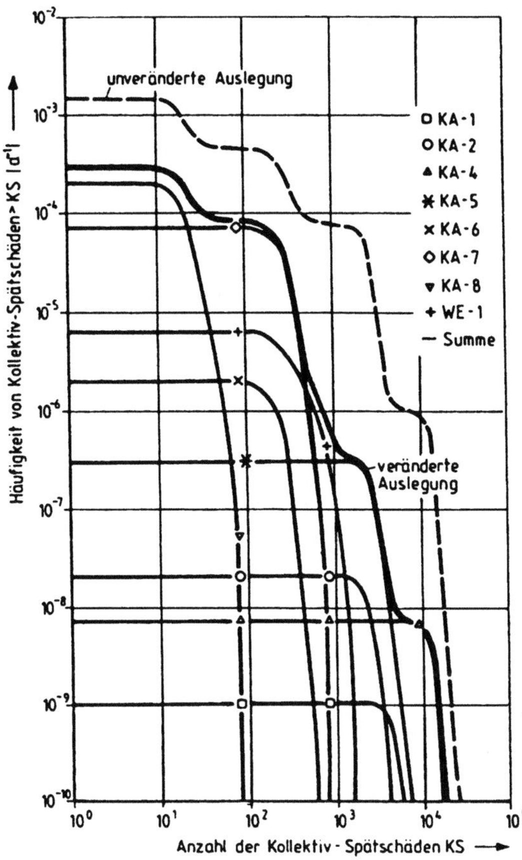


Abb.V.13.: Komplementäre Häufigkeitsverteilung von Spätschäden für 8 Freisetzungskategorien und Wassereinbruch ins Primärsystem.

Dabei zeigen die Daten Resultate für eine auf Grund der Erkenntnisse der Risikoanalyse modifizierte Anlage. Die aufsummierte Risikokurve für die ursprüngliche Anlage ist zum Vergleich angegeben.

## V.6. Der Kernbrennstoffkreislauf

Eine Darstellung der Grundlagen der Nutzung der Bindungsenergie der Atomkerne ist unvollständig ohne nicht wenigstens kurz auf die Fragen einzugehen, die mit dem Begriff "Kernbrennstoffkreislauf" verbunden sind. Man versteht darunter alle Stadien des Kernbrennstoffs, angefangen vom Abbau des Uran- bzw. Thoriumerzes bis hin zur Lagerung der radioaktiven Abfälle /199/, /200/. Da die Idee der Nutzung des durch Neutronenabsorption in $^{238}U$ entstehenden $^{239}Pu$ sehr früh Fuß

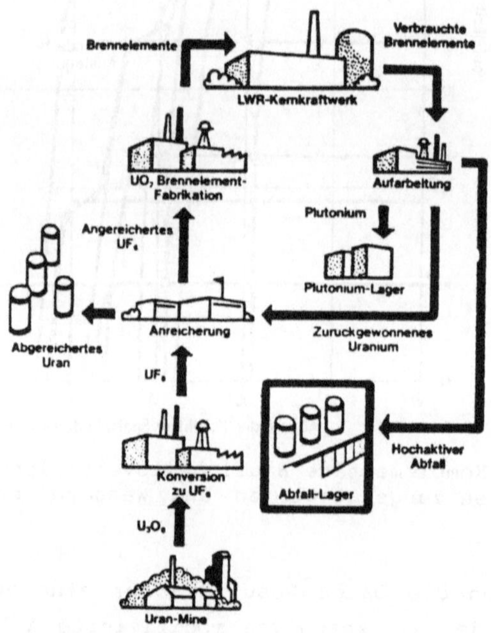


Abb.V.14.: Schema des Kernbrennstoffkreislaufes von der Uranerzgewinnung bis zur Abfallagerung.

faßte, waren im Zusammenhang mit den LWR die fast ausschließlichen Anstrengungen darauf gerichtet, abgebrannte Brennelemente einer Wiederaufarbeitung zu unterziehen und die Spaltprodukte und die sonstigen Transurane in konzentrierter Form zu lagern. Diese Strategie wurde noch durch die schon vorhandenen Erfahrungen über die Plutoniumgewinnung für militärische Zwecke begünstigt. Abb.V.14. zeigt in einer schematischen Form die verschiedenen Stadien eines solchen Kreislaufes.

In diesem Schema ist über die weitere Verwertung des Plutoniums nichts ausgesagt. Die optimale Weiterverwertung erfolgt in einem Schnellen Brutreaktor. Aber auch in LWR werden seit einiger Zeit Brennelemente mit einer Beimischung von Plutonium (Mischoxidbrennelemente) verwendet.

Im vorliegenden Gesamtzusammenhang ist vor allem jene Phase des Brennstoffkreislaufes interessant, die mit der Entladung der abgebrannten Brennelemente beginnt. Fragen, die mit der Möglichkeit der militärischen Verwendung des im Reaktor entstandenen Plutoniums und mit der sicheren Endlagerung der hochradioaktiven Spaltprodukte und Aktiniden zusammenhängen, dominieren die Diskussion nach weiteren Einsatz der Kernenergie. Es soll daher primär ein Überblick über diesen Teil des Kreislaufes gegeben werden.

Man kann sich über die Zusammensetzung abgebrannter Brennelemente an Hand von Tabelle V.15. einen ungefähren Überblick verschaffen. Das Isotop $^{236}U$ und die schwereren Plutoniumisotope entstehen durch Neutronenabsorption und nachfolgende β-Strahlungsemission. Man sieht, daß noch ungefähr 23 bis 26 % des ursprünglichen Inventars von $^{235}U$ im abgebrannten Brennstoff enthalten sind. Etwa die gleiche Brennstoffmenge ist in Form von $^{239}Pu$ und $^{241}Pu$ vorhanden. Bringt man die dem Reaktor entnommenen Brennelemente direkt in geeigneter Form zur Endlagerung, so verzichtet man auf eine energetische Weiterverwertung des verbliebenen $^{235}U$ und des erzeugten Plutoniums. Gleichzeitig würde eine solche Strategie auf einen Schnellen Brutreaktor mit Plutonium als Brennstoff verzichten. Der Energiewert dieser Rückstände an $^{235}U$ und $^{239}Pu$ sowie $^{241}Pu$ beträgt nach Abschnitt V.3. je nach Reaktortyp etwa 10-15 MWd pro Kilogramm eingebrachtem Kernbrennstoff. Aber die eigentliche energietechnische Attraktivität der Wiederaufarbeitung liegt natürlich in der gezielten Konversion von $^{238}U$ bzw. $^{232}Th$.

Von den möglichen Verfahren zur Wiederaufbereitung hat derzeit allerdings nur der PUREX-Prozeß (Plutonium-Uran-Reduction-

Extraction) die notwendige technologische Reife. An eine Wiederaufarbeitung thoriumhaltiger Brennstoffe im technischen Maßstab ist daher derzeit nicht zu denken. Die verschiedenen Brennelemente des Uran-Plutonium-Zyklus können auch nur ähn-

Tabelle V.15.

| Reaktortyp | SWR | DWR |
|---|---|---|
| Anreicherung | 2,6 % $^{235}U$ | 3,3 % $^{235}U$ |
| Abbrand | 27,5 MWd/kg | 33 MWd/kg |
| (Bezogen auf 1000 g eingebrachtes Uran) | | |
| $^{238}U$ | 953,0 g | 945,0 g |
| $^{236}U$ | 3,3 g | 4,2 g |
| $^{235}U$ | 6,2 g | 8,6 g |
| $^{239}Pu$ | 4,0 g | 5,3 g |
| $^{240}Pu$ | 2,1 g | 2,4 g |
| $^{241}Pu$ | 0,0 g | 1,2 g |
| $^{242}Pu$ | 0,4 g | 0,4 g |
| andere Aktiniden | 0,5 g | 0,6 g |
| Spaltprodukte | 29,5 g | 32,5 g |

lich und nicht nach einem vollkommen identischen Verfahren behandelt werden. Dies hängt mit der unterschiedlichen Zusammensetzung nach der Bestrahlung im Reaktor zusammen. Abb.V.15. zeigt die sich einstellende Zusammensetzung von Natururan-Brennstoff, angereichertem Brennstoff und Plutonium-Brennstoff für Schnelle Brüter. Man entnimmt der Darstellung, daß in den abgebrannten Brennelementen der Anteil an Plutonium, Transuranen und Spaltprodukten in der gleichen Reihenfolge zunimmt. Der ersichtlich hohe Anteil an spaltbarem Plutonium, der bei Brennelementen für Schnelle Brüter anfällt - was ja ein durch das Brüten erwünschter Effekt ist - erfordert im Gegensatz zur Situation bei LWR-Brennelementen besondere Maßnahmen zur Verhinderung von kritischen Zuständen.

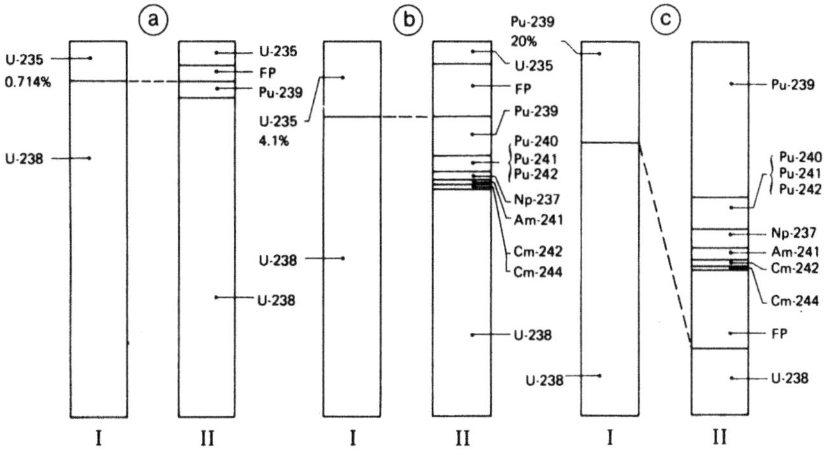


Abb.V.15.: Änderung der Brennstoffzusammensetzung nach der Bestrahlung im Reaktor: I=vor der Bestrahlung; II=nach der Bestrahlung. a=Natururan-Brennstoff; b=Brennstoff mit angereichertem Uran; c=Plutonium-Brennstoff für Schnelle Brüter; FP=Spaltprodukte (= fission products) /201/.

Die relativ großen Mengen von Plutonium in einem geschlossenen Uran-Plutonium-Zyklus sind der Hauptgrund für die teilweise starken Widerstände gegen die Wiederaufarbeitung und die Einführung von Brutreaktoren zur Energiebereitstellung /202/. Es ist schon lange klar, daß Staaten sich auch ohne Wiederaufbereitung in den Besitz von Plutonium aus LWR-Brennelementen zur Erzeugung von Kernwaffen setzen können. Dieser Weg wurde von den Nuklearmächten beschritten. Es bestehen nun darüber hinaus Befürchtungen, das Vorhandensein von Plutonium bzw. von Uran-Plutonium-Mischoxid innerhalb eines Brennstoffkreislaufes könnte ein erhöhtes Risiko für Diebstahl, aber auch eine in Krisensituationen erniedrigte Schwelle der verschiedenen Staaten gegen die Erzeugung von Nuklearwaffen mit sich bringen. Dem zweiten Punkt versucht das Internationale Abkommen über die Nichtverbreitung von Kernwaffen (= Treaty on the Non-Proliferation of Nuclear Weapons: NPT) mit politischen und technischen Mitteln zu begegnen. Neben dem im Rahmen des Vertrags deponierten Verzicht auf die Erzeugung von Kernwaffen (für Staaten, die derzeit keine Kernwaffen besitzen) unterwerfen sich die Vertragspartner auch dem System der technischen Kontrollen durch die Internationale Atomener-

giebehörde (IAEA). Durch dieses "safeguards"-System soll sichergestellt werden, daß kein Plutonium für Waffenerzeugung unbemerkt abgezweigt werden kann /203/.
Im Rahmen der International Fuel Cycle Evaluation wurde u.a. die Frage, in welcher Art die verschiedenen Abschnitte des nuklearen Brennstoffkreislaufes (besser: Brennstoffkreisläufe) einer möglichen Proliferation von Kernwaffen Vorschub leisten, ausführlich untersucht /204/. Im vorliegenden Rahmen kann auf die Ergebnisse dieser Beratungen nicht in aller Ausführlichkeit eingegangen werden. Technische Maßnahmen spielen danach eine bevorzugte Rolle bei der Diebstahlverhinderung, internationalen Sicherungskontrollen durch die IAEA (wozu auch das Safeguards-System gehört) und Abkommen kommt dagegen wohl die entscheidende Rolle bei der Verhinderung der eventuell von Staaten angestrebten Proliferation zu. Dabei könnte eine internationale Versorgungsstrategie für Kernbrennstoffe die Entwicklung eigener Anreicherungs- oder Wiederaufarbeitungsanlagen verhindern.

Als weitere Folge der Wiederaufarbeitung ergibt sich die Möglichkeit, das hochaktive Material von mittel- und schwachaktivem zu trennen. Dadurch wird das Volumen des für eine Langszeitendlagerung vorzusehenden Materials entscheidend verringert.

Wie immer man die abgebrannten Brennelemente weiter behandelt - sie also einer Wiederaufarbeitung oder einer unmittelbaren Endlagerung zuführt - eine genaue Kenntnis ihres radioaktiven Inventars ist in jedem Fall wichtig. Die Abb.V.15. gibt darüber einen ersten Überblick. Die nun folgenden Daten beziehen sich auf einen LWR mit 3,3 % Anreicherung und einem typischen Abbrand von 33 MWd/kg Brennstoff (siehe auch Tabelle V.15.) /205/. Die 3,3 % Anreicherung entsprechen etwa 33 kg $^{235}U$ pro Tonne Uran. Tabelle V.15. zeigt, daß davon beim Entladen noch etwa 8,6 kg vorhanden sind. Das bedeutet einen Verbrauch an $^{235}U$ von 74 % durch Spaltung und Umwandlung in $^{236}U$ durch Neutronenabsorption. Eine einfache Energiebilanz zeigt sofort, daß neben der Schnellspaltung von $^{238}U$ auch das erbrütete $^{239}Pu$ einen deutlichen Beitrag zur Energiebereitstellung liefert. Ebenfalls durch Neutronenabsorption in $^{239}Pu$ und in den höheren Plutoniumisotopen entstehen schließlich auch Isotope der Transurane Neptunium, Americium und Curium. Diese Isotope und die bei der Spaltung als Spaltprodukte entstehenden instabilen mittelschweren Kerne machen die radioaktiven Abfälle aus. Abb.V.16. zeigt die Mengenverhältnisse bezogen auf eine Tonne Brennstoff. Das unmittelbare Gefahrenpotential liegt in der Langlebigkeit dieser radioaktiven Strahler. Eine indirekte Gefahrenquelle kann auch die bei diesen Zerfallsprozessen freigesetzte Wärmeenergie darstellen (Nachzerfallswärme). Wird diese nicht ausreichend berücksichtigt, so kann es in Zwischenlagern oder im Endlager zu überhöhter Erwärmung des Gastmaterials (Salz, Gestein) kommen. Dies könnte die Sicherheit der Lagerung beeinträchtigen.

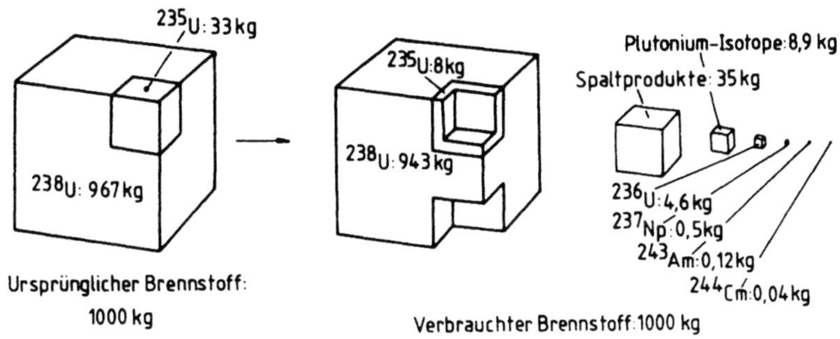


Abb.V.16.: Mengenverhältnisse für 3,3 % angereicherten Brennstoff nach 3-jähriger Einsatzzeit. Von den 33 kg $^{235}U$ bleiben ca. 8 kg übrig. Ca. 25 kg $^{235}U$ und 24 kg $^{238}U$ werden in Spaltprodukte, Plutonium und andere Transurane verwandelt /206/.

Allerdings kann man die im Laufe der Jahre und Jahrhunderte freiwerdende Strahlungsenergie über die Zerfallseigenschaften der wesentlich beitragenden Isotope hinreichend genau angeben. Daher ist eine richtige Berücksichtigung der sich dadurch ergebenden Erwärmung des Gastmaterials ohne Schwierigkeiten möglich. Abb.V.17. zeigt die Leistungsabgabe für einen Abfallkanister mit hochaktivem Material, das etwa 100 MW-Jahren entspricht. Während der ersten 100 Jahre resultiert die thermische Leistung primär aus dem Zerfall der Spaltprodukte. Die ersten 10 Jahre bringen bereits eine Reduzierung um eine Größenordnung. Dies läßt eine Zwischenlagerung über mindestens

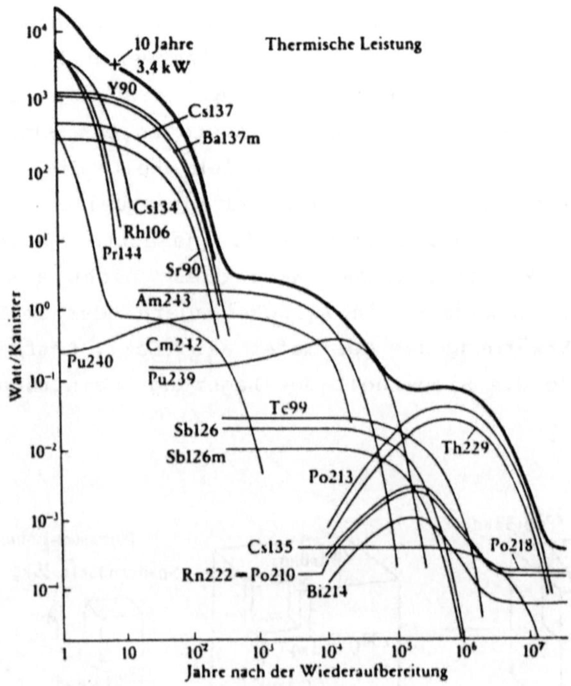


Abb.V.17.: Thermische Leistung pro Kanister hochaktiven Abfalls. Ein Kanister enthält den Abfall, der etwa 100 MW-Jahren entspricht. Das gibt pro Jahr 10 Kanister.

den gleichen Zeitraum vorteilhaft erscheinen. Der Vorteil einer entsprechend verzögerten Endlagerung wird auch in Abb.V.18. deutlich. Sie zeigt den Temperaturanstieg an der Kanister-Außenwand bei Lagerung in einem Gestein mittlerer Wärmeleitfähigkeit: Die Temperaturabsenkung bei einer Lagerung nach 1,02 Jahren bzw. nach 10 Jahren ist signifikant!

Die nach der Wiederaufarbeitung zurückbleibenden hochaktiven Abfälle sollen in eine Glasschmelze eingebracht werden, die man dann zu kleineren Blöcken erstarren läßt. Eine andere auf Verglasung beruhende Version sieht den Einbau von Glaskugeln in eine Metallmatrix vor (Blei, abgereichertes Uran). Dadurch wird das Wärmeleitvermögen deutlich verbessert (PAMELA-Verfahren) /207/. Auch keramische Materialien sind möglich und werden untersucht. Diese Blöcke kommen in Kanister aus rostfreiem Stahl. In dieser Form werden sie in das End-

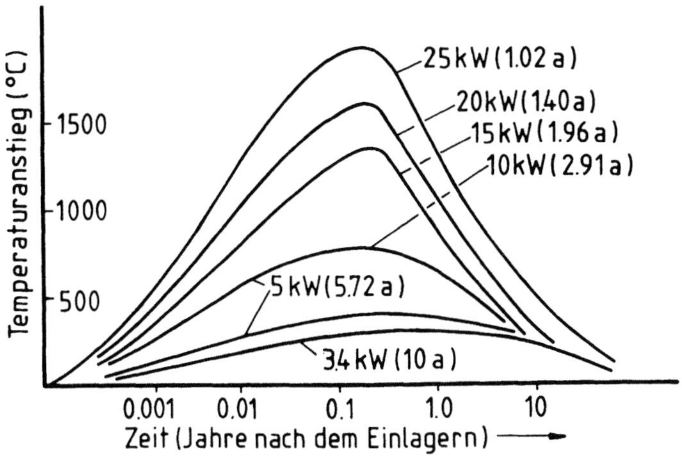


Abb.V.18.: Anstieg der Temperatur an der Kanisteroberfläche in Abhängigkeit von seiner Zwischenlagerungszeit als Parameter. Die angegebene Leistung wird im Zeitpunkt des Einlagern gerade frei.

lager eingebracht.

Als Lagerstätten eignen sich geologische Schichten großer Stabilität, die entweder frei oder extrem arm an Grundwasser sein sollen /199/. Salzstöcke und Granitformationen haben diese Eigenschaften in hohem Maße. Salz hat dabei den Vorteil der höheren Wärmeleitfähigkeit. Eine detaillierte Behandlung aller für die Beurteilung der mit Endlagern und dem durch sie verursachten Langzeitrisiko verbundenen Fragen kann im vorliegenden Rahmen nicht gegeben werden. Dies wird in der zitierten Literatur sehr ausführlich getan. Vor allem die Frage nach der Gefährdung zukünftiger Generationen von Menschen wurde und wird immer wieder aufgegriffen. Das wesentliche Ergebnis ist wohl, daß unter Beachtung vor allem der geologischen Randbedingungen eine Endlagerung von hochaktivem Material möglich und das tatsächliche Risiko für spätere Generationen sehr klein ist. Auch im schlechtesten Fall kann keinesfalls von einem katastrophalen Risiko (im gebräuchlichen Sinn des Wortes) gesprochen werden /202/, /208/. Manche Fachleute betrachten dabei die Verglasung nur als zusätzliche Sicherheitsbarriere und beurteilen die Rückhaltemechanismen der geologischen Formationen so günstig, daß sie geologische Endlagerung auch für direkt dem Reaktor entnommene Brennelemente empfehlen /202/. In jüngster Zeit wird daher die Endlagerung abgebrannter Brennelemente genauer untersucht /204/, /209/.

Technische Gründe sprechen nicht gegen die Realisierbarkeit eines solchen Konzepts. Das Volumen des zu lagernden hochaktiven Materials wird entsprechend größer, und bei der Radiotoxizität ist auch der Plutoniumgehalt zu beachten. Die Stabi-

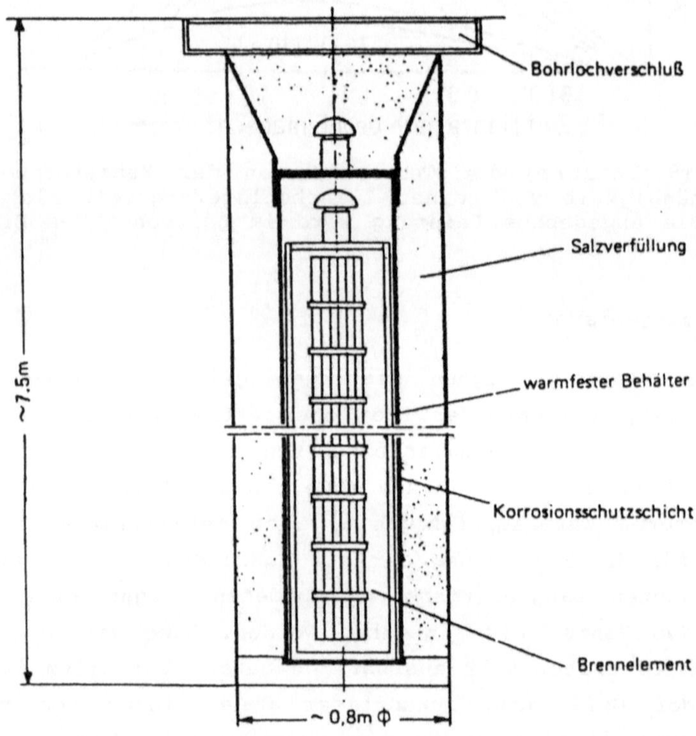


Abb.V.19.: Beispiel für die Verpackung eines abgebrannten Brennelements zur Endlagerung ohne Wiederaufbereitung.

lität und Auslaugresistenz der "endlagerfähigen" Werkstücke ist derzeit noch nicht ausreichend beurteilbar. Allerdings würde diese Frage eine geringere Rolle spielen, wenn die Transporthindernisse durch die verschiedenen Bodenschichten als eine ausreichende Schutzbarriere angesehen werden. Tabelle V.16. zeigt mögliche Konditionierungsverfahren, Abb.V.19. eine Verpackungsvariante für ein abgebranntes Brennelement /209/.

Tabelle V.16.

Mögliche Konditionierungsverfahren für abgebrannte Brennelemente.

| Zunehmende Anzahl von Prozeßschritten | |
|---|---|
| | - Verpacken ganzer Brennelemente |
| | - Verpacken von vereinzelten Stäben |
| | - Verpacken von Brennstäben nach Abziehen der Spaltgase |
| | - Verpacken von zerschnittenen Brennelementen |
| | - Überführung des Brennstoffes in ein Glas- oder Keramikprodukt |

Man muß allerdings darauf hinweisen, daß bei der direkten Lagerung auch Sicherungskontrollen für das Endlager nötig sind. Nach einer Abklingzeit von 50-100 Jahren sind solche Brennelemente mit Hilfe einfacher Abschirmungsmaßnahmen wieder relativ einfach zu handhaben /209/.

## V.7. Wege zur Fusionsenergie

### V.7.1. Mittlerer Energiegewinn aus Fusionsreaktionen

Der grundsätzlich mögliche Energiegewinn bei der Fusion zweier leichter Kerne wie er aus Tabelle V.3. ersichtlich ist, sagt noch nichts darüber aus, ob man diesen Umstand auch in Form einer technisch regelbaren Maschine verwerten kann. Betrachtet man das erste Beispiel der genannten Tabelle:

$$^2_1H + ^3_1H \rightarrow ^4_2He + n,$$

so müssen der Deuteriumkern und der Tritiumkern so nahe aneinander kommen, daß unter dem Einfluß der Kernkräfte eine Fusionsreaktion stattfinden kann. Dies entspricht einer Annäherung von der Größenordnung von etwa $10^{-13}$ cm. Vorher müssen sie jedoch gegen die abstoßende Coulombkraft vom Betrag:

$$F_{el} = \frac{1}{4\pi\varepsilon_o} \cdot \frac{e^2}{r^2}$$

"anrennen" (Abb.V.20.). Für die Deuterium-Tritium-Reaktion gilt: $r_m \approx 3,7.10^{-13}$ cm /177/ und $U_{max} \approx 0,4$ MeV. Der quantenmechanische Tunneleffekt /130/ erlaubt allerdings auch Kernen mit einer kinetischen Energie der Relativbewegung $E \lesssim 0,4$ MeV ein Druchdringen des Coulombwalls. Die Durchdringwahrscheinlichkeit hat die Form:

$$T_{1,2} \approx e^{-AZ_1Z_2/v}, \qquad (V,15)$$

A = Konstante,

$Z_i$ = Kernladungszahl,

v = Relativgeschwindigkeit der beiden Kerne.

Der Wirkungsquerschnitt für Fusion hängt dann noch von weiteren Kerneigenschaften ab, so daß gilt:

$$\sigma_{fus} = Q.e^{-AZ_1Z_2/v}. \qquad (V,16)$$

Große Kernladungszahlen erniedrigen die Wahrscheinlichkeit für eine Fusionsreaktion sehr stark.

Die Fusionsrate erhält man nach (V,4). Doch ist es hier vorteilhafter, nicht den Teilchenfluß und einen makroskopischen

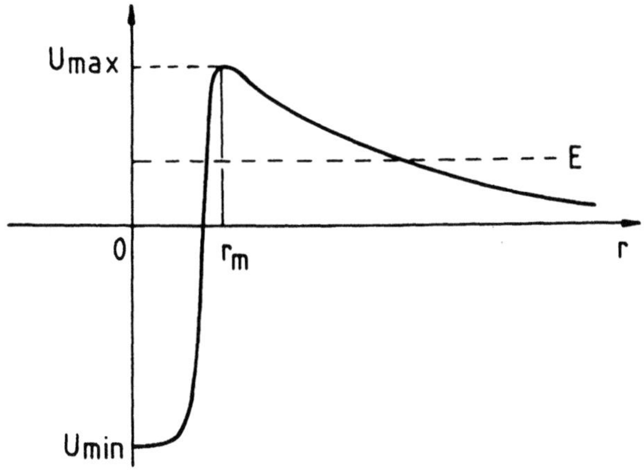


Abb.V.20.: Wechselwirkungsenergie zweier Atomkerne als Funktion ihres Abstandes. $r_m$ markiert den Ort der höchsten Wechselwirkungsenergie. Für $r<r_m$ werden die Kernkräfte wirksam.

Wirkungsquerschnitt zur Beschreibung zu verwenden, sondern die Form:

$$R_{fus}(v) = n_1 n_2 \sigma_{fus}(v) v \qquad (V,17)$$

Abb.V.21. zeigt den Verlauf des Wirkungsquerschnittes für Fusion für verschiedene Reaktionen. Bei Energien der Relativbewegung unter 100 keV ist die Deuterium-Tritium-Reaktion allen anderen deutlich überlegen. Mit den Fusionsstößen sind die Streustöße in Konkurrenz. Abb.V.21. zeigt, daß diese um vieles häufiger stattfinden. Ein Gemisch von Deuterium- und Tritiumkernen muß also lange genug in einem Reaktionsraum eingeschlossen bleiben, um eine ausreichende Zahl an Fusionsstößen zu ermöglichen. Die überwiegende Zahl der Streustöße verursacht dabei als Geschwindigkeitsverteilung eine Maxwell-Verteilung:

$$f(v_i) = \sqrt{\frac{2}{\pi}} \cdot \left(\frac{m_i}{kT}\right)^{3/2} v_i^2 \, e^{-\frac{m v_i^2}{kT}} , \qquad (V,18)$$

k = Boltzmann-Konstante,

T = Temperatur des Gemisches.

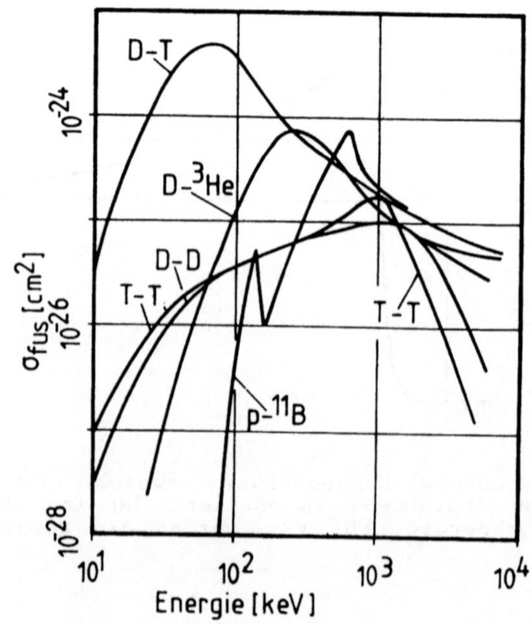


Abb.V.21.: Wirkungsquerschnitte $\sigma_{fus}$ in Abhängigkeit von der kinetischen Energie der Relativbewegung.

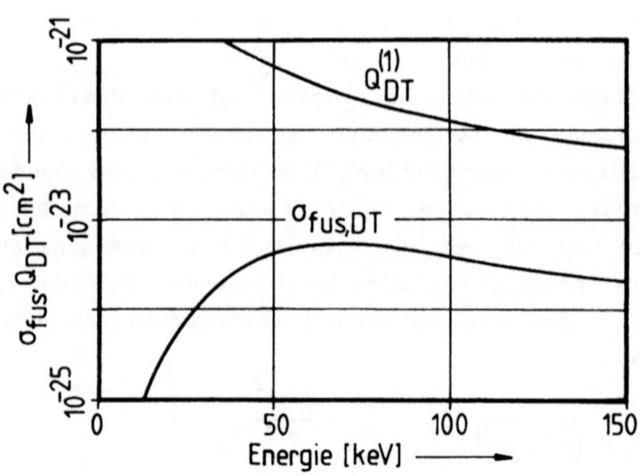


Abb.V.22.: Gegenüberstellung von Fusionsquerschnitt $\sigma_{fus,DT}$ und Coulombstoßquerschnitt $Q_{DT}$ /177/.

Das Maximum der Geschwindigkeitsverteilung liegt bei:

$$v_{max} = (\frac{2kT}{m_i})^{1/2} \qquad (V,19)$$

und charakterisiert die wahrscheinlichste Temperatur. Die zugehörige Energie ist:

$$E(v_{max}) = kT \; . \qquad (V,20)$$

Sie dient u.a. dazu, ein solches Teilchenensemble durch eine Temperatur zu charakterisieren. Danach entspricht einer Energie:

$E(v_{max}) = 1$ keV eine Temperatur von $2,16.10^7$ K.

Die Fusionsrate (V,17) muß infolge der Verteilung $f(v_i)$ der Teilchenenergien als mittlere Fusionsrate für alle möglichen Werte der Relativgeschwindigkeit $v=v_1-v_2$ bestimmt werden, welcher Wert dann nur mehr von $n_1,n_2$ und T abhängt:

$$\langle R_{fus}(v)\rangle = n_1 n_2 \langle \sigma_{fus}(v)v\rangle \; . \qquad (V,21)$$

Abb.V.23. zeigt die Werte von $\langle\sigma_{fus}(v)v\rangle$ für die Deuterium-Tritium- und die Deuterium-Deuterium-Verschmelzung. Die erste Kurve hat ein relativ breites Maximum im Bereich von 40 bis 100 keV. Man nennt $\langle\sigma_{fus}(v)v\rangle$ den Reaktionsparameter.

Setzt man diese Energiewerte jenen Energien gleich, die der wahrscheinlichsten Geschwindigkeit ($=v_{max}$) der Verteilung f(v) entsprechen, so gibt das Temperaturwerte im Bereich von $(4,6-11,6).10^8$ K. Ebenso liegen diese Energien weit über den Ionisierungsenergien von Deuterium und Tritium, sodaß ursprünglich neutrale Atome bei diesen Energien ein Plasma bilden, d.h. ein insgesamt neutrales Gemisch aus Ionen und Elektronen. In einem solchen Plasma herrscht ein Druck, zu dem alle Teilchenarten entsprechend der kinetischen Gastheorie nach

$$p = nkT \qquad (V,22)$$

beitragen. Der Druck aller Komponenten (Ionen und die entsprechende Zahl neutralisierender Elektronen) erfährt einen stabilisierenden Gegendruck durch magnetische Kräfte. Damit ist der Druck p und somit auch der Partialdruck der i-ten Komponente eine durch die Magnetfeldkonfiguration vorgegebene Größe. Die Annahme gleicher Temperatur T für alle Komponenten führt zu:

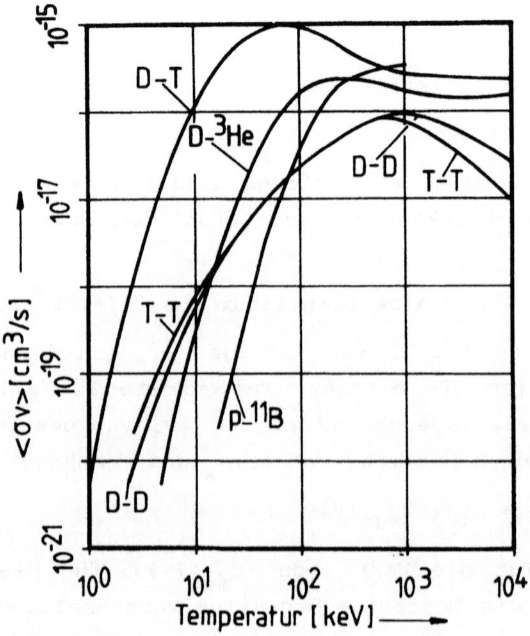


Abb.V.23.: Werte für $<\sigma_{fus}(v)>_{DT}$ und $<\sigma_{fus}(v)v>_{DD}$ ($D={}^2_1H, T={}^3_1H$) und andere Reaktionen.

$$n_1 \sim \frac{1}{T}, \; n_2 \sim \frac{1}{T}$$

und zu einer Temperaturabhängigkeit:

$$<R_{fus}(v)> \sim \frac{<\sigma_{fus}(v)v>}{T^2} \qquad (V,23)$$

der mittleren Fusionsrate. Für die Fusionsleistungsdichte $P_{fus}$ erhält man:

$$P_{fus} \sim \frac{<\sigma_{fus}(v)v>}{T^2} \; E_{fus} \qquad (V,24)$$

Abb.V.24. zeigt die entsprechenden Kurven für die wichtigsten Reaktionen. Das Maximum liegt für die D-T-Reaktion bei T=15 keV (für $n_D=n_T=5.10^{13}$ $cm^{-3}$). Der entsprechende Wert ist 1,85 $W/cm^3$. Die Kurven machen deutlich, daß die Fusion über die D-T-Reaktion mit Abstand die größten Verwirklichungschancen hat. Ihr Nachteil liegt im Tritium, das erst mit Hilfe von Neutronen, z.B. auch der Fusionsneutronen, erzeugt werden

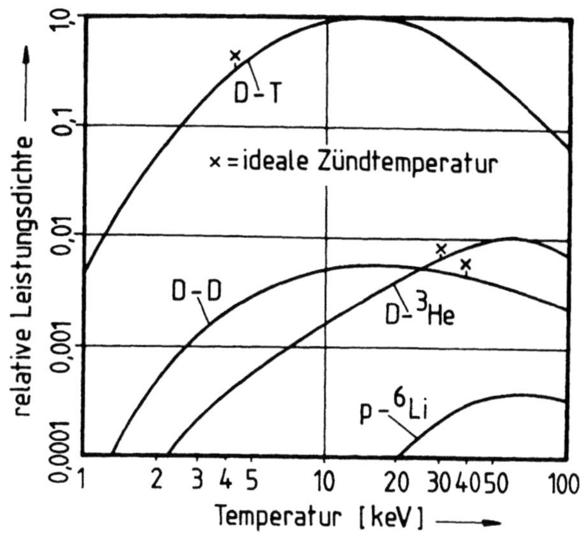


Abb.V.24.: Fusionsleistungsdichten für die wichtigsten Fusionsreaktionen. Der Maximalwert der D-T-Reaktion ist auf 1 normiert.

muß:

$$n + {}^6_3Li \rightarrow {}^4_2He + {}^3_1H + 4,78 \text{ MeV}$$

$$n + {}^7_3Li \rightarrow {}^4_2He + {}^3_1H + n' - 2,47 \text{ MeV}. \qquad (V,25)$$

Abgesehen von einer Startmenge Tritium ist also Lithium die zweite von außen zugeführte Brennstoffkomponente. Ein reines Deuterium-Plasma wäre natürlich sehr viel leichter zu handhaben, doch ist das Maximum der Leistungsdichte um 2 Größenordnungen kleiner. Bei anderen Reaktionen liegt das Leistungsdichtemaximum zusätzlich noch bei sehr viel höheren Temperaturen.

## V.7.2. Zündtemperatur, Zündkriterium und Lawson-Kriterium

Die Beziehungen (V,21) bzw. (V,23) geben Aufschluß über die mittlere Zahl von Fusionsreaktionen pro Volumen, woraus dann unmittelbar die damit verknüpfte Energieausbeute folgt. Um das Plasma auf eine entsprechende Temperatur zu bringen, muß man ihm Energie zuführen. Will man einen Nettoenergiegewinn erzielen, so muß die durch Fusion freigesetzte Energie die

"Heizenergie" übersteigen.

Als Zündtemperatur eines Fusionsplasmas bezeichnet man nun jene Temperatur, bei der die durch die Fusionsreaktionen gelieferte Energie gerade die herrschende Plasmatemperatur hält, d.h., die Energieverluste des Plasmas bei dieser Temperatur kompensiert. Um diese Temperatur zu bestimmen, muß man die Mechanismen, die zu Energieverlusten führen, entsprechend berücksichtigen. Ein wichtiger Verlustmechanismus wird durch den magnetischen Einschluß des Fusionsplasmas entscheidend reduziert: wenn nämlich energiereiche Deuterium- oder Tritium-Ionen den Reaktionsbereich verlassen, ohne Fusionsreaktionen einzuleiten, geht dem Plasma und Energie verloren. Die Wahrscheinlichkeit für so einen Verlust ist an sich extrem hoch. Dies kann man am besten an Hand der mittleren freien Weglänge für die Fusionsreaktion abschätzen. Ein Maß für diese mittlere freie Weglänge ist:

$$\lambda_D \approx (n_T \sigma_{fus}(v))^{-1} \text{ bzw. } \lambda_T \approx (n_D \sigma_{fus}(v))^{-1} . \qquad (V,26)$$

Mit $n_D = 5.10^{13}$ $cm^{-3}$ und einen Wert von $\sigma_{fus} \approx 10^{-24}$ $cm^2$ ergibt sich ein $\lambda_D = \lambda_T \approx 2.10^{10}$ cm. Innerhalb des endlichen Reaktionsvolumens kommt es praktisch nie zu einer Reaktion bzw. mit einer Fusionsreaktion konkurrieren um viele Größenordnungen zahlreichere Wandstöße. Durch den magnetischen Einschluß des Plasmas werden die geladenen Teilchen jedoch auf Spiralbahnen entlang der magnetischen Feldlinien gehalten und ihre Entkommwahrscheinlichkeit und der damit verbundene Energieverlust werden drastisch reduziert.

Eine weitere Form des Energieverlustes sind Strahlungsverluste. Sie entstehen durch Bremsstrahlung infolge Bremsung der Elektronen im elektrischen Feld der Ionen einschließlich der bei der Fusion entstehenden $^4$He-Ionen und der Ionen der von Verunreinigungen stammenden schweren Elemente, durch die Zyklotronstrahlung der um die Feldlinien gyrierenden Elektronen und durch Abstrahlung infolge Anregung von Atomen der schon genannten Verunreinigungen.

Von der bei der Fusion freigesetzten Energie kommt nur der Energieanteil der $\alpha$-Teilchen dem Plasma unmittelbar zugute. Die Neutronen entweichen und geben ihre Energie an eine Ummantelung, ein Blanket, ab. Teilweise erbrüten sie nach (V,25) Tritium, wobei dann auch ein Teil ihrer Energie für die Reaktionen mit $^{7}Li$ aufgebraucht wird. Man spricht von der Zündtemperatur des Plasmas, wenn bei dieser Temperatur der α-Teilchen-Anteil der Fusionsenergie gerade ausreicht, um Strahlungsverluste zu kompensieren und um die Energie bereitzustellen, die zur Erwärmung des kalten Plasmas auf eben diese Temperatur notwendig ist.

Wenn $\tau$ die Einschlußzeit des Plasmas in Volumen V ist, muß pro Sekunde $V/\tau$ kaltes Plasma zugeführt und erhitzt werden. Das erfordert eine mittlere Leistung von:

$$3nkT\left(\frac{V}{\tau}\right) \quad ,$$

da sowohl Elektronen wie Ionen mit den Betrag $(3/2)nkT$ beteiligt sind. Daraus folgt die Bilanz

$$P_{fus,\alpha}V = P_{Str}\,V + 3nkT\left(\frac{V}{\tau}\right) \qquad (V,27)$$

$$(n = n_e = n_D + n_T) \, ,$$

oder:

$$\frac{n^2}{4} < \sigma_{fus}(v)v > E_{fus,\alpha} = P_{Str} + 3nk\,\frac{T}{\tau} \, . \qquad (V,27')$$

Daraus bekommt man eine Beziehung für $n\tau$:

$$n\tau \approx \frac{3kT}{\frac{1}{4} <\sigma_{fus}(v)v> E_{fus,\alpha} - \frac{1}{n} P_{Str}} \quad , \qquad (V,28)$$

die man "Zündkriterium" nennt. Abb.V.25. gibt den Verlauf dieser Beziehung in Abhängigkeit von der Temperatur wieder. Man erkennt, daß

$$n\tau \gtrsim 1{,}6.10^{14}[s\ cm^{-3}] \qquad (V,29)$$

gelten muß. Bei Teilchendichten $n \sim 10^{14}\ cm^{-3}$ benötigt man also eine Einschlußzeit von mindestens 1 s.

Die Beziehung (V,29) macht allerdings noch keine Aussage über die Energiebilanz eines Fusionskraftwerks. Dabei verschärfen sich die Anforderungen an die Größe $n\tau$ ebenso wie an die Plasmatemperatur. Man spricht dann von einer Brenndauer $\tau_B$ und anstelle des Zündkriteriums bekommt man das Lawson-Kriterium /210/ für die Größe $n\tau_B$.

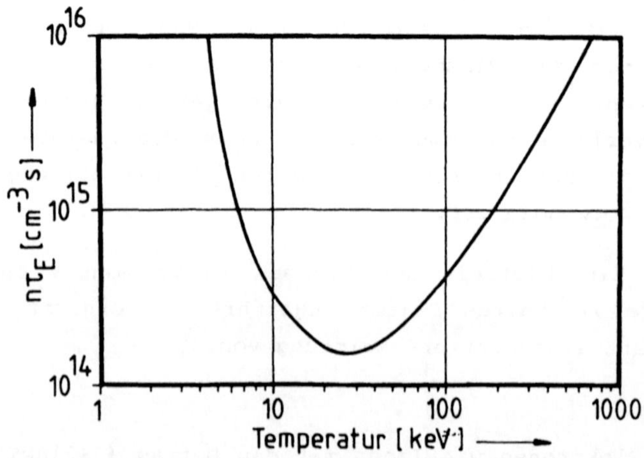


Abb.V.25.: Zündkurve für ein reines D-T-Plasma.

Abb.V.26. zeigt ein stark vereinfachtes Schema des Energieflusses in einem Fusionskraftwerk. Die elektrische Energie $E_{el1}$ dient dazu, das Plasma auf die notwendige Dichte und

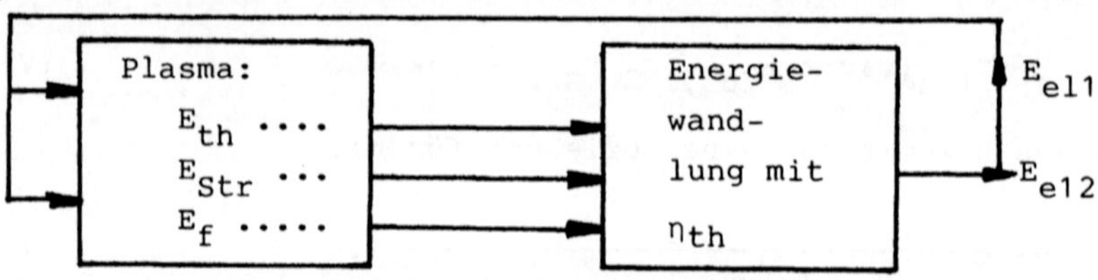


Abb.V.26.: Vereinfachtes Energieflußschema eines Fusionskraftwerkes.

Temperatur zu bringen. Außerdem liefert sie auch die Energie, die dann als Strahlungsenergie freigesetzt wird. Die thermische Energie des Plasmas:

$$E_{th} = \frac{3}{2}(n_i+n_e)kT \text{ (pro Volumen)}$$

$$(n = n_e = n_i = n_D + n_T),$$

die Strahlungsenergie:

$$E_{Str} = g_b n^2 T^{1/2} \tau_B \qquad (V,30)$$

(Bremsstrahlungsenergie für die Zeit der Brenndauer $\tau_B$)

und die Fusionsenergie:

$$E_f = \frac{n^2}{4} \langle \sigma_{fus}(v) v \rangle E_{fus} \tau_B$$

werden innerhalb der ersten materiellen Wand als Wärme frei und dort mit dem Wirkungsgrad $\eta_{th}$ in elektrische Energie umgewandelt. Wenn das Kraftwerk genau $E_{el1}$ erzeugt, ist zwar noch keine Energieproduktion für das Netz möglich, aber das Kraftwerk kann die Zündsituation selbst versorgen. Daraus ergibt sich eine einfache Version des Lawson-Kriteriums, das eine untere Grenze für das Produkt aus Teilchendichte und Brenndauer $\tau_B$ angibt:

$$\eta_{th}(3nkT + g_b n^2 \tau_B T^{1/2} + \frac{n^2}{4} \tau_B \langle \sigma_{fus}(v) v \rangle E_{fus})$$
$$= 3nkT + g_b n^2 \tau_B T^{1/2} .$$

Daraus folgt:

$$n\tau_B \geq \frac{12kT}{\langle \sigma_{fus}(v) v \rangle E_{fus} \frac{\eta_{th}}{1-\eta_{th}} - 4g_b T^{1/2}} . \qquad (V,31)$$

Ein schlechter thermischer Wirkungsgrad erschwert die

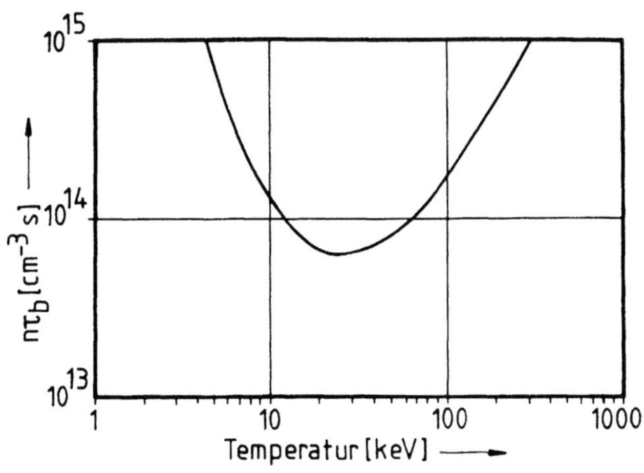


Abb.V.27.: Graphische Darstellung des Lawson-Kriteriums für ein D-T-Plasma nach /177/ mit $\eta_{th}$=1/3.

Situation genauso wie erhöhte Bremsstrahlverluste durch schwere Verunreinigungen. Für $\eta_{th}$=1/3 gibt Abb.V.27. den Verlauf von (V,31) wieder.

Eine wichtige Größe ist die Energieverstärkung Q, worunter man das Verhältnis der Fusionsenergie zu der dem Plasma zugeführten Energie $E_{el1}$ versteht:

$$Q = \frac{E_f}{E_{el1}} = \frac{E_f}{E_{th} + E_{Str}} \qquad (V,32)$$

(mit einem angenommenen Transformationsgrad von 1).

Mit Hilfe dieser Größe kann man den Anlagenwirkungsgrad sehr anschaulich definieren:

$$\eta_o = \frac{E_{el2}}{E_f} = \frac{\eta_{th}(E_{th}+E_{Str}+E_f)-(E_{th}+E_{Str})}{E_f} =$$

$$= \eta_{th}(1 + \frac{1}{Q}) - \frac{1}{Q} = \eta_{th}[1 - \frac{1}{Q}\frac{1-\eta_{th}}{\eta_{th}}] . \qquad (V,33)$$

Ein von Null verschiedener Anlagenwirkungsgrad verlangt in diesem Modell:

$$Q \geq \frac{1}{\eta_{th}} - 1 \qquad (V,34)$$

und speziell für $\eta_{th}=1/3$ den Wert $Q\geq 2$. Die möglichen Werte für Q ergeben sich aus den Eigenschaften der Fusionsanlage. Tabelle V.17. zeigt die Bereiche möglicher Q-Werte für verschiedene Systeme von Fusionsanlagen.

Tabelle V.17.

Übersicht über die möglichen Q-Werte verschiedener Systeme /211/.

| System | Q |
|---|---|
| Spiegelmaschine (offenes System) | 0.1 - 2.0 |
| Theta-Pinch-Maschine (gepulstes geschl. System) | 5 - 50 |
| Laser-Pellet-Maschine (gepulster Trägheitseinschluß) | 50 - 100 |
| Tokamak (geschlossenes System) | 10 - 200 |
| Kohlekraftwerk | $\sim \infty$ |

Abb.V.28. zeigt den Zusammenhang zwischen $n\tau_B$ und der Ionentemperatur, wie er bei den Experimenten in den verschiedenen Laboratorien erreicht wurde /212/.

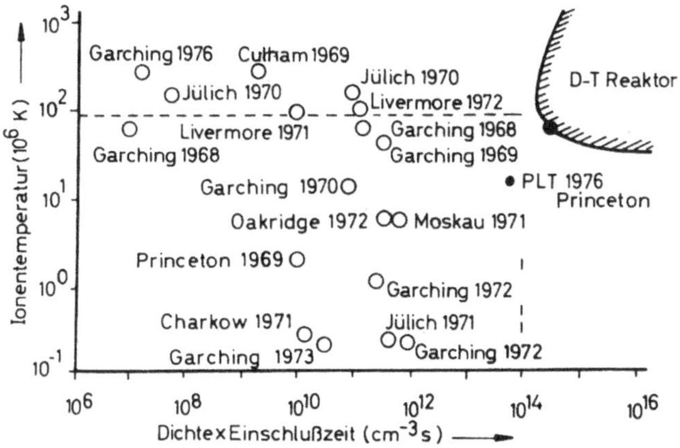


Abb.V.28.: Übersicht über die verschiedenen Experimente, die zeigen, wie man dem Lawson-Kriterium immer näher kommt.

## V.7.3. Magnetischer Einschluß des Plasmas

Die Grundlage des magnetischen Einschlusses geladener Teilchen mit Hilfe von Magnetfeldern ist die sogenannte "Lorentz-Kraft", die eine kreisende bzw. spiralenförmige Bewegung dieser Teilchen um die Feldlinien erzeugt:

$$\vec{F}_L = q(\vec{v}\times\vec{B}) \qquad (V,35)$$

Diese Kraft steht senkrecht auf $\vec{v}$ und $\vec{B}$ und hängt wegen:

$$|\vec{v}\times\vec{B}| = vB \sin\alpha = v\ b$$

($\alpha$ = Winkel zwischen $\vec{v}$ und $\vec{B}$)

nur von der Komponente der Geschwindigkeit senkrecht zur Feldrichtung ab. Eine besonders einfache Beschreibung der Teilchenbewegung bekommt man dann, wenn man $\vec{v}$ in seine Komponenten senkrecht und parallel zum Feld $\vec{B}$ zerlegt. Man erkennt sofort, daß im Fall eines homogenen Feldes und $v_{\parallel}=0$ die Teilchenbewegung entlang einer Kreisbahn erfolgt, wobei die sogenannte Gyrationsfrequenz:

und der Bahnradius (Gyrationsradius):

$$r_g = \frac{mv}{|q|B} \qquad (V,35')$$

charakteristische Größen sind. Im Falle $v_{\parallel} \neq 0$ bekommt man eine Spiralbahn längs einer Feldlinie. So werden geladene Teilchen in der Umgebung magnetischer Feldlinien gehalten. Durch geschlossene Feldlinien können sie sogar (im Prinzip) auf ganz engen Raum beschränkt werden. Man spricht dann von geschlossenen oder toroidalen Systemen.

Den Gegensatz dazu bilden die offenen Systeme. In diesen hält man die geladenen Teilchen durch magnetische Spiegel hinreichend lang in einem bestimmten Reaktionsvolumen. Die magnetische Spiegelwirkung ist im einfachsten Fall eine Folge des Umstandes, daß der magnetische Fluß durch eine Teilchenbahn und das bei der Gyrationsbewegung entstehende magnetische Bahnmoment näherungsweise Invariante der Bewegung sind /174/, /177/. Dieses magnetische Moment $\mu$, das sich wie das Moment einer Leiterschleife bestimmt, hat die Form:

$$\mu = IA = q \frac{\omega_L}{2\pi} r_L^2 \pi = \frac{mv_\perp^2}{2B} \qquad (V,36)$$

(I = Stromstärke, A = umflossene Fläche).

Aus Gründen der Energieerhaltung gilt außerdem:

$$v_{\parallel} = \sqrt{v^2 - v_\perp^2} = \sqrt{v^2 - \frac{2}{m} \mu B}\,, \qquad (V,37)$$

$$B_s = \frac{mv^2}{2} \frac{1}{\mu} = \frac{v^2}{v_\perp^2} B\,. \qquad (V,38)$$

Das Teilchen wird an der Stelle gespiegelt, an der das Magnetfeld den Wert $B_s$ erreicht (Abb.V.29.). Nun liegen aber die Werte B und $B_s$ durch die Anordnung fest. Damit ist auch ein Bereich für v gegeben, für den eine Spiegelung möglich ist. Für Werte von:

$$\mu < \frac{mv^2}{2B_s} = \mu_s$$

ist offensichtlich keine Spiegelwirkung gegeben, da $B_s$ nicht hoch genug ist, um $v_{\parallel}=0$ zu erzwingen. Solche Teilchen verlassen die Anlage.

Neben anfänglich vorhandenen Teilchen, die diese Eigenschaft

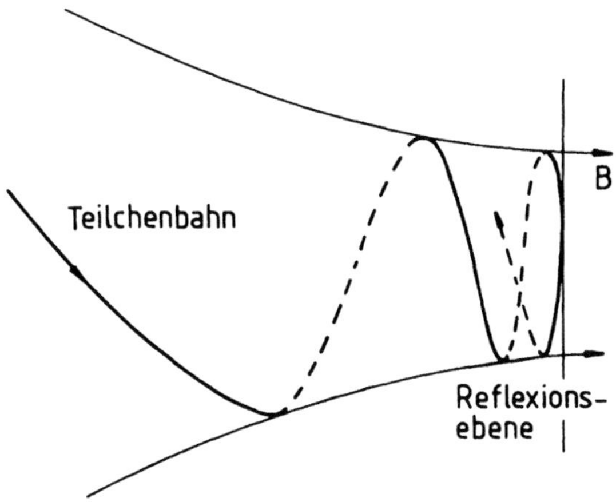


Abb.V.29.: Schematische Darstellung der Teilchenreflexion durch einen magnetischen Spiegel.

erfüllen, können durch Stöße immer wieder neue Teilchen entkommfähig gemacht werden. Dies bildet einen großen Nachteil für Spiegelmaschinen. Dazu kommt, daß Anordnungen der Art von Abb.V.29. nicht stabil sind. Der Feldgradient ist die Ursache einer Driftbewegung, die vom Ladungsvorzeichen abhängt /174/:

$$\vec{v}_D = \frac{1}{q}\,\frac{\vec{F}\times\vec{B}}{B^2} \; . \qquad (V,39)$$

Die Ladungstrennung führt zu einem elektrischen Feld, das nun seinerseits zu einer einheitlichen Driftbewegung des ganzen Plasmas führt und so die Konfiguration instabil macht.

Dagegen sind die sogenannten "Minimum-B-Spiegel" stabil. Ausgehend von einem Minimalwert von B nimmt das Feld nach allen Richtungen hin, nach denen man sich vom Minimalwert entfernen kann, zu. Abb.V.30. zeigt das Feld einer solchen Konfiguration. Solche Spulen heißen in ihrer einfachen Ausführung "Tennisball-" oder "Baseball-Spulen", weil ihre Form den Nähten solcher Bälle nachgebildet ist.

In Abb.V.30. sind zwei Baseball-Spulen zu einer Yin-Yang-Anordnung zusammengefügt. Eine entsprechende Weiterentwicklung sind z.B. die "Tandem-Spiegelmaschinen", bei denen ein praktisch homogener Zentralbereich durch zwei Minimum-B-Spiegel

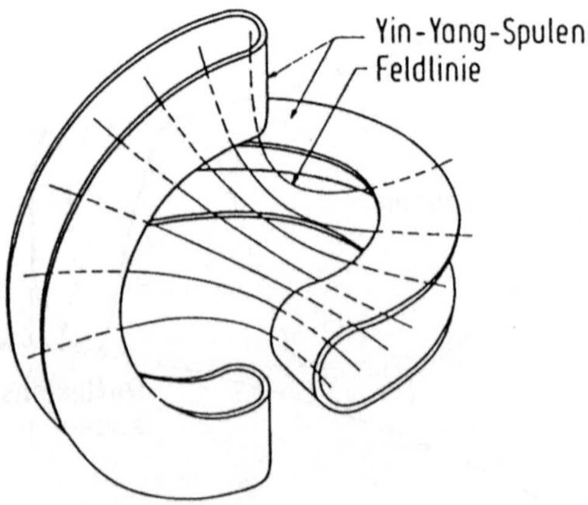


Abb.V.30.: Yin-Yang-Spulen zur Erzeugung von "Minimum-B-Feldern /213/.

abgeschlossen ist (TMX in Livermore als bekanntester Vertreter dieser Art /214/.

Toroidale Systeme (Abb.V.31.) vermeiden die Teilchenverluste an den offenen Enden. Aber es gibt auch hier Driftprobleme, da das Magnetfeld inhomogen ist und wie bei den Spiegelmaschinen durch den Gradienten des Feldes und das magnetische

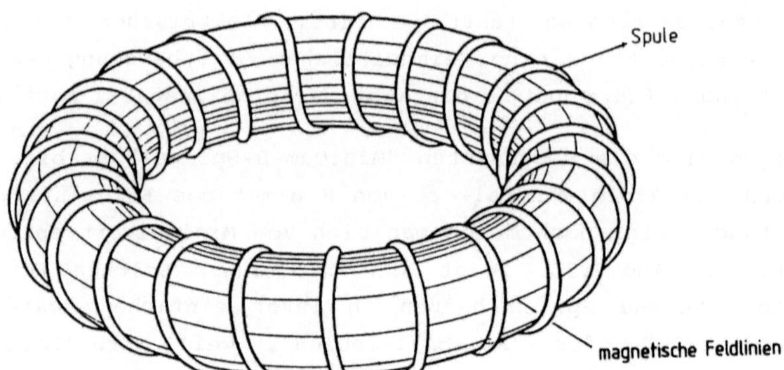


Abb.V.31.: Schema einer toroidalen Feldanordnung.

Moment $\mu$ nach (V,36) eine Kraftwirkung entsteht. Dazu kommt noch die Zentrifugalkraft durch die Bewegung entsprechend $v_{\parallel}$. Da diese Drift nach (V,39) vom Vorzeichen der Ladung abhängt, wird durch Ladungstrennung ein elektrisches Feld induziert, das zu einer ladungsunabhängigen weiteren Drift Anlaß gibt. Dadurch wird das Plasma an den äußeren Rand verschoben und eine in einem Torusfeld eingeschlossene Plasmakonfiguration ist nicht ausreichend stabil. Durch Verschraubung des Torusfeldes kann man diese Situation verbessern, da sich die geladenen Teilchen dabei einmal oberhalb und dann wieder unterhalb der Torusmittelebene befinden. Wenn man die Verschraubung des Feldes durch Ströme außerhalb des Plasmas erreicht, hat man eine "Stellarator-"Anlage vor sich (Abb.V.32.). Die felderzeugenden Ströme werden helikal um den Torus geführt, wobei je zwei nebeneinander liegende Leitungen antiparallel durchflossen werden /175/. Es handelt sich dabei um eines der ältesten Konzepte zur Verwirklichung

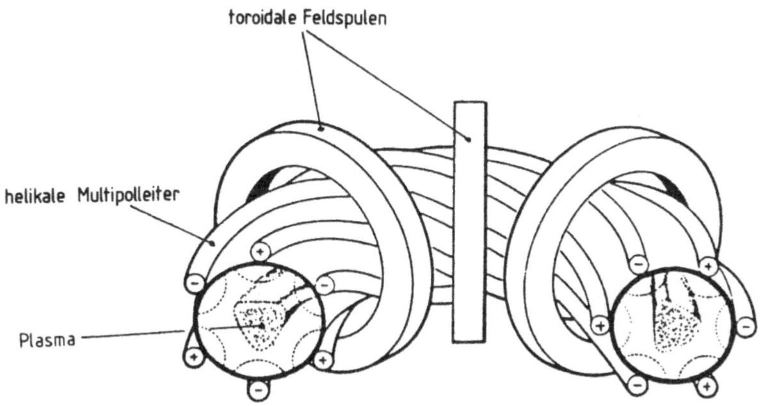


Abb.V.32.: Beispiel einer Stromführung außerhalb des Magnetfeldes zur Verschraubung der Magnetfeldlinie.

einer Fusionsanlage /170/. Man kann die Verschraubung der Feldlinien aber auch mit Hilfe des poloidalen Magnetfeldes des Plasmastromes erreichen. Dabei bildet der Torus die Sekundärwicklung eines Transformators, in der der Strom induziert wird. Er dient gleichzeitig der Ohmschen Heizung des Plasmas (Abb.V.33.). Die ersten wesentlichen Experimente nach diesem "Tokamak"-Prinzip wurden im I.V.Kurchatov-Institut in Moskau durchgeführt /215/. Nachdem 1967/68 dabei sehr hohe Plasmatemperaturen erzielt werden konnten, konzentrierte sich in der Folge das Hauptinteresse der Fusionsforschung auf Maschinen dieses Typs. Neben der unterschiedlichen Erzeugung der die Verschraubungen der Feldlinien erzeugenden Magnetfelder liegt ein wesentlicher Unterschied zum Stellarator auch darin, daß dieser einen stationären, der Tokamak nur einen Pulsbetrieb gestattet.

Obwohl bei den frühen Stellaratoruntersuchungen die Energie- und Teilchenverluste sehr groß waren, schien vor allem die Aussricht auf stationären Betrieb attraktiv genug, um neben dem Tokamak auch das Stellaratorprinzip weiterzuentwickeln. Dabei erzielte man in der letzten Zeit sehr beachtliche Erfolge /216/, /217/. Wesentliche Fortschritte bei beiden Konzepten konnten durch eine Heizung mit Hilfe des Einschusses neutraler Teilchen ins Plasma erzielt werden. Dabei werden Ionen mit Energien bis zu etwa 150 keV durch Ladungsaustausch neutralisiert und als neutrale Atome dem Plasma zugeführt. Stoßionisationsprozesse führen im Plasma wieder zur Ionisation, wobei die mitgebrachte Energie auf das Plasma insgesamt übergeht. Damit werden einerseits Ionen nachgeliefert und der Energieinhalt des Plasmas erhöht. Es gelang ein reiner Stellaratorbetrieb mit einem heißen Wasserstoffplasma mit Plasmatemperaturen von ca. 400 eV und deutlich verbesserten Energieeinschlußzeiten. Solche Erfolge rechtfertigen ohne Zweifel die Fortsetzung der Bemühungen, nach dem Stellaratorprinzip einen Fusionsreaktor zu entwickeln.

Die Entwicklungsarbeiten an Tokamakanlagen bilden auch nach der Anzahl der Versuchsanlagen den deutlichen Schwerpunkt der Fusionsforschung. Leider erweist sich die Ohmsche Heizung durch den Plasmastrom nicht als ausreichend, um die notwendigen hohen Temperaturen zu erreichen. Der spezifische Widerstand eines Plasmas geht mit:

$$\sim \frac{Z_{eff}}{T_e^{3/2}}\ , \quad T_e = \text{Temperatur der Elektronen in eV}\ , \qquad (V,40)$$

sodaß mit zunehmender Elektronentemperatur die Plasmaleitfähigkeit immer besser wird. So wurde auch an Tokamakanlagen Neutralteilcheninjektion u.a. vorteilhaft angewendet. Z.B. erreichte man am PLT (= Princeton Large Torus) auf diese Weise eine Einschlußzeit von $10^{-1}$s und eine Ionentemperatur von 6,5 keV d.s. $7.10^{7}$ K. Zusätzliche Instabilitäten wurden dabei

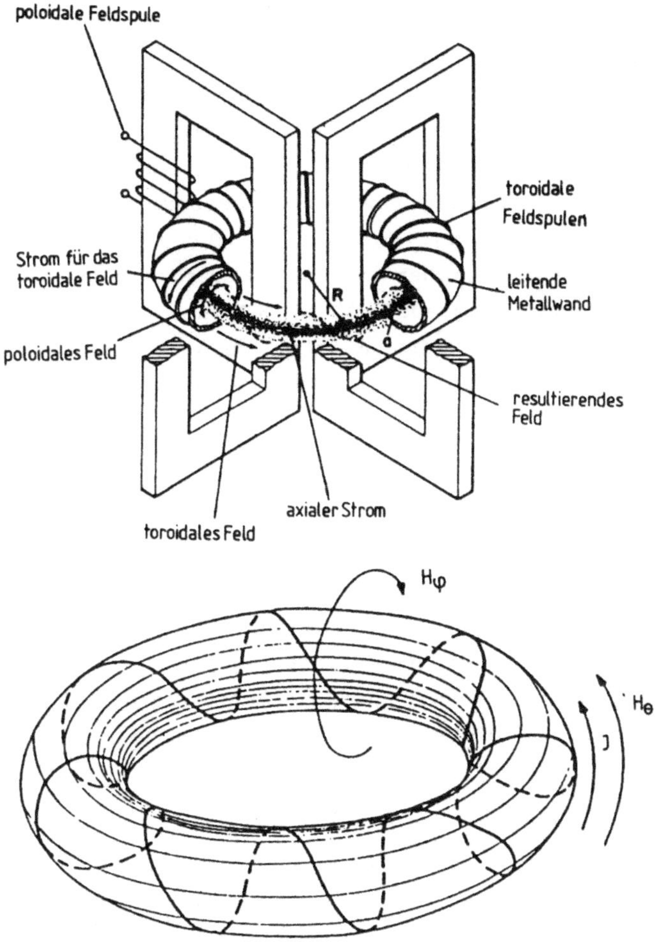


Abb.V.33.: Schematische Darstellung der Feldstruktur eines Tokamaks. Die Verschraubung der Feldlinien erfolgt durch das poloidale Zusatzfeld des Stromes.

nicht beobachtet. Neben der Neutralteilcheninjektion werden auch Hochfrequenz-Heizung und plötzliche Dichteerhöhung des Plasmas durch Kompression erprobt.

Neben den Methoden einer wirksamen Plasmaheizung sind Verfahren zur Minimierung der Verunreinigungen des Plasmas in gleicher Weise wichtig, um ein Plasma zu Reaktorbedingungen zu erreichen. Zu solchen Verunreinigungen gehören (im Fall der Deuterium-Tritium-Reaktion) die als "Asche" entstehenden Heliumatome und die Atome jener Elemente, die das Material der festen Wand ausmachen und infolge Plasma-Wand-Wechselwirkungen in das Plasma eindringen und so die Ursache für beträchtliche Strahlungsverluste werden. Dementsprechend nehmen die Bemühungen zur Kontrolle des Verunreinigungsgrades einen großen Raum in der Fusionsforschung ein /177/. Insgesamt geben die bisherigen Erfolge der Arbeiten besonders an Tokamakanlagen begründete Hoffnung, daß man mit den derzeit in Entwicklung und Bau befindlichen großen Tokamakanlagen JET (Joined European Tokamak, England) JT-60 (Japan), T-15 (UdSSR) und TFTR (Tokamak Fusion Test Reactor, USA) in den Bereich der Plasmazündung vordringen wird. Aufbauend auf diesen Ergebnissen könnte dann in internationaler Zusammenarbeit INTOR (International Tokamak Reactor) unter der Patronanz der Internationalen Atomenergiebehörde konstruiert und in Betrieb genommen werden /218/.

Die hier besprochenen Konzepte, die auf magnetischem Einschluß des Plasmas basieren, geben nur die hauptsächlichen Entwicklungslinien wieder. Daneben finden durchaus wichtige und interessante weitere Entwicklungen statt, bezüglich der jedoch auf die Spezialliteratur verwiesen werden muß.

### V.7.4. Trägheitseinschluß des Plasmas

Wie die Bezeichnung "Trägheitseinschluß" zeigt, kann man ein Fusionsplasma auch mit Hilfe der Trägheit einschließen. Dazu muß man z.B. ein Kügelchen aus einem Deuterium-Tritium-Gemisch in so kurzer Zeit auf Fusionsbedingungen bringen, daß die Trägheitskräfte ausreichen, es so lange zusammenzuhalten, daß ein wesentlicher Teil der Deuterium- und Tritiumkerne verschmelzen kann. Laser, aber auch Teilchenbeschleuniger, geben im Prinzip die Möglichkeit, die zum Zünden notwendige Energie zuzuführen. Da die ersten und am weitesten gediehenen Ansätze in dieser Richtung Laser als Zündenergielieferanten verwenden, spricht man auch von "Laser-Fusion". Die Aussage "im Prinzip" meint, daß zwar die wesentlichen Probleme auf dem Weg zu einem Fusionsreaktor mit Trägheitseinschluß des Plasmas identifiziert zu sein scheinen, daß aber einige wichtige Fragen noch auf ihre Lösung warten. Dazu gehört u.a.

die Entwicklung von noch energiereicheren Lasern oder von anderen Treibersystemen wie Leicht- oder Schwerionenbeschleuniger.

Das Prinzip der Fusion mit Trägheitseinschluß ist relativ einfach. Einem Kügelchen aus gefrorenen Wasserstoffisotopen führt man soviel Energie zu, daß die in ihm befindliche Materie in kürzester Zeit ionisiert ist. Dadurch baut sich ein hoher Plasmadruck auf, der das Kügelchen auseinandertreibt. Bevor dies aber passiert, müssen bereits so viel Fusionsreaktionen abgelaufen sein, daß ein Energieüberschuß erzeugt wird. Dieser Energieüberschuß ergibt sich auch hier in erster Linie als kinetische Energie der Neutronen und muß ähnlich wie beim magnetischen Einschluß über Wärmeenergie seiner Nutzung zugeführt werden.

Ausgehend vom Lawson-Kriterium (V,29) kann man entsprechende Grenzgrößen für ein solches Kügelchen ("pellet") abschätzen. Als ungefähren Wert für die Einschlußzeit des Plasmas kann man:

$$\tau = \frac{R}{v_s}, \qquad R = \text{Kugelradius}, \qquad v_s = \text{Schallgeschwindigkeit} \approx \frac{2kT}{m_i},$$

nehmen. Die Teilchendichte n kann man durch die Massendichte $\rho$ ausdrücken:

$$n\tau = \frac{\rho}{m_i}\,\frac{R}{v_s} \gtrsim 1{,}6 \cdot 10^{14}\ \text{scm}^{-3}, \quad m_i = \text{Ionenmasse}.$$

Für $T \approx 10^8$ K ergibt sich $v_s \approx 10^8$ cm/s. Wegen $n = n_D + n_T$ setzt man für $m_i$ eine mittlere Masse von etwa $4 \cdot 10^{-24}$g und bekommt:

$$\rho R \gtrsim 0{,}1\ \text{g/cm}^2. \qquad (V,41)$$

Eine genaue Abschätzung /219/ liefert:

$$\rho R \gtrsim 3\ \text{g/cm}^2 \ \text{und}\ n\tau \geq 2 \cdot 10^{15}\ \text{s/cm}^3. \qquad (V,41')$$

Über die Einschlußzeit des Plasmas:

$$\tau = \frac{R}{v_s}$$

beeinflußt die Größe ($\rho R$) in charakteristischer Weise die Zahl der "verbrannten" Ionen. Um das zu zeigen, kann man die Abnahme der Tritiumionen (die 1:1 der Abnahme der Deuteriumionen entspricht) betrachten. Mit der mittleren Fusionsrate (V,21) gilt:

$$\frac{dn_T}{dt} = -n_T n_D \langle\sigma_{fus}(v)v\rangle$$

und wegen $n_T = n_D = n/2$:

$$\frac{dn}{dt} = -\frac{n^2}{2}\langle\sigma_{fus}(v)v\rangle \, . \qquad \text{(V,42)}$$

Daraus folgt:

$$\int_{n_o}^{n} \frac{dn}{n^2} = -\frac{\langle\sigma_{fus}(v)v\rangle}{2}\int_{o}^{\tau} dt$$

bzw.:

$$\frac{1}{n} - \frac{1}{n_o} = \frac{\langle\sigma_{fus}(v)v\rangle}{2}\,\tau \, , \qquad \text{(V,42')}$$

wobei $n_o$ die ursprüngliche Teilchendichte ist. Definiert man das Verbrennungsverhältnis ("burn fraction") mit:

$$f_v = \frac{n_o - n}{n_o} = 1 - \frac{n}{n_o} \, , \qquad \text{(V,43)}$$

so bekommt man durch (V,42'):

$$f_v = \frac{\frac{\tau n_o}{2}\langle\sigma_{fus}(v)v\rangle}{\frac{\tau n_o}{2}\langle\sigma_{fus}(v)v\rangle + 1} = \frac{(R\rho)}{(R\rho) + \frac{2m_i v_s}{\langle\sigma_{fus}(v)v\rangle}} \, . \qquad \text{(V,43')}$$

Berücksichtigt man, daß bei einer Kugel der größte Teil der Masse im äußeren Bereich ist, muß man den Wert für $\tau$ zu

$$\tau = \frac{R}{4v_s}$$

korrigieren, und bekommt im Nenner von (V,43') anstatt eines Faktors 2 einen Faktor 8. Konkrete Zahlenwerte liefern bei 20 keV für $f_v$ die Beziehung /219/:

$$f_v = \frac{(\rho R)}{(\rho R) + 6{,}3} \, .$$

Dementsprechend erfordert ein Wert von $(\rho R) = 3\ g/cm^2$ ein Verbrennungsverhältnis von ca. 0,3. Das durch (V,41') konkretisierte Lawson-Kriterium macht also eine Fusion von etwa 30 % des Brennstoffes notwendig. Wenn man normale Pellet-Dichten voraussetzt, erweisen sich die notwendigen Laserenergien als sehr hoch. Für einen Überblick genügt eine einfache Abschätzung /220/. Es seien:

$$M = \frac{E_f}{E_l} \,, \qquad E_l = \text{Energie des Laserstrahls} \qquad (V,44)$$

der Energiemultiplikationsfaktor,

$$\varepsilon_l = \frac{E_{th}}{E_l} \qquad (V,45)$$

der Kopplungskoeffizient, der ein Maß für die Energieaufnahme des Pellets ist. Unter den schon früher gemachten Annahmen:

$$n_D = n_T = n/2; \; T_i = T_e = T$$

ergibt sich der thermische Energieinhalt des Pellets mit:

$$E_{th} = \left(\frac{4\pi R^3}{3}\right) 3nkT \,.$$

Die in der Zeit $\tau$ freigesetzte Fusionsenergie ist:

$$E_f = \left(\frac{4\pi R^3}{3}\right) \frac{n^2}{4} <\sigma_{fus}(v)v> E_{fus}\tau,$$

die unter Beachtung der Größen M und $\varepsilon_l$ auch durch:

$$E_f = \frac{M}{\varepsilon_l} E_{th} \qquad (V,46)$$

gegeben ist. Daraus folgt:

$$n\tau = \frac{M}{\varepsilon_l} \frac{12kT}{<\sigma_{fus}(v)v>E_{fus}} \,. \qquad (V,47)$$

Setzt man wieder:

$$\tau = \frac{R}{v_s} \,,$$

so folgt aus (V,46) für die Energie $E_l$ des Laserstrahls:

$$E_l = \frac{4\pi M^3 kT}{\varepsilon_l^4 \, n^2} \left(\frac{12kTv_s}{<\sigma_{fus}(v)v>E_{fus}}\right)^3 . \qquad (V,46')$$

Setzt man:

$$n = \mu n_o, \; n_o = 4{,}5.10^{22} \text{ cm}^{-3}$$

($n_o$ = "normale" Dichte eines gefrorenen D-T-Gemisches),

so bekommt man für kT = 10 keV:

$$E_l \approx \frac{M^3}{\varepsilon_l^4} \frac{1}{\mu^2} \cdot 4{,}5.10^6 \text{ J.} \qquad (V,46'')$$

Schon für den Fall M=1 (Kompensation der Heizenergie durch

Fusionsenergie), $\varepsilon_l=1$ (ideale Kopplung) ergeben sich extreme Anforderungen an die zu verwendenden Laser. Realistische Werte für $\varepsilon_l$ liegen bei 5 % /219/, so daß $E_l$ nochmals um einen Faktor $\sim 10^5$ größer wird. Als Kompensationsmöglichkeit bietet sich hier offensichtlich nur eine Erhöhung der Pelletdichte an. So bringt eine Kompression um den Faktor $10^3$ dann insgesamt wieder eine Reduktion von $E_l$ um $10^6$. Eine solche Erhöhung der Dichte führt auch zu einer drastischen Reduktion der Reichweite vor allem der α-Teilchen, so daß man deren Energie zur Pelletaufheizung nutzen kann.

Als effektivste Methode zur Targetkompression hat sich die Nutzung des Rückstoßes beim Abdampfen einer Oberflächenschicht erwiesen. Es wird ein Stoßwelle zum Pelletmittelpunkt hin erzeugt, die eine entsprechende Kompression hervorruft. Dabei soll in der Kompressionsphase nur wenig thermische Energie in das Pelletinnere kommen, weil dadurch ein Druck aufgebaut wird, der die Kompression behindert. In der Folge soll in einem kleinen Zentralbereich Zündung einsetzen und der Rest des Kügelchens wird dann durch die im Zentralbereich freigesetzte Fusionsenergie zur Fusion gebracht.

In den letzten Jahren werden auch Untersuchungen darüber angestellt, wieweit man eventuell Laser durch Teilchenbeschleuniger, besonders Ionenbeschleuniger, ersetzen kann. In einem solchen Fall geht es dann um die Frage, wie gut die kinetische Energie dieser Teilchen in das Pellet eingekoppelt werden kann /219/.

Gewisse pauschale Treiberfordernisse lassen sich wieder in einfacher Weise abschätzen. Es gelte:

$\eta_T = \frac{\text{Treiberenergie (aus)}}{\text{Treiberenergie (ein)}}$ = Wirkungsgrad des Treibers ,

$\eta_{th}$ = thermischer Bruttowirkungsgrad der Anlage ,

$\eta_p$ = thermischer Nettowirkungsgrad der Anlage.

Man kann nun folgende Bilanz aufstellen:

$$(E_f+E_{th})\,(\eta_{th}-\eta_p)\,.\,\eta_T = \frac{E_f}{M} \qquad (V,48)$$

wird dem Treiber (ev. Laser)
als elektrische Energie zugeführt.

Mit (V,45) bekommt man:

$$(M+\varepsilon_1)(\eta_{th}-\eta_p)\,\eta_T = 1$$

und:

$$M = \frac{1}{\eta_T(\eta_{th}-\eta_p)} - \varepsilon_1 \, . \qquad (V,49)$$

Für $\eta_T \approx 0{,}1$, $\eta_{th} \approx 0{,}35$, $\eta_p = 0$ bekommt man:

$$M \approx 30-\varepsilon_1,$$

woraus man sieht, daß der Energiemultiplikationsfaktor und der Wirkungsgrad des Treibers sehr sensitiv gekoppelt sind. Die Größe $\varepsilon_1=1$ bedeutet dabei ein theoretisches Optimum und spielt bei dieser Überlegung keine besondere Rolle.

Insgesamt machen die hier durchgeführten Überlegungen deutlich, daß auch der Weg des Trägheitseinschlusses ein überaus schwieriger Weg zur Nutzung der Fusionsenergie ist. Abb.V.34. verdeutlicht den derzeitigen Stand der Bemühungen /221/.

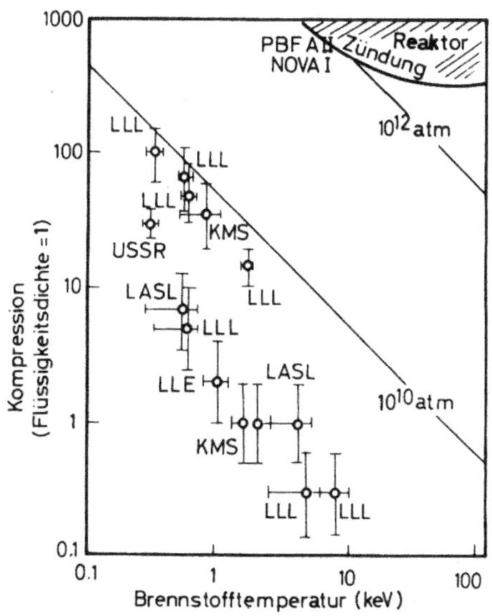


Abb.V.34.: Bisher erreichter Zusammenhang zwischen Brennstofftemperatur und Kompression.

### V.7.5. Zur Technologie zukünftiger Fusionsreaktoren

Es kann sich hier nicht darum handeln, die Vielfalt der technologischen Probleme auf dem Weg zu einem elektrische Energie liefernden Kraftwerksreaktor im Detail aufzuzeigen. Man kann dazu auch nicht mit Sicherheit sagen, ob man diese Probleme bereits alle identifiziert hat. Vielmehr soll ein kurzer Überblick zeigen, in welche Richtung die Bemühungen zu gehen haben und wo die technologischen Herausforderungen liegen, will man aus der Möglichkeit der Fusion einen Teil des technischen Alltags machen. Als Orientierungshilfe soll für Systeme mit magnetischem Einschluß der Tokamak dienen, zu welchem auch die meisten Reaktorstudien vorliegen /177/, /222/. Abb.V.35a. gibt eine ungefähre Vorstellung von den Abmessungen eines Tokamak-Reaktors. Der Torusquerschnitt hat einen Durchmesser

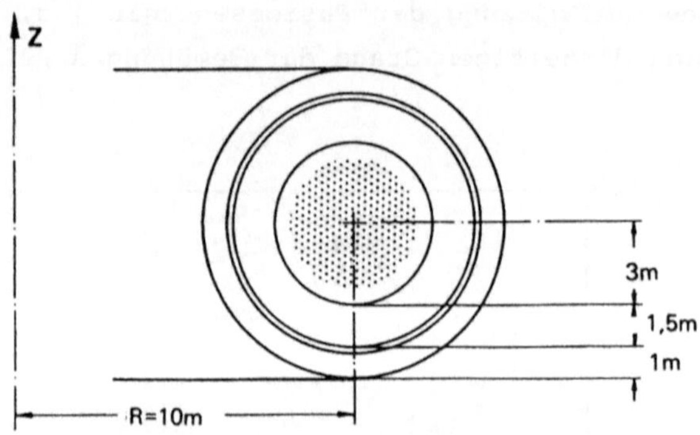


Abb.V.35a.: Schematische Darstellung des Torusquerschnitts für einen Tokamak-Reaktor.

von 6 m. Abb.V.35b. zeigt die einzelnen Bereiche. Der Plasmabereich (die Brennkammer) ist von einem dicken Mantel, dem Blanket, umgeben. Neben vakuumtechnischen Erfordernissen hat dieses Blanket eine Reihe wichtiger Aufgaben zu erfüllen. Der innerste Teil, die sogenannte 1. Wand, tritt über Stöße durch Ionen, Elektronen, Neutralatome und Strahlung in unmittelbare Wechselwirkung mit dem Plasma. Dabei werden dort etwa 20 % der Fusionsleistung abgeladen. Die Fusionsneutronen treffen auf sie mit ihrer vollen Energie von etwa 14 MeV. Hinter dieser ersten Wand muß dann das Brüten des Tritiums nach (V,25) erfolgen. Dazu kann Lithium in Form fester Verbindungen eingebaut sein oder als Flüssigkeit zirkulieren. Im Falle von festen Lithiumverbindungen muß man Helium als Spülgas verwenden. Obendrein verursachen sowohl die bei der Brutreaktion entstehenden Helium- wie Tritiumkerne beträchtliche Strahlenschäden.

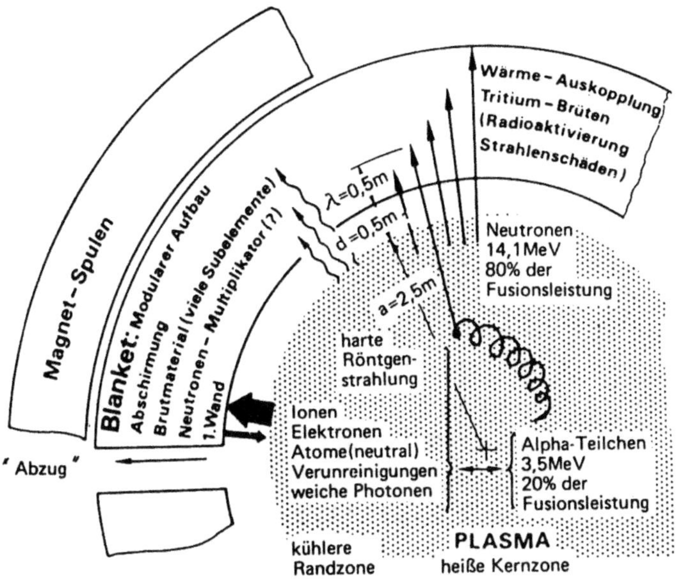


Abb.V.35b.: Übersicht über die Funktionen der verschiedenen Bereiche eines Tokamak-Reaktors entlang des Torusquerschnitts.

Da die Neutronen etwa 80 % der Fusionsleistung in Form kinetischer Energie mitführen, müssen sie im Blanketbereich thermalisiert werden. Die dabei entstehende Wärmeenergie ist durch Kühlung abzuführen. Einen Teil dieser Aufgabe kann ein flüssiges Brutmaterial mit übernehmen. Schließlich muß das Blanket die Neutronen nicht nur thermalisieren, sondern auch abschirmen, damit nicht an den sich dahinter befindlichen supraleitenden Magneten neutroneninduzierte Strahlenschäden entstehen.

Die Hantierung mit Tritium erfordert im Falle fester wie flüssiger Brutmaterialien noch entsprechende Entwicklungsarbeiten für einen sicheren Kreislauf. Derzeit steht leider ein möglichst hoher thermischer Wirkungsgrad, d.h. eine hohe

Kühlmitteltemperatur, noch im Widerspruch zu den Gegebenheiten einer erhöhten Tritiumdiffusion bei eben solchen Temperaturen.

Da $10^3$ MW Fusionsenergie etwa $3{,}5.10^{20}$ Neutronen pro Sekunde entsprechen, ist das Ausmaß der Aktivierungsreaktionen beträchtlich. Zusammen mit der Heliumversprödung ergeben sich dadurch auch Änderungen der Materialeigenschaften. Man ist dementsprechend auf der Suche nach Werkstoffen, die insgesamt bessere Fusionseigenschaften haben und eine längere Standzeit im Reaktor gestatten. In jedem Fall aber ist die aktivierte Radioaktivität der Blanketteile so hoch, daß Manipulation nur mittels Fernbedienung möglich ist. Die Art der dabei zu beachtenden Nebenbedingungen macht diesen Umstand zu einem sicher anspruchsvollen Ingenieurproblem. In mancher Hinsicht scheint der Trägheitseinschluß des Plasmas - nimmt man einmal die erforderlichen Treibereinrichtungen als gegeben an - weniger kompliziert zu sein. Wesentlicher Bestandteil eines Reaktorskonzepts ist ein Druckgefäß, das den Belastungen durch die Mikroexplosionen standhält. Die Brennstoffkügelchen werden in dieses Druckgefäß eingeschossen und in seinem Zentrum von den "Energiestrahlen" mehrerer Treiber getroffen. Als Folge der Fusion des Kügelchens ergeben sich verschiedene Belastungsmechanismen mechanischer und thermischer Art. Ihre Ursachen sind Explosionsreste der Kügelchen sowie auftreffende geladene Teilchen, elektromagnetische Strahlung und Neutronen. Dadurch werden insgesamt schwierige Materialprobleme geschaffen. Abb.V.36. gibt eine schematische Darstellung der Situation. Die innere Wand ist am stärksten belastet. Es gibt die verschiedensten Ideen zur Reduktion dieser Belastung: magnetische Ablenkung der geladenen Teilchen, dünner Lithiumfilm oder auch ein kräftiger Lithium-"Wasserfall", der die Exposition der Wand stark reduziert. Dadurch würden die $\alpha$-Teilchen die Wand praktisch nicht erreichen, die Neutronen würden mit stark reduzierter Energie deutlich weniger Strahlenschäden verursachen und auch die elektromagnetische Strahlung würde den größten Teil ihrer Energie an das Lithium abgeben. Ein kleiner Teil des immer wieder zurückgepumpten Lithiums würde über einen Wärmetauscher laufen und die Energie auskoppeln /223/.

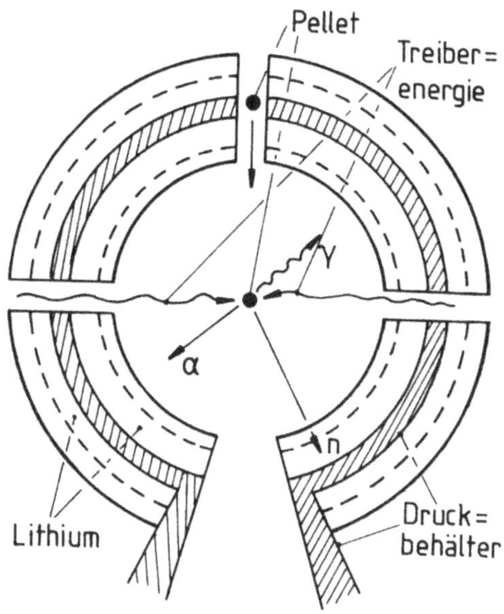


Abb.V.36.: Schema eines Reaktorgefäßes für Trägheitseinschluß: Innerhalb und außerhalb des eigentlichen Druckgefäßes befindet sich u.a. flüssiges Lithium zur Tritiumerzeugung und Kühlung.

Man erkennt vier Hauptpunkte, die man auch räumlich trennen kann: Der eigentliche Reaktor, die Treiberanlagen, die Tritiumextraktion und die Pelletfertigung. So gesehen scheint eine auf Trägheitseinschluß basierende Anlage weniger komplex zu sein als etwa ein Tokamak. Die Probleme, die sich aus der Tritiumhandhabung ergeben, dürften analog sein. Allerdings ist das Tritiuminventar eines Reaktors mit Trägheitseinschluß etwa um ein Drittel kleiner als im Falle des magnetischen Einschlusses. Ein substantieller Teil der Technologie des Trägheitseinschlusses ist mit der Pelletentwicklung verknüpft. Neben den in der Literatur offen diskutierten Pelletvarianten bzw. den sie betreffenden experimentellen Resultaten gibt es ohne Zweifel umfangreiches, geheimgehaltenes Material, das militärischen Zwecken dient.

Wenn man auch längst von der anfänglichen Vorstellung einer "sauberen" Kernenergie durch Fusion hatte abrücken müssen, so sind die radioaktiven Rückstände bei einem Fusionsreaktor doch einfacher als bei einem Spaltungsreaktor zu entsorgen. Es entsteht kein dem Plutonium äquivalenter waffenfähiger Stoff und die Halbwertszeiten der induzierten radioaktiven Substanzen sind wesentlich kürzer. Insgesamt liegen trotz des derzeit noch hypothetischen Charakters der verschiedenen Fusionsreaktorkonzepte schon zahlreiche aufschlußreiche Studien vor /224/, /225/, /226/. Der interessierte Leser kann dort noch weitere einschlägige Literatur finden.

### V.7.6. Synergetische Systeme zur Nutzung der Kernenergie

Man versteht unter einem synergetischen System im vorliegenden Zusammenhang die Kombination von Spaltungs- und Fusionsprozessen zur Nutzung nuklearer Energie. Dabei bezieht man in die Überlegungen nicht nur konventionelle Spaltungsanlagen, sondern auch Spaltung durch geladene Teilchen hoher Energie (Spallation) mit ein. Die ersten Ideen zu solchen Anlagen sind ziemlich alt /227/. Der Anreiz zur Kombination beider Prozesse kommt dabei wesentlich von zwei Überlegungen:

1. Energetische Amortisation der Fusion mit Hilfe zugekoppelter Spaltenergie.
2. Erbrüten von neuem Brennstoff für Spaltungsreaktoren mit Fusionsneutronen.

Beiden Überlegungen liegt die hohe Vervielfältigungsfähigkeit der 14-MeV-Neutronen der Deuterium-Tritium-Reaktion zugrunde. Macht in einem konventionellen Spaltungsreaktor der Anteil der Spaltungen in $^{238}U$ nur eine Schnellspaltkorrektur aus, kann man mit der hohen Energie der Fusionsneutronen deutlich mehr $^{238}U$-Kerne (Schwellenenergie bei 1,2 MeV) spalten. Außerdem werden im Mittel 4,5 Neutronen pro Spaltung mit 14 MeV-Neutronen frei. Durch diese hervorragende Neutronenbilanz ergibt sich auch ein sehr gutes Brutpotential. Ähnlich liegt die Situation für $^{232}Th$.

Auf Grund der günstigen Neutronenbilanz bewertet man die Fusion auch als "neutronenreich", während die pro Reaktion etwa 10 mal höhere Energie bei der Spaltung dieser das Attribut "energiereich" eingetragen hat. Koppelt man eine Fusionsanlage mit einem Spaltungsblanket, so wird die Energiefreisetzung im Blanket jene durch Fusion jedenfalls übersteigen und die Anlage könnte eine positive Energiebilanz erbringen, ohne daß der reine Fusionsteil eine solche aufweisen muß.

Zur Charakterisierung der verschiedenen synergetischen Möglichkeiten hat sich eine entsprechende Terminologie entwickelt /228/. Danach ist eine Anlage, in der Fusions- und Spaltungsreaktionen stattfinden und sowohl Tritium wie Spaltstoffe erbrütet werden, ein Hybridreaktor. Abb.V.37. zeigt eine schematische Charakterisierung dieses Sachverhalts /227/. Die Sicherheit einer solchen Anlage ergibt sich in erster Linie aus den Sicherheitserfordernissen des Spaltungsanteiles. Die

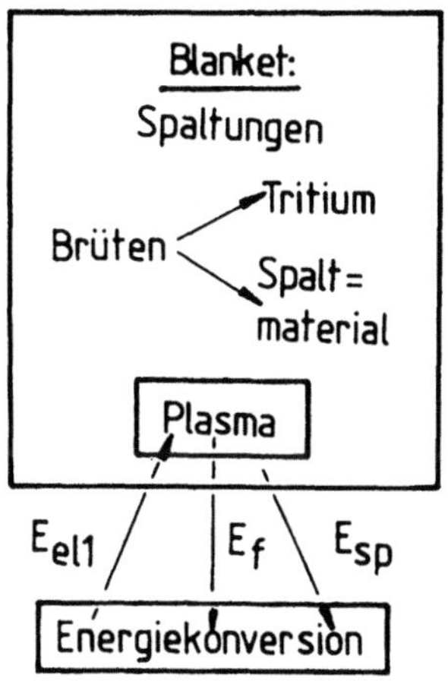


Abb.V.37.: Schematische Darstellung eines Hybridreaktors mit den wesentlichen Energieflüssen.

Kopplung von Fusion und Spaltung in einer Anlage kann zu sehr schwierigen technischen Fragen führen. Als Fusionsteil eignet sich ohne Zweifel eine Spiegelmaschine viel eher als etwa ein Tokamak /229/. Da die Energiebilanz durch den Spaltungsteil in Ordnung gebracht wird, spielt der Fusionsnachteil der Spiegelmaschine gegenüber dem Tokamak keine besondere Rolle.

Durch eine räumliche Trennung des Fusions- und Spaltungsteiles kann man die Vorteile beider Systeme zugunsten der Gesamtanlage besser optimieren. In so einem Fall liegt ein symbiontisches System (Symbionten = Partner bei einer Symbiose) vor (Abb.V.38.).

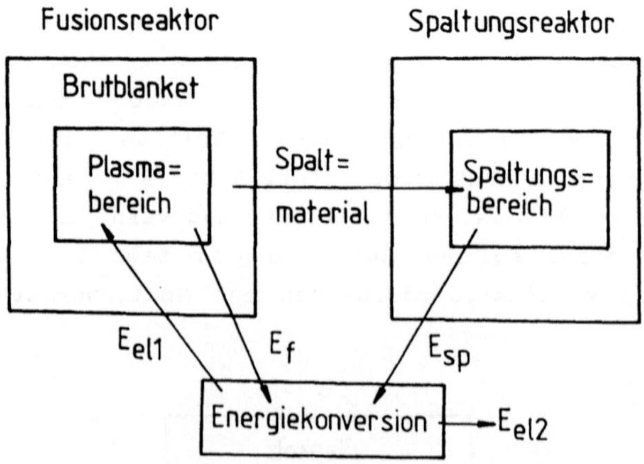


Abb.V.38.: Schematische Darstellung eines symbiontischen Systems.

Es ist entscheidend, das Blanket so auszulegen, daß Spaltprozesse dort nur in zu vernachlässigendem Ausmaß auftreten. Macht man für die synergetischen Systeme nach Abb.V.37./38. eine zu (V,33) analoge Energiebilanz, so bekommt man:

$$E_{el2} = \eta_{th}(E_{th}+E_{Str}+E_f+E_{Sp}) - (E_{th}+E_{Str})$$

$$= \eta_{th}\left[E_{Sp}+E_f\left(1-\frac{1}{Q}\,\frac{1-\eta_{th}}{\eta_{th}}\right)\right] , \qquad (V,50)$$

wobei Q durch (V,32) definiert ist. Eine von Null verschiedene Energiebereitstellung $E_{el2}$ verlangt

$$E_{Sp}+E_f\left(1-\frac{1}{Q}\,\frac{1-\eta_{th}}{\eta_{th}}\right) > 0$$

und bedeutet für Q:

$$Q > \left(\frac{1}{\eta_{th}}-1\right)/\left(\frac{E_{Sp}}{E_f}+1\right) . \qquad (V,51)$$

Vergleicht man diesen Wert mit:

$$Q > \frac{1}{\eta_{th}}-1$$

nach (V,34), so sieht man, wie außerordentlich die Kombination Fusion-Spaltung die Anforderungen an den Fusionsteil reduzieren kann. Umgekehrt kann auch der Spaltenergie-Partner beträchtliche Vorteile erwerben. So können Verdopplungszeiten des Spaltstoffinventars erreicht werden, die ein Schneller Brüter praktisch wohl nie wird leisten können /230/. Zugunsten des Brüters spricht die praktisch existierende Technologie, wogegen Fragen der Akzeptanz und der Sicherheit eine beschleunigte Weiterentwicklung von synergetischen Technologien notwendig machen könnten. Dabei ergeben grobe Kostenabschätzungen für eine Hybridanlage etwa das gleiche Investitionsvolumen wie für einen Schnellen Brüter /231/. Im Prinzip sind beide Varianten geeignet, die Versorgung mit Spaltstoffen über mehrere hundert Jahre sicherzustellen.

# VI. Zusammenfassung

Die Frage der Energiebereitstellung wird für die nächsten Jahrzehnte eine zentrale Frage von Wirtschaft und Politik bleiben. Regionale und globale Studien bestätigen das in einem mehr als ausreichendem Maß /232-237/. Die letzten Weltenergiekonferenzen haben entscheidend zur Bewußtseinsbildung im vorliegenden Zusammenhang beigetragen /238/, /239/. Die derzeit wohl ausführlichste Studie über zwei mögliche Szenarien zur Deckung des Weltenergiebedarfs bis zum Jahr 2030 stammt aus dem Internationalen Institut für Angewandte Systemanalyse in Laxenburg, Österreich /240/. Es sollen kurz einige Aspekte dieses Berichtes skizziert werden. Diese wenigen Anmerkungen erheben dabei nicht den Anspruch, die Ergebnisse der jahrelangen Arbeiten der Mitarbeiter am Energieprojekt des genannten Institutes zusammenfassend wiedergeben zu wollen, sondern möchten dagegen anregen, sich mit diesen Ergebnissen und den dahinter stehenden Überlegungen genauer zu befassen.

Orientiert an einem eher konservativen Bevölkerungswachstum - etwa 8 Mrd. Menschen im Jahr 2030 - werden zwei Energieszenarien durchgespielt. Das eine Szenario nimmt eine weltweite Wachstumsrate des Bruttosozialprodukts von 3,4 %, das andere eine solche von 2,4 % an. Dies entspricht bezogen auf 1975 einer Vermehrung um den Faktor 6,4 bzw. 3,6 im Jahr 2030. Auf den notwendigen Wachstumsausgleich zwischen reich und arm ist innerhalb einer Aufteilung in sieben Weltregionen Rücksicht genommen. Daraus werden Wachstumsraten für den Energieverbrauch abgeleitet und in Bezugnahme auf Ressourcen und Reserven Bedeckungsstrategien entwickelt. Die Tabelle VI.1. zeigt die Anteil der Primärenergieträger für die Jahre 1975, 2000 und 2030. Die flüssigen Energieträger sind offensichtlich sehr schwierig zu substituieren. Daraus folgt eine Art ver-

Tabelle VI.1.

Primärenergieverbrauch entsprechend den beiden IIASA-Szenarien für die Zeit von 1975 bis 2030 (TWa/a)

| | | Hoch | | Niedrig | |
|---|---|---|---|---|---|
| | 1975 | 2000 | 2030 | 2000 | 2030 |
| Öl | 3,83 | 5,89 | 6,83 | 4,75 | 5,02 |
| Gas | 1,51 | 3,11 | 5,97 | 2,53 | 3,47 |
| Kohle | 2,26 | 4,94 | 11,98 | 3,92 | 6,45 |
| Kernenergie | | | | | |
| LWR | 0,12 | 1,70 | 3,21 | 1,27 | 1,89 |
| SBR | 0,0 | 0,04 | 4,88 | 0,02 | 3,28 |
| Wasserkraft | 0,5 | 0,83 | 1,46 | 0,83 | 1,46 |
| Sonne | 0,0 | 0,10 | 0,49 | 0,09 | 0,30 |
| Andere | 0,0 | 0,22 | 0,81 | 0,17 | 0,52 |
| | 8,22 | 16,83 | 35.63 | 13,58 | 22,39 |

edelte Form von Kohlewirtschaft durch Kohleverflüssigung mit hoher Notwendigkeit für die hochentwickelten Industriestaaten (Abb.VI.1.) /240/. Der Anteil der Solarenergie bleibt unter jenem der Wasserkraft. Dies ist ein eher enttäuschendes Ergebnis, daß bei genauerer Analyse durch den notwendigen Zeitraum zur Marktdurchdringung und durch die Anforderungen an Materialaufwand - Beton, Stahl usw. - jedoch durchaus plausibel wird. Die Zahl in Tab.VI.1. umfaßt in erster Linie Beiträge einer dezentralen Solartechnologie. Der großtechnischen Umwandlung von Strahlungsenergie in elektrische Energie wird weltweit erst in der Periode nach 2030 ein entsprechendes Gewicht zugeschrieben. Beide Szenarien bewerten dagegen den Anteil der Kernenergie aus Spaltung mit ca. 23 % im Jahre 2030 deutlich höher. Es wird entscheidendes Gewicht auf den Übergang zu einer Kernenergienutzung durch fortgeschrittene Konverter und Brüter gelegt, was einen geschlossenen Brennstoffkreislauf voraussetzt. Der Anteil der Windenergie ist unter den "anderen" Primärenergieträgern enthalten, wobei die Zahlen

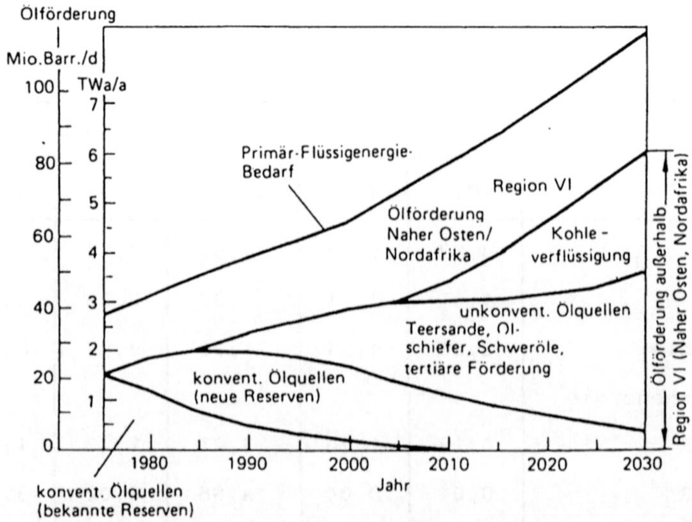


Abb.VI.1.: Ölversorgung und Ölbedarf der westlichen Welt (d.h. der Welt ohne Sowjetunion und Osteuropa (Region II) und China und zentralgelenkte Länder Asiens (Region VII)) nach dem hohen Szenario.

jedoch in erster Linie auf Einsatz von Holz und Biogas beruhen. Das in den letzten Jahren immer mehr als beträchtlich erkannte Einsparungspotential durch systematische Verringerung der Verluste wurde durchgehend zu berücksichtigen versucht und ist nicht extra ausgewiesen.

Die hier zitierten und die große Zahl der darüber hinaus erarbeiteten Ergebnisse folgen aus den Anfangs- und Randbedingungen, sowie den zugrundegelegten Modellen. Sie sind in diesem Sinn keine Prognosen einer sich notwendig einstellenden Energiezukunft. Aber "Energy in a Finite World" ist ein weiterer wichtiger Schritt auf dem Weg, die Energiefrage einem irrationalen Dunkelbereich zu entziehen. Ernsthafte Kritik hat sich mit den verwendeten Randbedingungen und Modellen auseinanderzusetzen, um dabei konkret zu zeigen, aufgrund welcher Zusammenhänge andere Szenarien realistischer und eher als Leitlinien einer Energiepolitik geeignet sind.

Die Aufgabe von Physik und Technik hängt mit den vielfältigen Entwicklungen zusammen, die hinter einer solchen globalen Schau vor sich gehen. In den verschiedenen Abschnitten des vorliegenden Buches werden dementsprechend die grundlegenden physikalischen Aspekte der wichtigsten Energiequellen behandelt. Die thermodynamischen Fragen betreffen die Grundlagen der Energietechnik überhaupt, den rationellen Einsatz von Energie (Energiesparen als Energiequelle), die konventionelle Nutzung fossiler Primärenergieträger, Umweltwärme usw. Dabei kann nicht deutlich genug darauf hingewiesen werden, ein wie wichtiges Beurteilungsinstrument etwa Untersuchungen über das Energie- bzw. Exergie-Erntepotential der verschiedenen Energiebereitstellungsverfahren im einzelnen darstellen. Dies trifft ganz besonders für mehr exotische Konzepte zu, für die der Curie-Motor oder die Banks-Maschine als Beispiel dienen können.

Obwohl das Potential der Windenergie weltweit gesehen gering ist, kann sie in einigen wenigen begünstigten Gebieten doch eine wichtige Rolle spielen. Dabei muß man allerdings in einer Parallelentwicklung den Fragen der Energiespeicherung gesteigerte Aufmerksamkeit widmen. Im Agrarbereich der Entwicklungsländer bewähren sich kleine Windenergiekonverter besonders als Energielieferanten für Bewässerungsanlagen getreu dem Vorbild der klassischen Anlagen.

Man könnte die Daten der IIASA-Studie auch als Ansporn betrachten, der Nutzung der Strahlungsenergie der Sonne in einer ihren Eigenschaften angepaßten Form noch mehr wohlwollend-kritische Aufmerksamkeit zu widmen. Die physikalisch-technische Seite der Niedertemperaturnutzung mit Hilfe von Flachkollektoren kann als Stand der Technik angesehen werden. In Regionen mit nur mittleren Einstrahlungsbedingungen hängt ihr Einsatz wesentlich von einer kostengünstigen Verbesserung der Absorbereigenschaften, von günstigeren Investitionsbedingungen bzw. von einer entsprechenden Preisentwicklung im Niedertemperaturbereich ab. Das Entwicklungspotential der Solarkraftwerke lernt man dagegen erst langsam mit Hilfe der verschiedenen Pilotprojekte abschätzen. An den bisherigen Erfahrungen wird wohl deutlich, daß zur Erzielung optimaler Wirkungsgrade noch zahlreiche Verbesserungen notwendig, aber auch möglich sind. Als langfristig größtes Hoffnungsgebiet erweist sich die photovoltaische Energieumwandlung. Das relativ junge Gebiet der Halbleiterphysik läßt hier auch im Bereich der grundlegenden Phänomene für Innovationen noch breiten Raum. Wie bei der Windenergie ist bei Solarkraftwerken jeder Art die Speichermöglichkeit der Energie eine genauso wichtige Frage wie die wirtschaftliche Umformung der Strahlungsenergie.

Trotz lauter Gegenstimmen muß man die Kernenergie nach wie vor als wichtige Möglichkeit innerhalb unserer Energieperspektiven sehen. Dafür gibt es auch Zeugnisse, die Kritikern dieser Option unverdächtig sein könnten /241/. Dabei ist heute leider immer noch unsicher, wann und in welchem Umfang Fusionsenergie verfügbar sein kann. Die Möglichkeiten der Kernenergie aus dem Spaltprozeß lassen sich dagegen relativ gut abschätzen: wie die IIASA-Studie und andere zeigen, kann eine langfristige Hilfe nur durch den Einsatz fortgeschrittener Reaktortypen wie Hochtemperaturreaktor und Brutreaktor kommen. Eine solche Strategie erfordert selbstverständlich einen geschlossenen Brennstoffkreislauf und eine internationale Lösung der damit verbundenen Probleme.

Man kann nicht über Kernenergie sprechen, ohne sofort zu Risikoüberlegungen zu kommen. Der Fragenkreis Energiebereitstellung und Risiko ist hier nur andeutungsweise im Zusammenhang mit der Kernenergie behandelt worden. Es ist heute längst klar, daß jegliche Form der Energiebereitstellung zu Risikoüberlegungen führen muß. Hier stoßen wir auf ein weites Feld von ungelösten Fragen. Eine der schwierigsten unter ihnen ist die der subjektiven Risikobewertung durch den Bürger. Welche Möglichkeiten gibt es, das potentielle Langzeitrisiko einer Klimaänderung durch den $CO_2$-Ausstoß einer Kohletechnologie mit dem Langzeitrisiko der Kernenergie in einer quantitativen Weise zu vergleichen und solche Vergleiche als Sachinformation in demokratische Entscheidungsprozesse einfließen zu lassen /241/? Es ist ohne Zweifel ein Mangel der vorliegenden Darstellung, daß der Versuch unterlassen wurde, eine Diskussion der Umweltaspekte der behandelten Energieformen - soweit sie physikalischer Natur sind - mitaufzunehmen. Dies hätte den möglichen Umfang aber so sehr überschritten, daß nach anfänglichen Versuchen in dieser Richtung darauf verzichtet wurde. Das Thema "Energie und Umwelt" muß wohl einer eigenständigen, umfassenden Darstellung vorbehalten bleiben.

# VII. Anhang

Tabelle VII.1.

Umrechnung von verschiedenen Energieeinheiten. Die Werte unter g=Gramm bedeuten das Massenäquivalent der entsprechenden Energiewerte ($E=mc^2$), die Werte unter 1000K=1000 Kelvin die Temperaturwerte ($E=kT$) in Einheiten von 1000K.

| | eV | cal | J | kWh | MWd | g | 1000K |
|---|---|---|---|---|---|---|---|
| eV | 1 | $3{,}829.10^{-20}$ | $1{,}602.10^{-19}$ | $4{,}451.10^{-26}$ | $1{,}854.10^{-30}$ | $1{,}783.10^{-33}$ | 21,6 |
| cal | $2{,}611.10^{19}$ | 1 | 4,184 | $1{,}162.10^{-6}$ | $4{,}843.10^{-11}$ | $4{,}655.10^{-14}$ | $5{,}640.10^{20}$ |
| J | $6{,}241.10^{18}$ | 0,239 | 1 | $2{,}778.10^{-7}$ | $1{,}157.10^{-11}$ | $1{,}113.10^{-14}$ | $1{,}348.10^{20}$ |
| kWh | $2{,}247.10^{25}$ | $8{,}640.10^{5}$ | $3{,}600.10^{6}$ | 1 | $4{,}167.10^{-5}$ | $4{,}023.10^{-8}$ | $4{,}717.10^{25}$ |
| MWd | $5{,}393.10^{29}$ | $2{,}065.10^{10}$ | $8{,}64.10^{10}$ | $2{,}4.10^{4}$ | 1 | $9{,}655.10^{-4}$ | $1{,}132.10^{29}$ |
| g | $5{,}609.10^{32}$ | $2{,}148.10^{13}$ | $8{,}985.10^{13}$ | $2{,}486.10^{7}$ | $1{,}036.10^{3}$ | 1 | $1{,}211.10^{34}$ |
| 1000K | $4{,}630.10^{-2}$ | $1{,}773.10^{-21}$ | $7{,}418.10^{-21}$ | $2{,}212.10^{-26}$ | $8{,}983.10^{-30}$ | $8{,}258.10^{-35}$ | 1 |

## Literatur

1. Planck, M.: Vorlesungen über Thermodynamik, 11. Aufl., S. 39. Berlin: Walter de Gruyter & Co. 1964.
2. Zitiert nach:
   Planck, M.: Das Prinzip der Erhaltung der Energie, 3. Aufl., S. 12. Leipzig-Berlin: B.G. Teubner. 1913.
   Siehe auch:
   Maxwell, J.Cl.: Substanz und Bewegung, S. 87. Braunschweig: Friedr. Vieweg & Sohn. 1879. Im Gegensatz dazu führt A. Hermann die Einführung dieser Bezeichnung auf Sir W. Thomson (Lord Kelvin) zurück:
   Lexikon der Physik. Köln: Aulis Verlag Deubner & Co. 1972.
3. Thomson, W.: Trans. Roy. Soc. Edinb. 20 261 (1851); deutsch: Über die dynamische Theorie der Wärme; Ostwalds Klassiker der exakten Wissenschaften, Bd. 163.
4. Rankine, W.M.: Phil. Mag. (4) 5, 106 (1853).
5. Zitiert nach:
   Mach, E.: Die Mechanik in ihrer Entwicklung, 7. Aufl., S. 126. Leipzig: F.A. Brockhaus. 1912.
6. Huygens, Chr.: Horologium oscillatorium; deutsch: Die Pendeluhr; Ostwalds Klassiker der exakten Wissenschaften, Bd. 192.
7. Huygens, Chr.: Tractatus de motu corporum ex percussione; deutsch: Über die Bewegung der Körper durch den Stoß; Ostwalds Klassiker der exakten Wissenschaften, Bd. 138.
8. Leibniz, G.W.: Acta eruditorum 161 (1686) und 145 (1695).
9. Siehe 18., S. 8.
10. Zur Geschichte der Wärmekraftmaschine gibt es viele sehr gute Darstellungen. Eine Darstellung mit vielen prinzipiellen technischen Details ist z.B.:
    Kolin, I.: The Evolution of the Heat Engines. London: Longman. 1972. Aufschlußreich sind auch Darlegungen in alten Lexika wie: Meyers Konversationslexikon 1888. Zur Newcomen-Maschine im besonderen siehe z.B. auch:
    Ferguson, E.S.: Scient. American 210/1, 98 (1964).
11. Carnot, S.N.L.: Réflexions sur la puissance motrice du feu et sur les machines propres à développer cette puissance; deutsch: Betrachtungen über die bewegende Kraft des Feuers und die zur Entwicklung dieser Kraft

geeigneten Maschinen; Ostwalds Klassiker der exakten Wissenschaften, Bd. 37.
12. Zitiert nach M. Planck, siehe 2., S. 17.
13. Mayer, R.J.: Die Mechanik der Wärme; Ostwalds Klassiker der exakten Wissenschaften, Bd. 180. Die erste Arbeit erschien zuerst in: Liebigs Annalen der Chemie und Pharmacie (1842), die zweite im Eigenverlag (1845).
14. Siehe 13., S. 7, unten.
15. Joule, J.P.: Phil. Mag. (3) 23, 263, 347, 435 (1843).
16. Joule, J.P.: Phil. Mag. (3) 27, 205 (1845).
17. Joule, J.P.: Phil. Trans., S.61. London. 1850.
18. Helmholtz, H.: Über die Erhaltung der Kraft; Ostwalds Klassiker der exakten Wissenschaften, Bd. 1.
19. Siehe 18., S. 7.
20. Siehe 18., S. 14.
21. Siehe 18., S. 23.
22. Siehe 18., S. 53.
23. Siehe 2., S. 53f.
24. Mach, E.: Die Geschichte und die Wurzel des Satzes von der Erhaltung der Arbeit. Prag. 1872.
25. Siehe 24., S. 4.
26. Siehe 2., S. 1.
27. Einstein, A.: Ann. d. Physik 17, 891 (1905).
28. Noether, E.: Nachr. Akad. Wiss. Göttingen, II. Math. Physik. Kl., 235 (1918).
29. Zitiert nach:
Clausius, R.: Ann. d. Physik und Chemie (Poggendorfs Annalen) 79, 368 (1850).
30. Clausius, R.: Ann. d. Physik und Chemie 93, 481 (1854) (Zitat auf S. 488).
31. Clausius, R.: Ann. d. Physik und Chemie 125, 353 (1865) (Zitat auf S. 390).
32. Falk, G., Ruppel, W.: Energie und Entropie. Eine Einführung in die Thermodynamik. Berlin-Heidelberg-New York: Springer-Verlag. 1976.
33. Euler, K. (Ed.): Energie-Direktumwandlung. Thiemig-Taschenbücher, Bd. 10. München: Verlag Karl Thiemig KG. 1967.
34. Planck, M.: Ann. d. Physik 4, 553 (1901).
35. Päsler, M.: Phänomenologische Thermodynamik. Berlin-New

York: Walter de Gruyter. 1975.

36. Zemansky, M.W.: Heat and Thermodynamics. Tokyo, Auckland,..., Sydney: Mc Graw-Hill Kogakusha Ltd. 1968.
37. Baehr, H.D.: Thermodynamik. Berlin-Göttingen-Heidelberg: Springer-Verlag. 1962.
38. Elsner, N.: Grundlagen der technischen Thermodynamik. Berlin: Akademie-Verlag. 1974.
39. Kolin, I.: Isothermal Stirling Cycle Engine. Zagreb: University of Zagreb, Faculty of Mining, Geology and Petroleum Engineering. 1983.
40. Planck, M.: Vorlesungen über Thermodynamik, 11. Aufl. Berlin: Walter de Gruyter & Co. 1964.
41. Carathéodory, C.: Math. Ann. 67, 355 (1909).
42. AIP Conference Proceedings No. 25: Efficient Use of Energy. New York: American Institute of Physics. 1975.
43. Abbott, M.M., van Ness, H.C.: Thermodynamik. Theorie und Anwendungen (deutsche Ausgabe); Schaum's Outline. New York-St. Louis,..., Tokyo, Toronto: Mc Graw-Hill Book Company GmbH. 1976.
44. Rant, Z.: Forsch. Ing. Wesen 22, 36 (1956).
45. Ahern, J.E.: The Exergy Method of Energy System Analysis. New York-Chichester-Brisbane-Toronto: John Wiley & Sons. 1980.
46. Rant, Z.: Wissenschaftl. Zeitschrift der TU Dresden 13, 1145 (1964).
47. Bosnjaković, Fr.: Technische Thermodynamik, Bd. XI aus: Wärmelehre und Wärmewirtschaft in Einzeldarstellungen. Dresden und Leipzig: Theodor Steinkopff. 1935.
48. Keenan, J.H.: Thermodynamics. New York: John Wiley & Sons, Inc. 1941 und Brit. Jour. Appl. Phys. 2, 183 (1951).
49. Gibbs, J.W.: Thermodynamics, Vol. I of Collected Works of J.W. Gibbs. New-Haven: Yale University Press. Reprinted 1948; deutsch: Thermodynamische Studien. Leipzig: Verlag von Wilhelm Engelmann. 1892.
50. Tolman, R.C., Fine, P.C.: Rev. Mod. Phys. 20, 51 (1948).
51. Borst, W.: Physik in unserer Zeit 8, 131 (1977).
52. Ostwald, W.: Z. Elektrochem. 1, 122 (1894).
53. Rajakovics, G.E.: ÖZE 27/4, 102 (1974); Proceedings of the IECEC. San Francisco. 1974.
54. Rajakovics, G.E., Schwarz, N.F.: ÖZE 29, 127 (1976).

55. Emmet, W.L.R.: Trans. ASME 46, 253 (1925).
56. International Energy Agency: Annual Report of the Working Party on Energy Conservation, Research and Development, Sept. 1977 - Sept. 1978. Paris. 1978.
57. v. Cube, H.L., Steimle, F.: Wärmepumpen. Grundlagen und Praxis. Düsseldorf: VDI-Verlag GmbH. 1978.
58. Kirn, H., Hadenfeldt, A.: Wärmepumpen; Kälte, Wärme, Klima. Karlsruhe: Verlag C.F. Müller. 1976.
59. Kruse, H. et al. (Ed.): Wärmepumpen-Grundlagen, Komponenten, Auslegung, Bau und Betrieb (Tagungsbericht). Essen: Vulkan-Verlag. 1978.
60. Glaser, H.: Thermodynamische Grundlagen der Absorptionswärmepumpen; in 59.
61. Alefeld, G.: New Approaches to Energy Conversion by Alternative Working Fluids; in: Festkörperprobleme XVIII. Braunschweig: Friedr. Vieweg & Sohn Verlagsges. mbH. 1978.
62. Alefeld, G.: Ber. Bunsenges. Phys. Chemie 84, 995 (1980).
63. Walker, G.: Stirling Cycle Mashines. Oxford: Oxford University Press. 1973.
64. Pohl, R.W.: Mechanik, Akustik und Wärmelehre, 14. Aufl. Berlin-Göttingen-Heidelberg: Springer-Verlag. 1959.
65. Finkelnburg, W.: Einführung in die Atomphysik, 11. und 12. neu bearbeitete Aufl. Berlin-Göttingen-Heidelberg: Springer-Verlag. 1967.
66. Matsuki et al.: Technology Reports, Tohoku Univ. 43/2, 331 (1978).
67. Kernforschungsanlage Jülich GmbH: Information Nr. 23 vom 19.4.1978.
68. Perkins, J. (Ed.): Shape Memory Effects in Alloys. New York: Plenum Press. 1975.
69. Schetky, McD.: Scient. American 241/5, 68 (1979).
70. Baumgart et al.: Techn. Mitt. Krupp. Forsch.-Ber. 34, H 1 (1976).
71. Banks, R.: Naturw. 62, 305 (1975).
72. Banks, R.: Nitinol Heat Engines; in 68.
73. Seifritz, W.: Zur Dynamik von Substitutionsprozessen. In: Reaktortagung 1978; Deutsches Atomforum eV; Zentralstelle für Atomkernenergie-Dokumentation Eggenstein-Leopoldshafen. 1978.
74. Seifritz, W.: TANSAO 27, 2 (1977).

75. Cap, F.: ÖZE 35/10, 504 (1982).
76. Stelzer, F.: Wärmeübertragung und Strömung, Thiemig-Taschenbücher, Bd. 18. München: Verlag Karl Thiemig KG. 1971.
77. Jakob, M.: Wärmeleitung. In: Geiger, H., Scheel, K.: Handbuch der Physik, Bd. 11. Anwendungen der Thermodynamik. Berlin: Springer-Verlag. 1926.
78. Schild et al.: Bauphysik. Planung und Anwendung. Braunschweig-Wiesbaden: Friedr. Vieweg & Sohn. 1979.
79. Knoblauch, O., Reiher, H.: Wärmeübertragung. In: Wien, W., Harms, F.: Handbuch der Experimentalphysik, Bd. 9, 1. Teil. Leipzig: Akademische Verlagsges. mbH. 1929.
80. Feldhaus, F.M.: Die Technik der Antike und des Mittelalters. In: Herre, P. (Ed.): Museum der Weltgeschichte. Potsdam: Akademische Verlagsanstalt Athenaion mbH. 1931.
81. König, F.V.: Windenergie in praktischer Nutzung. München: Udo Pfriemer Verlag. 1976.
82. Energiequellen für morgen? Nichtfossile-nichtnukleare Primärenergiequellen, Teil III. Nutzung der Windenergie. Programmstudie im Auftrag des BMFT. Frankfurt a. Main: Umschau-Verlag. 1975.
83. Gustavson, M.R.: Science 204, 13 (1979) (mit weiterer Literatur).
84. United Nations: Statistical Yearbook 1959-1971. New York.
85. Kaufmann, W.: Technische Hydro- und Aeromechanik. Berlin-Göttingen-Heidelberg: Springer-Verlag. 1958.
86. Schade, H., Kunz, E.: Strömungslehre. Berlin-New York: Walter de Gruyter. 1980.
87. Betz, A.: Windenergie und ihre Ausnutzung durch Windmühlen. In: Naturwissenschaft und Technik, Heft 2. Göttingen: Vandenhoeck und Ruprecht. 1926.
88. Honnef, H.: Windkraftwerke. Braunschweig: Friedr. Viewe & Sohn. 1932.
89. Putnam, P.C.: Power from the Wind. D. Van Nostrand. 1948.
90. Hütter, U.: Brennstoff-Kraft-Wärme 16, 333 (1964).
91. Programm Energieforschung und Energietechnologien 1977-1980. BMFT. 24.4.1977.
92. Helm, S.: Erstellung baureifer Unterlagen für eine große Windenergieanlage GROWIAN I. In: Statusbericht Windenergie. Verein Deutscher Ingenieure. 1980.
93. Jarass, L., Hoffmann, L. et al.: Windenergie: Eine system-

analytische Bewertung des technischen und wirtschaftlichen Potentials für die Stromerzeugung der Bundesrepublik Deutschland. Berlin-Heidelberg-New York: Springer-Verlag. 1980.

94. Meggle, R., Schöbe, B.: Programmübersicht GROWIAN II; wie 92.

95. Dickinson, W.C., Cheremisinoff, P.N. (Eds.): Solar Energy Technology Handbook, Part A und B. New York-London-Basel: Marcel Dekker Inc., Butterworths. 1980.

96. Wirths, G.: Deutsch-argentinisches Forschungs- und Entwicklungsvorhaben zur Nutzung der Windenergie; wie 92.

97. Schlaich, J., Mayr, G., Haaf, W.: Aufwindkraftwerke - Die Demonstrationsanlage in Manzanares, Spanien; wie 92.

98. Yen, J.T.: Tornado Type Wind Energy System. In: Tenth Intersociety Energy Conversion Eng. Conference, IEEE Cat. No. 75 CHO 983-7 TAB. 1975.

99. Fletcher, C.A.J., Roberts, B.M.: Electricity Generation from Jet-Stream-Winds. Charles Kolling Research Laboratory, Technical Note D-16. University of Sydney. 1979.

100. Horwarth, E., Jeremias, H. et al.: Zwischenbericht der Durchführbarkeitsstudie für ein Höhenkraftwerk. Forschungszentrum Graz. 1979.

101. Riegler, G., Riedler, W. et al.: A Feasability Study for High-Altitude Wind Power Plants. In: SERI-Congress, Colorado Springs 1980 bzw. HKW-Bericht E80. Forschungszentrum Graz. 1980.

102. van Holten, Th.: Performance Analysis of a Windmill with Increased Power Output due to Tipvane Induced Diffusion of the Airstream. Technische Hogeschool Delft, Vliegtuigbouwkunde. Memorandum M-244. Nederlande. 1974.

103. Igra, O.: Energy 2, 429 (1977).

104. Sørensen, B.: Science 194, 935 (1976).

105. Rau, H.: Heliotechnik. Sonnenenergie in praktischer Anwendung. München: H. Pfriemer Verlag. 1975.

106. Meinel, A.B., Meinel, M.P.: Applied Solar Energy. An Introduction. Reading (Massachusetts), Menlo Park (California),..., Sydney: Addison-Wesley Publishing Comp. 1979.

107. Dixon, A.E., Leslie, J.D. (Eds.): Solar Energy Conversion. An Introductory Course. Toronto, Oxford,..., Frankfurt: Pergamon Press. 1979.

108. Duffie, J.A., Beckmann, W.A.: Sonnenenergie. Thermische Prozesse. München: U. Pfriemer Verlag. 1976.
109. Programmstudie im Auftrag des BMFT: Energiequellen für morgen? Nichtfossile-nichtnukleare Primärenergiequellen, Teil II. Nutzung der solaren Strahlungsenergie. Frankfurt a. Main: Umschau Verlag. 1975.
110. Sayigh, A.A.M.: Characteristics of Solar Radiation. In 107.
111. Robinson, N. (Ed.): Solar Radiation. Amsterdam-London-New York: Elsevier Publishing Comp. 1966.
112. Linke, F.: Die Sonnenstrahlung und ihre Schwächung in der Atmosphäre. In: Linke, F. (Ed.): Handbuch der Geophysik, Bd. 8. Berlin-Zehlendorf: Verlag von Geb. Borntraeger. 1942.
113. Foitzig, L., Hinzpeter, H.: Sonneneinstrahlung und Lufttrübung. Leipzig: Akademische Verlagsges. Geest und Portig KG. 1958.
114. Kondratyew, K.Y.A.: Radiation in the Atmosphere. New York-London: Academic Press. 1969.
115. Schulze, R.: Strahlenklima der Erde. Darmstadt: Dr. Dietrich Steinkopff Verlag. 1970.
116. Strutt, J.W.: Phil. Mag. 41, 107, 274 (1871).
117. Rayleigh, J.W.: Phil. Mag. 47, 375 (1899).
118. Mie, G.: Ann. d. Phys. 25, 377 (1908).
119. Debye, P.: Ann. d. Phys. 30, 57 (1909).
120. Stratton, J.A.: Electromagnetic Theory. New York-London: McGraw-Hill Book Company. 1941.
121. van de Hulst, H.C.: Light Scattering by Small Particles. New York: Wiley & Sons. 1957.
122. Steinhauser, F.: Gerl. Beitr. Geophys. 42, 110 (1934).
123. Berlage, H.P.: Meteor. Z. 45, 174 (1928).
124. Deirmendjiau, Sekera, Z.: Tellus 6, 382 (1954).
125. Collmann, W.: Meteor. Rdsch. 17, 135 (1964).
126. Page, J.K.: Methods for the Estimation of Solar Energy on Vertical and Inclined Surfaces. In 107.
127. Beilagen zum medizinisch-meteorologischen Bericht des Deutschen Wetterdienstes, Strahlungsübersicht. Hamburg.
128. Bergmann, L., Schaefer, Cl.: Lehrbuch der Experimentalphysik. Berlin: Walter de Gruyter & Co. 1966.
129. Joos, G.: Lehrbuch der theoretischen Physik. Leipzig: Akademische Verlagsges. Geest & Portig KG. 1954.

130. Finkelnburg, W.: Einführung in die Atomphysik, 11./12. Aufl. Berlin-Heidelberg-New York: Springer-Verlag. 1976.

131. Born, M.: Optik. Ein Lehrbuch der elektromagnetischen Lichttheorie, 2. Aufl. Berlin-Heidelberg-New York: Springer-Verlag. 1965.

132. Madelung, O.: Festkörperphysik I-III. Berlin-Heidelberg-New York: Springer-Verlag (Springer-Taschenbücher). 1972.

133. Drude, P.: Ann. d. Phys. u. Chem. 1 (4. Folge), 566 (1900).

134. Seraphin, B.O.: Material Sciences Aspects of Solar Energy Conversion. 4th Course on Solar Energy Conversion. Miramare (Trieste): International Centre for Theoret. Physics. 1977.

135. Stelzer, F.: Wärmeübertragung und Strömung. Thiemig-Taschenbücher Bd. 18. München: Verlag Karl Thiemig KG. 1971.

136. Gröber-Erk-Grigull: Wärmeübertragung, 3. Aufl. Berlin-Göttingen-Heidelberg: Springer-Verlag. 1963.

137. Grallert, H.: Solarthermische Heizungssysteme. Technische Aspekte und wirtschaftliche Grenzen. München-Wien: Oldenbourg Verlag. 1977.

138. Rabl, A.: Solar Energy 18, 93 (1976).

139. Hassan, K.E., El-Refaie, M.F.: Solar Energy 15, 219 (1973).

140. Baranov, V.K.: Geliotekhnika 2 Nr. 3, 11 (1966).

141. Winston, R.: Solar Energy 16, 89 (1974).

142. Rabl, A.: Solar Energy 18, 497 (1976).

143. Dalven, R.: Introduction to Applied Solid State Physics. New York-London: Plenum Press.1980.

144. Selders, M., Bonnet, D.: Physik in unserer Zeit 10, 3 (1979).

145. Woldron, H.: Mathematische Analysen von zentralen Wärmeversorgungssystemen mit Hilfe von Computersimulationsmodellen. OEFZS Bericht A 0375. Österr. Forschungszentrum Seibersdorf. 1983.

146. Duffie, A.: Modelling and Simulation of Solar Energy Systems. Conference on Non-Conventional Energy Sources. Miramare (Trieste): Int. Centre for Theoretical Physics. 1983.

147. Seifritz, W.: Sanfte Energietechnologie-Hoffnung oder Utopie? Thiemig-Taschenbücher Bd. 92. München: Verlag

Karl Thiemig. 1980.
148. Francia, G.: Solar Energy 12, 51 (1968).
149. Kalt, A. SSPS-DCS: First Year of Operation. Verification of Design Expectations, Preliminary Operational Result. Köln: Deutsche Forschungs- und Versuchsanstalt für Luft- und Raumfahrt e.V. 1983.
150. Selvage, C.S.: SSPS-Technical Report No. 1/84. Köln: Deutsche Forschungs- und Versuchsanstalt für Luft- und Raumfahrt e.V. 1984.
151. Olsen, K.O.: Photothermal Energy Conversion. Progress and Future Perspectives. Conference on Non-Conventional Energy Sources. Miramare (Trieste): Int. Centre for Theoretical Physics. 1983.
152. Backus, Ch.: Photovoltaic Technology 1983. Conference on Non-Conventional Energy Sources. Miramare (Trieste): Int. Centre for Theoretical Physics. 1983.
153. Starr, M.R., Palz, W.: Photovoltaic Power for Europe: An Assessment Study. Solar Energy R & D in the European Community, Series C, Vol. 2. Dordrecht-Boston-London: D. Reidel Publishing Company. 1983.
154. Ovshinsky, St.R.: Amorphous Photovoltaics. Technology and Production. Conference on Non-Conventional Energy Sources. Miramare (Trieste): Int. Centre for Theoretical Physics. 1983.
155. American Physical Society: Principle Conclusions of the American Physical Society Study Group on Solar Photovoltaic Energy Conversion. New York. 1979.
156. Glaser, P.: Science 162, 857 (1968).
157. Glaser, P.: Physics Today 30/2, 30 (1977).
158. Department of Energy: Preliminary Environmental Assessment for the Satellite Power System. DOE/ER-0036/1,2. 1980.
159. Physics Today 34/10, 53 (1981).
160. Perrin, J.: Revue du Mois 21, 113 (1920).
161. Eddington, A.S.: Brit. Assoc. Report, p. 45. 1920.
162. Atkinson, R.d'E., Houtermans, F.G.: Zeitschrift für Physik 54, 656 (1929).
163. von Weizsäcker, C.F.: Physikal. Zeitschrift 38, 176 (1937).
164. Bethe, H.A.: Phys. Rev. 55, 434 (1939).
165. Hahn, O., Straßmann, F.: Naturwissenschaften 27, 11 (1939).

166. Meitner, L., Frisch, O.: Nature 143, 239 (1939).
167. von Halban, H., Joliot, F., Kowarsky, L.: Nature 143, 470 (1939).
168. Flügge, S.: Naturwissenschaften 27, 402 (1939).
169. Post, R.: Rev. Mod. Phys. 28, 338 (1956).
170. Proceedings of the 2nd United Nations International Conference on the Peaceful Uses of Atomic Energy, Vol. 31. Geneva. 1958.
171. Küsters, H.: Reaktorphysik, Kap. IX. In: Bergmann, L., Schaefer, Cl.: Lehrbuch der Experimentalphysik. Berlin-New York: Walter de Gruyter. 1975.
172. Emendörfer, D., Höcker, K.H.: Theorie der Kernreaktoren, Bd. 1, 2. Aufl. Mannheim-Wien-Zürich: Bibliographisches Institut. 1982.
173. Oldekop, W.: Einführung in die Kernreaktor- und Kernkraftwerkstechnik, Thiemig-Taschenbücher, Bd. 53/54. München: Verlag Karl Thiemig. 1975.
174. Cap, F.: Einführung in die Plasmaphysik, Bd. 1-3. Braunschweig: Friedrich Vieweg & Sohn. 1970/72.
175. Glasstone, S., Lovberg, R.H.: Kontrollierte thermonukleare Reaktionen. München: Verlag Karl Thiemig. 1964.
176. Lehner, G.: Fusionsexperimente, Kap. XI. In: Bergmann L., Schaefer, Cl.: Lehrbuch der Experimentalphysik. Berlin-New York: Walter de Gruyter. 1975.
177. Raeder, J. et al.: Kontrollierte Kernfusion. Teubner Studienbücher. Stuttgart: B.G. Teubner. 1981.
178. Wapstra, A.H.: Atomic Masses of Nuclides. In: Flügge, S.: Handbuch der Physik XXXVIII/1. Berlin-Göttingen-Heidelberg: Springer-Verlag. 1958.
179. Evans, R.D.: The Atomic Nucleus. New York-Toronto-London: McGraw-Hill Book Company Inc. 1955.
180. Hughes, D.J., Schwartz, R.B.: Neutron Cross Sections. BNL-325.
181. Lamarsh, J.R.: Introduction to Nuclear Reactor Theory. Reading, Massachusetts: Addison-Wesley Publishing Company Inc. 1966.
182. Waltar, A.E., Reynolds, A.B.: Fast Breeder Reactors. New York-Oxford-Toronto-Sydney-Paris-Frankfurt: Pergamon Press. 1981.
183. Report to the American Physical Society by the Study

Group on Light-Water Reactor Safety, Rev. Mod. Phys. 47, Suppl No. 1 (1975).
184. Bedenig, D.: Gasgekühlte Hochtemperaturreaktoren, Thiemig Taschenbücher, Bd. 44. München: Verlag Karl Thiemig. 1972.
185. Smidt, D.: Reaktor-Sicherheitstechnik. Berlin-Heidelberg-New York: Springer-Verlag. 1979.
186. United States Nuclear Regulatory Commission: Reactor Reactor Safety Study - An Assessment of Accident Risks in US Commercial Nuclear Power Plants. WASH 1400 (NUREG-75/0147). 1975.
187. Deutsche Risikostudie Kernkraftwerke. Eine Studie der Gesellschaft für Reaktorsicherheit. Köln: Verlag TÜV Rheinland. 1979.
188. Heuser, F.W., Bayer, A.: atw 25, 46 (1980).
189. Birkhofer, A.: atw 25, 515 (1980).
190. Mayinger, F.: atw 27, 74 (1982).
191. Snyder, A.W.: A Current Perspective on the Risk Significance of Steam Explosions. In: Jahrestagung Kerntechnik 1982, Fachsitzung: Möglichkeiten und Auswirkungen schwerer Reaktorunfälle. Bonn: Deutsches Atomforum e.V. 1982.
192. Hosemann, J.P.: atw 27, 516 (1982).
193. Heuser, F.W., Hippe, D.: Folgerungen für die Risikobeurteilung aus der Analyse von Kernschmelzunfällen. Siehe 191.
194. General Atomic Company: HTGR Accident Initiation and Progression Analysis Phase II. Report for the US Department of Energy. GA-A 150000. 1978.
195. KFA-ISF/GRS: Probabilistische Sicherheitsstudie HTR-Konzepte, Hauptband zur Phase IB, Jül.-Spez.-136/Bd. 1, (1981).
196. GRS: Risikoorientierte Analyse zum SNR-300. Abschlußbericht zum BMFT-Förderungsvorhaben RS 510 (1982).
197. Kröger, W., Bongratz, R.: atw 26, 542 (1981).
198. Ehrhardt, J. et al.: atw 27, 527 (1982).
199. Report to the American Physical Society by the Study Group on Nuclear Fuel Cycles and Waste Management: Rev. Mod. Phys. 50, No. 1/Part II (1978).
200. Merz, E.: Der Brennstoffkreislauf von Kernkraftwerken. Jül-Conf-17: Nutzen und Risiko der Kernenergie. Jülich. 1979.
201. Rybalchenko, I.L., Colton, J.P.: IAEA-Bulletin 23,2, 36,

202. Report of the Nuclear Energy Policy Study Group: Nuclear Power. Issues and Choices. Sponsored by the Ford Foundation. Cambridge, Massachusetts: Ballinger Publishing Company. 1977. Deutsch: Das Veto. Der Atombericht der Ford Foundation. Frankfurt a. Main: Umschau-Verlag. 1977).
203. IAEA Safeguards: An Introduction. International Atomic Energy Agency Vienna. 1981.
204. International Nuclear Fuel Cycle Evaluation: 9 Vol. International Atomic Energy Agency Vienna. 1980. Wesentliche Ergebnisse sind für den deutschsprachigen Leser in der Zeitschrift "atomwirtschaft - atomtechnik" 1980 und 1981 zusammengefaßt.
205. Cohen, B.L.: Rev. Mod. Phys. 49, 1 (1977).
206. Cohen, B.L.: Scient. American 236, 21 (1977/6).
207. Heimerl, W.: Annals of Nucl. Energy 4, 273 (1977).
208. National Academy of Science: Energy in Transition 1985-2010. Final Report of the Committee on Nuclear and Alternative Energy Systems. San Francisco: W. H. Freeman & Company. 1980.
209. Closs, D.K. et al.: Vergleich der verschiedenen Entsorgungsstrategien und Beurteilung ihrer Realisierbarkeit. Kernforschungszentrum Karlsruhe: KfK 3000. 1980.
210. Lawson, J.D.: Proc. Phys. Soc. 70, 6 (1957).
211. Miley, G.H.: Fusion Energy Conversion. American Nuclear Society. 1976.
212. Cap, F.: Energieversorgung, Probleme und Ressourcen. Stuttgart: B. G. Teubner Verlag. 1981.
213. Moir, R.W., Post, R.F.: Nuclear Fusion 9, 253 (1969).
214. Coensgen, F.H. et al.: Phys. Rev. Lett. 44, 1132 (1980).
215. Artsimovitch, L.A.: Nuclear Fusion 12, 215 (1972).
216. W VII-A-Team and Neutral Injection Team. In: Plasma Physics and Controlled Nuclear Fusion Research 1980, p. 185. Vienna: Int. Atomic Energy Agency. 1981.
217. Pinkau, K., Schumacher, U.: Physik in unserer Zeit 13, 138 (1982).
218. International Tokamak Reactor: Zero Phase. Vienna: International Atomic Energy Agency. 1980.
International Tokamak Reactor: Phase One. Vienna: International Atomic Energy Agency. 1982.
219. Duderstadt, J.J., Moses, G.A.: Inertial Confinement

Fusion. New York: John Wiley & Sons. 1982.

220. Brueckner, K.A., Jorna, S.: Rev. Mod. Phys. 46, 325 (1974).
221. Nuckolls, J.H.: Physics Today 35/9, 24 (1982).
222. Eidens, J., Wolf, G.H.: atw 27/3, 138 (1982).
223. Manescalco, J.A.: Ann. Rev. Energy 5, 33 (1980).
224. Flakus, N.F.: Atomic Energy Review 13/3, 588 (1975).
225. Häfele, W. et al.: Fusion and Fast Breeder Reactor. Laxemburg: RR-77-8, IIASA. 1977.
226. Schuricht, V.: Fusionsreaktoren und Umwelt. WTB-134. Berlin: Akademie-Verlag. 1980.
227. Harms, A.A.: Advances in Nuclear Science and Technology 12, 211 (1980).
228. Lidsky, L.M.: Nuclear Fusion 15, 151 (1975).
229. Lee, J.D.: ATKE 32, 19 (1978).
230. Harms, A.A.: ATKE 32, 3 (1978).
231. Bethe, H.A.: Physics Today 32/5, 44 (1979).
232. Global 2000: Der Bericht an den Präsidenten. Deutsche Übersetzung. Frankfurt a. Main: Verlag Zweitausendeins. 1980.
233. National Research Council: Energy in Transition 1985-2010. Final Report on the Committee on Nuclear and Alternative Energy Systems. San Francisco: W.H. Freeman & Company. 1980.
234. World Energy Outlook. A Report by the Secretary of the OECD. Paris. 1977.
235. Energy - Global Prospects 1985-2000. Report of the WAES (Workshop on Alternative Energy Strategies). New York: Mc GrawHill. 1977.
236. Landsberg, H. (Chairman): Energy: The Next Twenty Years. A Report by a Study Group, sponsored by the Ford Foundation and Administered by Resources for the Future. Cambridge, Mass.: Ballinger Publishing Company. 1979.
237. Zukünftige Kernenergiepolitik. Bericht der Enquete - Kommission. Drucksache 8/4341 des Deutschen Bundestages.
238. Energy for Our World. 11th World Energy Conference-Proceedings. Munich: Federal Institute for Geosciences and Natural Resources. 1980.
239. Frisch, J.R. (Ed.): Energy 2000-2020. World Prospects and Regional Stresses. London: Graham and Trotman Lim. 1983.

240. Häfele, W. (Program Leader): Energy in a Finite World. A Global Systems Analysis. Report by the Energy Systems Program Group of the IIASA. Cambridge, Mass.: Ballinger Publishing Company. 1981. Deutsche Bearbeitung: Gerwin, R.: Weltenergieperspektiven. Stuttgart: Deutsche Verlags-Anstalt. 1980.

241. Meyer-Abich, Kl.M.: Langfristige Perspektiven der 80er Jahre für die Energieversorgung der Bundesrepublik im internationalen Zusammenhang. In: Michaelis, H. (Hrsg.): Existenzfrage: Energie. Düsseldorf und Wien: Econ Verlag. 1980.

# Sachverzeichnis

GPSR Compliance

*The European Union's (EU) General Product Safety Regulation (GPSR) is a set of rules that requires consumer products to be safe and our obligations to ensure this.*

*If you have any concerns about our products, you can contact us on ProductSafety@springernature.com*

In case Publisher is established outside the EU, the EU authorized representative is:

Springer Nature Customer Service Center GmbH
Europaplatz 3
69115 Heidelberg, Germany

**Batch number: 10584556**

Printed by Printforce, the Netherlands